战略性新兴领域"十四五"高等教育系列教材

智能制造信息平台技术

蒋翠清 曹 杰 胡小建 杨善林 主编

全书知识图谱

机械工业出版社

智能制造信息平台是一类满足智能制造活动和智能服务需求的综合性复杂信息系统。本书从智能制造信息平台的构成和开发技术两个维度，系统介绍智能制造信息平台基本概念、平台构成、平台规划、分析、设计、实现、测试、安全技术，以及未来展望。本书的特点：一方面紧跟产业发展前沿，选择典型智能制造信息平台案例并以数字化资源形式呈现，充分反映领域最新进展；另一方面从我国智能制造信息平台发展实际出发，融汇产学共识，凸显平台赋能，力图反映智能制造信息平台的中国特色。

全书共 8 章。第 1 章主要介绍智能制造信息平台的基本概念和发展演化过程；第 2 章主要介绍智能制造信息平台的构成和主要功能；第 3~7 章主要介绍智能制造信息平台规划技术、分析技术、设计技术、实现技术和测试技术；第 8 章主要介绍智能制造信息平台安全技术。总结与展望部分对全书进行了总结与展望，探索了基于大模型的人机协同信息平台开发新范式、新机遇以及面临的新挑战。

本书既可以作为高等学校智能制造、信息系统相关专业本科生、研究生学习信息平台开发知识的教材，也可以作为智能制造、信息系统领域从业的管理人员、技术人员和研究人员的参考书。

图书在版编目（CIP）数据

智能制造信息平台技术 / 蒋翠清等主编. -- 北京：机械工业出版社，2024.12. -- （战略性新兴领域"十四五"高等教育系列教材）. -- ISBN 978-7-111-77553-9

Ⅰ. TH166

中国国家版本馆 CIP 数据核字第 2024XA1196 号

机械工业出版社（北京市百万庄大街22号　邮政编码100037）
策划编辑：丁昕祯　　　　　　　责任编辑：丁昕祯　王　芳
责任校对：曹若菲　丁梦卓　　　封面设计：王　旭
责任印制：任维东
三河市骏杰印刷有限公司印刷
2024年12月第1版第1次印刷
184mm×260mm・25印张・619千字
标准书号：ISBN 978-7-111-77553-9
定价：79.00 元

电话服务　　　　　　　　　　网络服务
客服电话：010-88361066　　　机　工　官　网：www.cmpbook.com
　　　　　010-88379833　　　机　工　官　博：weibo.com/cmp1952
　　　　　010-68326294　　　金　书　网：www.golden-book.com
封底无防伪标均为盗版　　　　机工教育服务网：www.cmpedu.com

序

为了深入贯彻教育、科技、人才一体化推进的战略思想，加快发展新质生产力，高质量培养卓越工程师，教育部在新一代信息技术、绿色环保、新材料、国土空间规划、智能网联和新能源汽车、航空航天、高端装备制造、重型燃气轮机、新能源、生物产业、生物育种、未来产业等领域组织编写了战略性新兴领域"十四五"高等教育系列教材。本套教材属于高端装备制造领域。

高端装备技术含量高，涉及学科多，资金投入大，风险控制难，服役寿命长，其研发与制造一般需要组织跨部门、跨行业、跨地域的力量才能完成。它可分为基础装备、专用装备和成套装备，例如：高端数控机床、高端成形装备和大规模集成电路制造装备等是基础装备；航空航天装备、高速动车组、海洋工程装备和医疗健康装备等是专用装备；大型冶金装备、石油化工装备等是成套装备。复杂产品的产品构成、产品技术、开发过程、生产过程、管理过程都十分复杂，例如人形机器人、智能网联汽车、生成式人工智能等都是复杂产品。现代高端装备和复杂产品一般都是智能互联产品，既具有用户需求的特异性、产品技术的创新性、产品构成的集成性和开发过程的协同性等产品特征，又具有时代性和永恒性、区域性和全球性、相对性和普遍性等时空特征。高端装备和复杂产品制造业是发展新质生产力的关键，是事关国家经济安全和国防安全的战略性产业，其发展水平是国家科技水平和综合实力的重要标志。

高端装备一般都是复杂产品，而复杂产品并不都是高端装备。高端装备和复杂产品在研发生产运维全生命周期过程中具有很多共性特征。本套教材围绕这些特征，以多类高端装备为主要案例，从培养卓越工程师的战略性思维能力、系统性思维能力、引领性思维能力、创造性思维能力的目标出发，重点论述高端装备智能制造的基础理论、关键技术和创新实践。在论述过程中，力图体现思想性、系统性、科学性、先进性、前瞻性、生动性相统一。通过相关课程学习，希望学生能够掌握高端装备的构造原理、数字化网络化智能化技术、系统工程方法、智能研发生产运维技术、智能工程管理技术、智能工厂设计与运行技术、智能信息平台技术和工程实验技术，更重要的是希望学生能够深刻感悟和认识高端装备智能制造的原生动因、发展规律和思想方法。

1. 高端装备智能制造的原生动因

所有的高端装备都有原始创造的过程。原始创造的动力有的是基于现实需求，有的来自潜在需求，有的是顺势而为，有的则是梦想驱动。下面以光刻机、计算机断层扫描仪（CT）、汽车、飞机为例，分别加以说明。

光刻机的原生创造是由现实需求驱动的。1952 年,美国军方指派杰伊·拉斯罗普(Jay W. Lathrop)和詹姆斯·纳尔(James R. Nall)研究减小电子电路尺寸的技术,以便为炸弹、炮弹设计小型化近炸引信电路。他们创造性地应用摄影和光敏树脂技术,在一片陶瓷基板上沉积了约为 200μm 宽的薄膜金属线条,制作出了含有晶体管的平面集成电路,并率先提出了"光刻"概念和原始工艺。在原始光刻技术的基础上,又不断地吸纳更先进的光源技术、高精度自动控制技术、新材料技术、精密制造技术等,推动着光刻机快速演进发展,为实现半导体先进制程节点奠定了基础。

CT 的创造是由潜在需求驱动的。利用伦琴(Wilhelm C. Röntgen)发现的 X 射线可以获得人体内部结构的二维图像,但三维图像更令人期待。塔夫茨大学教授科马克(Allan M. Cormack)在研究辐射治疗时,通过射线的出射强度求解出了组织对射线的吸收系数,解决了 CT 成像的数学问题。英国电子与音乐工业公司工程师豪斯费尔德(Godfrey N. Hounsfield)在几乎没有任何实验设备的情况下,创造条件研制出了世界上第一台 CT 原型机,并于 1971 年成功应用于疾病诊断。他们也因此获得了 1979 年诺贝尔生理学或医学奖。时至今日,新材料技术、图像处理技术、人工智能技术等诸多先进技术已经广泛地融入 CT 之中,显著提升了 CT 的性能,扩展了 CT 的功能,对保障人民生命健康发挥了重要作用。

汽车的发明是顺势而为的。1765 年瓦特(James Watt)制造出了第一台有实用价值的蒸汽机原型,人们自然想到如何把蒸汽机和马力车融合到一起,制造出用机械力取代畜力的交通工具。1769 年法国工程师居纽(Nicolas-Joseph Cugnot)成功地创造出世界上第一辆由蒸汽机驱动的汽车。这一时期的汽车虽然效率低下、速度缓慢,但它展示了人类对机械动力的追求和变革传统交通方式的渴望。19 世纪末卡尔·本茨(Karl Benz)在蒸汽汽车的基础上又发明了以内燃机为动力源的现代意义上的汽车。经过一个多世纪的技术进步和管理创新,特别是新能源技术和新一代信息技术在汽车产品中的成功应用,汽车的安全性、可靠性、舒适性、环保性以及智能化水平都产生了质的跃升。

飞机的发明是梦想驱动的。飞行很早就是人类的梦想,然而由于未能掌握升力产生及飞行控制的机理,工业革命之前的飞行尝试都是以失败告终。1799 年乔治·凯利(George Cayley)从空气动力学的角度分析了飞行器产生升力的规律,并提出了现代飞机"固定翼 + 机身 + 尾翼"的设计布局。1848 年斯特林费罗(John Stringfellow)使用蒸汽动力无人飞机第一次实现了动力飞行。1903 年莱特兄弟(Orville Wright 和 Wilbur Wright)制造出"飞行者一号"飞机,并首次实现由机械力驱动的持续且受控的载人飞行。随着航空发动机和航空产业的快速发展,飞机已经成为一类既安全又舒适的现代交通工具。

数字化网络化智能化技术的快速发展为高端装备的原始创造和智能制造的升级换代创造了历史性机遇。智能人形机器人、通用人工智能、智能卫星通信网络、各类无人驾驶的交通工具、无人值守的全自动化工厂,以及取之不尽的清洁能源的生产装备等都是人类科学精神和聪明才智的迸发,它们也是由于现实需求、潜在需求、情怀梦想和集成创造的驱动而初步形成和快速发展的。这些星星点点的新装备、新产品、新设施及其制造模式一定会深入发展和快速拓展,在不远的将来一定会融合成为一个完整的有机体,从而颠覆人类现有的生产方式和生活方式。

2. 高端装备智能制造的发展规律

在高端装备智能制造的发展过程中,原始科学发现和颠覆性技术创新是最具影响力的科技创新活动。原始科学发现侧重于对自然现象和基本原理的探索，它致力于揭示未知世界，拓展人类的认知边界，这些发现通常来自于基础科学领域，如物理学、化学、生物学等，它们为新技术和新装备的研发提供了理论基础和指导原则。颠覆性技术创新则侧重于将科学发现的新理论新方法转化为现实生产力，它致力于创造新产品、新工艺、新模式，是推动高端装备领域高速发展的引擎，它能够打破现有技术路径的桎梏，创造出全新的产品和市场，引领高端装备制造业的转型升级。

高端装备智能制造的发展进化过程有很多共性规律，例如：①通过工程构想拉动新理论构建、新技术发明和集成融合创造，从而推动高端装备智能制造的转型升级，同时还会产生技术溢出效应。②通过不断地吸纳、改进、融合其他领域的新理论新技术，实现高端装备及其制造过程的升级换代，同时还会促进技术再创新。③高端装备进化过程中各供给侧和各需求侧都是互动发展的。

以医学核磁共振成像（MRI）装备为例，这项技术的诞生和发展，正是源于一系列重要的原始科学发现和重大技术创新。MRI 技术的根基在于核磁共振现象，其本质是原子核的自旋特性与外磁场之间的相互作用。1946 年美国科学家布洛赫（Felix Bloch）和珀塞尔（Edward M.Purcell）分别独立发现了核磁共振现象，并因此获得了 1952 年的诺贝尔物理学奖。传统的 MRI 装备使用永磁体或电磁体，磁场强度有限，扫描时间较长，成像质量不高，而超导磁体的应用是 MRI 技术发展史上的一次重大突破，它能够产生强大的磁场，显著提升了 MRI 的成像分辨率和诊断精度，将 MRI 技术推向一个新的高度。快速成像技术的出现，例如回波平面成像（EPI）技术，大大缩短了 MRI 扫描时间，提高了患者的舒适度，拓展了 MRI 技术的应用场景。功能性 MRI（fMRI）的兴起打破了传统的 MRI 主要用于观察人体组织结构的功能制约，它能够检测脑部血氧水平的变化，反映大脑的活动情况，为认知神经科学研究提供了强大的工具，开辟了全新的应用领域。MRI 装备的成功，不仅说明了原始科学发现和颠覆性技术创新是高端装备和智能制造发展的巨大推动力，而且阐释了高端装备智能制造进化过程往往遵循着"实践探索、理论突破、技术创新、工程集成、代际跃升"循环演进的一般发展规律。

高端装备智能制造正处于一个机遇与挑战并存的关键时期。数字化网络化智能化是高端装备智能制造发展的时代要求，它既蕴藏着巨大的发展潜力，又充满着难以预测的安全风险。高端装备智能制造已经呈现出"数据驱动、平台赋能、智能协同和绿色化、服务化、高端化"的诸多发展规律，我们既要向强者学习，与智者并行，吸纳人类先进的科学技术成果，更要持续创新前瞻思维，积极探索前沿技术，不断提升创新能力，着力创造高端产品，走出一条具有特色的高质量发展之路。

3. 高端装备智能制造的思想方法

高端装备智能制造是一类具有高度综合性的现代高技术工程。它的鲜明特点是以高新技术为基础，以创新为动力，将各种资源、新兴技术与创意相融合，向技术密集型、知识密集型方向发展。面对系统性、复杂性不断加强的知识性、技术性造物活动，必须以辩证的思维方式审视工程活动中的问题，从而在工程理论与工程实践的循环推进中，厘清与推动工程理念与工程技术深度融合、工程体系与工程细节协调统一、工程规范与工程创新互相促进、工程队伍与工程制度共同提升，只有这样才能促进和实现工程活动与自然经济社会的和谐发展。

高端装备智能制造是一类十分复杂的系统性实践过程。在制造过程中需要协调人与资源、人与人、人与组织、组织与组织之间的关系，所以系统思维是指导高端装备智能制造发展的重要方法论。系统思维具有研究思路的整体性、研究方法的多样性、运用知识的综合性和应用领域的广泛性等特点，因此在运用系统思维来研究与解决现实问题时，需要从整体出发，充分考虑整体与局部的关系，按照一定的系统目的进行整体设计、合理开发、科学管理与协调控制，以期达到总体效果最优或显著改善系统性能的目标。

高端装备智能制造具有巨大的包容性和与时俱进的创新性。近几年来，数字化、网络化、智能化的浪潮席卷全球，为高端装备智能制造的发展注入了前所未有的新动能，以人工智能为典型代表的新一代信息技术在高端装备智能制造中具有极其广阔的应用前景。它不仅可以成为高端装备智能制造的一类新技术工具，还有可能成为指导高端装备智能制造发展的一种新的思想方法。作为一种强调数据驱动和智能驱动的思想方法，它能够促进企业更好地利用机器学习、深度学习等技术来分析海量数据、揭示隐藏规律、创造新型制造范式，指导制造过程和决策过程，推动制造业从经验型向预测型转变，从被动式向主动式转变，从根本上提高制造业的效率和效益。

生成式人工智能（AIGC）已初步显现通用人工智能的"星星之火"，正在日新月异地发展，对高端装备智能制造的全生命周期过程以及制造供应链和企业生态系统的构建与演化都会产生极其深刻的影响，并有可能成为一种新的思想启迪和指导原则。例如：① AIGC能够赋予企业更强大的市场洞察力，通过海量数据分析，精准识别用户偏好，预测市场需求趋势，从而指导企业研发出用户未曾预料到的创新产品，提高企业的核心竞争力。② AIGC能够通过分析生产、销售、库存、物流等数据，提出制造流程和资源配置的优化方案，并通过预测市场风险，指导建设高效灵活稳健的运营体系。③ AIGC能够将企业与供应商和客户连接起来，实现信息实时共享，提升业务流程协同效率，并实时监测供应链状态，预测潜在风险，指导企业及时调整协同策略，优化合作共赢的生态系统。

高端装备智能制造的原始创造和发展进化过程都是在"科学、技术、工程、产业"四维空间中进行的，特别是近年来从新科学发现、到新技术发明、再到新产品研发和新产业形成的循环发展速度越来越快，科学、技术、工程、产业之间的供求关系明显地表现出供应链的特征。我们称由科学 - 技术 - 工程 - 产业交互发展所构成的供应链为科技战略供应链。深入研究科技战略供应链的形成与发展过程，能够更好地指导我们发展新质生产力，能够帮助我们回答高端装备是如何从无到有的、如何发展演进的、根本动力是什么、有哪些基本规律等核心科学问题，从而促进高端装备的原始创造和创新发展。

本套由合肥工业大学负责的高端装备类教材共有12本，涵盖了高端装备的构造原理和智能制造的相关技术方法。《智能制造概论》对高端装备智能制造过程进行了简要系统的论述，是本套教材的总论。《工业大数据与人工智能》《工业互联网技术》《智能制造的系统工程技术》论述了高端装备智能制造领域的数字化网络化智能化和系统工程技术，是高端装备智能制造的技术与方法基础。《高端装备构造原理》《智能网联汽车构造原理》《智能装备设计生产与运维》《智能制造工程管理》论述了高端装备（复杂产品）的构造原理和智能制造的关键技术，是高端装备智能制造的技术本体。《离散型制造智能工厂设计与运行》《流程型制造智能工厂设计与运行：制造循环工业系统》论述了智能工厂和工业循环经济系统的主要理论和技术，是高端装备智能制造的工程载体。《智能制造信息平台技术》论述了产品、制造、工厂、供应链和企业生态的信息系统，是支撑高端装备智能制造过程的信息系统技术。《智能制造实践训练》论述了智能制造实训的基本内容，是培育创新实践能力的关键要素。

编者在教材编写过程中，坚持把培养卓越工程师的创新意识和创新能力的要求贯穿到教材内容之中，着力培养学生的辩证思维、系统思维、科技思维和工程思维。教材中选用了光刻机、航空发动机、智能网联汽车、CT、MRI、高端智能机器人等多种典型装备作为研究对象，围绕其工作原理和制造过程阐述高端装备及其制造的核心理论和关键技术，力图扩大学生的视野，使学生通过学习掌握高端装备及其智能制造的本质规律，激发学生投身高端装备智能制造的热情。在教材编写过程中，一方面紧跟国际科技和产业发展前沿，选择典型高端装备智能制造案例，论述国际智能制造的最新研究成果和最先进的应用实践，充分反映国际前沿科技的最新进展；另一方面，注重从我国高端装备智能制造的产业发展实际出发，以我国自主知识产权的可控技术、产业案例和典型解决方案为基础，重点论述我国高端装备智能制造的科技发展和创新实践，引导学生深入探索高端装备智能制造的中国道路，积极创造高端装备智能制造发展的中国特色，使学生将来能够为我国高端装备智能制造产业的高质量发展做出颠覆性、创造性贡献。

在本套教材整体方案设计、知识图谱构建和撰稿审稿直至编审出版的全过程中，有很多令人钦佩的人和事，我要表示最真诚的敬意和由衷的感谢！首先要感谢各位主编和参编学者们，他们倾注心力、废寝忘食，用智慧和汗水挖掘思想深度、拓展知识广度，展现出严谨求实的科学精神，他们是教材的创造者！接着要感谢审稿专家们，他们用深邃的科学眼光指出书稿中的问题，并耐心指导修改，他们认真负责的工作态度和学者风范为我们树立了榜样！再者，要感谢机械工业出版社的领导和编辑团队，他们的辛勤付出和专业指导，为教材的顺利出版提供了坚实的基础！最后，特别要感谢教育部高教司和各主编单位领导以及部门负责人，他们给予的指导和对我们的支持，让我们有了强大的动力和信心去完成这项艰巨任务！

合肥工业大学教授
中国工程院院士
2024 年 5 月

前言

　　高端装备智能制造是一类极其重要的新质生产力,其发展水平是国家综合实力的重要标志。为了加强卓越工程师培养,教育部组织编写了一批战略性新兴领域"十四五"高等教育教材,我们有幸承担了高端装备制造领域系列教材中《智能制造信息平台技术》教材的编写任务,本书系统介绍了支撑高端装备智能制造过程的信息系统技术,在内容组织上既包含了赋能不同智能制造服务的智能制造信息平台构成原理,又包含了智能制造信息平台的共性开发技术,在写作方法上,创新性地使用了产业前沿案例分析和问题启发等多种思维拓展方式。

　　智能制造信息平台是一类满足智能制造活动和智能服务需求的综合性信息系统,面向不同的智能制造活动和智能服务需求,产生了不同类型的智能制造信息平台。在系统归纳分析产业界代表性的信息平台基础上,本书将智能制造信息平台划分为智能产品信息平台、产品研发设计运维信息平台、智能工厂信息平台、智慧供应链信息平台和产业生态信息平台,旨在探索不同平台之间的差异化应用与协同集成,推动智能制造系统的高效构建与价值创造。智能产品信息平台主要用于支持产品全生命周期管理,包括产品设计、制造、运维、退役等各个环节。它能够为用户提供个性化的智能服务,如故障诊断、远程维护与数据驱动的产品功能升级,从而为企业打造基于产品全生命周期的服务型制造模式奠定技术基础。产品研发设计运维信息平台专注于产品设计、开发、运维阶段的智能化支撑,集成智能设计、虚拟仿真、研发协同、智能运维等功能模块,能够基于大数据分析和人工智能技术,快速生成设计方案,并通过多学科协同仿真与优化,实现从产品概念设计到详细设计、再到制造工艺设计的一体化解决方案。智能工厂信息平台通过集成制造执行系统(MES)、生产计划与调度系统(APS)以及车间实时监控系统(SCADA),实现从订单管理、物料供应、生产调度到设备管理的全流程、透明化、可视化管理,能通过先进的数据分析和建模技术,实现工厂资源的动态配置与优化调度,保障生产系统的高效运作和生产计划的柔性应变。智慧供应链信息平台对采购、物流、库存、销售等环节的数据进行实时采集与动态分析,形成对整个供应链的全局视图,能够基于大数据预测技术,对市场需求进行精准预测,并通过智能调度与供应链协同优化,有效降低供应链风险、缩短供应周期,提高整体供应链的灵活性与响应速度。产业生态信息平台通过开放式架构与标准化接口,支持各类企业、研究机构、服务商等多方主体的接入与互动,通过对整个产业生态的动态监测与分析,促进不同企业间的资源整合与能力共享,帮助企业快速响应市场变化,形成面向多主体、多场景、多层级的柔性制造生态系统。这些平台既具有共性的技术架构,又具有个性化的组件及其差异化的耦合关系;既能实现泛在感知、智能分析、自主决策等核心功能，又能在特定应用场景中提供差异化的智能服务；不仅能够作为独立系统单独使用，还可在统一的技术架构下集成应用，从而支撑多种智能制造新模式的不断涌现与发展。

智能制造信息平台是一类面向复杂业务流程、动态需求变化且开放性高、智能性强的大型复杂信息系统，对信息平台开发技术有很高的要求。本书在充分吸收和借鉴当前信息平台领域最新开发技术成果的基础上，结合智能制造信息平台的独特特征与应用场景，从信息平台的规划、分析、设计、实现、测试及安全管理等方面，系统性地阐述了智能制造信息平台开发的共性技术与方法。信息平台规划技术旨在全面梳理智能制造各业务环节的需求，基于业务场景的需求分析与业务流程建模，规划技术能够将复杂的业务需求转化为可操作的技术规范与功能模块设计。信息平台分析技术以数据分析与系统建模为核心，对生产、管理、供应链等环节的海量数据进行深度挖掘，揭示不同业务单元之间的内在关联性与动态演变规律，为智能分析与自主决策提供数据基础。信息平台设计技术围绕功能设计与架构设计展开，是平台开发中的核心环节。针对不同类型的智能制造信息平台，本书提出不同的设计模式与架构策略。信息平台实现技术主要涵盖代码开发、算法实现、接口集成、分布式部署与并行计算等技术领域。信息平台测试技术是确保智能制造信息平台功能完整性、稳定性与安全性的关键环节。本书引入的信息平台智能化测试，能够在不同的生产负荷、网络环境与业务需求下进行全方位测试与验证。信息平台安全技术是智能制造信息平台开发中的重要保障环节。本书从信息平台安全的防护技术、检测技术、响应技术和恢复技术四个方面系统阐述了智能制造信息平台的安全防护体系。智能制造信息平台的共性开发技术不仅能为智能制造信息平台的开发与实施提供系统性的理论指导，还能在实际应用中提升平台的开发效率、功能扩展性、系统稳定性和安全性，从而更好地支撑智能制造企业的数字化转型与智能化升级。

本书在吸收智能制造信息平台技术最新发展和团队前期研究成果基础上，设计教材体系结构，构建知识图谱，并遵循知识图谱编写各章节内容。全书共8章。第1章主要介绍智能制造信息平台的基本概念、发展演化过程、平台技术结构和智能制造信息平台构成。第2章主要介绍智能产品信息平台、研发生产运维信息平台、智能制造工厂信息平台、智能制造供应链信息平台、智能制造产业生态信息平台和智能制造信息网络平台的结构和功能。第3章主要介绍智能制造信息平台总体架构规划、功能结构规划、技术选型规划以及运行管理规划等信息平台规划技术。第4章主要介绍智能制造信息平台的需求建模、过程建模、数据建模、对象建模和行为建模等信息平台分析技术。第5章主要介绍智能制造信息平台的应用架构设计、表现层设计、业务逻辑层设计以及数据访问层设计等信息平台设计技术。第6章主要介绍智能制造信息平台实现的框架技术、实现方法、编码技术以及安装维护技术等信息平台实现技术。第7章主要介绍智能制造信息平台测试方法、测试自动化与智能化测试，以及如何进行有效的测试管理。第8章主要介绍智能制造信息平台安全的防护技术、检测技术、响应技术和恢复技术等信息平台安全技术。最后，对全书进行总结与展望，并提出值得深入思考的战略性和前沿性问题，包括智能制造信息平台的演进发展规律、智能制造信息平台的共性和个性特征、大模型促进智能制造信息平台技术创新等，希望通过对这些问题的思考，更加深刻地领悟智能制造信息平台的发展规律和技术创新路径，为创新智能制造理论和技术打下更加坚实的基础。

本书由合肥工业大学蒋翠清教授、曹杰教授、胡小建教授和杨善林教授主编。杨善林教授主持本书的知识体系和知识图谱设计并指导全书编写。各章的编写分工如下：第1章由蒋翠清、王钊编写，第2章由丁勇、靳鹏编写，第3章由余本功、廖宝玉编写，第4章由钟金宏、胡小建编写，第5章由王国强编写，第6章由曹杰、钱洋编写，第7章由王浩、唐孝安编写，第8章由罗贺编写，总结与展望部分由蒋翠清、王钊编写，全书由蒋翠清统稿。本书为融媒体新形态教材，相关的核心课程建设、重点实践项目建设及数字化资源和网络互动资源分别由各章作者组织完成。

在本书在撰稿、审稿、编审和出版过程中，得到了很多的支持和帮助，在此表示最真诚的敬意和由衷的感谢！感谢所有的参考文献作者，他们的研究成果对本书的编写发挥了至关重要的作用！感谢审稿专家们，他们用深邃的科学眼光指出了书稿中的问题，他们认真负责的工作态度和学者风范为我们树立了榜样！感谢机械工业出版社的领导和编辑团队，他们的辛勤付出和专业指导，为教材的顺利出版提供了坚实的基础！感谢国家自然科学基金基础科学中心项目"智能互联系统的系统工程理论及应用"（项目编号：72188101），该项目成果对本书的研究工作提供了重要支撑！

本书可以作为高等学校智能制造、信息系统相关专业本科生、研究生学习信息平台开发知识和技术的教材，也可作为从事智能制造、信息系统领域相关工作的管理人员、技术人员和研究人员的参考书籍。

信息技术日新月异，智能制造领域新理论和新模式不断涌现，智能制造信息平台技术处在不断发展演化之中，同时，由于编者水平有限，书中难免存在疏漏和不妥之处，恳请广大读者批评指正。

编者

2024年6月于合肥

目录

序

前言

第1章 绪论 ··· 1

 本章概要 ··· 2
 1.1 智能制造信息平台 ··· 2
  1.1.1 信息技术驱动的制造智能化转型 ··· 2
  1.1.2 智能制造信息平台概念 ·· 3
  1.1.3 智能制造信息平台功能 ·· 5
  1.1.4 智能制造信息平台特点 ·· 5
  1.1.5 智能制造信息平台价值 ·· 6
  1.1.6 智能制造信息平台发展过程 ·· 8
 1.2 智能制造信息平台技术架构 ··· 10
  1.2.1 智能制造信息平台的总体技术架构 ·· 10
  1.2.2 边缘层 ·· 11
  1.2.3 基础设施层 ··· 13
  1.2.4 制造平台层 ··· 14
  1.2.5 制造服务层 ··· 17
 1.3 基于智能制造信息平台的智能制造新模式 ·· 18
  1.3.1 大规模个性化定制制造模式 ·· 18
  1.3.2 网络协同制造模式 ·· 20
  1.3.3 社会化协同制造模式 ··· 22
  1.3.4 服务型制造模式 ··· 24
 1.4 智能制造信息平台构成与开发技术 ·· 26
  1.4.1 智能制造信息平台构成 ·· 26
  1.4.2 智能制造信息平台开发技术 ·· 28
  1.4.3 智能制造信息平台开发方法 ·· 29
  1.4.4 智能制造信息平台开发策略 ·· 29

本章小结 ··· 33
思考题 ·· 33
参考文献 ··· 34

第 2 章　智能制造信息平台构成 ·· 35

本章概要 ··· 35
2.1　概述 ·· 35
2.2　智能产品信息平台 ··· 36
　　2.2.1　智能产品信息平台概念 ·· 37
　　2.2.2　智能产品信息平台功能 ·· 38
　　2.2.3　智能产品信息平台结构 ·· 39
2.3　研发生产运维信息平台 ··· 43
　　2.3.1　研发生产运维信息平台概念 ·· 43
　　2.3.2　研发生产运维信息平台功能 ·· 44
　　2.3.3　研发生产运维信息平台结构 ·· 49
2.4　智能制造工厂信息平台 ··· 53
　　2.4.1　智能制造工厂信息平台概念 ·· 53
　　2.4.2　智能制造工厂信息平台功能 ·· 54
　　2.4.3　智能制造工厂信息平台结构 ·· 58
2.5　智能制造供应链信息平台 ·· 62
　　2.5.1　智能制造供应链信息平台概念 ··· 62
　　2.5.2　智能制造供应链信息平台功能 ··· 65
　　2.5.3　智能制造供应链信息平台结构 ··· 67
2.6　智能制造产业生态信息平台 ··· 70
　　2.6.1　智能制造产业生态信息平台概念 ·· 70
　　2.6.2　智能制造产业生态信息平台功能 ·· 72
　　2.6.3　智能制造产业生态信息平台结构 ·· 72
2.7　智能制造信息网络平台 ··· 75
　　2.7.1　智能制造信息网络平台概念 ·· 75
　　2.7.2　智能制造信息网络平台功能 ·· 76
　　2.7.3　智能制造信息网络平台结构 ·· 78
本章小结 ··· 84
思考题 ·· 84
参考文献 ··· 85

第 3 章　信息平台规划技术 ·· 86

本章概要 ··· 86
3.1　概述 ·· 86
　　3.1.1　信息平台规划概念和内容 ··· 86

3.1.2　信息平台规划目标、特点和组织 ·· 88
3.2　信息平台规划方法 ·· 89
　　3.2.1　战略目标集转化法 ·· 89
　　3.2.2　企业系统规划法 ·· 90
　　3.2.3　关键成功因素法 ·· 92
　　3.2.4　价值链分析法 ·· 94
3.3　信息平台总体架构规划 ·· 96
　　3.3.1　企业架构 ·· 96
　　3.3.2　信息平台业务架构 ·· 101
　　3.3.3　信息平台数据架构 ·· 101
　　3.3.4　信息平台应用架构 ·· 104
　　3.3.5　信息平台技术架构 ·· 105
　　3.3.6　ArchiMate 架构建模工具 ·· 107
3.4　信息平台功能结构规划 ·· 110
　　3.4.1　平台化信息系统 ·· 110
　　3.4.2　信息平台子系统划分 ·· 111
　　3.4.3　信息平台模块规划 ·· 118
3.5　信息平台技术体系规划 ·· 120
　　3.5.1　信息平台技术特征 ·· 121
　　3.5.2　信息平台技术栈及相关产品 ·· 122
　　3.5.3　信息平台技术栈选型 ·· 126
3.6　信息平台运行管理规划 ·· 128
　　3.6.1　信息平台运营管理方式 ·· 128
　　3.6.2　信息平台数据治理方法 ·· 129
　　3.6.3　信息平台维护与升级策略 ·· 131
本章小结 ·· 132
思考题 ·· 133
参考文献 ·· 133

第 4 章　信息平台分析技术 ·· 134

本章概要 ·· 134
4.1　概述 ·· 134
　　4.1.1　需求类型 ·· 135
　　4.1.2　需求工程 ·· 136
　　4.1.3　需求分析建模 ·· 137
4.2　需求建模技术 ·· 138
　　4.2.1　需求获取方法 ·· 139
　　4.2.2　用例分析 ·· 140
　　4.2.3　用例图分析 ·· 143

XIII

  4.2.4 业务过程分析 ··· 147
4.3 过程建模技术 ··· 154
  4.3.1 过程建模概述 ··· 154
  4.3.2 数据流图 ··· 155
  4.3.3 数据字典 ··· 165
  4.3.4 过程描述 ··· 168
4.4 数据建模技术 ··· 173
  4.4.1 数据建模概述 ··· 173
  4.4.2 实体关系图 ··· 175
4.5 对象建模技术 ··· 180
  4.5.1 面向对象分析 ··· 180
  4.5.2 静态建模方法 ··· 181
  4.5.3 类图 ··· 182
  4.5.4 对象图 ·· 185
4.6 行为建模技术 ··· 186
  4.6.1 动态建模方法 ··· 187
  4.6.2 序列图 ·· 187
  4.6.3 通信图 ·· 189
  4.6.4 状态图 ·· 190
  4.6.5 活动图 ·· 192
4.7 需求规格说明编写 ·· 194
本章小结 ·· 195
思考题 ··· 195
参考文献 ·· 196

第 5 章 信息平台设计技术 ·· 198

本章概要 ·· 198
5.1 概述 ·· 198
  5.1.1 信息平台设计的原则 ·· 199
  5.1.2 信息平台设计的内容 ·· 199
  5.1.3 信息平台设计的方法 ·· 201
5.2 应用架构设计 ··· 206
  5.2.1 分层应用架构 ··· 206
  5.2.2 MVC 架构 ··· 207
  5.2.3 面向服务的架构 ·· 210
5.3 表现层设计 ··· 215
  5.3.1 输入输出设计 ··· 215
  5.3.2 用户界面设计 ··· 218
  5.3.3 软件接口设计 ··· 220

5.4 业务逻辑层设计 ·· 223
5.4.1 结构化的业务逻辑层设计 ·· 223
5.4.2 面向对象的业务逻辑层设计 ·· 228
5.4.3 面向服务的业务逻辑层设计 ·· 231
5.5 数据访问层设计 ·· 236
5.5.1 关系数据库设计 ·· 236
5.5.2 对象关系映射设计 ··· 238
5.5.3 NoSQL 数据库 ··· 242
本章小结 ··· 243
思考题 ··· 244
参考文献 ·· 244

第 6 章 信息平台实现技术 ·· 245
本章概要 ·· 245
6.1 概述 ·· 245
6.1.1 信息平台实现技术的演化历程 ·· 245
6.1.2 信息平台实现的原则 ··· 248
6.1.3 信息平台实现技术痛点与挑战 ·· 250
6.2 信息平台实现框架技术 ··· 252
6.2.1 面向服务架构 ··· 252
6.2.2 微服务架构 ·· 253
6.2.3 中台式架构 ·· 256
6.2.4 混合云架构 ·· 259
6.3 信息平台实现方法 ··· 262
6.3.1 结构化方法 ·· 262
6.3.2 面向对象方法 ··· 263
6.3.3 原型化方法 ·· 264
6.3.4 敏捷式方法 ·· 265
6.3.5 DevOps 方法 ·· 267
6.4 信息平台编程技术 ··· 268
6.4.1 编程环境与语言 ·· 269
6.4.2 前端开发技术 ··· 270
6.4.3 后端开发技术 ··· 273
6.4.4 大数据集成与检索 ··· 276
6.5 信息平台安装切换维护技术 ··· 278
6.5.1 信息平台安装技术 ··· 278
6.5.2 信息平台切换技术 ··· 281
6.5.3 信息平台维护技术 ··· 283
6.6 智能制造信息平台实现案例 ··· 285

6.6.1　金恒科技信息平台框架技术分析 286
6.6.2　金恒科技信息平台实现方法分析 289
6.6.3　金恒科技信息平台编码技术分析 290
6.6.4　金恒科技信息平台安装、切换、维护技术分析 292
本章小结 293
思考题 293
参考文献 294

第7章　信息平台测试技术 295

本章概要 295
7.1　概述 295
7.1.1　信息平台测试定义 295
7.1.2　信息平台测试模型 299
7.1.3　信息平台测试分类 301
7.2　信息平台测试方法 302
7.2.1　单元测试 303
7.2.2　集成测试 306
7.2.3　系统测试 309
7.2.4　专项测试 312
7.3　信息平台测试自动化 316
7.3.1　测试自动化概述 316
7.3.2　测试自动化原理 317
7.3.3　平台测试自动化设施 320
7.4　信息平台智能化测试 321
7.4.1　智能化驱动测试 321
7.4.2　智能化持续集成测试 325
7.5　信息平台测试管理 327
7.5.1　测试需求与计划 327
7.5.2　用例设计与维护 331
7.5.3　测试执行与评估 334
本章小结 338
思考题 338
实验资源 339
参考文献 339

第8章　信息平台安全技术 340

本章概要 340
8.1　概述 340
8.1.1　发展历程 341

8.1.2 主要安全技术 ... 342
8.2 信息平台安全的威胁与风险 ... 343
8.2.1 DDoS 攻击 ... 343
8.2.2 恶意代码攻击 ... 344
8.2.3 黑客攻击 ... 345
8.2.4 数据投毒 ... 347
8.2.5 对抗样本攻击 ... 347
8.2.6 预训练模型安全风险 ... 349
8.3 信息平台安全的防护技术 ... 350
8.3.1 数字加密算法 ... 350
8.3.2 访问控制技术 ... 352
8.3.3 防火墙技术 ... 352
8.3.4 虚拟专用网络 ... 354
8.3.5 身份认证 ... 354
8.4 信息平台安全的检测技术 ... 355
8.4.1 入侵检测技术 ... 355
8.4.2 蜜罐技术 ... 357
8.4.3 消息摘要 ... 359
8.4.4 数字签名 ... 360
8.5 信息平台安全的响应技术 ... 361
8.5.1 系统隔离 ... 361
8.5.2 入侵防御 ... 362
8.5.3 应用保护技术 ... 363
8.6 信息平台安全的恢复技术 ... 366
8.6.1 双机热备技术 ... 366
8.6.2 数据容错技术 ... 368
8.6.3 操作系统恢复技术 ... 368
8.7 信息平台安全体系 ... 369
8.7.1 OSI 安全体系 ... 370
8.7.2 安全等级保护 ... 371
8.7.3 数据库系统安全 ... 372
8.7.4 操作系统安全 ... 373
8.7.5 通信安全 ... 375
本章小结 ... 376
思考题 ... 377
参考文献 ... 377

总结与展望 ... 378

第 1 章

绪 论

重点知识讲解　　章知识图谱

 先导案例：智能制造系统

  智能制造是现代先进制造的发展方向，那么智能制造的运营模式及产业生态是怎样的呢？图 1-1 展示了新能源汽车制造企业的运营模式及产业生态，产业生态包括制造企业、零部件供应商、经销商、物流服务商、能源供应商、售后服务商、零部件制造商、客户等，整个生态承载在一个或多个智能制造信息平台上。在营销环节，客户通过订购系统进行产品订购和结算；在产品设计环节，PLM（Product Lifecycle Management，产品生命周期管理）系统实现基于用户反馈的企业与设计服务商之间的协作设计；在采购与物流环节，企业的

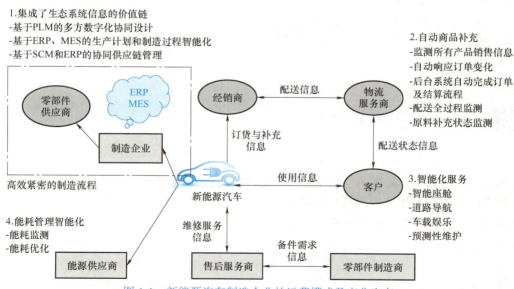

图 1-1　新能源汽车制造企业的运营模式及产业生态

SCM（Supply Chain Management，供应链管理）系统与 ERP（Enterprise Resource Planning，企业资源计划）系统协同进行整个供应链的管理，包括针对零部件供应商的采购计划与管理，以及针对物流服务商的配送计划与管理，人工智能与大数据应用于供应链的管理优化；在生产环节，ERP、MES（Manufacturing Execution System，制造执行系统）负责整个生产过程的计划及执行，而大数据分析与人工智能技术则应用于动态优化生产计划、动态优化生产工艺、动态产品质量监控及生产设备预测性维护；在能源保障与零部件保障环节，企业与能源供应商、零部件制造商等通过工业互联网实现协同，如能源供应商基于企业的动态能耗监测进行能源配给优化，零部件制造商与售后服务商共享需求与交付信息，提高客户服务效率。

新能源汽车的研发、生产、销售、运维及产业生态发展需要大量的信息系统平台（以下简称"信息平台"）支持。那么，智能制造信息平台是如何发挥作用的？智能制造信息平台的技术架构由哪些部分组成？智能制造涉及哪些类型信息平台？如何开发智能制造信息平台？请大家认真思考这些问题。

本章概要

智能制造信息平台是实现制造业数字化网络化智能化的载体，是制造业新质生产力的重要组成部分。本章主要围绕智能制造信息平台基本概念和发展演化过程、智能制造信息平台技术架构、基于智能制造信息平台的智能制造新模式、智能制造信息平台构成以及智能制造信息平台开发所涉及的主要技术方法展开。希望同学们通过本章的学习掌握以下知识：

1）智能制造信息平台概念、功能、特点及价值。
2）智能制造信息平台技术架构与核心技术。
3）基于智能制造信息平台的智能制造模式变革。
4）智能制造信息平台构成及其开发方法、开发技术和开发策略。

1.1 智能制造信息平台

智能制造信息平台是新一代信息技术、先进制造技术和管理创新深度融合的产物，是智能制造系统的核心，能够为制造企业提供智能化运营、智能化服务、智能化协作和智能化商务等功能，从多个方面为企业创造价值。

1.1.1 信息技术驱动的制造智能化转型

技术突破和持续迭代推动着产业的变革和不断演进，这一规律在制造业的变革和发展中得到充分体现。纵观制造业发展经历过的机械化制造、电气化制造、自动化制造和智能化制造四次工业革命，无不反映这一规律，如图 1-2 所示。

图 1-2 制造业的发展演化过程

机械化制造发生在工业革命初期阶段，以机械和蒸汽动力为主导。18 世纪末到 19 世纪初，蒸汽机的发明和广泛应用催生了制造业的机械化生产，标志着人类逐渐从手工业生产模式向机械化制造转变。这一时期，制造业主要依赖机械传动和体力劳动，工厂生产规模和速度大幅提升，从而开启了第一次工业革命的序幕。

19 世纪后期制造业迎来了第二次革命，即因电力技术的引入而产生的电气化制造。电动机、电力传动系统和电气控制设备得到广泛应用，取代了部分机械传动，提高了生产线的灵活性和效率。代表性技术包括流水线生产和大规模电气化工厂，极大地促进了制造业的发展。

第三次工业革命主要发生在 20 世纪下半叶，计算机技术和先进控制系统的发展推动了生产过程的自动化，即自动化制造。通过数控机床、PLC（可编程逻辑控制器）系统和工业机器人等技术的应用，制造业实现了更高程度的自动化和部分智能化。信息技术不仅提高了生产效率，还使生产线变得更加灵活，能够适应不同产品的生产需求。

这三次工业革命共同构建了现代制造业的基础，制造业的每一次变革在提高了生产效率的同时，也带来了生产方式和管理模式的深刻变化。

随着物联网、移动通信、大数据、云计算、人工智能等新一代信息技术的突破和发展，制造业又迎来了新变革即智能制造，并不断演化迭代，形成了新的生产方式、商业模式、产业生态和经济增长点，这一变革也称为第四次工业革命。智能制造是一种以先进的信息技术为基础，通过自动化和智能化手段来提高制造过程效率、灵活性和智能化水平的制造模式。

1.1.2 智能制造信息平台概念

智能制造涉及大量信息技术及其创新应用，包括物联网技术、大数据技术、云计算技术、人工智能和机器学习技术等。其典型特点是围绕产品，产品的研发、生产、运维、供应链，产业生态和运营管理等全过程的数字化、网络化和智能化。

数字化网络化智能化共同构成智能制造的基础，而支持制造数字化网络化智能化的载体是各类智能制造信息平台。这里的智能制造信息平台是指在制造业活动中，以满足产品设计、生产、运维、使用等利益相关者的信息服务需求为目标，以物联网、大数据、云计算、人工智能等新一代信息技术为手段,为实现对信息的有效采集、传递、存储、处理和利用而建立的包括设备、技术、人员与机构等在内的综合信息系统。因此,智能制造信息平台与 MES、ERP、CRM 等企业信息系统的差异表现为前者是以平台形式呈现的一类综合信息系统。

1. 数字化制造

数字化制造是指将制造过程的物理世界和数字世界中数字、文本、图样、图像等信息转化为数字编码形式,并进行存储、传输、加工、处理和应用的技术途径。通过数字化方式来描述、模拟和管理制造业的各个方面,包括数字化设计、数字化工艺规划、数字化生产、数字化企业运营、数字化服务、数字化加工/装配/检测/物流、数字化装备等。相关的软件系统包括 CAD(Computer Aided Design,计算机辅助设计)、CAE(Computer Aided Engineering,计算机辅助工程)、CAPP(Computer Aided Process Planning,计算机辅助工艺规划)、CAM(Computer Aided Manufacturing,计算机辅助制造)、ERP、MES、DCS(Distributed Control System,集散式控制系统)、QMS(Quality Management System,质量管理系统)等。数字化制造帮助企业实现产品开发、制造计划和生产过程的信息化,提高设计和生产的效率。数字化制造是实现智能制造的基本前提,是智能制造信息平台的基础。数字化制造的内涵如图 1-3 所示。

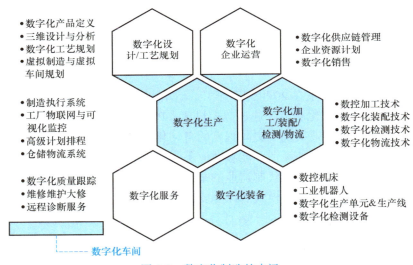

图 1-3 数字化制造的内涵

2. 网络化制造

网络化制造强调在制造过程中的各个环节之间建立高效的通信网络,将人、机器、产品及生产物料等生产要素连接起来,实现产品研发设计、生产制造、运营管理、营销服务等业务流程、产业链的综合集成,将企业、下游合作伙伴以及客户紧密连接,促进价值创造流程的无缝衔接和生产网络的动态协同,打造网络化制造方式。网络化制造主要应用领域包括产品设计过程网络化、产品制造过程网络化、产品服务过程网络化。网络化制造是实现智能制造的基本保障,是智能制造信息平台的基础设施。

3. 智能化制造

智能化制造是先进制造技术与机器学习、人工智能相融合的产物，智能化制造系统具备自学习、自适应和自主决策的能力。实现智能化制造的三大核心要素是海量的训练数据、超强的智能算法和强大的计算能力。数字化网络化能够采集、汇聚制造大数据，云计算技术能够提供强大的计算能力，而快速发展的人工智能技术，尤其是深度学习技术促进了智能算法的迅猛发展，从而加速了智能化制造进程。智能化制造旨在提高整个制造系统的智能水平，实现生产效率、产品质量、决策水平、市场适应性和洞察能力等大幅提升。

经过多年的发展，智能制造信息平台已成为制造全要素、全产业链、全价值连链接的枢纽，是实现制造业数字化、网络化、智能化过程中制造资源配置的核心，是信息化和工业化深度融合背景下支持新型智能制造生态体系的信息系统。

1.1.3 智能制造信息平台功能

智能制造信息平台的功能包括智能化决策、智能化运营、智能化协作和智能化商务。它通过为用户提供定制化服务、帮助企业实现全面监控和管理生产过程、促进产业链上下游的协作与合作以及提供智能化的商务服务和交易平台，从而推动企业的智能化转型，提高生产效率和竞争力，促进整个产业的发展和升级。

1. 智能化决策

智能制造信息平台能够为企业提供智能化决策，包括战略决策、投融资决策、产品决策、市场决策、供应链决策等。智能制造信息平台可以汇聚企业内部、外部海量制造大数据，采用大数据分析和人工智能技术，构建模型库、方法库和知识库，为企业提供智能化决策。

2. 智能化运营

智能制造信息平台可以帮助企业实现智能化生产运营管理，包括智能生产调度、智能资源优化、智能成本控制、智能会计、智能人力资源管理、智慧供应链管理等。通过整合企业内外部各个环节的信息，智能制造信息平台实现对生产过程的智能化运营管理，帮助企业提高运营效率、降低生产成本。

3. 智能化协作

智能制造信息平台可以促进价值链上下游企业之间协同与合作，包括产品协同设计、产品协同制造、供应链协同、生态链协同等。价值链上各个企业可以实现信息、资源和技术的共享与交流，实现上下游的协同发展，共同推动整个产业的智能化转型升级。

4. 智能化商务

智能制造信息平台在企业与企业之间、企业与用户之间提供智能化的商务服务，包括订单管理、供应链金融、在线交易、物流管理等。平台可以实现企业与企业之间、企业和用户之间的快速交易和信息流通，催生新的商业模式，提高交易效率，降低交易成本。

1.1.4 智能制造信息平台特点

智能制造信息平台具有开放性、集成性、可扩展性、汇聚性、智能性和生态性等特点。

1. 开放性

开放性是指智能制造信息平台可以根据需要向授权用户开放，用户不受组织边界、物理距离、空间位置等限制。平台的开放性使得用户能随时随地获取平台的服务，是实现社会化制造、全球化制造的基础。

2. 集成性

集成性是指智能制造信息平台可以将各种不同系统集成在一起，形成信息交互平台。通过对产品设计信息系统、产品制造信息系统、产品运维信息系统、供应链信息系统等的集成，解决业务隔离和信息孤岛问题，实现信息流、控制流在整个制造系统内有序地流动。

3. 可扩展性

可扩展性是指智能制造信息平台能够灵活扩展以适应企业战略调整和业务拓展需求。平台扩展性包括平台基础设施的可扩展性和功能模块的可扩展性。平台基础设施的可扩展性是指平台的计算能力、存储能力和网络能力等可以根据业务需求进行动态扩展。功能模块的可扩展性是指平台提供的服务功能可以灵活增加，以适应业务发展的需求。

4. 汇聚性

汇聚性是指智能制造信息平台能够汇聚制造企业内外部的多种来源数据，包括实时生产数据、设备状态信息、供应链数据、质量检测数据等。通过数据汇聚，形成制造大数据，为智能制造赋能。同时，基于可视化技术，可以实现对生产过程的全面监控、动态管理，为企业提供全方位的决策支持和运营优化。

5. 智能性

智能性是指智能制造信息平台基于其汇聚的制造大数据，利用机器学习和人工智能算法，提供各类智能服务。平台可以利用历史数据和实时数据进行模式识别和趋势分析，面向不同用户提供不同类型的智能服务。例如：基于设备大数据的智能运维服务，基于生产大数据的生产过程智能优化服务，基于客户大数据的智能营销服务等等。

6. 生态性

生态性是指通过智能制造信息平台能够构建一个开放、共享的产业生态系统。平台除了能实现企业内部的信息共享和业务协作外，还能够促进产业链上下游企业之间的协同与合作，构建一个共同发展的生态圈。通过生态化的合作模式，各个参与方可以共享资源、共同创新，实现产业链的优化和协同发展。

智能制造信息平台的这些特点使其成为企业实现数字化智能化转型的重要工具。其开放性保障了平台自身与外部系统的互联互通；集成性则确保了企业内外部资源的高效协同；可扩展性使得平台能够随着企业发展的需要进行灵活扩展和定制化配置；智能性则赋予平台预测分析、智能化监控等功能，助力企业提高生产效率和产品质量；汇聚性和生态性则在促进产业链上下游企业协同合作、共享资源和信息的同时，为企业提供全方位的数据支持和决策参考，从而推动整个产业的智能化转型和发展。

1.1.5　智能制造信息平台价值

智能制造信息平台为企业带来了多重价值，包括形成制造大数据资源、重构企业价值链、创造更好的客户体验、提升企业运营效率和提升产业竞争力等。

1. 实现信息有序流动，形成制造大数据资源

制造业是一个复杂系统。到目前为止，还没有任何一家软件公司能够设计出满足所有工业领域所需的软件，各软件公司都在某一个专业领域深耕，设计开发服务不同领域和应用场景的软件系统。当一家企业从不同的软件供应商采购不同的业务软件时，信息孤岛问题就会出现并随着软件和系统的增加而日益突出。信息孤岛的危害就是割断了原本密切相连的业务流程，不能满足企业业务处理的需要，会给企业的决策、管控等带来极大的困难。

智能制造信息平台不仅解决了信息孤岛问题，而且能促进信息有序流动，形成制造大数据。首先，智能制造信息平台通过信息系统集成，实现了不同软件和系统之间的无缝连接和数据交换。这使得企业内部的各个业务流程得以贯通，生产计划与物料采购、生产执行与质量控制等环节之间的信息可以实时同步，提升了响应速度和决策效果，提高了生产效率和管理效率。其次，智能制造信息平台通过整合各类数据资源，形成了海量的制造大数据。这些数据涵盖了研发、制造和销售等环节产生的各类信息，包括设备状态、生产过程、供应链、物流仓储、市场需求等。通过对这些数据的分析和挖掘，企业可以实现精益化生产、个性化服务和智能化决策。最后，智能制造信息平台还可以为企业提供更加智能化的服务和支持。基于对制造大数据的分析和挖掘，平台可以为企业提供定制化的生产规划、设备维护、市场预测等智能服务，帮助企业更好地把握市场机遇，优化资源配置，提升竞争力和盈利能力。

2. 产品全生命周期集成，重构企业价值链

智能制造信息平台通过集成产品全生命周期各阶段的业务活动，优化生产要素配置，重构企业价值链。产品全生命周期包括产品研发、生产制造、运营管理和再制造等各个环节，从产品规划设计开始，到产品样机和产品制造，到交付和使用，再到运行维修和再制造。智能制造信息平台可以整合从产品研发、生产制造、运营管理到再制造全生命周期各个环节的信息，实现全过程监控、动态优化和科学决策。通过整合各个环节的信息，基于大数据分析和人工智能技术，企业可以及时发现并解决问题，实现对产品的全面追溯和管理，优化生产流程、提高产品质量，同时也能够更好地响应市场需求，灵活调整生产计划，提升竞争力。

通过将各个环节的信息进行数字化和集成，智能制造信息平台实现了企业内部各个部门和外部供应商、客户之间的紧密连接。例如，订单、生产、物流和客户关系等系统的集成，使得企业能够及时根据客户需求安排生产计划、管理生产过程、跟踪产品交付和客户反馈。客户也可以知道订购的产品在生产过程中的进度。平台把订货计划、装配、物流、维护、供货商和客户等各个方面都连接在一起，使得企业能够更加灵活地响应市场需求，快速调整生产计划和供应链，提高交付效率和客户满意度。

3. 用户服务个性化，创造更好的客户体验

在 C2B（Customer to Business，即消费者到企业）环境下，客户（即消费者）拥有更大的选择权和更多信息获取渠道，他们不再满足于传统的大众化产品和服务，而是先提出需求或主动参与产品设计，之后由生产企业按需求提供定制化产品和服务。客户追求定制化的产品设计、个性化的服务体验。产品不仅仅是一种功能性物品，更是一种与个人价值观和生活方式相契合的象征。因此，企业需要不断寻求差异化竞争的优势，以满足客户的个性化需求。这意味着企业需要更加深入地了解客户，分析他们的行为数据和购买偏好，从而能够提供更加精准和个性化的产品和服务。同时，企业也需要不断创新，提供与众不同的产品设计、营销策略和服务模式，以吸引客户的注意力并建立他们的品牌忠诚度。

企业可以通过智能制造信息平台收集和分析客户的行为数据和购买偏好，推出大规模定制和个性化服务，实现生产过程的灵活调整和快速响应，从而更好地满足客户的个性化需求。同时企业还可以通过智能制造信息平台实时监控和分析生产过程中的数据，根据客户订单的特点和要求，灵活调整生产计划和生产线配置，确保产品能够被及时交付并满足客户的个性化需求。通过平台上客户反馈和数据分析，不断优化和改进产品和服务，及时调整产品设计和服务方案，提升产品的质量和服务的水平，从而提高客户的满意度和忠诚度。

4. 运营管理智能化，提升企业运营效率

智能制造信息平台可以基于大数据分析和人工智能技术，实现运营管理的智能化。通过分析市场需求、生产运营、设备状况、库存管理、客户行为等方面的大数据，平台可以为企业提供产品市场定位、资源配置优化、设备运维、库存优化、产品精准营销等解决方案和运营决策支持，帮助企业提高生产效率、降低成本，提升整体运营效率和竞争力。

首先，从市场的角度，智能制造信息平台可以通过大数据分析和预测技术，实现对市场需求的精准预测和对产品的市场定位，帮助企业调整生产计划和供应链管理，确保其生产的产品能够及时满足市场需求，避免因库存积压或供需不平衡而导致的损失。其次，从资源配置角度，通过实时监控生产线的运行状态、设备的工作效率以及人员的工作情况，平台可以根据生产任务的紧急程度和资源的可用性，优化生产调度，提高生产线的利用率和生产效率。同时，平台还可以通过智能算法对生产过程进行优化，提高生产效率和产品质量。再次，从设备管理角度，通过对设备运行数据的实时监控和分析，平台可以提前预测设备可能出现的问题，制订相应的维护计划和预防措施，避免因设备故障而导致的生产停机和损失，延长设备的使用寿命，降低维护成本。最后，从供应链角度，通过对库存数据和供应链信息的分析，平台可以实现库存水平优化和供应链协同管理，保障生产所需的原材料和零部件得到及时供应，同时避免因库存积压而导致的资金占用和损失。

5. 聚集产业生态，提升产业竞争力

智能制造信息平台作为开放的数字化平台，聚集终端客户、供应商、制造商、再制造商、物流服务商、技术创新者、政府监管部门、服务中介机构等产业生态的参与者，真正实现"以用户为中心"，以数字驱动和生态协同的方式重新构建商业模式、供应链和价值链。

智能制造信息平台为产业生态系统中的参与者提供了供需对接的平台、协同共创的空间和资源交换的场所。平台赋能的制造企业更容易了解每一个垂直领域的细分需求，并且创新产品和服务满足这些需求。这种商业模式的创新激发了新的产品和新的需求，衍生出多样性、复杂化、协同共生的产业生态，让用户个性化服务需求得到超预期的满足。产业供应链被打散再造，形成以客户体验为导向的研发、设计、生产、服务"协同网络"。价值链被重构后，部门和企业的边界被打破，组织内部与外部环境可以畅通地进行资源交换，进而实现价值的转化和增值，从而提升整个产业的竞争力和可持续发展能力。

1.1.6　智能制造信息平台发展过程

智能制造信息平台的发展过程是制造业数字化转型和智能化升级的过程。智能制造信息平台的发展不仅是技术的飞跃,更是产业生态的重构和制造模式的创新。在这个过程中,智能制造信息平台经历了从信息孤岛到内部平台建设,再到系统互联和开放平台的演变过程,涵盖产品研发、生产、销售、运维、供应链等各个环节,为企业提供更加全面、高效的管理和运营模式。

1. 面向系统集成的智能制造信息平台

面向系统集成的智能制造信息平台在 20 世纪 90 年代末期开始出现,在智能制造初期发展阶段扮演了关键角色。在这个阶段,企业内部往往存在多样化的生产设备和信息系统,但这些信息系统之间往往相对独立,导致数据孤立和流通不畅。生产、采购、销售等各个环节的数据被孤立地存储在不同的系统中,难以进行跨系统的协同合作,制约了企业内部的管理与决策效率。为了解决这一问题,面向系统集成的智能制造信息平台应运而生。这种平台以整合企业内部的生产资源、设备和信息系统为核心,通过数字化、信息化和智能化手段来管理和优化生产过程。

面向系统集成的智能制造信息平台通过集成企业内部的各类信息系统,实现生产过程的信息化管理,包括集成 ERP、MES、SCADA(Supervisory Control and Data Acquistion,监控与数据采集)等系统,通过统一的接口和数据标准,将不同系统之间的数据进行互联和共享,消除信息孤岛,实现生产过程的全面监控和管理。同时,面向系统集成的智能制造信息平台还注重实现生产过程的智能化管理和优化,通过数据分析技术,对生产数据进行实时监测和分析,发现潜在的问题和优化空间。但随着企业与外部环境的联系日益紧密,仅仅依靠内部平台已经无法满足企业多样化、跨界合作的需求。

2. 面向供应链协同的智能制造信息平台

21 世纪初期,随着全球化市场和供应链的复杂性的增加,面向供应链协同的智能制造信息平台应运而生。面向供应链协同的智能制造信息平台的重点在于整合企业内部的生产资源和信息系统,并将其与供应链上下游的合作伙伴进行无缝连接和数据共享,其核心目标是通过实时共享订单、库存、生产计划等信息来实现供应链的协同管理和优化,从而提高整个供应链的效率、灵活性和稳定性。

面向供应链协同的智能制造信息平台通过与供应链上下游的合作伙伴进行数据共享和协同,实现了供应链的全面可视化和透明化,企业可以与供应商、物流公司等合作伙伴共享订单、库存、生产计划等信息,实现信息的实时更新和共享。这使得供应链上下游各环节之间的沟通更加高效,能够快速响应市场变化和客户需求,提高交付准时率和客户满意度。此外,面向供应链协同的智能制造信息平台还注重优化供应链管理和降低成本。通过对供应链数据的分析和挖掘,平台可以帮助企业优化生产计划、库存管理等关键环节,降低库存成本和生产成本。同时,通过实时监控供应链上下游各环节的运行状态,平台可以及时发现并解决潜在的问题,提高供应链的稳定性。

3. 基于云的协同制造信息平台

基于云的协同制造信息平台是随着云计算技术和先进制造技术的发展而出现的一种广泛整合企业外部制造资源的解决方案。这种平台基于云端部署,采用制造资源虚拟化、服务化和智能匹配等技术,为企业提供更加灵活和可扩展的制造资源,为全球制造资源的共享和协同提供了平台。

从资源共享与协同合作来说,基于云的协同制造信息平台的核心价值在于虚拟化技术的运用。通过虚拟化，制造资源被数字化并呈现在云端，打破了传统制造业中的地域限制，解决了资源孤岛问题。企业可以通过基于云的协同制造信息平台，利用全球各地的资源，无论是工程设计、物料采购还是生产工艺，都能够在云平台上实现高效的协同工作。因而，平台提高了资源利用效率，加快了产品开发和制造过程，为企业提供了更为便利和灵活的生产环境。从灵活性和可扩展性角度来说，平台为用户提供了高度可定制化的服务，不论是中小企业还是大型企业，都能够根据自身需求量身定制服务模块，这些模块涵盖了诸多方面，包括但不限于设计协作、生产调度、供应链管理、质量控制等，这为用户提供了极大的自主权和灵活性。

4. 基于工业互联网的智能制造信息平台

2012 年工业互联网概念提出，2015 年工业互联网参考框架（IIRA）提出并不断更新完善，这促进了基于工业互联网开放架构的智能制造信息平台的诞生与发展。基于工业互联网的智能制造信息平台以工业互联网技术为基础，将物理世界和数字世界进行连接，实现海量异构数据汇聚与建模分析、工业经验知识软件化与模块化、工业创新应用开发与运行，从而支撑制造企业的生产智能决策、业务模式创新、资源优化配置和产业生态培育。

基于工业互联网的智能制造信息平台通过工业云和边缘侧的协同，采集、汇聚、分析工业数据，构建整体的服务体系，支撑制造资源互联，实现设备、产品和人员之间的实时通信和协同，推动了智能制造向更高层次发展，为企业提供了全方位的智能制造解决方案，推动了工业生产方式的转型与升级。基于工业互联网的智能制造信息平台体系架构包括边缘层、基础设施层（IaaS 层）、制造平台层（PaaS 层）和制造服务层（SaaS 层）四个层级。该四层体系架构已发展成为智能制造信息平台的基本架构。

1.2 智能制造信息平台技术架构

经过多年的发展，智能制造信息平台技术架构基本形成，为智能制造信息平台设计和实现提供了相对统一的标准架构和基本规范。

1.2.1 智能制造信息平台的总体技术架构

智能制造信息平台是现代智能制造产业体系建设的重要基础设施，是集物联网、云计算、大数据、人工智能、工业软件和制造技术等跨领域融合和创新于一体的信息系统，支撑现代制造业的高端化、智能化、绿色化和生态化。智能制造信息平台需要解决一系列问题，包括多种异构制造设备的网络互联、多源多模态数据的融合、海量数据的存储与治理、大数据的建模与分析、制造模式创新和应用以及制造知识的积累与迭代等。智能制造信息平台涉及多类重要技术，其总体技术架构如图 1-4 所示，包括边缘层、基础设施层、制造平台层和制造服务层四层，每一层都扮演着关键的角色，相互协作，为制造企业提供全面的支持和服务。

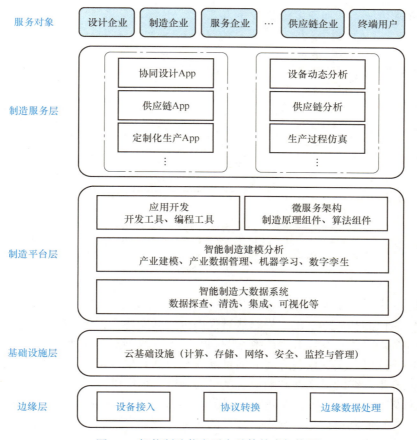

图 1-4 智能制造信息平台总体技术架构图

1.2.2 边缘层

1. 边缘层的概念

边缘层是智能制造信息平台的最底层，位于生产现场，主要负责与物理世界的连接和数据采集，以及异构数据的协议转换与边缘数据处理，同时接收并执行上层下达的控制命令。边缘层实现实时高效的数据采集处理并向信息平台汇聚数据。边缘层部署了大量的传感设备，通过泛在感知技术获得设备、物品、人和环境等各类信息，还可以部署嵌入式计算设备、边缘计算节点、边缘网关等来执行一些简单的数据处理、分析和决策，减少对中心化数据处理资源的依赖。边缘层通过实时数据采集、本地数据处理与分析、边缘智能决策等功能，实现对生产过程的实时监测、智能控制和优化。边缘层的体系架构如图1-5所示。

2. 边缘层的核心技术

边缘层的核心技术包括传感器技术、物联网技术、协议转换技术和边缘计算技术等。

（1）传感器技术　传感器是一种用于检测和感知物理世界中各种物理量、化学量或生物量的装置，能够将所感知的信息转换成电信号或数字信号输出，并传输给智能制造信息平台或其他系统做进一步处理和分析。传感器是智能制造系统感知物理世界的器件，其采集的数据是智能制造信息平台分析与决策的基础。常见的传感器有温度传感器、湿度传感器、压力传感器、光敏传感器和加速度传感器等。

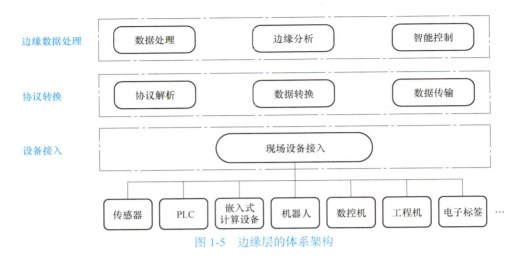

图1-5 边缘层的体系架构

（2）物联网技术　物联网技术通过传感器、设备连接和数据采集技术，实现对生产设备和环境的实时监测和数据采集，为制造过程提供数据支持。利用物联网技术实现工业设备的实时监测和数据采集，在提升生产效率的同时还可以改善安全性和可靠性。通过将生产设备与传感器网络连接，实现设备之间的信息互联和数据共享，可以及时发现并解决生产过程中的问题，提升生产线的灵活性和响应速度，为制造过程提供数据支持和决策依据。

（3）协议转换技术　协议转换技术是指对不同设备、系统或服务使用的通信协议进行转换的技术。在智能制造信息平台中，涉及的多种传感器、控制器以及数据处理系统可能使用不同的通信协议进行数据交换和通信，协议转换技术的作用就是解决它们之间通信协议不一致的问题，使它们能够实现互联互通，实现数据的无缝流动和共享。协议转换技术通常支持多种通信协议的转换，包括常见的工业通信协议（如 Modbus、Profibus、CAN 等）、互联网通信协议（如 HTTP、MQTT、CoAP 等）等，可以满足不同应用场景的需求。该技术可以使智能制造信息平台具有更高的灵活性和可扩展性，使平台可以方便地接入和集成各种类型的设备和系统，为智能制造提供通信和数据交换的基础。

（4）边缘计算技术　边缘计算技术是指利用位于网络边缘的计算资源，对数据进行实时处理、分析和存储的技术。边缘计算技术的主要思想是将计算任务尽可能地靠近数据源或数据消费者，以降低数据传输延迟、减轻网络负载，并提高数据处理的实时性和响应速度。通过在边缘层进行数据处理和分析，能够实现对复杂实时数据的快速响应和智能决策，为智能制造信息平台提供了更加高效、可靠的支持。边缘计算的主要特点包括以下几点。

1）数据近端处理：边缘计算技术将数据处理任务放置在距离数据源较近的边缘设备上，避免将大量数据传输到数据中心进行处理所导致的延迟和网络拥塞问题。

2）实时性和响应速度：由于数据在边缘设备上进行实时处理和分析，边缘计算技术能够提供更快速的数据处理和响应速度，适合对实时性要求较高的应用场景。

3）节约网络带宽：边缘计算技术可以在数据源处对数据进行初步的处理和筛选，只将必要的数据传输到数据中心进行进一步的处理，节约了网络带宽和成本。

4)增强数据隐私和安全性：由于数据在边缘设备上处理，因此可以减少数据在传输过程中的泄密风险，提高数据的隐私和安全性。

5)支持分布式部署：边缘计算技术支持将计算任务在分布式边缘设备上部署和执行，提高了系统的可扩展性和灵活性。

1.2.3 基础设施层

1. 基础设施层的概念

基础设施层通常是以云计算的 IaaS（Infrastructure as a Service，基础设施即服务）形式呈现的。基础设施层为上层提供计算、存储、网络、安全、监控与管理等服务。基础设施层采用了虚拟化、分布式存储、并行计算、负载均衡等关键技术，实现对计算资源、存储资源和网络资源的资源池化管理。基础设施层还包括了安全设施、监控与管理工具等组件，为制造平台层和制造服务层提供必要的技术支持和保障，保障平台的安全性、稳定性和可靠性。基础设施层通常包括以下资源和设施：

（1）计算资源　基础设施层提供了计算资源，包括服务器、虚拟机实例、容器实例等，用于运行各种应用程序和处理计算任务。

（2）存储资源　基础设施层提供了存储资源，包括对象存储、块存储、文件存储等，用于存储应用程序和用户数据。

（3）网络资源　基础设施层提供了网络资源，包括虚拟专用网络（VPN）、负载均衡、内容分发网络（CDN）等，用于构建安全可靠的网络环境，实现数据传输和通信。

（4）安全设施　基础设施层提供了安全设施，包括防火墙、入侵检测、安全组、身份认证和访问控制等，用于保护计算资源和数据的安全性。

（5）监控与管理工具　基础设施层提供了监控与管理工具，包括云管理控制台、监控报警系统、自动化运维工具等，用于监控和管理基础设施的状态和性能。

基础设施层为上层应用提供了稳定、可靠、安全的运行环境和服务支持，是整个平台的基础。它既能够提供弹性的计算和存储资源，根据业务需求进行动态调整，满足不同应用的需求，也能够提供各种监控和管理工具，帮助用户对基础设施进行管理和运维，保障系统的稳定运行和高效管理。

2. 基础设施层的核心技术

基础设施层是指通过网络将 IT 基础设施作为服务对外提供。具体而言，基础设施层利用虚拟化、分布式存储、并行计算、负载调度等技术，实现对存储、计算、网络等资源的池化管理，并根据用户需求动态调配资源，以确保资源的安全性和隔离性，为用户提供云基础设施服务。基础设施层的核心技术主要包括：

（1）虚拟化技术　虚拟化技术通过将计算、存储和网络资源等物理资源进行逻辑抽象和统一表示，实现了物理资源的逻辑隔离和动态分配。通过虚拟化技术，可以提高资源的利用率，并能够根据用户业务需求的变化，快速灵活地进行资源配置和部署。虚拟化技术将物理设备的具体技术特性加以封装隐藏，对外提供统一的逻辑接口，从而屏蔽了物理设备因多样性而带来的差异。虚拟化技术主要包括计算虚拟化、存储虚拟化、网络虚拟化、应用虚拟化等。在智能制造信息平台中，虚拟化技术为智能制造信息平台提供了灵活、可扩展、高效的基础设施支持，有助于降低 IT 成本、提高资源利用率和加速应用部署。

（2）**分布式存储技术** 基础设施层需要同时满足大量用户的需求，并行地为大量用户提供服务。为保证高可用、高可靠和经济性，基础设施层通常采用云计算的分布式存储方式来存储数据，将数据分散存储在多个节点上，实现数据的高可用性、高可靠性和高扩展性。基础设施层采用冗余存储方式来保证数据的可靠性，冗余的方式通过任务分解和集群，用低配机器替代超级计算机来保证低成本。常见的分布式存储系统包括 Hadoop 分布式文件系统（HDFS）、Amazon S3、Google Cloud Storage 等。

（3）**并行计算技术** 并行计算技术是指利用多个计算资源同时进行计算任务的技术。并行计算技术允许一个计算任务被分解成多个子任务，并行地分配到多个计算节点执行，以加快计算速度和提高计算效率。智能制造信息平台的基础设施层所面对的是大规模的数据和复杂的计算任务，如果采用传统的串行计算方式，就会面临计算资源不足、计算时间过长等问题。因此，并行计算技术可以加速计算过程，提高系统响应速度和性能，为智能制造过程提供更快速、更可靠的支持。

（4）**负载调度技术** 负载调度技术通过对计算资源的动态分配和调度，实现对系统负载的均衡和优化，从而提高系统的性能和资源利用率。负载调度技术的主要目标是有效地管理和调度计算资源，确保资源被合理地分配给相关任务，并根据系统负载情况动态地调整资源分配，以实现最佳的性能表现。基础设施层常常会面临各种不同类型的计算任务，这些任务大多具有不同的资源需求、优先级和执行时间。负载调度技术根据任务的特性和系统的负载情况，合理地分配计算资源，确保每个任务都能够按时完成，并尽可能地提高系统的资源利用率和性能，从而为智能制造过程提供更好的支持和服务。

1.2.4 制造平台层

1. 制造平台层的概念

制造平台层是智能制造体系结构中的关键组成部分，主要负责数据管理、数据建模、数据分析，以及提供模型组件、算法组件、开发环境和工具，为制造服务层提供各类组件、分层的动态扩展机制、开发和运维等支撑能力。利用大数据分析、人工智能等先进技术，制造平台层对从边缘层采集到的海量数据进行处理和分析，为企业提供智能化的生产决策和优化方案，实现生产过程的智能化管理，提升生产效率和质量，推动制造业转型升级，实现智能制造的目标。制造平台层的体系架构如图 1-6 所示。

制造平台层的核心是数据建模，将智能制造中的技术原理、行业知识、基础工艺和模型工具模型化、软件化和模块化，并封装为可重复使用的智能制造微服务组件。制造平台层有四个主要功能：一是数据汇聚。边缘层采集的多源、异构、海量数据传输至制造平台层，通过数据探查、清洗、集成和可视化等数据工程处理，为制造数据深度分析和应用提供基础。二是建模分析。提供大数据、人工智能分析的算法模型和各类仿真工具，结合数字孪生、工业智能等技术，对海量数据进行挖掘分析，实现数据驱动的决策与优化。三是知识复用。将工业经验知识转化为平台上的模型库、知识库，并通过工业微服务组件方式，方便二次开发和重复调用，加速共性能力沉淀和普及。四是提供开发环境和工具。面向研发设计、设备管理、企业运营、资源调度等场景，提供各类工业 App、云化软件等开发环境和工具。

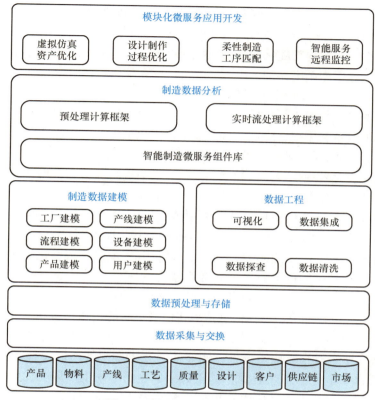

图 1-6 制造平台层的体系架构

2. 制造平台层的核心技术

制造平台层的核心技术主要包括以下内容：

（1）**数据工程技术** 数据工程技术利用工程化技术处理大数据，旨在从数据中提取有价值的信息以支持业务决策和创新。

数据工程处理流程可以划分为数据探查、数据清洗、数据集成、数据可视化四个阶段。

1) **数据探查（Data Exploration）** 是指对数据进行初步的探索性分析，发现数据的基本特征、结构和潜在规律。数据探查通常是数据建模与分析过程中的第一步，旨在帮助分析人员对数据有一个初步的认识，为后续的数据预处理、特征工程和模型构建提供指导。

2) **数据清洗（Data Cleaning）** 是指对原始数据进行预处理，包括去重、去噪、缺失值和异常值处理等，以提高数据的质量和可用性，保证数据的可靠性。

3) **数据集成（Data Integration）** 是指将来自不同数据源和不同格式或不同结构的数据整合到一个统一的数据存储或数据仓库中，支持数据建模与分析。数据集成的主要目标是消除数据孤岛，实现数据统一管理和共享利用。

4) **数据可视化（Data Visualization）** 是指将数据转换为图形、图表、地图等形式的过程，以便用户更直观地理解数据。数据可视化的主要目标是以视觉化的方式呈现数据，帮助人们发现数据中的模式、趋势、关联性等知识，从而支持决策和问题求解。

（2）**数据建模与分析技术** 数据建模与分析技术通过统计学、机器学习和深度神经网络等技术方法，实现面向历史数据、实时数据和时序数据的分类、聚类、关联和预测分析。

数据建模与分析技术通过模型算法管理和引擎调度，使用回归分析法、决策树算法、随机森林算法、聚类分析、关联分析、神经网络、深度学习等方法，从大数据中挖掘背后的规律和知识，既可以帮助企业实现智能化的生产监控和决策，也可以发现生产过程中的潜在规律和优化空间，进而指导生产调度、工艺改进等决策，提高整体生产效率和灵活性。

例如，全球知名的工程机械制造企业卡特彼勒（Caterpillar）利用大数据分析技术对其设备传感器产生的海量数据进行分析，从而实现了对设备运行状态的智能监控、故障预警和维护调度，提高了设备利用率，降低了维护成本，优化了生产效率和资源利用。再如，德国汽车制造巨头奥迪（Audi）利用机器学习和深度学习算法，实现了对生产过程的实时监控和数据分析，从而及时发现生产异常和潜在问题，提前进行预警和调整，最大限度地减少了生产中断和质量缺陷，提升了整体生产效率和产品品质。

（3）数字孪生　数字孪生也称为数字映射或数字镜像，是指在信息平台内模拟物理实体、流程或系统，类似于实体系统在信息平台中的"双胞胎"。具体而言，数字孪生采用信息技术对物理实体、流程或系统的组成、特征、功能和性能进行数字化定义和建模，其本质就是在信息空间对物理空间的等价映射。数字孪生的三个组成部分是：物理空间的实体产品、信息空间的虚拟产品、物理空间和信息空间之间的数据和信息交互接口。通过智能感知、大数据分析、人工智能等新一代信息技术在信息空间的仿真分析和预测，以最优的结果驱动物理空间的运行。在智能制造领域，虚拟的信息空间反映了相对应的物理实体产品全生命周期过程。数字孪生有很多应用场景，例如基于数字孪生的产品设计、基于数字孪生的虚拟样机、基于数字孪生的工艺规划、基于数字孪生的车间生产调度优化、基于数字孪生的生产物流精准配送、基于数字孪生的故障预测与健康管理、基于数字孪生的产品服务系统等。

（4）制造建模技术　制造建模技术主要用于对复杂制造过程进行数学建模，从而实现对生产过程的优化、控制和预测。它主要包括机理建模技术和测试法建模技术。机理建模技术基于对物理、化学或生物过程的深入理解，结合电子、信息、机械、物理等领域的专业知识与生产实践经验，依据制造生产流程中对应的变化机理，通过应用相关的基本原理和方程来构建模型。这些模型通常反映了系统的内在规律和动力学特性，是建立在对系统运行机制全面认知基础上的数学表达。测试法建模技术主要基于实验数据，通过对数据的分析和挖掘来建立模型。该技术不依赖于系统的内部机制，而是通过观测输入输出数据来推断系统行为，通过从数据中挖掘规律，实现在缺乏系统内部知识的情况下也能有效建模和预测。

（5）微服务架构技术　微服务（MicroService）是一种面向服务的架构概念，一个大型复杂软件应用由多个微服务和前端展示层组成。每个微服务都专注于完成特定的业务功能，系统中的各个微服务可被独立部署和更新，各个微服务之间是松耦合的。微服务之间通过轻量级协议如HTTP/HTTPS（超文本传送协议/超文本传送安全协议）通信，通常使用RESTful API（REST即描述性状态转移）或消息队列。微服务之间彼此独立，通过开放的API进行交互，避免了紧密耦合，提升了系统的灵活性和可维护性。微服务架构中的每个微服务都有自己的六边形架构模型，围绕核心的商业逻辑，提供各种接口和适配器，用于与外部系统、数据库以及其他微服务进行交互。在制造平台层中，微服务架构不仅提升了系统的开发和维护效率，还增强了系统对变化和故障的应对能力，是构建智能制造信息平台的重要技术手段。

1.2.5 制造服务层

1. 制造服务层的概念

制造服务层是智能制造信息平台向企业和用户提供服务的接口,包括生产过程仿真、协同设计、协同制造、定制化制造、供应链协同、远程诊断、智能维护等服务。制造服务层采用了各种类型的智能化服务模式,为制造过程参与者提供灵活的、按需的服务支持,帮助其解决需求、设计、生产、服务等过程中的各种问题和挑战,实现智能化制造和管理。通过制造服务层,企业可以获得定制化的智能制造解决方案,提升生产效率和产品质量。

制造服务层是智能制造信息平台的重要组成部分,其主要功能是向企业和用户提供各种服务,包括协同设计、生产制造、供应链管理、过程监控、设备维护、质量管理、智能服务等。制造服务层致力于为企业提供全方位的支持和服务,帮助其实现生产过程的智能化管理,提高生产效率,并不断优化生产流程,以满足市场需求并保持竞争力。

制造服务层在向企业和用户提供服务的过程中具有以下作用:

(1) 提供生产资源和服务　制造服务层整合各类生产资源和服务供应商,为企业提供原材料采购、加工生产、物流配送等一站式生产解决方案。这种服务模式有助于企业降低生产成本、提高效率,并为用户提供高质量、便捷的产品。

(2) 实现定制化生产　制造服务层支持企业实现定制化生产需求,灵活调整生产计划和生产过程,满足用户个性化的需求。通过定制化生产,企业可以提供更符合用户需求的产品,增强竞争力。

(3) 促进产业协同与合作　制造服务层促进不同企业之间的合作与协同,实现产业链上下游的资源共享和信息互通。通过协同与合作,企业可以优化资源配置,提高生产效率,为用户提供更多选择。

(4) 提升用户体验　制造服务层通过线上平台提供工业生产服务,用户可以实现在线下单、在线支付、快速交付等功能。优化的用户体验可以提升用户满意度,增强用户黏性,促进用户的再使用。

(5) 数据分析与优化　制造服务层收集大量数据信息,通过数据分析和人工智能技术帮助企业更好地理解市场需求和产品偏好。通过数据分析,企业可以优化生产策略,提升市场竞争力,为用户提供更符合需求的产品和服务。

制造服务层在向企业和用户提供服务的过程中起到了整合资源、支持定制化生产、促进产业协同、提升用户体验和优化数据分析等作用,推动了制造业的发展和用户体验的提升。

2. 制造服务层的核心技术

为满足企业和用户的需求,制造服务层需要应对多场景、多业态的生产情况,核心技术主要包括:

(1) 图形化编程技术　图形化编程技术是一种通过图形界面而非传统文本编码方式来创建程序的方法。图形化编程技术更易于理解和使用,可以帮助不熟悉代码的领域专家通过可视化编程语言快速生成应用程序。可视化编程语言(Visual Programming Language,VPL)使用图形元素(如图形符号、图标或图形框)来表示程序的逻辑结构和操作。用户可以通过拖拽和连接这些图形元素来创建程序,而无须编写代码。图形化编程工具(Graphical Programming Tool,GPT)提供了图形化界面,使用户能够使用图形元素来创建复杂的程序和系统。这些工具和方法不仅降低了开发难度,也提高了开发效率。

(2)多租户技术 多租户技术(Multi-Tenancy Technology,MTT)作为一种重要的软件架构技术,能够有效降低环境配置成本,提高系统资源利用效率,并为供应商和用户带来诸多优势。它允许多个独立用户(即租户)共享同一套应用程序和基础设施。每个租户在逻辑上是独立的,但实际上使用的是相同的物理资源。这种架构类似于共享经济模式,通过资源共享来降低硬件成本和软件授权成本。不过每个租户的数据和配置彼此隔离,确保隐私和安全,这进一步保证了各租户的独立性。多租户技术能够让程序发布成本大幅降低,当软件升级后重新发布时,由于所有租户都在同一环境下,只需发布一次就能够同时对所有租户生效。因此,采用多租户技术不仅提升了平台的灵活性和可扩展性,还给供应商和租户带来了更高的服务质量和更低的维护成本。

(3)应用系统集成技术 应用系统集成是针对客户的具体业务需求,设计一个适合其业务流程的系统模式及可实现的详细技术解决方案。应用系统集成的主要目标是通过整合不同的应用系统和技术,实现数据和功能的无缝连接,从而提升整体业务效率和响应能力。应用系统集成已经深入用户某业务和特定的应用层面,可以说是系统集成的高级阶段。

(4)区块链技术 区块链技术作为一种去中心化的分布式账本技术,在智能制造信息平台中发挥着至关重要的作用。区块链技术不仅提供了防篡改、访问限制、智能合约等功能,还针对制造业数据量巨大且频繁变动的数据特点,开发了专门的快速读写功能,以满足高效溯源和资产转移的需求。在图形化编程技术的加持下,联盟链成员可以很容易地进行权限管理,而且对应的操作能够实现智能合约的自动转化和部署。基于可信数据,相关参与方的数据、过程和规则通过智能合约入链后,直接和相关参与者的数据链形成共享体系。数据跨链共享实现了相关参与者的价值交换,是相关参与者互利共赢的关键。同时,监管机构以区块链节点的身份参与基于联盟链的智能制造基础设施中,通过智能合约实现合规审查和动态监管,自动获取、分析企业数据,进行实时合规检查,确保整个行业在合规框架下运行。

核心技术的应用,为制造服务层提供更多的创新可能性,推动制造业向智能化、柔性化和绿色化方向发展,以适应日益复杂和多样化的市场需求,对企业和用户都有着积极的作用,可以帮助企业降低成本、提高效率,同时为用户提供更多样化的选择、满足个性化需求。

1.3 基于智能制造信息平台的智能制造新模式

新一代信息技术与制造技术深度融合,形成了一批典型的智能制造模式,包括以用户个性化定制为引领的大规模个性化定制制造模式、以供应链优化为核心的网络协同制造模式、基于云平台的社会化协同制造模式以及制造融合服务的服务型制造模式。智能制造信息平台是支持智能制造模式创新和发展的基础设施。

1.3.1 大规模个性化定制制造模式

在当今快速变化的市场环境中,客户对产品和服务的期望已经发生了根本性变化,大批量生产模式已经无法满足客户日益增长的个性化需求，大规模个性化定制制造模式应运而生。这种模式旨在大规模地提供个性化的产品和服务，同时保持制造的高效率和成本效益。这种模式通过分析大量客户的个性化需求，对产品全生命周期、系统层级中一个或多个环节进行重构，并以规模化生产方式来满足客户个性化需求。大规模个性化定制制造能够给企业带来更高的客户满意度和忠诚度，同时提高市场响应速度和产品多样性。企业在不牺牲效率的前提下，能够提供大规模定制化的产品和服务，从而在竞争激烈的市场中获得竞争优势。

1. 大规模个性化定制制造模式的特点

在大批量生产向大规模个性化定制制造演进的过程中，产品制造特性从大批量向小批量多批次的方向转变。大规模个性化定制制造模式的特点见表1-1。

表1-1 大规模个性化定制制造模式的特点

特点	内涵
个性化定制	注重收集和分析服务过程中客户的数据，结合客户需求创新服务方式、产品设计以及工艺优化
模块化设计	注重对产品的分解、拆分和统一，推动部件模块化、配件精细化、零件标准化
智能化制造	利用现代信息技术和敏捷制造技术，对原材料到产品和服务的全链条过程进行优化创新
精细化管理	对整个制造过程进行综合优化和改进

个性化定制作为大规模个性化定制制造模式的核心，要求企业不仅要关注产品的生产和质量，还要深入了解客户的个性化需求。通过收集和分析客户数据，企业能够创新服务方式，设计出符合特定需求的产品，并优化生产工艺。这种以客户为中心的定制化服务不仅提升了客户满意度，也为企业创造了独特的市场竞争优势。模块化设计的理念在于将产品分解为独立的、可组合可替换的模块，不仅简化了生产过程，还提高了产品的灵活性和可维护性。通过标准化的部件和配件，企业能够快速响应市场变化，实现产品的快速迭代和更新。智能化制造的引入，使得企业能够利用现代信息技术，如物联网、云计算、人工智能等技术，对生产过程进行实时监控和智能优化。这些技术的应用提高了生产效率，降低了成本，并使生产过程更加透明和可追溯。此外，精细化管理则涉及对制造过程的每一个环节都进行细致的优化和改进。通过精益生产、持续改进和六西格玛等管理方法，企业能够减少浪费，提高资源利用率，确保产品质量的稳定性。

总体而言，大规模个性化定制制造模式的特点体现了制造业对市场变化的快速响应能力、对客户需求的深入理解和满足，以及对生产技术和管理方法的不断创新和优化。这种模式的实施，不仅能够提升企业的竞争力，还能够推动整个制造业向更加智能、灵活和客户导向的方向发展。

2. 面向大规模个性化定制制造的智能制造系统

大规模个性化定制制造对智能制造系统提出了诸多新的需求。一套面向大规模个性化定制制造的智能制造系统要覆盖产品全生命周期，具备个性化设计、柔性制造、智能优化等关键能力。智能制造系统的核心功能模块包括：

（1）**需求驱动的数据智能分析** 依托海量客户数据、生产运营数据和市场数据，通过数据清理、自然语言处理等技术手段，精准挖掘客户个性化需求。集成统计建模、机器学习等算法，对市场趋势和客户行为进行深入分析与预测，把握市场发展动向。此外，构建全流程质量评估体系，制定严格质量控制标准，确保个性化定制产品达到质量要求。

(2) **基于知识的产品创新设计与优化** 采用模块化产品设计方法，支持产品快速定制和迭代优化，满足个性化多样性需求。集成产品参数优化工具，结合特定客户需求，优化设计参数，实现精准匹配。融合客户偏好模型及行为数据分析，实现真正个性化的产品设计。同时，建立设计知识库系统，支持设计资源共享复用，提升产品创新设计效率。

(3) **智能供应链与柔性制造** 实时监测供应链运行状态，获取物流配送和库存管理数据。通过智能优化算法，动态调度物流路线，优化库存配置。基于产品市场数据分析，动态调整生产计划，提高供应链灵活适应能力。结合制造数字化技术，通过智能调度算法，优化生产制造过程，提高制造效率和柔性化水平。

(4) **个性化体验与服务协同** 构建多模态人机交互界面，支持客户参与产品设计环节，高效获取个性化需求反馈。对客户需求数据进行深度分析和挖掘，为个性化定制生产提供决策支持。持续收集分析客户使用反馈数据，优化改进产品设计与个性化服务。

实现上述智能制造系统功能的核心在于构建一个面向大规模个性化定制制造的信息平台，该平台通过集成大数据智能分析、智能优化决策、智能制造执行、人机交互协同等关键技术，为智能制造系统各核心功能模块提供智能分析、在线优化、柔性制造、人机交互等综合能力支撑，使制造企业能够精准捕捉客户的个性化需求，并迅速将这些需求转化为高效的产品设计、精准的生产流程、灵活的供应链管理和卓越的客户服务，从而实现全流程的智能化和大规模个性化定制。

1.3.2 网络协同制造模式

在数字时代，海量的社会化制造资源与迅速发展的信息网络技术紧密结合，形成了复杂的网络协同制造模式。网络协同制造模式通过融合数字化、网络化、智能化等信息技术手段，在制造企业内部（包括企业各系统、部门、各工厂之间）、供应链内部和供应链之间进行资源共享和优化配置，打破了传统制造业的组织边界和信息壁垒，实现了企业内部各环节以及上下游企业之间的协同合作和资源共享。

1. 网络协同制造模式的特点

网络协同制造模式实现了制造资源的高效利用、组织间的紧密合作、信息的透明流通、生产的灵活性和创新能力的提升。网络协同制造模式的特点见表1-2。

表1-2 网络协同制造模式的特点

特点	内涵
组织结构动态虚拟化	打破了传统的层级式组织结构，形成了扁平化、网络化的动态虚拟组织，各节点根据项目需求灵活组合，满足市场的多样化需求
跨界协同合作网络化	强调不同企业间的合作与协同，通过建立合作伙伴关系，实现设计、生产、物流等环节的紧密合作
制造资源共享优化	注重企业内部各环节以及上下游企业之间的资源共享，实现对分散的制造资源优化配置，提高了资源利用效率

(续)

特点	内涵
风险分散与共担机制	风险不再由单一企业承担，而是通过网络化合作分散到多个合作伙伴，有助于降低单个企业的经营风险，增强整个网络的稳定性和抗风险能力
绿色可持续制造	通过优化资源配置和生产流程，减少能源消耗和废弃物产生，促进了环境友好型生产

组织结构动态虚拟化赋予企业快速响应市场变化的能力，通过构建扁平化、网络化的组织结构，企业能够迅速调整生产策略，以适应个性化和定制化的需求。跨界协同合作网络化则使企业能够超越自身限制，通过合作伙伴的互补优势，共同开发新产品、开拓新市场。这种合作模式促进了知识和技术的快速流动，加速了创新成果的转化应用。制造资源共享优化是网络协同制造模式的一个显著特点，它使得企业能够根据生产需求灵活调配资源，不仅提高了资源使用效率，还降低了运营成本。风险分散与共担机制是网络协同制造模式的一个重要优势，它通过将风险分散到整个网络中的多个合作伙伴上，减轻了单个企业的压力，增强了整个制造网络的抗风险能力。这不仅有助于企业稳健经营，也为行业的健康发展提供了保障。最后，网络协同制造模式对环境的影响也不容忽视，通过优化生产流程和资源配置，减少了能源消耗和废弃物的产生，推动了制造业向更加绿色和可持续的方向发展。这种模式的实施不仅符合全球可持续发展的趋势，也为企业赢得了勇于承担社会责任的良好声誉，增强了企业的竞争力和市场影响力。总之，网络协同制造模式通过促进资源共享、加强合作、提高灵活性和可持续性，给现代制造业带来了深远的变革和全新的发展机遇。

2. 面向网络协同制造的智能制造系统

网络协同制造模式对企业制造系统提出了新的要求。企业需要构建一套面向网络协同制造的智能制造系统，以满足资源共享、跨组织协作、动态生产调度等网络协同制造的关键需求。该智能制造系统的核心功能如下：

（1）跨界协同创新设计　通过构建跨界协同设计平台，集成多方专业知识和设计资源，实现全生命周期的协同设计，极大缩短产品开发周期。利用实时通信和协作工具，虚拟团队可高效协作，共同将创新理念转化为满足市场需求的产品。平台内置的知识库和最佳实践案例也为设计创新提供有力支持。

（2）智能供应链协同管理　通过与上下游企业系统集成，实现供应链全流程的实时数据交换和信息共享。利用大数据分析和人工智能算法，精准预测市场需求变化，动态优化供应链运作策略，确保原材料和组件得到及时供应，最大限度降低库存和物流成本。同时，支持供应商的高效协作，提升供应链的响应速度和运营效率。

（3）智能调度与资源优化　基于对实时订单需求、生产能力、资源状态的全面感知，通过约束规划和智能优化算法，动态调度生产资源，生成最优生产计划，实现多品种小批量的高效生产。同时，支持手动干预和在线调整，满足企业定制化需求。资源的动态优化配置确保了生产资源的高效利用。

（4）制造过程智能监控与优化　通过集成先进的物联网、大数据和人工智能技术，实现对生产设备和工艺的全面监控。通过实时数据采集和分析建模，能够自动诊断生产异常，预测异常发生风险，并提供智能决策支持，自动优化调整生产工艺参数，确保产品质量和生产过程稳定可控。

（5）**网络安全风险管控** 通过集成多种网络安全防护技术，及时发现和阻止黑客攻击、病毒蠕虫、非授权访问等安全威胁，确保网络环境的可靠运行。同时，平台内置的风险评估模型，可以识别和量化各类潜在经营风险，并提出风险规避和应急预案，降低生产中断和供应链中断风险，提高整体运营的稳定性和连续性。

（6）**绿色智能制造与能源优化管理** 专注于提高资源和能源的利用效率，评估生产过程中对环境的影响。通过优化生产流程，合理调配资源，减少物耗、能耗和"三废"排放，推动绿色环保制造和节能减排。同时，平台可对可再生能源进行规划和管理，实现能源的可持续利用。

实现上述智能制造系统核心功能的关键在于构建一个面向网络协同制造的信息平台。该平台通过集成跨界协同设计、智能供应链管理、智能制造调度、过程智能优化、网络安全防护、绿色节能等关键技术，为智能制造系统各核心功能模块提供跨组织协同创新、动态供应链优化、智能资源调度、制造过程优化、网络安全管控、绿色节能制造等综合能力支撑，使制造企业能够高效整合内外部资源，实现跨组织、跨领域的协同设计创新，动态优化供应链资源配置，提高资源利用效率，从而实现制造网络的高效协同、制造资源的优化配置以及制造过程的智能化运营。

1.3.3　社会化协同制造模式

新一代信息技术与制造业的深度融合正推动制造业向社会化、服务化、互联集成化与平台化方向转型发展，衍生了基于智能制造信息平台的社会化协同制造新模式。该模式通过社会化网络和协同合作的方式，能够将分散的制造资源整合起来，实现更加灵活、高效和可持续的生产制造。在社会化协同制造模式下，倡导制造企业与供应商、合作伙伴以及个体制造者建立紧密联系，通过信息平台实现信息共享、协同设计和资源共享，以适应不断变化的市场需求，降低生产成本，并促进创新和可持续发展。

1. 社会化协同制造模式的特点

社会化协同制造模式通过开放资源、社会化协作、智能互联等方式，促进制造业转型升级，实现制造资源高效整合和个性化需求满足，推动制造业可持续发展。社会化协同制造模式的特点见表1-3。

表1-3　社会化协同制造模式的特点

特点	内涵
社群协同创新	鼓励制造企业与供应商、合作伙伴、个体制造者等社会化制造主体建立紧密联系，通过开放式协作实现信息共享、联合设计和制造，提升协同效率和创新能力
客户参与定制	允许终端客户深度参与产品设计和定制，通过网络平台收集客户需求反馈，实现大规模个性化定制和众包创新设计
资源开放共享	倡导将传统封闭的制造资源开放共享，利用社交网络、在线平台等工具整合企业内外的设计、生产、物流等资源，实现资源的高效利用
风险分散与共担	风险由网络中的多个参与者共同承担。这种分散化的风险管理策略有助于减少单一主体的风险暴露，增强整个制造网络的稳定性和抗风险能力
绿色可持续制造	倡导绿色生产和循环经济，通过优化生产流程和提高资源利用效率来减少环境影响

社会化协同制造模式的核心在于其社群协同创新，通过打破企业间的物理界限，促进了跨组织的合作与资源共享。企业、供应商、合作伙伴乃至个体制造者能够在一个开放的环境中共同工作，利用信息平台进行有效的沟通和协作，这不仅提高了生产效率，还加速了创新的步伐。客户参与定制给终端客户带来了前所未有的体验，他们可以直接参与产品的设计与制造过程，提出个性化需求。风险分散与共担是社会化协同制造模式的一个重要优势，它通过将风险分散到整个网络中的多个参与者上，减轻了单一企业的压力，增强了整个制造网络的抗风险能力。最后，绿色持续制造是社会化协同制造模式的重要考量。通过优化生产流程和资源配置，该模式有助于减少能源消耗和废弃物的产生，推动了制造业向更加绿色和可持续的方向发展。这种模式的实施不仅符合全球可持续发展的趋势，也为企业赢得了勇于承担社会责任的良好声誉，增强了企业的竞争力和市场影响力。综上所述，社会化协同制造模式通过促进资源共享、加强合作、提高灵活性和可持续性，给现代制造业带来了深远的变革和全新的发展机遇。

2. 面向社会化协同制造的智能制造系统

社会化协同制造模式对传统制造系统提出了新的挑战和需求。制造企业需要构建面向社会化协同的智能制造系统，以满足资源开放共享、大众创新协作、个性化定制服务等核心需求，支撑向社会化协同制造模式平稳过渡。该智能制造系统的核心功能如下：

（1）开放式资源动态优化配置　采用资源开放共享机制，动态整合企业内外各类资源，包括设计、制造、物流等核心资源以及外部合作伙伴和个体制造者的资源。通过先进的优化算法和技术手段，实现资源的动态优化配置和高效利用，支持社会化制造主体之间无缝协同共享资源，打破传统封闭式资源利用模式，全面提升整体制造网络的竞争优势。

（2）社群化众包创新协作　基于互联网平台，构建社群化众包创新协作生态系统，为制造企业与客户、供应商、合作伙伴等社会化主体提供开放式协作空间。企业可借助该生态系统收集客户需求反馈，激发创新创意，开展产品大众创新设计和跨界协作，加速从产品概念到实现的全过程，提升创新效率。

（3）全生命周期个性化定制与服务　致力于根据客户个性化需求，在从产品设计、生产制造到销售交付的全生命周期中，提供一体化个性化解决方案。通过需求分析、参数自定义等技术手段，实现大规模个性化定制，确保产品与服务的无缝集成交付，高效满足用户对个性化差异化产品日益增长的需求。

（4）智能制造与工艺优化决策支持　通过融合物联网、大数据、人工智能等前沿技术，实现生产过程的智能化监控和自动化控制。通过建模仿真、优化算法等手段，对产品设计方案、工艺路线进行智能优化决策，显著提升制造效率和产品质量，降低生产成本，缩短制造周期。

（5）数字化跨组织业务协同管理　通过整合企业内外信息系统，构建统一的数字化协同管理平台，实现设计、生产、物流等业务环节的实时数据共享和业务协同，打破信息壁垒，支持跨界业务流程融合，使企业能够快速响应市场变化和满足客户多样化需求，全面提高企业运营的敏捷性和适应性。

（6）智慧化精益生产优化　通过融合精益生产理念与新一代信息技术，利用工艺流程优化、能源管理等措施，有效降低资源消耗，减少废弃物排放，最大限度地提高能源利用效率，推进绿色智慧化制造，促进环境友好型生产方式，彰显企业对可持续发展的责任与承诺。

实现上述智能制造系统核心功能的关键在于构建一个面向社会化协同制造的信息平台,该平台通过集成开放资源管理、众包协作创新、个性化定制、智能制造优化、数字化业务协同、精益智慧生产等关键技术,为智能制造系统各核心功能模块提供资源开放共享、大众创新协作、个性化定制交付、制造过程智能优化、跨组织业务协同、绿色智慧制造等综合能力支撑,使制造企业能够高效整合社会化资源,实现大众化产品创新设计,提供全生命周期个性化产品与服务,从而充分释放社会化协同制造的创新活力和价值潜能。

1.3.4 服务型制造模式

在全球经济模式从产品经济向服务经济转型升级的趋势下,创新服务日益成为促进智能制造高质量发展的核心驱动力,推动着制造企业从提供单一产品向产品融合服务方向转变,并由此衍生了服务型制造模式。服务型制造模式是通过产品和服务的融合、客户全程参与、企业间相互提供生产性服务和服务性生产,实现分散化制造资源的整合和各自核心竞争力的高度协同,达到高效创新的一种新型智能制造模式。企业不仅提供个性化的产品,还提供定制化的全生命周期服务,以满足客户个性化和多元化需求,强调与客户的紧密互动,通过充分利用数字化技术如物联网、大数据分析等先进手段,实现产品全生命周期的远程监控、状态预测、预防性维护和个性化定制等增值服务能力,显著提升客户体验和忠诚度,从而在日益激烈的市场竞争中获得可持续竞争优势。

1. 服务型制造模式的特点

服务型制造通过客户全程参与、企业间相互提供生产性服务和服务性生产,为客户提供符合其个性化需要的广义产品(产品+服务)。服务型制造模式的特点见表1-4。

表1-4 服务型制造模式的特点

特点	内涵
客户中心化定制	强调以客户为中心,注重提供定制化的产品与服务组合
集成化产品服务	注重产品与服务的有机结合,提供一体化产品解决方案
数字化赋能服务	依托先进的数字化技术,如物联网、大数据分析等,实现远程监控、状态预测、预测性维护、个性化定制等增值服务的能力
全生命周期价值链管理	覆盖了产品全生命周期,从需求分析、产品设计,到生产制造、销售交付、使用维护、升级再制造等各个环节
网络化协作与价值共创	客户、服务提供商、制造企业等多方通过价值感知,主动参与到服务型制造网络的协作活动中,在动态协作中实现资源优化配置,共同创造价值

服务型制造摆脱了传统制造的低附加值的形象,在价值实现、作业方式、组织模式和运作模式上具有和以往各类制造模式显著不同的特点:在价值实现上,服务型制造注重提供具有丰富服务内涵的产品和依托产品的服务,为客户提供一体化解决方案;在作业方式上,由传统制造模式的以产品为中心转向以客户为中心,强调客户、作业者的认知和知识融合,通过有效挖掘服务制造链上需求,实现个性化生产和服务;在组织模式上,服务型制造的覆盖范围虽然超越了传统制造及服务的范围,但是它并不追求纵向的一体化,而是更关注不同类型主体(客户、服务提供商、制造企业)通过价值感知,主动参与到服务型制造网络的协作

活动中，在动态协作中自发形成资源优化配置，涌现出具有动态稳定结构的服务型制造系统；在运作模式上，服务型制造强调主动性服务，主动将客户引进产品制造、应用服务过程，主动发现客户需求，展开有针对性的服务。企业间基于业务流程合作，主动实现为上下游客户提供生产性服务和服务性生产，协同创造价值。

2. 面向服务型制造的智能制造系统

服务型制造模式对企业制造系统提出了全新要求。企业迫切需要构建一套面向产品全生命周期的智能制造系统，以满足个性化定制、远程服务、预测性维护等服务型制造的关键需求。该智能制造系统的核心功能如下：

（1）知识驱动的产品个性化设计　融合客户个性化需求与设计专家知识库，提供基于知识的产品个性化定制支持平台。集成可视化三维建模、虚拟样机仿真验证、自动生成制造代码等功能，支持高效快速的大规模产品个性化定制设计，显著缩短新产品开发周期，加速个性化定制产品的开发交付。

（2）产品全生命周期集成管理　贯通产品全生命周期各关键阶段，包括设计研发、生产制造、销售交付、使用服务、维修升级以及报废再制造等环节。基于统一的产品信息模型和数据管理平台，实现产品数据的跨阶段无缝集成共享，为提供全生命周期增值服务奠定基础。

（3）远程智能监控与预测性维护决策　利用物联网感知技术，实时远程采集产品使用和运行数据。通过机器学习建模和智能诊断技术，对产品运行状态实施实时监控、故障智能诊断，并预测剩余寿命，为产品的使用和维护提供智能决策支持，实现基于预测的主动性维护服务。

（4）云制造与远程服务协同　将智能制造系统与云计算平台无缝集成，构建虚拟化的协同制造与服务环境。通过云端远程连接现场设备、操作工人、专家团队等，开展交互式操作指导、远程设备维修等远程协同服务，显著提高服务响应速度和质量。

（5）制造服务一体化智能调度优化　对制造和服务全流程实施智能调度管理，基于实时数据分析，动态优化生产计划排程，合理配置制造和服务资源，并智能协同执行制造和服务过程，实现制造服务一体化的智能化、自动化和可视化运营管理。

实现上述智能制造系统核心功能的关键在于构建一个面向服务型制造的信息平台。该平台通过集成知识驱动的设计、产品全生命周期管理、远程监控诊断、云制造服务协同、制造服务一体化调度等关键技术，为智能制造系统各核心功能模块提供个性化产品设计、全生命周期集成管理、智能预测维护、远程协同服务、制造服务优化调度等综合能力支撑，使制造企业能够在产品全生命周期内提供持续的增值服务，实时掌握产品状态并快速响应客户需求，实现对制造与服务全流程的一体化调度和智能优化，确保运营效率和客户满意度的双重提升。

大规模定制强调个性化需求，网络协同注重供应链协同，社会化协同强调开放创新，服务型制造强调产品与服务的融合，而实现这些智能制造模式的共同核心是构建数字化、智能化和协同化的智能制造信息平台。该平台将需求发现、产品设计、生产计划、制造过程等全流程数字化，通过应用新一代信息技术来提高制造效率，并支持跨组织实时协同、持续监测和大数据分析，能有效促进设备互联、价值链集成，实现生产资源的高效整合与协同作业，为各种智能制造模式提供支撑，推动制造业朝着更加灵活、高效和智能的方向发展。

1.4 智能制造信息平台构成与开发技术

智能制造信息平台是一个生态系统，包含提供不同服务功能的子平台，从不同维度整合资源，创造价值。同时，智能制造信息平台的开发是一个复杂的软件工程，涉及多种技术和方法。

1.4.1 智能制造信息平台构成

1. 智能制造生态体系

2016 年美国国家标准与技术研究院（NIST）工程实验室系统集成部门发布了《智能制造系统现行标准全景图》，提出了智能制造生态系统。智能制造生态系统涵盖制造系统的广泛范围，包括产品、生产、商业、设计和工程。它定义了三个维度，即三个主轴，分别是产品维度、生产维度和商业维度，如图 1-7 所示。

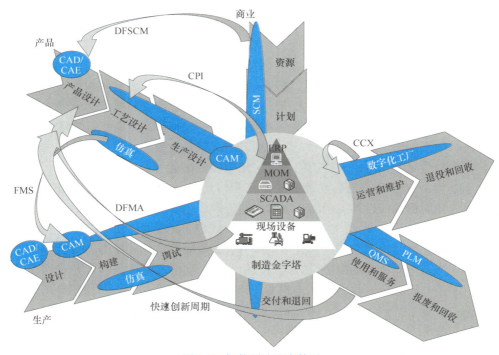

图 1-7 智能制造生态体系

FMS—柔性制造系统　DFMA—面向制造和装配的产品设计　DFSCM—供应链管理设计产品
CPI—持续过程改进　CCX—持续改进和持续测试

三个主轴之间进行更紧密的串联互动，形成更短的产品创新周期、更高效的商业链，并使生产系统产生更大的灵活性。图 1-7 中产品生命周期、生产周期和商业周期聚集和交互的核心为制造金字塔。

（1）产品维度 描述了产品的全生命周期，包括产品设计、生产设计、产品工程、产品使用和服务、产品报废和回收五个阶段。产品生命周期与信息流和控制从早期产品设计阶段开始，一直持续到产品生命结束。

（2）生产维度 描述了生产系统生命周期，关注整体生产设施及其系统的设计、构建、调试、运维、报废、退役和回收。

（3）商业维度 描述了供应链管理的商业周期，处理供应商和客户互动的功能。在电子商务模式不断创新的背景下，任何类型的业务和商务活动都涉及众多利益相关者之间的信息交换。商业系统与产品系统、生产系统间的交互和融合更为密切。

（4）制造金字塔 制造金字塔是智能制造系统的核心。产品系统、生产系统和商业系统三个主轴之间互联互通，每个维度的信息都必须能够在金字塔内部上下流动。制造金字塔分为四层：顶层是企业经营层，包括 ERP 系统；第二层是制造运营管理层，包括 MOM（Manufacturing Operations Management，制造运营管理）系统；第三层是监控与数据采集层，包括 SCADA 系统；最底层是现场设备（Field Device）层。

2. 智能制造信息平台体系

支持智能制造生态体系高效运转、持续迭代、涌现智能的基础是基于新一代信息技术构建起来的各类智能制造信息平台，包括产品维度的信息平台、生产维度的信息平台、商业维度的信息平台、制造金字塔维度的信息平台以及信息网络平台。这些平台相互联通、业务关联、协同运行，构成了智能制造信息平台体系。

（1）产品维度的信息平台 产品维度的信息平台包括产品研发生产运维信息平台和产品信息平台。其中，产品研发生产运维信息平台是支持产品设计、生产计划、产品工程、产品使用和服务、产品报废和回收全生命周期业务的信息系统。产品信息平台是支持智能产品正常运行和维护的信息系统。

（2）生产维度的信息平台 生产维度的信息平台是支持智能工厂的设计、建造、调试、运维、报废和再利用全生命周期的信息系统，该平台的应用主体是智能工厂的承建方和智能制造企业。

（3）商业维度的信息平台 商业维度的信息平台包括智能制造供应链信息平台和智能制造产业生态信息平台。智能制造供应链信息平台是一个集成了供应链管理和智能制造技术的信息平台，用于实现供应链的智能化、数字化和网络化管理。智能制造产业生态信息平台是指智能制造企业与企业生态环境形成的相互作用、相互影响的生态系统。

（4）制造金字塔维度的信息平台 制造金字塔维度的信息平台是支持企业运营和决策管理活动的智能制造工厂信息平台。智能制造工厂信息平台依托工业互联网、云计算、大数据、人工智能、5G 等新一代信息技术，实现工厂级智能制造过程中物料与设备、设备与设备以及设备与人的互联互感，实现工厂信息的纵向集成和横向集成，实时监测制造现场现状与控制生产情况，实现产品数据全生命周期溯源，为制造企业提供一体化网络协同制造、智能数字工厂、高效设备运维、大规模个性化定制等智能制造服务。

（5）信息网络平台 信息网络平台是整个智能制造信息平台的底座，是实现数据采集、数据传输、数据交换、数据共享、数据处理等功能的信息基础设施。产品维度的信息平台、生产维度的信息平台、商业维度的信息平台和制造金字塔维度的信息平台都是架构在信息网络平台之上的。

1.4.2 智能制造信息平台开发技术

智能制造信息平台开发是一项复杂的系统工程，平台开发包括平台规划、平台分析、平台设计、平台实现、平台运行与维护五个阶段。五个阶段对应的开发技术分别是平台规划技术、平台分析技术、平台设计技术、平台实现技术、平台运行与运维技术。

1. 平台规划技术

平台规划是有关平台开发与应用的全局性谋划，服务于平台建设组织的发展战略，可以从两个方面来考察：一是与组织战略规划的关系；二是与组织数字化网络化智能化规划的关系。平台规划的主要内容包括：对企业的环境、目标、现行制造信息系统/平台的状况进行初步调查，明确现行制造信息系统/平台存在的问题，根据企业发展战略和目标，分析和预测平台的需求，确定平台的目标和主要结构，研究开发新平台的可行性，提出拟开发平台的备选方案。常用的平台规划方法和技术包括战略目标集转化法、企业系统规划法、关键成功因素法、价值链分析技术、ArchiMate 架构建模技术等。

2. 平台分析技术

平台分析是平台开发过程中最重要的阶段之一，解决平台"做什么"的问题。平台分析的主要任务是根据平台规划阶段确定的系统总体建设方案和计划，采用平台分析技术，把平台功能和性能的总体概念描述为平台的具体需求说明，从而为整个平台的开发奠定基础。平台分析的主要内容包括：在可行性研究的基础上，对现行制造信息系统/平台进行详细调查和全面分析，描述现行制造系统的业务流程，确定数据流程图，提出平台的逻辑模型，确定平台方案，形成平台需求分析报告。常用的平台分析方法和技术包括需求工程方法、结构化分析技术、面向对象分析技术等。

3. 平台设计技术

平台设计也称为平台的物理设计。平台设计根据平台分析阶段所提出的逻辑模型，建立具体可实施的平台物理模型，并为平台实现提供必要的技术方案，解决平台"怎么做"的问题。平台设计的主要内容包括：应用架构设计、表现层设计、业务逻辑层设计、数据层设计和技术架构设计。常用的平台设计方法包括结构化设计方法、面向对象设计方法、面向服务设计方法等。

4. 平台实现技术

平台实现是将平台设计阶段的结果转化为可执行的应用软件系统并成功投入运行的过程。平台实现是平台开发工作的最后一个阶段。平台实现的主要内容包括：平台设备的购置、安装和调试，程序的编写与调试，人员培训，数据文件转换，系统调试、转换等。常用的平台实现技术包括平台实现框架技术、平台编码技术和平台测试技术等。

5. 平台运行与维护技术

平台运行与维护是指对信息平台运行过程进行有效管理和维护的一系列活动。平台运行与维护的主要内容包括：平台投入运行后，需要经常维护，记录系统运行情况，根据一定的标准对系统进行必要的修改，评价系统的质量和经济效益。平台运行与维护技术包括但不限于系统监控、性能优化、软件更新与升级、数据备份与恢复、故障排查和应急响应等技术，旨在确保信息平台的稳定运行、数据安全和用户体验。

1.4.3 智能制造信息平台开发方法

智能制造信息平台开发是一项复杂的系统工程，它涉及组织的内部结构、管理模式、制造模式、生产经营、数据的采集与处理、软硬件的开发等各个方面。因此，需要研究出科学的开发方法和工程化的开发步骤，以确保系统的开发工作能够顺利进行。常见的信息平台开发方法包括结构化开发方法、面向对象开发方法和敏捷开发方法。

1. 结构化开发方法

结构化开发方法又称为生命周期法，是普遍且成熟的一种开发方法。其基本思想是：用结构化的思想和系统工程的方法，遵循用户至上的原则，将整个平台系统结构化、模块化，以自顶向下的方式进行系统开发。结构化开发方法强调整体性，由全面到局部，由长远到近期，从用户的需求出发来开发平台系统。它将平台开发过程分为若干个阶段，主要包括系统规划、系统分析、系统设计、系统实施、系统运行和维护等阶段。该方法在分析问题时，首先站在整体的角度，将各项具体的业务放到整体中加以考察，自顶向下逐步展开。在确保全局正确的前提下，一层层地深入考虑和处理局部的问题。在系统实现过程中，一个模块、一个模块地进行开发与调试，然后再将几个模块联调，最后将整个系统联调。

2. 面向对象开发方法

面向对象开发方法是一种运用对象、类、继承、封装、聚合、消息传送、多态性等概念来构造系统的软件方法。面向对象开发方法的形成源于面向对象程序设计语言，随之逐步形成了面向对象分析（Object-Oriented Analysis，OOA）和面向对象设计（Object-Oriented Design，OOD）。面向对象开发方法的思想是面向对象，以对象为中心，把数据封装在对象内部成为对象的属性，把面向过程的函数转为对象的行为方法，把对象抽象成类，用以描述、设计、开发软件系统。在面向对象开发方法的发展历程中，出现了很多建模方法，如Booch、OMT（对象建模技术）和OOSE（面向对象的软件工程）方法等，经过广泛征求意见，集众家之长，最后在这些方法的基础上形成了UML（Unified Modeling Language，统一建模语言）。目前，UML是大众所接受的标准建模语言。

3. 敏捷开发方法

敏捷开发（Agile Development）方法是一种以人为核心，循序渐进的迭代式开发方法。在敏捷开发中，软件项目的构建被切分成多个子项目，各个子项目的成果都经过测试，具备可集成和可运行的特征。敏捷开发方法强调软件开发过程的自适应性和以人为本的价值观，其基本思想就是以最简单有效的方式快速地达成目标，并在这个过程中及时地响应外界的变化，迅速做出调整。敏捷开发方法寻求速度与质量之间的最佳平衡，以应对千变万化的业务需求，始终确保为客户提供最大价值，并致力于彻底地改变软件技术为用户业务提供价值的方式。敏捷开发方法强调系统开发团队与用户之间的紧密协作与积极沟通，通过频繁交付新的软件版本，组织紧凑高效的团队，采用能够快速适应需求变化的代码编写和团队组织方法来实现开发过程的"敏捷性"。

1.4.4 智能制造信息平台开发策略

对于任何组织而言，智能制造信息平台的开发都是一项投资巨大、历时较长、内容庞杂、影响深远、意义重大、涉及面广且具备一定风险性的系统工程。如果没有采用正确的系统开发策略，不仅会造成系统开发过程中的直接损失，而且会给组织运营带来种种隐患，间接损失更是难以估量。因此，在进行信息平台开发前，组织必须因地制宜，结合自身实际情况与外部环境，制定与实施切合实际的开发策略，才能有效地开展与保障信息平台建设工作。

平台开发策略是指组织为了开发其信息平台所采用的具体方式、方案或途径。实践中经常采用的信息平台开发策略主要有自主开发、联合开发以及系统外包三种。

1. 自主开发

自主开发是指组织在信息平台开发项目预算的约束下，以安排已有人员或招聘新的信息系统专业人员的方式，组建自己的信息平台开发团队，依靠自身软硬件环境，独立完成信息平台的需求分析、系统设计、系统实施、运行管理与维护等各项任务的信息平台开发策略。自主开发策略又常被称为最终用户开发策略。自主开发的最大特点是信息平台开发人员均来自组织内部，因此，自主开发策略具备以下优点：

1）开发人员熟悉组织的业务流程与管理机制，因而容易开发出充分适应组织自身需求的信息平台。

2）不存在对外部机构的技术依赖，项目的可控性较好，风险相对较小。

3）开发团队内部以及开发团队与其他部门之间的交流十分便捷，沟通与协调成本较低。

4）系统的后期维护、扩展和升级相对比较方便。

5）信息平台开发实践也有利于培养和锻炼组织自己的信息系统开发人员，提升组织信息技术实力。

由于平台开发人员来自组织内部，绝大多数情况下这些开发人员所具备的技能、经验与熟练度与专业IT公司人员相比还存在一定差距。因此，自主开发策略的缺点如下：

1）开发团队的专业化程度较低，开发过程缺乏系统性与规范性，信息平台质量难以得到很好的保障。

2）系统开发周期相对较长，开发效率与成功率较低，容易出现怠工和返工现象。

3）开发环境相对封闭，难以摆脱组织已有管理方式的约束与影响，很难引入最先进的开发技术和管理理念，不利于推动组织管理机制的变革与创新。

4）由于需要组建信息平台开发团队和架构相应的系统开发环境，自主开发的前期投入也较高。

一些实力雄厚的大型组织，尤其是具备先天优势的信息技术及相关行业的组织所使用的信息平台，大多是采用自主开发策略进行开发的。也有一些组织以自主开发信息平台为契机，刻意地建立、发展和培养自己的信息平台开发团队，使其逐渐成熟、壮大，最终向外承接其他组织的信息平台开发项目，进而拓展出全新的业务空间，甚至步入IT开发与实施行业。

2. 联合开发

由于自主开发对组织的财力与技术水平要求较高，因此很多组织选择采用联合开发策略，即借助外部力量，通过与之协作来完成信息平台的开发工作。联合开发是指组织与经验丰富的专业开发机构通力协作，双方一起组建信息平台开发团队，共同完成信息平台的开发任务。

联合开发一般是由组织进行投资，组织与专业开发机构根据项目要求共同组建开发团队，建立必要的管理规则与制度，严格明晰双方的义务、权力与责任，并以合同的形式确定，协作完成信息平台的开发任务。组织必须选择信誉度好、经验丰富的合作方联合开发，才能顺利地完成信息平台的分析、设计与实施等各项工作，必要时可以采用公开招标的方式选择合适的合作方。

联合开发策略的主要特点是在信息平台开发过程中引入了外部专业开发机构的支持，组织无须独自承担信息平台开发的全部任务，因此，联合开发策略具备以下优点：

1）在联合开发过程中，开发团队中来自专业机构的开发人员可充分发挥其信息技术优势，而组织内部人员则可以发挥自身熟悉组织业务流程与管理机制的优势，二者相辅相成、优势互补。

2）联合开发能够有效地解决组织自身资源匮乏或能力不足所带来的诸多问题，共同开发出既能充分满足信息平台用户需求，又具有较高质量与技术水平的信息平台。

3）通过联合开发，组织还可在信息平台开发实践中培养出一批 IT 技术和管理人员，与自我摸索或外送培训相比，这种方式成本低、效果好，且有利于系统的后期维护。

在联合开发过程中，由于内部、外部两股力量同时存在，组织内部人员要与陌生的伙伴一起工作，因此，联合开发策略的缺点如下：

1）在合作过程中，某些商业秘密或技术内幕将不可避免地泄露给合作方，而后者在将来可能会变成竞争对手或与竞争对手联合，因此，联合开发具有一定的风险性。

2）参与联合开发的双方必然要在某种程度上适应对方的工作与思维方式，这将花费一定的时间，也容易导致多方面的矛盾和冲突，产生额外的成本。

3）参与联合开发的双方由于在知识背景、利益、目标、认知等方面的不一致性，在沟通过程中极易出现误解与偏差，因此，双方必须及时达成共识，积极进行协调和检查，才能保证开发项目的顺利推进。

组织与专业开发机构的默契配合与优势互补是联合开发取得成功的关键。大多数情况下，联合开发过程中，一般以外部力量为主，内部力量为辅，前者的工作重点放在解决系统开发过程所面临的各类专业技术问题上，后者的工作重点放在与平台用户的沟通与协调上。联合开发过程中双方的力量配置和分工安排有一个最佳或较佳的范围，这是一个值得研究的管理学问题。

3. 系统外包

系统外包是指组织不依靠其内部资源，而是购买从事信息平台开发的 IT 企业的服务，依靠外部力量进行信息平台开发甚至日常运行管理的信息平台建设方式。具体来说，系统外包就是组织在确定信息平台服务内容、服务性能等目标的基础上，将全部或部分支持其生产经营活动的信息平台，以合同方式委托给专业的系统开发企业、系统集成企业等 IT 技术服务提供商或承包商。开发方根据合同要求，独立地承担系统分析、设计、实施等平台开发各项任务。组织依照合同中的标准对开发出的信息平台进行验收，平台经验收通过后直接投入生产运行。开发方还可能在一定时期内按照信息平台用户的需求为平台提供运维服务。

系统外包的最大特点是由高度专业化的信息平台开发机构全权负责平台的开发工作，不占用组织自身的人力、物力资源，因此，系统外包的优点如下：

1）组织无须长期保有信息技术部门，平台开发周期短，开发成本降低，开发过程规范、高效，开发出的信息平台无论在质量还是技术水平等方面均得到较好的保障。

2）组织不必自己建立开发团队，而是整合利用外部优质信息技术资源，外部机构依靠其专业化与规模经济优势，能够显著地帮助组织降低信息平台建设成本、提高资金利用效率，并能将最新的信息技术运用到组织的信息平台建设中去。

3）组织将宝贵的人力资源从他们并不擅长的系统开发工作中解放出来，从而能够集中力量，专注于具有高价值与高回报以及重大战略意义的核心业务，充分发挥和提升组织的核心竞争力。

由于完全依靠外部力量进行信息平台开发，因此系统外包的缺点如下：

1）开发出的平台不一定能很好地适应组织需求，组织有可能失去对信息平台功能的把握与控制，泄密的风险相对于联合开发策略更大。

2）极易产生对外部机构长期的严重的技术依赖，影响组织的自主性，甚至导致组织受制于外部机构。

3）由于不参与平台开发工作，组织内部信息技术人员的能力得不到很好的锻炼与提高。

4）在签订合同时，如果组织内部没有具备一定专业知识的谈判人员，那么由于信息不对称，组织最终的信息平台建设成本可能不降反升，丧失系统外包策略本应带来的成本优势。

5）由于遗留系统的存在，组织将来想更换信息平台服务提供商或转为自主进行信息平台运维管理，会遇到较大的困难与阻碍。

系统外包的关键是要选择好被委托单位，最好是选择对本行业的业务比较熟悉、技术实力雄厚、在业界拥有良好的口碑与信用、具备丰富信息平台建设经验的开发机构。

4. 开发策略选择

平台开发策略的选择是一个复杂的决策过程，不能仅从经济效益等单个方面来考虑，组织应当建立完善的决策机制，结合自身条件与外部环境、以及信息平台的地位和应用需求等各方面因素，进行可行性分析，充分调研，综合考虑，选择合适的平台开发策略。三种平台开发策略的比较见表1-5。

表1-5　不同平台开发策略的比较

指标	策略		
	自主开发	联合开发	系统外包
需求明确	好	好	较好
能力要求	高	一般	低
项目可控	好	较好	一般
用户适应	好	较好	较好
人才培养	好	较好	差
系统质量	一般	较好	好

（续）

指标	策略		
	自主开发	联合开发	系统外包
开发周期	较长	较短	短
推动变革	不利	较有利	有利
风险程度	小	较小	大
内部投入	大	一般	小
外部投入	小	一般	大
外部依赖	很少依赖	较依赖	很依赖

本章小结

　　智能制造信息平台是智能制造系统的核心。本章主要内容包括：第一，介绍了智能制造信息平台的基本概念、核心功能、主要特点及其对制造企业和产业生态的价值，分析了智能制造平台发展演化过程；第二，阐明了智能制造信息平台技术架构，包括边缘层、基础设施层、制造平台层、制造服务层以及每一层对应的核心技术，不同类型智能制造信息平台都遵循这一架构进行设计开发；第三，论述了四种典型的基于智能制造信息平台的制造模式创新，分别是大规模个性化定制制造模式、网络协同制造模式、社会化协同制造模式、服务型制造模式，以及每一种模式对智能制造信息平台的功能需求；第四，介绍了智能制造生态体系和服务于该体系的不同类型智能制造信息平台，这些平台包括产品维度的信息平台、生产维度的信息平台、商业维度信息平台、制造金字塔维度的信息平台以及信息网络平台；最后，概括性介绍了智能制造信息平台常用的开发技术、开发方法和开发策略。

思考题

　　1. 智能制造信息平台和传统的智能制造信息系统有哪些相同之处和不同之处？
　　2. 智能制造信息平台从哪些方面提升企业的竞争力？
　　3. 智能制造信息平台的总体技术架构分哪几层？每一层的主要功能和核心技术有哪些？
　　4. 不同的智能制造新模式对智能制造信息平台的功能有哪些新要求？
　　5. 什么是智能制造生态体系？在这个生态体系中有哪些智能制造信息平台？
　　6. 智能制造信息平台开发分哪几个阶段？这些阶段对应的常用技术有哪些？

参 考 文 献

［1］彭俊松.工业4.0驱动下的制造业数字化转型［M］.北京：机械工业出版社，2016.
［2］张洁，吕佑龙，王俊亮，等.智能制造系统：模型、技术与运行［M］.北京：机械工业出版社，2023.
［3］朱海平.数字化与智能化车间［M］.北京：清华大学出版社，2021.
［4］蒋翠清，丁勇，王刚.管理信息系统［M］.北京：高等教育出版社，2016.
［5］曾珩瀚，顾钊栓，曹忠，等.从零开始掌握工业互联网：理论篇［M］.北京：人民邮电出版社，2022.

第 2 章 智能制造信息平台构成

重点知识讲解

章知识图谱

 本章概要

智能制造信息平台有多种类型，服务不同的智能制造应用场景。本章在介绍智能制造信息平台层级架构的基础上，重点阐明智能产品信息平台、研发生产运维信息平台、智能制造工厂信息平台、智能制造供应链信息平台、智能制造产业生态信息平台和智能制造信息网络平台的结构和功能。这些平台既可独立工作，也可根据应用需求集成使用。希望同学们通过本章学习掌握以下知识：

1）智能产品信息平台的功能和结构。
2）研发生产运维信息平台的功能和结构。
3）智能制造工厂信息平台的功能和结构。
4）智能制造供应链信息平台的功能和结构。
5）智能制造产业生态信息平台的功能和结构。
6）智能制造信息网络平台的功能和结构。

2.1 概述

作为支撑智能制造全过程的智能制造信息平台通过对智能制造信息的采集、传输、处理、集成、分析和利用，实现制造过程中的自动化控制、数字化管理和智能化服务。

按照层级划分，智能制造信息平台可以划分为工厂级、产品级、供应链级、产业生态级和网络支撑级。其中，工厂级智能制造信息平台包括研发生产运维信息平台、智能制造工厂信息平台；产品级智能制造信息平台是指智能产品信息平台；供应链级智能制造信息平台是指智能制造供应链信息平台；产业生态级智能制造信息平台是指智能制造产业生态信息平台；网络支撑级智能制造信息平台是指智能制造信息网络平台。智能制造信息平台层级结构如图 2-1 所示。

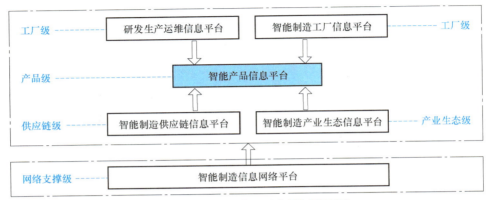

图 2-1　智能制造信息平台层级结构图

智能产品信息平台是智能产品的重要组成部分，是智能产品正常运行的重要保证和基础平台，平台通过收集、处理和分析智能产品的感知信息、运行数据、用户反馈数据等，提供产品监控、故障预警、性能优化和用户交互等一系列智能化服务。研发生产运维信息平台是一类多专业协同设计与仿真、设计工艺装配一体化以及生产运维全过程虚实交互验证平台，是研发生产运维一体化管控平台。智能制造工厂信息平台是服务于智能工厂管理决策与生产指挥、生产过程管理、质量管理与追溯、生产物流智能配送与仓储管理和设备健康管理等管理过程的集成化信息平台。智能制造供应链信息平台是智能供应链的运营平台，提供了采购管理、仓储管理、运输管理、销售管理和供应商管理等功能。智能制造产业生态信息平台由边缘层、基础设施层、平台层和应用层构成，提供了数据采集与接入管理、数据存储管理、数据分析与挖掘管理、信息展示与交互管理、生态服务与应用管理等功能。智能制造信息网络平台是上述各信息平台的重要基础设施，是各信息平台安全、高效、可靠运行的重要保障，智能制造信息网络平台提供了数据传输、数据共享、数据处理和网络安全等功能。

2.2　智能产品信息平台

智能产品是智能制造和智能服务的价值载体，通过内置的传感器、处理器、存储器、控制器等装置，具有感知、分析、决策、执行和自我学习能力。智能产品信息平台通过对智能产品及其运行环境的感知、理解和决策，实现产品功能，并提供一系列智能化服务，包括产品监控、故障诊断、性能优化、用户交互及智能决策支持等。

2.2.1 智能产品信息平台概念

1. 智能产品的概念和分类

（1）智能产品概念　智能产品是指通过融合人工智能、物联网、大数据等先进技术，具备自主感知、自主学习、自主控制和自主决策等能力，能够提升用户体验的新一代产品。这些产品通常具有高度的智能化和自动化水平，能够为用户提供便捷、高效的服务。智能产品由物理部件、智能部件和连接部件构成。物理部件由机械和电子零件构成；智能部件由传感器、微处理器、数据存储装置、控制装置、内置操作系统、应用软件，以及用户界面等构成；连接部件由接口、有线或无线连接协议等构成。智能部件能加强物理部件的功能和价值，连接部件进一步强化智能部件的功能和价值，使信息可以在产品、运行系统、制造商和用户之间联通，并使部分价值和功能能够脱离物理产品而存在。

（2）智能产品分类　智能产品可以根据其应用领域和产品特点分为多种类型。例如，根据应用领域，智能产品可分为智能家居、智能医疗、智能交通、智能工业等产品。根据产品特点，智能产品可分为智能硬件和智能软件两大类。其中，智能硬件是指加入智能技术的传统硬件产品，如智能电视、智能音箱等；智能软件则是指通过人工智能软件算法实现智能控制和智能服务的产品，如智能推荐系统。

智能网联汽车是一类典型的智能产品，中国汽车工业协会将智能网联汽车定义为：搭载先进的车载传感器、控制器、执行器等装置，并融合现代通信与网络技术，实现车与X（人、车、路、后台等）智能信息交换共享，具备复杂的环境感知、智能决策、协同控制和执行等功能，可实现安全、舒适、节能、高效行驶，通过与车联网平台连接实现智能动态信息服务、车辆智能化控制和智能化交通管理，并最终可替代人的操作的新一代汽车。

2. 智能产品的特征

与一般产品相比，智能产品具有感知和识别能力、自主学习和决策能力、多样化的交互方式、可编程性和可扩展性、个性化与定制化、智能互联以及可智能化升级等特征。

（1）感知和识别能力　智能产品能够通过各种传感器和算法来感知周围环境，包括声音、光线、温度、湿度、人体动作等，并且能够识别和分类这些信息，对外界环境做出反应，以及据此调整工作状态。

（2）自主学习和决策能力　智能产品具有自主学习和决策的能力，可以根据收集到的数据和信息进行自我优化和改进，以满足用户需求或应对环境变化。智能产品在使用过程中不断提升性能。

（3）多样化的交互方式　智能产品通常具有多种交互方式，包括语音、触摸、图像、文字等，以满足不同用户的需求和偏好。用户能够更加方便地与智能产品进行交互，提高使用的便捷性和效率。

（4）可编程性和可扩展性　智能产品通常具有可编程性，用户可以通过编程来控制和调整产品的行为和功能。智能产品的可扩展性表现在，通过添加新功能或升级软件来不断适应和满足用户的需求，从而具有更高的灵活性和可定制性。

（5）个性化与定制化　智能产品可以根据用户的偏好和习惯进行个性化推荐和定制，为用户提供更贴心、更便捷的服务，能够更好地满足用户的需求，提高用户的使用体验。

(6) 智能互联　智能产品可以通过互联网、物联网等技术手段与其他智能设备互联并协同工作，实现更加智能化和高效化的应用场景。

(7) 可智能化升级　智能产品具有可智能化升级的特点，能够通过互联网等方式下载升级软件，实现功能的不断优化和升级，不断适应新的技术发展和用户需求。

3. 智能产品信息平台定义

智能产品信息平台综合利用物联网、云计算、大数据技术及人工智能技术等新一代信息技术，实现对智能产品的全面支持和管理的信息平台，是一个复杂的人机交互系统。智能产品信息平台以最大化满足用户动态价值需求为目标，通过智能感知、分析、决策优化和执行控制等智能化技术手段，为智能产品应用提供一站式解决方案，为用户提供高效、便捷、个性化的服务体验。

智能产品信息平台具有实时感知、优化决策、动态执行3个特点。

(1) 实时感知　智能产品信息平台能对智能产品的人机交互、自身运行状态、外部环境进行全面信息采集、自动识别，并将其传输到分析决策系统。

(2) 优化决策　智能产品信息平台通过对产品全生命周期的海量异构信息挖掘提炼、计算分析、推理预测，形成优化智能产品使用过程的决策指令。

(3) 动态执行　智能产品的环境和运行状态一旦发生变化，就通过智能产品信息平台的决策指令，使智能产品对这些变化做出反应。

2.2.2　智能产品信息平台功能

智能产品信息平台是一个集成了多种智能技术和应用的综合性系统，旨在实现对智能产品的全面管理和优化。该系统通过收集、处理和分析智能产品的用户需求、运行状态、运行环境等信息，提供一系列智能化服务，包括产品监控、故障诊断、性能优化、用户交互等。

智能产品信息平台功能包括：

(1) 数据采集与处理　平台通过各种传感器和接口，实时采集与智能产品运行相关的各类数据，如人机交互数据、产品运行状态数据、产品运行环境数据等，并对这些数据进行清洗、转换及整合，以便后续的分析和应用。

(2) 数据存储与管理　平台采用高效的数据存储技术，如分布式文件系统、数据库系统等，对所采集处理后的数据进行长期存储和高效管理。同时，还提供数据备份、恢复和安全性保障等功能。

(3) 数据分析与挖掘　平台利用先进的数据分析和挖掘技术，如机器学习、深度学习、统计分析等，对平台中存储的数据进行深入的分析和挖掘，发现数据中的隐藏规律和有价值的信息。

(4) 产品监控与预警　平台通过对智能产品的实时监控和数据分析，发现产品的异常情况、潜在故障或安全隐患，并及时发出预警或报警，以便用户或维护人员及时处理。

(5) 性能优化与调度　平台根据产品运行数据和用户需求，对产品的性能进行优化和产品资源调度，如调整产品参数、优化运行策略、分配产品资源等，以提高产品的运行效率和用户体验。

(6) 用户交互与服务　系统提供了多种用户交互方式和服务，如语音交互、图形界面、移动应用等，使用户可以方便地查询产品状态、控制产品运行、获取产品信息等。

2.2.3 智能产品信息平台结构

由于智能产品的类型有所不同，因此智能产品信息平台的特征、功能及结构也各不相同。最具有代表性的智能产品是智能网联汽车。本节以智能网联汽车产品为例，介绍智能产品信息平台结构。智能网联汽车信息平台架构分别由云端信息系统和车端信息系统组成，车端信息系统又分为应用管理层和功能管理层。智能产品信息平台结构如图2-2所示。

1. 云端信息系统

智能网联汽车云端信息系统部署在云端，是独立与车端（车身）之外，并与车端互联互通，提供计算和各类等服务的信息系统。云端信息系统提供驾驶服务、OTA（Over-the-Air Technology）服务、远程诊断服务、数据服务、应用商城、订阅服务和其他服务等。

2. 车端应用管理层

智能网联汽车的车端应用管理层支持智能网联汽车车端应用功能，包括智能驾驶应用、V2X（Vehicle to everything）应用、车云计算、HMI（Human Machine Interface）、多媒体应用、互联网应用、底盘控制应用、动力控制应用以及车身控制应用等，实现对整车服务、应用、体验等的定义和组合增强。应用算法涵盖了智能座舱、智能驾驶等领域。

3. 车端功能管理层

智能网联汽车的车端功能管理层通过提取智能网联汽车核心共性需求，形成共性服务功能模块，主要包括通用模型、通用服务、数据抽象、安全域基础应用、数据平面和应用接口等。

（1）通用模型　包括智能驾驶通用模型、智能座舱通用模型、底盘通用模型、动力通用模型和车身通用模型。

1）智能驾驶通用模型。智能驾驶通用模型是对智能驾驶中智能感知、智能决策和智能控制等过程的模型化抽象。

环境模型作为智能感知框架，为智能决策和智能控制提供模型化的广义环境信息描述。环境模型调度各类感知、融合和定位算法，对传感器探测信息，车-路、车-车协同信息以及高精地图先验信息进行处理加工，提供探测、特性、对象、态势、场景等各级语义的道路交通环境和车身状态信息。

规划模型根据环境模型、自车定位、个性化设置和自车状态反馈等信息，为自车提供未来一段时间内的行驶轨迹，主要分为行为预测、行为决策和运动规划三大部分。行为预测是根据感知和地图数据对其他交通参与者未来的行驶轨迹进行预测，为行为决策提供更全面、可靠的参考信息；行为决策为自车提供行为策略，同时为运动规划提供相应的规划约束条件，保证规划结果不仅满足交通法规等硬性要求，也更加符合人的驾驶策略；运动规划根据以上信息，为自车规划未来一段时间内安全、舒适、正确的轨迹。

控制模型主要由常规工况和降级工况组成，其中常规工况主要针对ODD（Operational Design Domain）以内的动态驾驶任务，降级工况主要针对发生系统性失效或者超出ODD以外的动态驾驶任务。

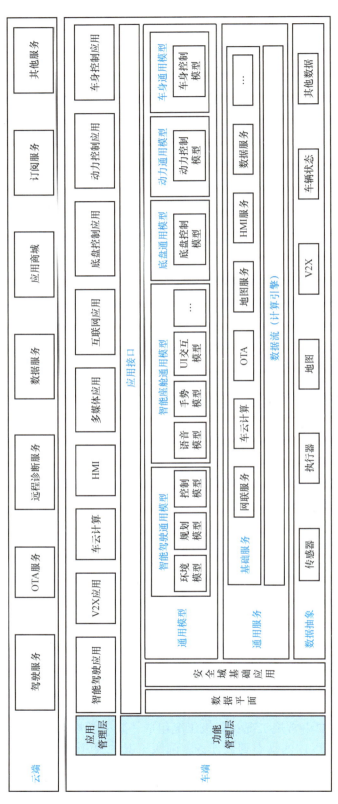

图 2-2 智能产品信息平台结构图

2）智能座舱通用模型。智能座舱通用模型智能座舱通用模型集成了智能化和网联化技术，通过不断学习和迭代，实现智能感知和智能决策。主要包括语音模型、手势模型、UI 交互模型等。

语音模型实现智能语音识别，主要涵盖语音唤醒、语音识别、自然语言处理（NLP）、语音合成等技术，核心是自然语言处理。

手势模型利用智能视觉识别框架封装服务接口，提供手势识别服务，支持手势交互。智能视觉识别采用计算机视觉及深度学习等先进技术，配合摄像头和显示器等输入输出设备，结合专业的人工智能计算芯片，及时有效地存储、传输、处理图像信息，帮助大幅度提升信息转化效率和用户体验。

UI（User Interface，用户界面）交互模型是提升车载智能 HMI 体验的关键，其核心是多模态交互，对应技术是多模感知的算法融合技术，旨在实现个性化推荐、多模意图理解、多模态输出等功能。

另外，车载信息娱乐系统、仪表盘、抬头显示（HUD）、流媒体后视镜、语音交互系统等 HMI 功能是基于座舱域控制器（CDC）实现的。

3）底盘通用模型。底盘通用模型主要由传感器、控制器和执行器等部分组成。传感器实时感知车辆的各种状态参数（如车速、轮速、转向角度、车身姿态等），并将这些参数传输给控制器。控制器根据预设的控制算法和实时数据，计算出最优的控制策略，并发送给执行器。执行器则根据控制指令调整车辆的相关系统（如发动机、制动系统、悬架系统等），以实现预期的控制效果。

4）动力通用模型。动力通用模型通过各种传感器实时感知车辆周围的道路环境、交通状况、障碍物位置及驾驶员意图等信息，运用图像识别、目标跟踪等技术对感知到的信息进行处理和分析，以识别出车辆行驶过程中的各种情况，运用先进的控制算法和人工智能技术对这些情况进行处理和分析，实现对车辆动力系统的精确控制。

5）车身通用模型。车身通用模型通过车身控制模型（Body Control Module，BCM）驱动、监测和控制与车身功能相关的电子控制单元，实现对照明、车窗、门锁、座椅、空调等车辆车身系统的智能化管理和控制。

（2）通用服务　智能网联汽车的车端功能管理层的通用服务是承载通用模型的基础，分为数据流（计算引擎）和基础服务两部分。

1）数据流（计算引擎）。数据流向下封装不同的智能驾驶系统软件和中间件服务，向通用模型中的算法提供与底层系统软件解耦的算法框架。数据流框架的主要作用是对通用模型中的算法进行抽象、部署、驱动，解决跨域、跨平台部署和计算的问题。

2）基础服务。基础服务是功能管理层共用的基本服务，其主要服务于通用模型或功能应用，比如网联服务、OTA、地图服务、数据服务等。

（3）数据抽象　数据抽象通过对传感器、执行器、车辆状态、地图以及云端接口等的数据进行标准化处理，为上层的通用模型提供各种的数据源，实现功能应用开发与底层硬件的解耦。

（4）安全域基础应用　安全域是指同一系统内有相同的安全保护需求，相互信任，并具有相同的安全访问控制和边界控制策略的子网或网络。将安全需求相同的接口分类，并划分到不同的安全域，能够实现域间策略的统一管理。

(5) 数据平面 数据平面是智能网联汽车的实时控制平面,它实现自动驾驶操作系统的主要功能和数据处理。数据平面能够实时感知车辆状态和环境信息。监控自动驾驶系统的状态,出现故障时实现失效切换,确保自动驾驶系统的连续性和稳定性。

案例：智能网联汽车应用服务

智能网联汽车是车联网与智能汽车的有机结合,通过搭载先进的车载传感器、控制器、执行器等装置,融合现代通信与网络技术,实现车与人、路、后台等主体之间的智能信息交换共享。智能网联汽车应用服务可分为四大类,即移动通信联网服务、信息服务类应用、交通管理类应用、自动驾驶类应用。

(1) 移动通信联网服务 移动通信联网服务是支撑智能网联汽车应用的重要组成。

(2) 信息服务类应用 信息服务类应用主要是为汽车整车厂商和驾驶者提供方便快捷的信息客户服务,智能座舱、智慧运营服务、智慧客服、智慧营销等是当前较受关注的信息服务类应用。

1) 智能座舱。例如,理想L9采用HUD屏幕替代传统仪表盘,屏幕左侧呈现导航信息,右侧呈现车速、档位、限速等车况信息和辅助驾驶信息,中间区域实时渲染路面信息,驾驶员能够在前挡风玻璃上直接看到周围车辆的变道、超车等操作。

2) 智慧运营服务。例如,宝马1v1视频客服,即宝马在小程序、官网、App等平台为用户提供1v1视频接线服务,通过视频实时解答客户咨询的问题,并在展厅现场展示品牌车辆,通过后台服务记录和收集客户信息,引导线索下发,对客户问题进行及时跟踪反馈。

(3) 交通管理类应用 交通管理类应用基于无线通信、传感探测、大数据、人工智能等技术,以缓解交通拥堵、提高道路安全、优化系统资源为目的,为交通管理者提供统一管理、协同调度等能力,为智能网联汽车提供路径规划、交通态势预测等能力,最终助力实现车、路、交通环境之间的大协同。例如萧山交通云助力交通运营管理水平提升。萧山交通云面向公路高速、城市交通、港航、物流等场景,汇聚道路上网联汽车和路侧基础设施产生的数据,通过动态传输、分析、决策实现全量交通数据融合、全局仿真分析和全闭环智慧决策,应用场景包括全域交通管理、车辆身份标定、行车轨迹还原、交通事件追溯、车道级导航服务等。

(4) 自动驾驶类应用 我国于2022年3月起实施《汽车驾驶自动化分级》(GB/T 40429—2021),该标准中对于自动驾驶等级的划分与美国汽车工程师学会(SAE)类似：驾驶自动化0级为应急辅助,1级为部分驾驶辅助,2级为组合驾驶辅助,3级为有条件自动驾驶,4级为高度自动驾驶,5级为完全自动驾驶。自动驾驶类应用包括：①路侧设施运营服务,例如博鳌东屿岛智能网联汽车示范区对东屿岛和机场连线的17km道路进行智慧化改造,建设5G和V2X专用通信网络、路侧感知系统、车路协同云控平台、数字孪生指挥中心、综合交通一体化平台,实现四类自动驾驶无人车应用及感知、决策、控制全闭环自动化管理系统。②车路协同平台服务,宜宾三江新区建设总长12km的开放式道路车路协同示范线,搭建智能网联车路协同平台,提供接驳与智慧物流服务。其中智慧接驳线设5个站点,投放4辆新能源公交巴士和2辆新能源轿车,智慧物流线投放2台新能源重卡。

(案例来源：数治网,https：//dtzed.com/studies/2023/05/5511/)

2.3 研发生产运维信息平台

研发生产运维信息平台服务于企业产品研发、生产和运维管理，管控研发生产运维一体化过程，提升产品生命周期全过程数字化、网络化和智能化水平。研发生产运维信息平台由产品研发信息系统、产品生产信息系统、产品运维服务信息系统和研发生产运维一体化管控系统四个部分构成。

2.3.1 研发生产运维信息平台概念

1. 研发生产运维信息平台定义

在智能制造过程中，研发、生产和运维是产品生命周期的重要阶段，决定了产品的属性、功能和价值。智能制造研发生产运维信息平台是依托互联网、云计算、大数据、人工智能和5G等新一代信息技术，实现对产品生命周期过程中研发信息、生产信息和运维信息的采集、加工、存储、传递和利用，以实现智能制造产品生命周期全过程协同，服务于设计、生产和运维一体化过程，以满足客户的个性化和多样化服务需求。

研发生产运维信息平台旨在管控研发生产运维一体化过程，提升产品生命周期全过程数字化、网络化和智能化水平，推动智能制造高质量发展。

2. 研发生产运维信息平台任务

研发生产运维信息平台服务于企业研发、生产和运维业务，其主要任务包括多专业协同设计与仿真、生产执行过程管理、运维服务和研发生产运维一体化管控。

多专业协同设计与仿真的主要任务包括多专业协同设计、设计建模与仿真和数字孪生仿真设计。多专业协同设计是以分布式资源为基础，利用数字化、网络化技术，支持设计团队成员交流设计思想，研究和优化设计方案，协同完成设计任务。设计建模与仿真是在明确设计目标的基础上，构思设计方案、建立设计模型和评价设计模型直到满足设计目标的迭代优化过程。数字孪生仿真设计是利用数字孪生技术实现智能化设计，通过构建数字样机和实物样机，并利用数字样机进行各种仿真分析，优化数字样机，并同步制造出实物样机，实现多专业协同仿真和智能辅助设计功能。

生产执行过程管理的主要任务包括企业资源计划、制造执行过程管控、高级排程与计划和仓储管理等，实现生产执行各过程的协同工作，打通生产计划、工艺流程、生产排程、生产调度和生产监控等制造过程各环节之间的信息通道，实现信息流的高效流通。

运维服务的主要任务是利用物联网、云计算、数据通信、移动互联网、人工智能和大数据分析等技术，实时采集智能产品的运行数据、用户操作行为数据，实现智能产品的在线智能检测、远程升级、远程故障预测、远程诊断和健康状态评价等业务功能。

研发生产运维一体化管控的主要任务是在云计算、大数据、人工智能、5G和工业互联网等新一代信息技术的支持下，实现研发、生产和运维服务三者之间的业务协同、数据协同和功能协同。

3. 研发生产运维信息平台价值

研发生产运维信息平台能够实现对制造资源的高效配置、共享与利用，通过对信息的实时采集、集成共享和高效传输，使企业的研发资源、生产资源和运维资源等能够得到合理调配，实现企业制造资源的高效利用，提高工厂生产效率，降低产品成本，提高企业效益。

研发生产运维信息平台打破产品设计者、产品制造者和产品使用者之间信息沟通障碍，通过互联网进行协同工作，促进企业产品设计创新能力的提升，缩短了产品开发周期，提高企业对快速变化市场需求的适应能力。

研发生产运维信息平台利用数字孪生和人工智能技术，帮助研发人员、生产人员和运维服务人员实现业务协同，实现设计方案、生产方案和运维方案的协同优化，能够提高企业制造业务的敏捷性，帮助企业更好地应对复杂的产品制造和服务的挑战。

2.3.2 研发生产运维信息平台功能

研发生产运维信息平台的功能主要体现在多专业协同设计与仿真、生产执行过程管理、运维服务和研发生产运维一体化管控四个方面。

1. 多专业协同设计与仿真

（1）**多专业协同设计** 多专业协同设计是以分布式资源（如设计者、数据库、知识库等）为基础，利用数字化、网络化技术支持设计团队成员交流设计思想，讨论设计方案，协调和解决设计细节之间的矛盾和冲突。其实质是数字化网络化设计，即网络环境下的 CAD 系统。网络化 CAD 系统可以在网络环境中由多人、异地进行产品的定义与建模、分析与设计工作。协同设计主要实现三个方面的协同功能：①协同不同地点、不同单位的设计专家、制造专家和运维专家。②协同机械、材料、电气、软件和生产等多学科的理论知识。③协同产品的设计、制造和运维服务等环节，实现企业内部乃至全球范围内的产品协同研发。

（2）**设计建模与仿真** 设计建模与仿真利用数学模型对产品的特性与行为等进行模拟、评估、预测与优化，是复杂产品研制的重要手段。作为虚拟试验技术，设计建模与仿真系统在设计和优化模型的过程中，可以观察模型各变量迭代优化的全过程，帮助构建最优模型结构和最优参数设置，实现设计方案最优化。具体来说，设计建模与仿真是应用 CAD、CAE、CAM、CAPP 等计算机辅助设计技术，开展基于模型定义的设计，在设计知识库、工艺知识库和专家系统的支持下，对产品的结构、功能和性能进行建模仿真，优化设计和试验验证，支持并行设计、协同设计和工艺过程模拟仿真。

（3）**数字孪生仿真设计** 数字孪生仿真设计就是利用数字孪生技术开展多学科协同仿真和智能辅助设计，构建贯穿产品生命周期的设计协同和动态优化的设计仿真体系。数字孪生仿真设计能够实现设计与生产的高效协同，数字孪生模型可以对需要制造的产品、制造方式、所需资源以及生产地点等方面进行系统规划，实现设计人员和制造人员的工作协同。当发生设计变更时，可以在数字孪生模型中更新制造过程，包括更新物料清单，创建新工序，为新工序分配操作资源，并将完成各工序所需资源、时间整合在一起进行设计和优化，直至产生满意的生产制造方案。数字孪生仿真设计能够实现多方参与跨界设计，提高设计创新效率，有效推动了创新设计的数字化、网络化和智能化，为产品创新带来巨大发展空间。

2. 生产执行过程管理

生产执行过程管理是综合利用 ERP、MES、APS 和 WMS 等信息系统，实现产品的智能生产业务功能，下面重点介绍 ERP 和 MES。

（1）ERP　ERP（Enterprise Resource Planning，企业资源计划）由美国 Gartner Group 公司于 1990 年提出。ERP 是企业制造资源计划（Manufacturing Resource Planning Ⅱ，MRP Ⅱ）的下一代的制造业系统和资源计划软件。ERP 是一种面向制造行业进行物质资源、资金资源、人力资源和信息资源集成一体化管理的企业信息管理系统。ERP 从客户需求和物料供应的角度优化企业的资源，负责客户需求和订单管理、物料供应链管理、生产计划制订、库存控制、财务管理和人力资源管理等，侧重于企业生产组织、生产管理和经营决策等方面的优化，实现企业合理调配资源。ERP 系统包括供应链管理、销售与市场管理、采购管理、生产管理、库存管理、车间管理、设备管理、成本管理、财务管理、固定资产管理、人力资源管理和客户关系管理等功能。

ERP 由经营规划、生产规划、主生产计划、物料需求计划和车间生产计划五个计划层次构成。

1）经营规划层。完成企业战略规划，根据市场、国家相关政策和企业能力制订企业的经营计划。

2）生产规划层。规划企业产品结构，根据经营规划目标，确定企业在未来一段时间内生产产品的类型、数量和所消耗的资源。

3）主生产计划层。粗略制订企业生产计划，确定生产的最终产品数量与交货期，并在生产需求与可用资源之间做出平衡。

4）物料需求计划层。根据生产计划推导出构成产品的零部件及原材料的需求数量与需求日期，编制物料需求计划。

5）车间生产计划层。详细制订车间生产计划，根据系统生成的制造和采购订单，编制生产工序，以安排生产和采购原材料。

ERP 这五个计划层次是从宏观到微观、从战略到战术、从粗到细划分的，经营规划、生产规划和主要生产计划为决策层计划，物料需求计划为管理层计划，车间生产计划为操作层计划。

（2）MES　在企业计划管理上，以 ERP 为代表的信息系统实现了对企业产、供、销和财务等企业资源的计划和控制，在生产车间底层，以 CNC（计算机数控）、PLC、DCS、SCADA 等为代表的生产过程控制系统，实现了生产过程的自动化，提高了企业生产经营效率和质量。但在企业的计划管理与生产车间执行之间还无法进行高效的双向信息沟通，导致上层计划缺乏有效的车间底层实时信息的支持，而底层生产过程也难以实现资源的优化配置。为此，美国先进制造研究中心（Advanced Manufacturing Research，AMR）于 20 世纪 90 年代提出了 MES 的概念，旨在加强 MRP Ⅱ/ERP 的执行功能，将 ERP 的计划与车间 PCS 的现场控制，通过 MES 系统联系起来。AMR 的经典三层架构如图 2-3 所示。

AMR 将 MES 定义为位于上层计划管理系统与底层过程控制系统之间的面向车间层的管理信息系统，它为生产操作人员和企业管理人员提供计划的执行、跟踪信息以及所有资源（人、设备、物料、客户需求等）的当前状态信息。

图 2-3　AMR 的经典三层架构

国际制造执行系统协会（MESA）对 MES 也给出了较为详细的定义："MES 能够通过

信息传递对从订单下达到产品完成的整个生产过程进行优化管理。当生产车间发生实时事件时 MES 能够对此做出及时的反应和报告，并用当前的准确数据进行处理和指导。通过对状态变化的迅速响应，MES 减少企业内部无附加值的活动，有效地指导车间的生产运作过程，从而既能提高及时交货能力、改善物料的流通性能，又能提高生产回报率。MES 通过双向的直接通信在企业内部和整个产品供应链中提供有关产品行为的关键任务信息。"

MESA 通过属下众多 MES 供应商和成员企业的实践，归纳了 MES 应具备的 11 个主要功能模块，即资源分配和状态管理、工序详细调度、生产单元分配、文档控制、数据采集、人力资源管理、质量管理、过程管理、维护管理、产品跟踪和历史、性能分析。MES 的功能结构如图 2-4 所示。

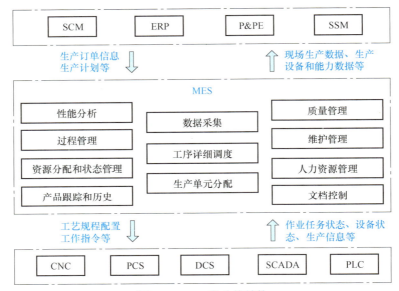

图 2-4　MES 的功能结构

　　MES 是面向车间生产的信息系统，在其外部通常有 ERP、SCM、销售和服务管理（Sales and Service Management，SSM）、产品和工艺设计（Product and Process Engineering，P&PE）、过程控制系统（Process Control System，PCS）等信息系统。MES 作为生产制造系统的核心，与其他信息系统有着紧密的联系，具有向其他信息系统提供生产现场数据的功能。例如：MES 向 ERP 提供生产成本、生产周期、生产量和生产性能等现场生产数据；MES 向 SCM 提供实际订货状态、生产能力和容量、班次间的约束等信息；MES 向 SSM 提供在一定时间内根据生产设备和能力成功报价和交货期的数据；MES 向 P&PE 提供有关产品产出和质量的实际数据，以便 CAD/CAM 进行修改和调整；MES 向 PCS 提供在一定时间内使生产设备以优化的方式进行生产的工艺规程配置和工作指令下达。同时，MES 也需要从其他信息系统得到相关数据，例如：ERP 为 MES 任务分配提供依据；SCM 的供应计划和调度，驱动 MES 车间任务时间的安排；SSM 产品销售订单为 MES 提供生产订单基础信息；P&PE 驱动 MES 工作指令、物料清单和运行参数；从 PCS 传来的数据用于测量产品实际性能和生产自动化过程运行情况。

MES 的主要作用是将 ERP 和底层的 PCS 衔接起来，形成从数字化生产设备到企业上层 ERP 的信息集成。ERP 负责企业生产经营计划、物流管理、财务管理以及人力资源管理等任务；车间底层的 PCS 负责生产设备及生产过程的控制；MES 作为计划管理层与生产控制层之间的桥梁，既负责分解细化计划管理层计划任务，下传生产控制指令，调度现场资源，又具有向计划管理系统提供有关生产现场数据的职能。新一代 MES 支持生产同步性和网络化协同制造，能对分布在不同地点甚至全球范围内的工厂进行实时化信息互联，并进行实时过程管理，以协同企业所有生产任务。

案例：

西门子 MES 软件平台 SIMATIC IT 的产品架构符合国际标准 ISA-95。SIMATIC IT 作为 MES 层先进的制造执行解决方案，真正让自动化与制造管理、企业管理、供应链管理建立无缝连接，供应链的变化将会迅速反映在制造中心，从而为"数字工厂"理念提供坚实的技术和产品基础，并通过不断创新给更多客户带来更高的生产率和灵活性，提高产品质量，降低成本。SIMATIC IT 是典型的工厂生产运行系统，可用于工厂建模和生产操作过程的模拟，它所实施的 MES 项目采用国际标准 ISA-95 进行整体流程的搭建，可以满足几乎所有生产执行功能的要求。SIMATIC IT 的 MES 项目的主要功能包括生产订单管理、生产工单管理、物料管理、人员管理、车间成本管理、产品追溯管理、生产过程监控管理、生产质量管理、生产设备管理、工具工装管理和电子看板等。

（案例来源：Siemens China 网站）

3. 运维服务

智能产品在制造过程之后交付使用，进入运维阶段。产品运维服务能够最大限度地提升产品的安全性和可靠性，降低产品运行和维护成本，从而减少紧急维修事件和"千里驰援"事件的发生，保证人员财产安全和经济效益。随着数字化网络化智能化技术在远程运维服务中的应用，运维服务逐渐发展为覆盖产品运行状态实时感知、健康评估检测、预测性维护和生命周期综合管理等方面的产品全生命周期健康保障服务。

运维服务系统的主要功能在于解决制造设备物联、数据采集、效能提升和设备全生命周期管理等问题，通过建立远程运维工业云平台实现智能产品的远程运维服务。远程运维工业云平台可以实现智能产品运行状态数据的采集、存储和分析功能。对采集到的智能产品运行状态数据进行筛选、梳理和存储，并通过数据挖掘与智能分析，提供日常运行维护、在线检测、预测性维护、故障预警、诊断与修复、运行优化和远程升级等功能，通过智能预警模型、智能诊断模型和智能自学习知识库等应用，提供更好的设备维护方案和运营优化方案，帮助用户降低成本、提高运营效率，为制造行业智能装备、智能生产单元和智能工厂提供在线增值服务。

4. 研发生产运维一体化管控

研发生产运维一体化管控打通了从产品设计、生产到运维的制造全过程，实现研发、生产、运维的制造业务协同。研发生产运维一体化管控系统主要包括 PLM、MBD/MBSE 等子系统。

（1）PLM　PLM 是支持产品生命周期信息创建、管理、分发和应用的一系列应用解决方案。将产品放在一切活动的核心位置，PLM 可以从 ERP、CRM 以及 SCM 系统中提取相关信息，允许不同用户基于网络进行产品设计、生产和运维协同工作。PLM 从市场的角度并以产品数据管理（PDM）系统为基础，为产品生命周期的每一个阶段提供数字化工具，同时还提供信息协同平台，并将这些数字化工具集成应用，支持产品研发、生产和运维全过程管理与协同。

PLM系统在研发阶段就考虑了产品生命周期的过程协同问题，PLM系统实现与产品生产阶段其他信息系统的连接，如与ERP、MES、CRM、SCM等信息系统无缝对接，从中提取产品相关信息，并使之与产品知识库发生关联，提供支持产品快速设计和生产过程优化的产品设计与生产协同功能。在产品运维阶段，PLM系统运用数字孪生技术实现产品使用过程的持续优化，通过建立产品与其数字孪生体之间的双向信息反馈，数字孪生体可以时刻跟踪产品的使用情况及产品状态。数字孪生体不仅可以在其创建阶段尽可能做到与产品特性保持一致，还可以在产品使用过程中通过不断地学习建模过程，持续保持与产品实际运行情况一致，实现对产品生产运营的指导。在产品研发阶段，运维人员就可参与产品设计，从运维的角度提出意见，使运维服务满足高可用要求，基于PLM/PDM实现运维和产品研发的一体化。

案例：

D³OS数字孪生解决方案是卡奥斯COSMOPlat为工业企业数智化转型打造的数据智能和数字孪生端到端解决方案。通过物联网、大数据和工业智能引擎打通企业设备和系统间的数据脉络，深入挖掘数据价值，并在孪生技术支持下打造高保真、实时同步的虚拟实体，构建1∶1复刻现实的工业元宇宙。数字孪生深度融合人工智能，虚实联动，以虚拟指导现实，通过临场感操作来实现沉浸式优化并重构。

D³OS数字孪生解决方案通过1∶1地打造与工厂中设备、产线实体完全一致的数字模型，使规划人员可以通过拖拉拽、低代码的方式在虚拟环境中"建工厂"，搭建产线模型并进行工序排布的仿真模拟，帮助工厂建设从模拟到预测再到决策均领先一步，可实现生产设施投资减少10%~20%。在工厂运营阶段，该方案可帮助工厂实现生产计划的预演与优化、生产过程主动异常预警、生产系统性能分析与持续优化，可带动未来生产力提高15%~20%，减少未来生产库存20%~60%。

D³OS数字孪生解决方案在规划建设、生产运营和迭代优化等方面起到关键作用，助力企业的数实融合和高质量发展。该方案拥有毫米级超真实还原体系，最快可在十几分钟内构建可视、可管和可预测的虚拟工厂。海尔上海洗衣机互联工厂运用D³OS数字孪生解决方案，在建厂规划阶段就通过仿真验证、虚拟搭建等方式进行了数字化"彩排"。工厂厂区规划、产线及设备调试，全部在虚拟环境中设计、模拟，同时做到高保真100%还原，相比传统工厂生产效率提升20%。通过一物一码、一机一档、产业链全节点打通，海尔上海洗衣机互联工厂可以随时查看过往每个产品或部件的生产过程及每个设备运作状态，实现产品整机、零部件、生产设备和物流设备等全周期可追溯，数据100%可溯源。

（案例来源：卡奥斯COSMOPlat官网，https：//www.cosmoplat.com）

（2）MBD/MBSE 基于模型定义（Model Based Definition，MBD）的数字化设计是一种全三维设计制造技术，是将产品的所有相关设计定义、工艺描述、属性和管理等信息都附着在产品三维模型中的产品数字化定义方法。MBD系统在整个企业和跨企业的供应链范围内建立了集成的协同化信息平台环境，实现各业务环节基于MBD模型的网络化协同制造。MBD系统为企业研发、生产管理与运维决策等业务过程建立模型，实现产品研发、制造和运维全过程的动态监控和资源优化。

基于模型的系统工程（Model Based Systems Engineering，MBSE）重视建模方法的系统化、形式化应用，旨在通过一种形式化建模方法支持系统工程全生命周期活动，是系统工程领域中的一种基于模型的工程方法论。其技术活动涵盖了系统定义、目标确定、需求分析、系统方案设计、产品制造、总装集成、测试验证、产品验收、评估交付、运行维护和系统处置等多个过程，贯穿了整个产品研发、生产和使用的全生命周期。

以基于 MBD/MBSE 技术的三维模型为基础，通过数字化定义技术在智能制造信息平台中构建产品设计模型、生产模型和维护模型，并进行关联，使设计的变动能通过信息平台及时反馈至生产、维护等阶段，实现产品设计与生产工艺、运行维护规程的同步更改，形成设计、制造、维护等产品生命周期相关环节一体化集成的产品研制模式。

2.3.3 研发生产运维信息平台结构

从功能的角度看，智能制造研发生产运维信息平台由产品研发信息系统、产品生产信息系统、产品运维服务信息系统和研发生产运维一体化管控系统四个部分构成，如图 2-5 所示。

1. 产品研发信息系统

产品研发信息系统支持企业智能制造研发设计业务功能。其主要包括多专业协同设计、设计建模与仿真、PDM、计算机辅助设计系统（CAD/CAM/CAE）、数字孪生仿真设计、产品和工艺设计（P&PE）系统等功能模块。

多专业协同设计实现设计专家、制造专家和管理专家的设计协同、多学科领域的知识集成与协同，以及设计、生产、运维服务等环节的过程协同，以提高产品研发设计质量。

设计建模与仿真功能模块支持构思设计方案、建立设计模型、评价设计模型全过程，运用系统仿真技术和大数据分析技术，优化设计方案、优化工艺设计和工艺参数，实现设计和工艺的虚拟建模与仿真。

数字孪生仿真设计是运用数字孪生技术支持多专业协同仿真和智能辅助设计，打造产品生命周期的设计协同和仿真优化平台，促进设计与生产的高效协同。

产品和工艺设计（P&PE）系统支持产品设计和工艺设计的协同工作，实现产品设计优化和制造过程优化。在工业设计行业，产品设计与工艺设计相互依赖，互为反馈。工艺设计需要支持产品设计，实现产品设计确定的产品功能，同时反馈产品设计的缺陷，协助设计优化，产品设计则需要考虑生产工艺的实现能力，确保产品能以适当的成本、交期和质量生产出来。

2. 产品生产信息系统

产品生产信息系统主要负责生产计划的制订和执行，对生产计划和生产现场信息进行统一协调和管理。通过 MES 和工业控制网络，在生产执行层面进行管控，实时掌握和跟踪人、设备、物料和客户需求的状态信息，协调整个生产过程。产品生产信息系统支持智能产品生产业务功能，包括 MES、ERP、WMS、SCM、生产建模与仿真等功能模块。

MES 在计划管理层与底层控制层之间架起了一座沟通桥梁：一方面，MES 可以依据 ERP 系统的生产计划信息，分解生产执行任务，并将生产操作指令传递给底层的生产过程控制系统 PCS；另一方面，MES 实时监控底层设备的运行状态，采集设备、仪表的状态数据，经过分析、计算与处理，将生产状况信息及时反馈给计划管理层，形成信息闭环。MES 系统与其他信息系统之间联系如图 2-6 所示。

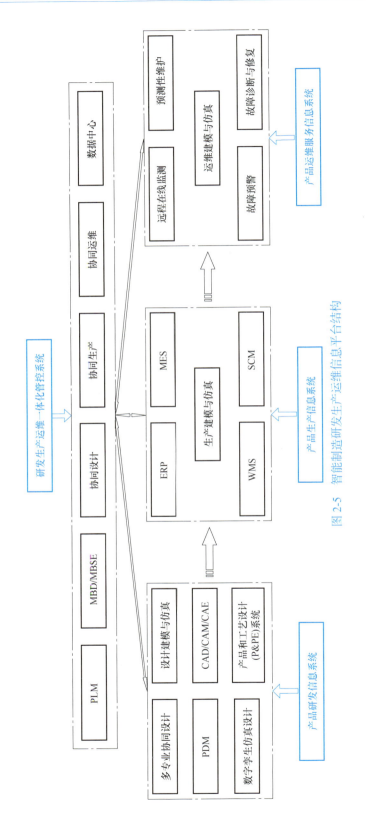

图 2-5 智能制造研发生产运维信息平台结构

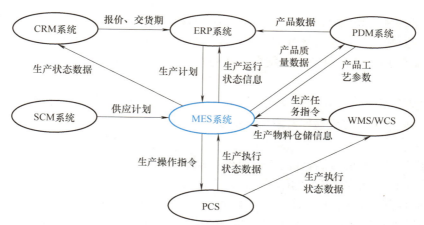

图 2-6 MES 系统与其他信息系统之间联系

MES 提供与 ERP、SCM、CRM、PLM、PDM、底层控制模块和工艺平台等信息系统的接口，实现数据的及时传递与信息集成。例如，CRM 的成功报价与准时交货取决于 MES 所提供的生产实时数据；PDM 的产品设计信息是基于 MES 的产品产出和生产质量数据进行优化的；底层控制系统则需要实时从 MES 中获取生产工艺和操作技术参数来指导人员与控制设备进行科学生产。MES 也需要从其他信息系统中获取相关数据，以支持生产执行过程优化。例如，MES 进行生产调度的数据来自 ERP 的计划数据；MES 中生产活动的时间安排要依据 SCM 的供应计划；PDM 为 MES 提供实际生产的工艺文件和各种操作参数；由底层控制系统反馈的实时生产状态数据用于 MES 对实际生产性能的评估和操作条件的判断。

WMS/WCS 接收 MES 下达的生产任务指令，驱动产线自动运行，实现生产线自动化管理，并通过生产过程控制系统（PCS）反馈的生产执行状态数据，实时监控产线的动态情况，协调堆垛机、穿梭车和搬运机器人等多种物流设备正常运行。

利用数字孪生技术实现生产建模与仿真功能，数字孪生生产车间通过内嵌的仿真算法或集成外部仿真分析系统对物理车间的生产活动进行仿真分析，将仿真优化后的生产策略传送给 MES 组织生产。数字孪生生产车间接收到 ERP 下达的生产计划后可以先进行虚拟制造，对设备的生产能力、物料配送、交付期和质量等进行评估。在不满足生产条件时，对物理系统提出调整方案；在满足生产条件时，将仿真优化后的制造执行策略传送给 MES，并接收 MES 反馈的生产实时数据，持续地完善数字孪生的仿真分析算法。经过长时间的数据积累和算法优化，数字孪生生产车间将可能代替部分人工进行生产决策与控制。

3. 产品运维服务信息系统

产品运维服务信息系统支持企业智能制造产品运维业务功能，其主要包括远程在线监测、预测性维护、故障预警、故障诊断与修复、运维建模与仿真等功能模块。

产品运维服务信息系统利用物联网、云计算、移动互联网、人工智能和大数据等技术，对智能产品运行数据、用户行为数据进行采集、加工和分析，实现智能产品在线智能检测、远程升级、远程故障预测、远程诊断管理和健康状态评价等产品在线运维服务功能。

产品运维服务信息系统提供数据采集、设备监测、故障管理和远程诊断等功能：

（1）数据采集 远程采集智能产品的实时运行数据，数据内容包括产品的运行数据、产量信息、系统参数、故障信号以及由工控机控制软件处理过的视频信号等。

(2)设备监测 监测工况、在线状态、统计报表和实时视频等相关智能设备的各种实时数据,通过对智能设备实时数据的分析,实时掌握智能设备运行状态。

(3)故障管理 实现故障实时报警、故障预警和故障信息统计查询等功能,并维护故障信息库。

(4)远程诊断 通过分析故障信息和预警信息,实现远程故障分析和诊断,还可以利用增强现实 AR 技术,实现远程专家指导设备维修、保养和参数调整。

> **案例:**
> 三一重工在其销往全球各地的工程机械(关键部位或关键部件)上加装数据采集终端,工程机械设备的运行数据通过电信运营商网络汇总到三一集团 ECC(Enterprise Control Center,企业控制中心),实现对工程机械设备作业状况的实时监控。ECC 要求实现工程机械设备上的智能设备控制器检测到的油温、转速、工作压力等运行数据通过通信网络实时发送至 ECC,以便随时发现设备运行中存在的问题。一旦发现异常情况,ECC 立即指导用户排除故障或派出维修人员上门服务。如果必须通过现场服务排除设备故障,ECC 就会立刻通过定位系统搜寻用户故障设备的确切位置以及最近的服务车辆,并计算出最佳路线,派一线服务工程师迅速赶往故障现场,同时将最佳路线图发送至服务工程师和驾驶员的手机上。ECC 还可以通过定位系统实时跟踪服务车辆运行轨迹,以确定服务工程师是否在最短时间内到达用户现场实现对用户的快速响应。
> (案例来源:百度百科,https://baike.baidu.com/item/M2M/4344511?fr=ge_ala)

4. 研发生产运维一体化管控系统

研发生产运维一体化管控系统融合了产品设计、生产和运维等生命周期全过程,对设计、生产到运维服务的各过程进行集成式管控,通过集成产品研发信息系统、产品生产信息系统和产品运维服务信息系统,实现从产品设计到生产和运维的全过程数字化,实现智能产品设计、生产、运维服务各过程的信息交互。

研发生产运维一体化管控系统支持企业智能制造研发生产运维一体化协同业务功能。系统主要包括 PLM、MBD/MBSE、协同设计、协同生产、协同运维、数据中心等功能模块。数据中心平台可以保证产品研发部门、制造中心和运维服务中心之间直接交换和共享数据,帮助研发人员设计和模拟新产品,可以将产品信息从研发过程传送至生产执行系统和运维服务系统,支持产品设计、生产和运维的业务协同。

当设计数据更新时,PLM 系统中的产品基础数据就会被自动映射到 ERP 系统当中;通过 MES 更新制造过程中的物料清单(BOM)信息,生成并实时更新电子任务单,生产订单由 MES 统一下达,完成对生产计划任务的高效调度,通过与 ERP 系统的高度集成,实现产品主数据、生产计划、物料清单和生产工艺路线等生产数据的实时传送,通过对工厂内各个流程的管控,保证设计与生产的高度协同。

利用增强现实/虚拟现实(AR/VR)技术实现设计与生产过程协同。通过获取接入信息平台的制造信息,开展跨区域、可视化的协同制造,进行基于 AR/VR 的在线协同产品设计和制造过程可视化监控,并通过信息平台将装配工序和加工流程等多维生产过程信息直接传递至生产现场,指导生产作业过程,实现虚拟与现实相结合,支撑协同生产过程。

利用数字孪生技术可以实现产品设计、生产和运维的协同工作,数字孪生体可以实时掌握产品的模拟生产情况和模拟使用情况,实时追踪产品状态信息,实现产品的设计与生产过程、运维服务过程相统一，确保设计的产品满足实际使用的需要，并能够实现对产品的生产和运维服务的指导。

2.4 智能制造工厂信息平台

智能制造工厂信息平台服务于工厂级智能制造全过程，为智能工厂的管理决策、计划与生产指挥、生产过程管理、生产物流配送和设备健康管理等提供支持。智能制造工厂信息平台由智能制造工厂决策指挥层、计划层、执行层、控制层、IT 基础设施层以及企业综合管理信息系统构成。

2.4.1 智能制造工厂信息平台概念

1. 智能制造工厂信息平台定义

作为智能制造产业落地的重要载体，智能制造工厂是将新一代信息技术的核心创新力与制造业务过程和运营管理高度融合而形成的一种新的制造与组织模式。从现代化工厂的发展阶段来看，智能制造工厂在数字化工厂的基础上，先后吸收了柔性制造、敏捷制造、精益制造、云制造和可持续制造等多种制造理念。从制造生命周期各个过程来看，智能制造工厂着眼于打通企业生产经营活动全过程，实现由工厂内部的人、技术和设备的综合集成向包含物理和虚拟制造资源的跨部门、跨层次和智能化集成延伸。

智能制造工厂信息平台依托云计算、大数据、人工智能、移动互联和 5G 等新一代信息技术，实现工厂级智能制造过程中物料与设备、设备与设备以及设备与人的互联互感，实现智能制造工厂信息的横向集成和纵向集成，实时监测、分析和控制智能制造全过程，以及实现产品数据全生命周期溯源，为制造企业的一体化网络协同制造、智能数字工厂运行、高效设备运维和大规模个性化定制等智能制造服务提供支撑。智能制造工厂信息平台是智能制造工厂的中枢神经系统。

2. 智能制造工厂信息平台主要任务

智能制造工厂信息平台的主要任务是为智能制造工厂的数字化、网络化和智能化提供一体化信息集成服务，为智能工厂的管理决策、资源计划与控制、生产过程监控与管理、质量监督与管理、生产物流配送、仓储管理和设备健康管理等提供支持。

3. 智能制造工厂信息平台价值

智能制造工厂信息平台通过将互联网、大数据、云计算、物联网和人工智能等新一代信息技术深度融入制造企业内部的生产单元、生产线、车间和工厂层面，打造远程定制、协同设计和智能生产的创新生产模式，使得产品的制造过程更加高柔性、高质量和低成本，能够有效促进制造企业高质量发展。

智能制造工厂信息平台借助数字化、网络化和智能化技术，使得工厂具有柔性生产能力，通过制造过程中生产控制与质量检测的自动化和智能化，以及对工业大数据的分析和预测，保障生产质量安全可控，提升产品质量。借助工业互联网和大数据技术，对工厂的生产运营等状态数据进行综合分析,更加精准地把脉企业生产运营节拍,促进流程再造和管理优化,降低企业综合成本。智能制造工厂各业务部门在统一的信息平台上协同工作,充分共享生产、工艺、质量、物流、仓储和设备等工业数据,以数据为基础实现业务的数字化协同,优化生产流程,促进生产管理协同,提升工厂智能决策水平和综合管理效能。

2.4.2 智能制造工厂信息平台功能

智能工厂具有决策智能化、生产管理数字化和制造执行自动化等特点,智能制造工厂信息平台支撑工厂级智能制造全过程,其核心功能包括管理决策与生产指挥、生产过程管理、质量管理与追溯、生产物流智能配送与仓储管理、采购与销售管理、人力资源管理与财务管理、设备健康智能检测与维护。

1. 管理决策与生产指挥

智能制造工厂信息平台构建具备生产感知自动化、数据分析智能化、指挥决策科学化的生产指挥模式,以保障安全生产为核心,形成智能化的管理决策与生产指挥能力,利用智能技术和信息技术,实现生产运行全过程实时监控、生产异常预测预警、调度指令一体化闭环管理,全面提高生产指挥效率和管理决策水平。管理决策与生产指挥包括经营管理智能决策、可视化生产运营和智能化生产指挥等功能。

(1) 经营管理智能决策　信息平台将智能制造工厂的人力、资金、物料和设备等资源进行科学的计划和控制,为企业的采购、生产、库存、销售和财务等业务人员提供集成服务,支持原材料供应、生产加工、配送、流通等环节以及消费者等供应链上的信息流、物流、资金流的规划与控制,实现信息流、物流和资金流的统一,实现采购、生产、营销、财务和仓储等业务的数字化和智能化,服务于智能工厂经营管理智能化。信息平台能够实时采集智能工厂生产经营数据,运用数据分析和挖掘技术,掌握生产经营活动的运行规律和变化趋势,协调和优化生产经营活动,支持智能工厂生产经营智能决策。

(2) 可视化生产运营　通过对生产计划、生产执行和生产状态的实时跟踪,将生产运营实时数据以直观的图表、图形和图像等形式展示,为管理决策者提供直观的生产真实场景,使其准确掌握所有生产运营信息,帮助管理层实时掌握工厂生产各环节的实时状态和运行趋势,支持可视化生产运营管理决策。

(3) 智能化生产指挥　信息平台综合生产过程中的各种要素,进行自主决策和生产指令下达,利用数据可视化技术和商业智能(BI)分析功能,快速准确提供业务数据分析结果,通过对生产数据、建模情况及各类资源存量、消耗等数据的分析,为生产指挥人员提供实时生产运行状态及变化趋势,实现对生产运营全局动态监控,提高协同指挥效率。利用智能技术手段实现生产资源最优化配置、生产任务和物流实时优化调度、生产过程精细化管理和智能化监控,实现生产指挥的智能化。

2. 生产过程管理

智能工厂生产过程管理是依托生产执行系统,将生产工艺、业务规则、作业规程与生产管理活动相匹配,实现计划、物料、能源、作业、质量、设备、安全及环保的全过程管控,实现精细化、可视化和智能化的生产管理过程。生产过程管理包括生产计划管理、生产任务分解与排程、生产任务调度与跟踪、生产任务执行与反馈、生产过程监控等功能模块。生产过程管理各功能模块之间的关系如图2-7所示。

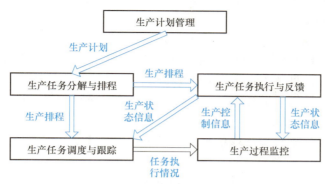

图 2-7　生产过程管理各功能模块之间的关系

(1) **生产计划管理**　该功能模块帮助计划管理人员根据销售订单，制订生产订单，编制物料清单 BOM 和主生产计划。该模块包括物料管理、生产订单管理和主生产编制等功能。物料管理通过建立工厂物料平衡模型，为生产管控提供数据支撑；生产订单管理根据销售订单下达生产订单；主生产计划编制通过建立生产计划数学模型，以市场为导向，实现生产计划与需求、生产能力、物料供应以及财务成本的动态平衡，使管理者实时掌握准确的计划信息、计划执行信息和计划反馈信息，并提供生产计划优化方案。

(2) **生产任务分解与排程**　该功能模块通过生产任务分解和生产排程实现对生产过程的规划与控制。生产任务分解的功能是将主生产计划分解为具体的生产作业任务，MES 接收到 ERP 下发的生产计划后，结合 PLM 系统下发的产品生产工艺流程、项目计划和设备任务负载，自动分解车间作业计划，生成工序派工单，将生产任务精细到车间的具体设备，提高车间排产效率。APS 主要实现生产排程功能，生产车间利用 APS 分解后的主生产计划，按照产品的工艺过程和资源约束条件，自动分配生产资源，并根据资源的工作日历，自动安排生产作业计划和物料需求计划。

(3) **生产任务调度与跟踪**　生产任务调度根据作业计划对各工序进行生产组织安排，通过人机交互，实现可视化生产调度功能。利用原材料调度、工装调度和任务调度等生产调度模型，按需自动调整生产模式、生产方案和工艺参数，通过生产调度优化算法，生成生产任务调度方案和调度指令，实现生产调度优化。实现对调度指令的编制、审核、发布、执行与跟踪的在线闭环管理，对生产任务的完成情况进行实时跟踪与管理。

(4) **生产任务执行与反馈**　车间生产设备根据 MES 的控制命令，自动采集生产设备执行过程中的相关参数和生产任务信息，并实时反馈生产状态信息。信息平台提供数字建模功能，实现生产线建模、生产工艺建模和生产流程建模，用数字化生产模型对生产任务执行进行精准化管控。信息平台可以将产品研发、制造生产、物料流通、过程管控和决策分析等人、机物理环境要素映射到数字化虚拟端，通过各种传感器和物联网设备将虚拟端与人、机物理环境实时连接，实现它们的互联、互通和互操作，实现生产任务执行的数字化、智能化。

(5) **生产过程监控**　信息平台能够实时采集和处理生产过程工况信息，包括物料信息、作业进度信息、工装信息、作业人员信息、加工状态信息和设备运行参数等，跟踪生产计划，优化生产调度和资源分配，自动监控生产过程。信息平台采用分布式控制系统集中控制生产过程各环节，对异常征兆、异常事件进行智能检测、智能识别、异常诊断和预报预警，实现智能化生产控制功能。

3. 质量管理与追溯

企业在开展质量管理工作过程中，基于先进的管理软件进行质量数据的收集、统计和分析，不断提高质量控制能力。信息平台对原材料、关键生产点中间产品，以及产品的生产、仓储、物流全流程质量信息进行实时跟踪，把质量风险遏制在萌芽状态，做到质量管控前移，实现产品质量全过程管理与全流程追溯。

(1) 产品质量全过程管理　该功能模块包括产品质量标准管理、产品质量检测、质量数据统计分析和产品质量控制。

1) 产品质量标准管理。信息平台建立系统化的质量标准数据库，这些数据库包含质量等级、质量缺陷分类、检测方法、抽样标准与检测标准文件等质量管理系统运行所需的基本参数和技术标准。

2) 产品质量检测。实时采集质量检测数据，并利用机器视觉、人工智能和产品质量分析模型，及时发现潜在的产品质量问题，消除产品质量隐患。物联网传感器将工序的加工状态数据实时采集、上传至制造执行系统，系统自动将各参数与质量标准数据库指标进行比对，实现对生产过程的实时跟踪和对工序加工质量的动态监测。

3) 质量数据统计分析。质量数据统计分析包括检验数据统计、工艺流程状态统计、质量统计报表生成、工艺参数和过程控制参数的优化。同时分析影响产品质量的相关因素，生成质量特性均值及不合格率，并生成趋势图，判断生产过程质量稳定性，及时发现异常点，提前进行预判。

4) 产品质量控制。运用数据挖掘方法建立工艺参数、过程控制参数与产品各质量指标之间关系的质量控制模型，通过模型预测在特定生产条件下的产品质量指标，利用专家系统，对各质量指标进行分析以判断产品质量是否符合要求，并利用统计过程（SPC）控制方法，实现生产过程质量控制。

(2) 产品质量全流程追溯　基于工厂信息平台，打通原料供应、零部件生产、组装加工、销售、配送和运维等产品生命周期的质量数据，结合质量追溯模型，实现产品生命周期的质量跟踪，提升产品质量控制精度。信息平台利用工业物联网、智能建模等技术，建立基于工业大数据的可追溯性产品质量分析和预报系统，实现产品的质量智能化在线检测与预报、产品质量全过程可视化跟踪与追溯、产品生产全过程质量分析与控制等功能。客户也可以随时通过互联网在信息平台上追踪自己所购买产品的质量情况和到货进程，实时了解和监督产品质量信息，获取更好的服务价值。

4. 生产物流智能配送与仓储管理

信息平台提供生产物流智能配送与仓储管理功能，以实现工厂柔性化和智能化生产。

(1) 生产物流智能配送管理　厂区智能生产物流服务系统包括车间内物流、工位之间物流和车间与车间之间物流，是服务于生产过程中车间与车间、车间与仓库之间以及车间内各工序、工位上的物流系统。智能生产物流系统是将条形码、射频识别设备、传感器和全球定位系统（GPS）等物联网设施，应用于生产、仓储、配送、装卸等环节，实现生产物流自动化，并利用人工智能技术，使物流系统具有思维、感知、学习、推理判断和自行解决物流问题的功能。

智能物流系统具备智能标识、智能感知、智能监控和智能排程等功能。智能标识支撑物流自动化，如利用看板、二维码和RFID来识别零部件，分辨每个零部件的安装位置。智能感知通过各种工业传感器反馈和调节各种控制参数，保证产品质量及生产安全。智能监控利用可视化技术，实现物流全过程实时监控。智能排程实现工序的自动安排以及零部件的存放，自动导引（AGV）按照排程的节拍，自主地给生产线供应零部件。智慧物流解决方案基于自动学习优化路径算法，结合GIS、GPS、移动互联网等技术，为智能工厂搭建集配送路线规划、无名道路自动识别、配送过程实时导航、全程实时监控、路径分析与优化、大数据智能分析等功能为一体的全周期配送管理系统，优化配送流程，提高物流配送效率。

（2）仓储管理　仓储管理是工厂物料管理的核心，是工厂为了满足生产、销售等经营管理需要而对物品进行接收、发放、存储和保管等一系列管理活动。工厂借助仓储管理系统（Warehouse Management System，WMS）、仓储控制系统（Warehouse Control System，WCS）实现仓储管理的数字化、自动化和智能化。

仓储管理系统（WMS）包括仓库区位管理、入库管理、出库管理、质检管理、包装管理、调配管理和统计分析等功能。WMS系统对仓储接收、验收、入库、盘点和配送等进行合规管理。仓储控制系统（WCS）是一种位于上位系统（如WMS、ERP、MES）和设备执行层（如PLC）之间的控制系统。WCS的主要功能是接收上位系统的指令，并进行拆分、重组后下达给设备执行层，以实现上位系统和设备控制层之间的指令无缝衔接。WCS能够快速执行上位系统的指令，协同库内设备，提升整体作业效率。通过WMS系统与WCS系统的协同工作，实现对立体仓库、堆垛机、RGV输送车、AGV小车和输送线等自动化配套资源的调度，完成物资入出库、上下架调度和库存管理等基础业务功能，实现仓储入出库全流程的自动化和可视化控制。

5. 采购与销售管理

（1）采购管理　采购管理是对采购业务过程进行组织、实施与控制的管理过程。采购管理模块是依据物料需求计划，根据物料的采购提前期、采购批量来选择供应商，从而编制采购订单，采购货物到货后根据订单进行验收，再送检验，合格后分配到库存货位，登记入库单。该模块的主要功能包括建立供应商资源、生成采购计划、询价及洽谈、生成用款计划、下达订单、跟催订单、来料验收、结账与费用核算和采购订单结清等。

（2）销售管理　销售管理模块是通过销售报价、销售订单、销售发货、退货、销售发票处理、客户管理、价格管理等功能，对销售全过程进行有效的控制和跟踪。销售管理主要实现销售规划、客户分类管理、市场销售预测、编制销售计划、生成销售订单、销售发货管理、销售发票管理、销售服务和销售与市场分析等功能。

6. 人力资源管理与财务管理

（1）人力资源管理　人力资源管理模块连接生产管理模块、质量管理模块、财务管理模块、计划管理模块与销售管理等模块，支持全方位人力资源管理全过程。人力资源管理包括人力资源计划、人事管理、工作分析、招聘管理、培训管理、绩效评估、薪酬管理和人力资源测评等功能。

（2）财务管理　财务管理模块包括固定资金管理、流动资金管理、专用资金管理、产品成本管理、销售收入管理、企业纯收入和财务支出管理等。该模块包括应收账管理、应付账管理、总账管理、财务报表、固定资产管理、工资管理、银行对账管理和成本管理等功能。

7. 设备健康智能检测与维护

设备健康智能检测与维护包括设备健康管理和设备预测性维护等功能。

（1）设备健康管理　该功能通过制定设备管理制度、设备管理标准和设备维护流程，将设备的状态监测和设备使用、维修情况相结合，全方面、多角度地分析设备使用情况，对设备的健康状况进行监督管理。信息平台建立针对设备异常的远程诊断系统，实现设备预测性诊断，利用智能终端实现设备实时工作状态监控。建立灾害异常即时应对系统，实现生产过程中的设备集群控制，实现设备异常启停、误操作和设备故障警报等快速的处理功能。利用工业大数据智能分析、设备日常运行可视化监控，实时掌握设备运行情况，实现对设备健康状况的智能分析和设备故障预测等功能。

（2）设备预测性维护　设备预测性维护旨在通过预测设备未来的故障模式和发展趋势，以及利用各种传感器和数据分析技术，进行预防性维护和维修，提高设备的可靠性。该模块利用传感器和数据分析技术，监测设备的运行状态，通过收集设备的运行数据，以及利用大数据分析、机器学习等技术手段，挖掘设备的潜在故障模式和发展趋势，为设备维护决策提供支持。设备预测性维护包括以下功能：

1）设备状态监测。实时收集温度、电压和电流等设备运行参数。

2）设备建模与仿真。通过输入诸如参数和工况等数据来进行模拟仿真，以构建设备的数字孪生体并提供优化维护方案。

3）设备故障诊断。挖掘和分析数据，如设备工作日志、设备历史故障、运行轨迹和实时位置等，判断可能发生故障的时间和位置，并制订维护计划。

案例：

宝钢与中国联通合作，在广东省湛江市开展"流程行业 5G+ 工业互联网高质量网络和公共服务平台"项目建设，利用 5G 技术实现了连铸辊、风机等设备故障诊断应用。该项目采集连铸辊编码、位置、所处区段受到的热冲击温度、所处区段的夹紧力与铸坯重力的合力等数据，通过 5G 网络实时传输至设备故障诊断等相关系统，采用人工智能和大数据技术对不同区段的连铸辊的寿命进行预测，从而减少了现场布线的工作量，提高了寿命预测的准确率。同时，采集风机振动、电流、电压、温度、风量等运行数据，通过 5G 网络实时传输至设备故障诊断等相关系统，实现生产作业过程中风机设备运行情况的在线监控，提前预警设备故障。通过对风机设备的在线监控，员工点检负荷率明显下降，点检效率提升了 81%。

（案例来源：工业和信息化部办公厅第一批"5G+ 工业互联网"十个典型应用场景和五个重点行业实践）

2.4.3　智能制造工厂信息平台结构

智能制造工厂信息平台由智能制造工厂决策指挥层、计划层、执行层、控制层、IT 基础设施层以及企业综合管理信息系统构成，如图 2-8 所示。

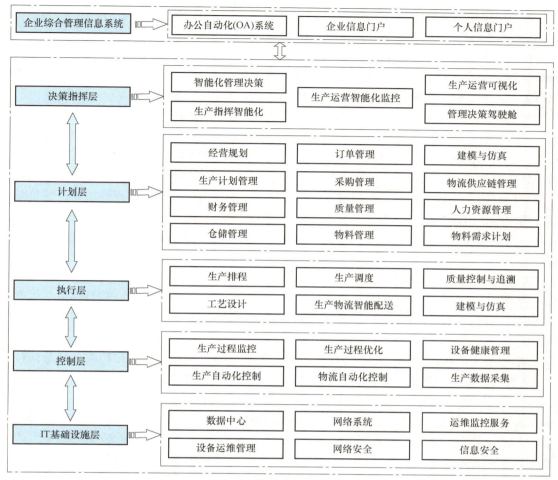

图 2-8 智能制造工厂信息平台结构

1. 智能制造工厂决策指挥层

智能制造工厂信息平台的决策指挥层支持企业经营管理决策和生产指挥业务功能。决策指挥层包括智能化管理决策、生产运营可视化、生产指挥智能化、生产运营智能化监控和管理决策驾驶舱等功能模块。

智能制造工厂运营过程中产生了大量产品数据、研发数据、生产数据、运维数据、质量数据、设备运行等数据。信息平台对这些数据进行收集、处理、储存和建模,应用大数据分析工具,支持智能化管理决策,提高决策的科学性。

信息平台提供智能化生产指挥调度功能,实现调度会议内容、生产指令和生产数据的全过程可视化,实现生产数据监控分析和异常处理、现场视频、信息联动和可视化展示等功能。生产指挥大屏实时展示工厂的生产运营数据和图表,以及设备运行状态。系统设置预警功能,当关键指标达到或超过预设阈值时,系统自动发送预警信息,助力生产指挥自动化、智能化。管理决策驾驶舱是一种基于数据可视化的决策支持系统,通过将企业各部门和业务系统的数据集成汇总,以直观的图表、仪表板等形式展示出来,帮助管理者掌握关键业务指标,发现数据背后的规律和趋势,从而做出科学决策。

2. 智能制造工厂计划层

智能制造工厂信息平台的计划层支持企业经营计划和生产计划等核心业务功能。在计划层，信息平台的主体是 ERP 系统，主要解决工厂资源协调优化问题。计划层包括经营规划、物料管理、生产计划管理、订单管理、采购管理、仓储管理、物流供应链管理、质量管理、物料需求计划、财务管理、人力资源管理和建模与仿真等功能模块。

计划层信息平台将先进的管理理念、精益生产、敏捷制造和网络化协同制造技术，融入企业资源计划（ERP）、供应商关系管理（Supplier Relationship Management，SRM）和客户关系管理（CRM）之中。在产、供、销、存、人、财、物等管理信息化的基础上，应用新一代信息技术，实现整个价值链上从客户需求、产品设计、智能生产、智能物流到售后服务整个供应链上的业务协同，使需求变动、设计变更在供应链网络中快速传播并得到及时响应，实现全价值链上的信息集成、资源共享与优化配置等功能，缩短原材料采购和产品生产周期，实现精益生产、精益供应，降低库存和在制品资金占用，提高资源利用率，快速响应客户需求。

3. 智能制造工厂执行层

智能制造工厂信息平台的执行层支持企业生产过程管理等业务功能。执行层包括生产排程、生产调度、工艺设计、生产物流智能配送、质量控制与追溯和生产过程的建模与仿真等功能模块。

执行层的主体是 MES，用于实现车间内各生产线的调度管理和优化功能。制造执行系统的主要任务是解决制造计划如何执行的问题，根据上层下达的生产计划，对实时生产信息进行加工与处理，实现生产资源优化配置和生产过程优化，以实现快速、低成本地制造高质量产品的目标。作为智能制造工厂信息平台执行层的生产管控与优化系统，MES 是 ERP 等工厂计划层系统与过程控制系统（PCS）等工厂控制层系统之间连接的桥梁，负责生产执行、协调和控制，以落实生产计划。MES 实时接收来自 ERP 的主生产计划，并将主生产计划细分后下达生产任务，同时将生产结果、人员情况、设备操作状态、原材料库存状况和产品质量状况等信息实时反馈给上层系统。MES 实现制造数据管理、生产调度管理、物料配送管理、质量管理、生产过程监控和看板管理等功能，支持协同制造过程。

智能制造 MES 接收 ERP 的生产计划指令，实现优化排产、资源分配、指令执行、进度跟踪、智能调度设备的运行、质量监控与分析、产品质量追溯、自动化仓储和物流智能配送和生产绩效管理等功能。生产执行系统形成从生产任务下达到产品交付全过程的人、机、料、法、环、测的优化管理和闭环控制，实现制造过程自动化、柔性化和智能化。

案例：

三一重工与中国电信、华为合作，在北京市三一重工南口产业园开展了 5G 工业互联专网项目建设，将 5G 技术与机械制造生产工艺流程深度结合，实现了设备协同作业的应用。通过 5G 技术搭建车间自组网，基于大带宽低时延的 5G 网络传输 AGV 的 3D 图像和状态信息，利用 5G+MEC（多接入边缘计算）平台和 GPU（图形处理单元）算力集成能力，降低 AGV 单机功能复杂度和成本，采用视觉导航替代传统激光导航，有效实现多台 AGV 协同控制，提高 AGV 的智能化能力和标准化水平，提升生产调度效率，节约成本 80% 以上。

（案例来源：工业和信息化部办公厅，第一批"5G+ 工业互联网"十个典型应用场景和五个重点行业实践）

4. 智能制造工厂控制层

智能制造工厂信息平台的控制层支持工厂生产过程监控等业务功能。控制层包括生产数据采集、生产过程监控、生产自动化控制、生产过程优化、物流自动化控制和设备健康管理等功能模块。

生产自动化控制系统作为控制层最主要的信息系统，侧重于解决底层设备的控制问题。该系统主要包括位于产线、车间、工厂级的分布式数字控制（DNC）系统。数控系统读取外部传输的数控加工程序，将加工程序转化成数控机床可执行的指令，实现零件的自动化加工与控制。

生产过程优化系统实现工厂生产资源的配置与优化功能。作为生产线运行的指挥中枢，生产过程优化系统由生产线排产、生产任务管理、工艺管理、生产监控、生产现场管理、在制品管理和生产资源管理等模块组成，借助数字孪生建模与仿真系统，实现生产状态数据的分析与处理、生产任务的优化与调度、生产资源优化配置等功能。

在工厂生产线上，通过各类设备的物联网连接，生产数据采集系统可实时获知工件所在位置、设备健康状况、加工参数、工件加工时间、已生产件数，以及物料库存数量等信息。系统自动采集生产环节、生产设备运行状态等数据，并将相关数据发送给生产过程优化系统进行分析处理。这些信息和数据通过网络传输，实现高效、实时的流动和可视化展示，实现对生产过程的自动化监控功能。

物流自动化控制实现对物流作业过程中设备和设施的自动化控制，包括运输、装卸、包装、分拣和识别等作业。物流自动化控制系统包括信息引导系统、自动分检系统、条码自动识别系统、自动导引车系统（AGVS）、射频识别系统、自动存取系统和物料自动跟踪系统。通过物流自动化控制，缩短物料周转、作业周期，提高自动化作业程度和仓库作业效率。

5. 智能制造工厂 IT 基础设施层

智能制造工厂信息平台的 IT 基础设施层旨在实现智能制造工厂各种业务解决方案、应用系统和数据的有效配合和无缝对接，为工厂数字化、网络化、智能化制造提供支撑。IT 基础设施层支主要包括数据中心、网络系统、运维监控服务、设备运维管理、网络安全和信息安全等功能模块。

数据中心的核心目标是打通工厂数据、促进业务融合、规范数据标准、提高数据质量、保障数据安全、支撑数据应用、提升数据利用效率，实现用数据说话、用数据管理、用数据决策、用数据创新的数据管理机制，使数据的收集、分析、使用成为智能工厂价值链的关键部分。基于数据架构和数据模型，执行数据标准控制，落实数据质量把关，加强数据安全管控，站在智能工厂全局的角度为各类应用提供数据服务，建立完备的数据共享机制，为工业大数据分析提供数据支撑。

智能制造工厂建立有线和无线的网络系统，形成集成化的车间联网环境，解决使用不同通信协议的设备之间，以及 PLC 系统、数控装置、机器人、仪器仪表、传感器和工控系统之间的联网问题。通过网络系统，实现各种设备设施的互联、互通和互操作，以满足设备设施的运维管理需求。

IT 基础设施层采用软硬件系统集成架构，实现 IT 资源的分层利用和 IT 资源的云化，打造业务平台、数据平台和技术平台，实现各类业务系统的平台化部署。

6. 企业综合管理信息系统

企业综合管理信息系统主要包括办公自动化（OA）系统、企业信息门户和个人信息门户。

办公自动化系统主要包括业务办公、文档管理、综合事务处理、统一流程管理和统一报表管理等功能，实现对现有业务办理的自动化。

企业信息门户将企业所有应用和数据集成到统一的信息管理平台上，为所有系统用户提供统一标准的使用入口。通过企业信息门户，可以快速构建企业门户、电子商务、协作办公、数字媒体、企业信息资源目录和场景式服务等内外网应用。

统一门户管理实现各信息系统的应用集成，系统用户可以经由统一门户授权访问后端应用系统。通过企业信息门户可以实现企业与客户、供应商、合作伙伴的商务协同和信息共享，提高跨企业合作的能力。

> **案例：**
>
> 卡奥斯COSMOPlat基于BaaS（区块链即服务）引擎打造了行业首个汽车零部件智能制造一体化解决方案，覆盖工厂咨询规划、产线自动化、设备物联、智能生产、智能决策、智慧园区、智控物联和仓储物流八大场景，以及智能制造评估服务、设备智能管理、海云智造MOM汽车零部件行业解决方案、D³OS工业智能解决方案等18个解决方案，满足汽车零部件企业从基础设施优化升级到产线高效协同再到产业链集群发展的全流程个性化需求，助力企业顺利实施数字化转型升级，实现提质增效、降本减存。
>
> 针对汽车零配件企业最为关注的智能制造场景的海云智造MOM平台具有基于集群调度、物联网（IoT）、核心算法、大数据分析四大核心技术，为汽车零部件企业打造了十大核心应用场景。根据汽车零部件企业生产特点及关注点，海云智造MOM平台聚焦生产制造协同、生产过程管控、质量管协同和仓储物流协同四个核心点，打造数据统一、信息贯通、业务协同的智能制造平台。在实践落地过程中，海云智造MOM平台预计可助力汽车零部件企业投产周期缩短30%、协同效率提升30%，并构建全面质量管控体系，实现全流程精准追溯。
>
> （案例来源：中国日报中文网，https://ex.chinadaily.com.cn/exchange/partners/82/rss/channel/cn/columns/snl9a7/stories/WS649bdaf3a310ba94c5613da6.html）

2.5 智能制造供应链信息平台

智能制造供应链信息平台利用云计算、大数据、物联网及人工智能等新一代信息技术，对智能制造企业生产和运营各个环节（如采购、生产、物流销售等）的物流和信息进行集成、管理和优化，实现智能制造企业、供应商以及客户之间的信息共享与协同管理。

2.5.1 智能制造供应链信息平台概念

供应链是指围绕核心企业，通过对企业生产经营活动中的信息流、物流和资金流的管理和控制，将供应商、制造商、分销商直到最终用户连成一个整体的功能网链结构。供应链跨越了采购、制造、仓储、分销等诸多环节，将供应商、制造商、分销商和用户衔接在一起。

由于供应链有不同的定义，因此对供应链管理也有不同的解释。一般认为，供应链管理是指人们在认识和掌握供应链各环节内的规律和相互联系的基础上，利用计划、组织、指挥、协调、控制和激励等管理职能，对产品生产和流通过程中各个环节所涉及的物流、信息流、资金流和业务流进行合理调控，以期达到最佳组合，发挥最大效用，提升产品价值。

1. 智能制造供应链信息平台定义

智能制造供应链信息平台是一个集成了供应链管理和智能制造技术的信息平台，它利用新一代信息技术手段，执行供应商到最终用户的物流计划和控制等职能，通过改善上游、下游供应链关系，使企业获得竞争优势，提高供应链运作效率、优化供应链整体效益的综合性信息平台。

智能制造供应链管理平台通过集成新一代信息技术和供应链管理思想，以实现供应链全流程自动化管理。其核心特点主要体现在智能化、数据驱动和自动化这三个方面。智能化体现在平台能够通过学习和分析数据，不断提高决策的准确性和智能化水平。数据驱动表示平台的运作和决策依据均来自对数据的分析和应用。自动化则表现在平台能够在无须人工干预的情况下完成各项运作任务。

智能制造供应链信息平台的定义中包含着丰富的内涵：

1）智能制造供应链信息平台在满足客户需求的前提下将对制造成本和效率有影响的各个环节和因素都考虑在内，包括原材料供应商、智能制造工厂、仓库、配送中心、分销商以及零售商，同时它也考虑了供应商的供应商以及用户的用户，因为他们对供应链业绩有重要的影响。

2）智能制造供应链平台的目的在于追求供应链的整体效率和整个系统费用的有效性，力图使系统总成本降至最低。因此，供应链管理的重点不在于简单地使某个供应链成员的运输成本达到最小或减少库存，而在于通过系统方法来协调供应链成员以使整个供应链总成本最低，使整个供应链系统处于最流畅的运作中。

3）智能制造供应链平台是围绕将供应商、制造商、仓库、配送中心和渠道商有机结合成一体需求而开发的，因此它包括企业许多层次上的活动，包括战略层次、战术层次和作业层次等。

2. 智能制造供应链信息平台任务

智能制造供应链信息平台被广泛应用于各种类型的智能制造企业，特别是那些需要实现数字化转型和智能制造升级的企业。其主要任务是：

1）实现智能制造企业与供应商之间的信息共享和协同作业，包括供应商信息、采购订单、库存状态等。通过与供应商的紧密合作，确保原材料和零部件的供应及时、稳定，降低缺货和延迟交货的风险。

2）根据客户需求、产能和设备状况等因素，制定合理的生产计划和调度方案。通过与生产执行系统（MES）的集成，实现生产计划的快速响应和动态调整，确保生产的高效运行。

3）自动调整生产计划、优化库存结构、协调物流配送等。这不仅提高了工作效率，还降低了人为错误的可能性，增强了供应链的稳定性。

4）实现对供应链各环节的实时监控，包括订单状态、原材料供应、生产进度、库存状态及运输进度等。通过库存优化算法和预测模型，实现库存的合理布局和补充，降低库存成本和缺货风险，预测未来的市场需求和供应情况，帮助企业提前调整策略，应对潜在风险。通过与物流服务商的协同作业，确保产品按时、准确地送达客户手中。

5）对产品质量进行全面监控和追溯，确保产品的安全性和可靠性。通过采集和分析生产过程中的质量数据，及时发现潜在问题并进行处理，提高产品质量水平。

6）整合并分析来自各个环节的大量数据，包括生产、销售、物流等多方面的信息。通过对供应链全过程中产生的数据进行分析和挖掘，能够洞察市场趋势，预测需求变化，发现供应链中的瓶颈和问题，提出优化建议和改进措施，为企业决策提供有力支持。

7）更加注重全局性优化。它不再局限于单一的环节或部门，而是从整体上考虑供应链的效率和成本，实现各环节之间的协同和优化。

8）以客户为中心，致力于提高客户满意度。通过精确的需求预测、快速的生产响应和优质的物流服务，系统能够确保产品按时、按质交付给客户，提升企业的市场竞争力。

9）不仅关注成本控制和效率提升，还强调供应链的增值能力。通过引入创新技术和管理模式，系统能够帮助企业开发新产品、拓展新市场，实现供应链的持续创新和增值。

10）提供可视化的操作界面和移动化的应用支持，使用户能够随时随地掌握供应链的运行情况。这增强了信息的透明度和及时性，提高了用户的使用体验和工作效率。

3. 智能制造供应链信息平台价值

在智能制造供应链信息平台中，有五种相互关联和相互影响的基本流：物流、资金流、价值流、信息流和工作流。信息流、资金流的转变可以在瞬息之间完成，而物流的变动，也就是物料的运输、存储、装卸、保管、配送等活动是不可能迅速完成的。智能制造供应链信息平台可以实现信息实时共享。这就消除了信息延迟，缩短了供应链长度，确保了信息的完整性、精确性和及时性，便于企业对相应波动做出及时有效的反应。智能制造供应链信息平台的价值在于：

（1）提高生产效率　通过对生产计划、物料需求计划、生产进度等进行实时监控和优化调整，确保生产过程的顺利进行。

（2）优化库存管理　通过对库存的实时监控和分析，实现库存的最优配置，降低库存成本，提高资金周转率。

（3）提高物流效率　通过对物流过程的实时监控和调度，实现物流资源的最优配置，降低物流成本，提高物流效率。

（4）提升客户满意度　通过对客户需求的实时响应和满足，提高客户满意度，增强企业竞争力。

（5）降低运营风险　通过对供应链各环节的实时监控和预警，及时发现和处理潜在问题，降低运营风险。

（6）稳定市场需求　更好地了解/理解客户需求，提高运作质量，提高零部件生产质量，降低生产成本，提高对买主交货期改变的反应速度和柔性，获得更高的利润。

（7）信息共享　改善相互之间的交流，实现共同的期望和目标，共担风险和共享利益，共同参与产品和工艺开发，实现相互之间的工艺集成、技术和物理集成，减少外在因素的影响及其造成的风险，降低机会主义影响和投机概率，增强解决矛盾和冲突的能力，在订单、生产、运输上实现规模效益以降低成本,减少管理成本,提高资产利用率。

2.5.2 智能制造供应链信息平台功能

智能制造供应链信息平台的主要功能包括采购管理、仓储管理、运输管理和销售管理。

1. 采购管理

采购管理提供采购需求管理、采购订货、仓库收料、采购退货、购货结算处理等采购业务流程管理,以及供应商管理、价格控制、供货信息管理等综合业务管理功能。帮助企业实现采购业务全过程的物流、资金流、信息流的有效管理和控制,可以与销售管理、仓储管理等功能模块结合运用。采购管理的主要功能包括:

(1) 采购需求管理　提供 MRP 计算、配套查询、库存缺料分析、销售订单下推等多种采购需求生成方式。根据供应商等信息灵活合并采购需求,满足企业对不同业务的采购需求管理,可设置供应商供货配额并自动生成采购订单,帮助企业有效规范采购业务。

(2) 采购订单管理　提供完整的采购订单管理功能,支持订单手工和自动关闭方式及采购订单变更管理。帮助企业规范采购订单作业流程,提高采购业务处理效率,同时提供灵活的采购价格控制、订单按比例允收控制等多种订单控制方式,帮助管理人员有效管理采购订单业务。

(3) 采购结算管理　通过采购发票进行发票与入库的匹配来确认入库成本。采购发票可通过采购合同、采购订单、外购入库单关联等多种途径生成,从而实现采购发票金额通过三方关联方式与采购订单的价格保持一致,实现企业灵活的开票处理及有效的发票管理,同时采购结算业务中支持采购发票与入库单据部分结算,采购发票审核自动结算。帮助企业准确核实外购入库成本。

(4) 供货信息管理　提供供应商供货配额管理,以及供应商物料名称及其代码维护管理,帮助企业处理多供应商的供货和同一物料名称不一致问题。

(5) 采购价格管理　按不同的供应商、不同的有效期间、不同的采购数量、不同的计量单位、不同的币种进行价格管理,同时,还提供最高采购价格和采购订单反写资料功能,能够控制采购成本。

(6) 报表分析功能　提供丰富、灵活的业务分析与报表,包括采购订单分析表、采购订单全程跟踪报表、采购订单执行情况明细表及汇总表、供应商供货分析、供货质量、准时交货及价格趋势分析等,同时支持灵活设置查询分析条件,帮助企业快速准确地获取采购决策和业务控制所需信息。

2. 仓储管理

仓储管理帮助企业实现仓储管理全过程的信息流、物流、资金流的有效管理和控制,可以与采购管理、运输管理、销售管理等模块结合运用。仓储管理的主要功能包括:

(1) 入库管理　提供外购入库、产品入库、虚仓入库和其他入库管理,结合批次管理、保质期管理、条形码管理,满足企业标准以及特殊入库业务要求。从而建立规范的入库作业流程,提高仓库运作效率。

(2) 出库管理　提供销售出库、领料单出库、虚仓出库和其他出库管理,结合批次管理、保质期管理、条形码管理等,满足企业标准以及特殊出库业务,建立规范的出库作业流程,提高仓库运作效率。

(3) **批次管理**　提供完善的批次管理设置、批次编码规则管理、日常业务处理、批次调整、批次自动出库、批次跟踪等功能，帮助企业有效地进行批次管理。

(4) **盘点管理**　可按分仓、仓位、物料进行盘点作业，同时支持物料的周期盘点、历史盘点数据保存及查询，提供盘点数据导入导出功能，提高企业盘点处理效率。

(5) **实时库存状态查询**　提供智能即时库存查询功能，可按仓库、仓位、批次、序列号、保质期等多维度进行查询。

(6) **保质期管理**　提供物料保质期管理，用户可以对保质期物料进行设置和初始资料进行录入，可以实时库存查询和报表查询，并提供在线到期存货预警功能。

(7) **多计量单位管理**　提供对同一物料分别设置采购、销售、仓库及物流计量单位的功能，支持浮动计量单位，同时支持所有库存单据及报表均能实现多计量单位的显示及管理。帮助企业满足不同业务领域、不同规格和包装的多计量单位的管理需求。

3. 运输管理

运输管理帮助企业实现销售业务全过程的物流、资金流、信息流的有效管理和控制，可以与采购管理、仓储管理和销售管理等结合运用。运输管理主要功能包括：

(1) **运输订单管理**　对运输车辆订单进行分配和统计管理，提高运输调度效率。

(2) **调度管理**　对使用车辆及其行车路线、时间、批次等进行统筹管理。

(3) **运输作业查询**　提供多维度查询，例如订单状态查询、作业状态查询、车辆在途查询等。

(4) **车辆管理**　对运输车辆，包括内部车辆和外部车辆及其车主、司机进行管理和监控。记录车辆的年检、保险及事故等信息，并提供实时查询功能。

(5) **运输车辆追踪管理**　通过集成GPS/GIS对在途车辆进行跟踪管理，可以及时了解并记录车辆位置和状况，例如正常行驶、故障、中途卸货、扣留等。

4. 销售管理

销售管理帮助企业实现销售业务全过程的物流、资金流、信息流的有效管理和控制，可以与采购管理、仓储管理、物流管理等模块结合运用。销售管理的主要功能包括：

(1) **销售计划管理**　提供企业销售计划、部门销售计划、业务员销售计划的编制功能，通过各级销售计划完成情况的分析报表，为企业销售绩效考核提供依据。

(2) **销售订单管理**　提供完整的销售订单管理，支持订单变更、订单锁库、订单执行控制、订单评估等业务管理。

(3) **销售订单跟踪管理**　跟踪订单发货、出库退货、收款、生产委外任务、产品入库等环节，并可追溯到生产委外的领料、生产、检验、工序进度等环节，通过全程跟踪，加强销售订单全过程控制，及时发现问题并采取措施，保证销售订单按期交货。

(4) **销售结算管理**　通过销售合同、销售订单、销售出库单关联等多种途径生成销售发票，确保销售发票严格与销售订单的价格保持一致，实现灵活的开票处理及有效的发票管理。支持销售发票多种灵活的核算方式，实现成本和收入的匹配。

(5) **销售发货管理**　提供发货通知单，帮助企业销售部门控制发货。另外，在企业内部的分销业务中，发货通知单和退货通知单是处理企业内部购销和内部调拨的重要单据，可以在企业数据间相互传递，完成业务处理。

(6) **客户信用管理**　提供信用对象、信用控制强度、信用控制维度及信用公式的灵活设置功能，帮助企业有效地管理应收款、规避销售资金回收风险。

（7）报表分析功能　提供丰富、灵活的业务分析报表，包括订单交货表、订单销售表、订单执行分析报表、订单出库统计表、销售收入统计表等业务报表，以及毛利润分析、销售增长分析、销售流向分析、销售结果分析、信用数量分析、信用额度分析、信用期限分析等管理报表，同时支持灵活设置报表查询分析条件，帮助企业快速、准确地获取销售决策和业务控制所需信息。

智能制造供应链信息平台的应用范围广泛，几乎适用于各个行业和领域的供应链管理。随着物联网、人工智能和区块链等新技术的应用，智能制造供应链信息平台的发展前景十分广阔。例如，物联网技术可以帮助企业实时追踪和监控物资的运输、存储和销售过程，提高供应链的可视化程度和透明度；人工智能技术则可以实现供应链的自动化和智能化，如自动化处理订单、优化运输路线、预测供应链风险等；区块链技术则可以简化供应链中的交易流程，提高供应链的效率和可信度。

2.5.3　智能制造供应链信息平台结构

智能制造供应链信息平台由技术支撑层、功能运行层和管理决策层三层结构组成，每层具有特定的功能和任务并相互关联，共同构成一个完整的供应链信息平台，如图2-9所示。

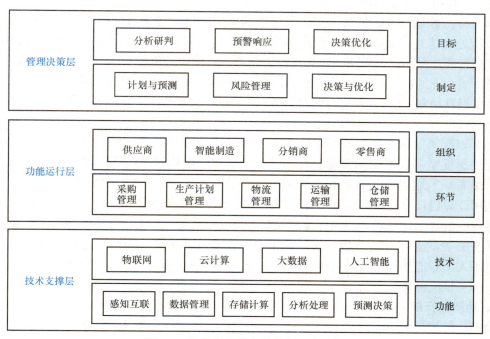

图2-9　智能制造供应链信息平台结构

1. 技术支撑层

智能制造供应链信息平台的技术支撑层由物联网、云计算、大数据、人工智能等为代表的新一代信息技术构成。其中，物联网技术对智能制造供应链业务运行涉及的大数据进行感知采集和传输交互；云计算技术对所采集大数据进行实时存储和分析计算；大数据技术则对大数据进行深入挖掘分析和实时处理；人工智能技术通过神经网络、遗传算法、人机互动等进行智能辅助、科学决策和预测判断。技术支撑层赋能智慧采购、智能制造、智慧运输、智慧仓储、智慧配送等环节协调配合与高效运转。

技术支撑层的功能如下：

（1）感知互联　物联网技术应用于智能制造供应链信息平台的核心功能是感知互联。通过各类传感设备，面向智能制造供应链的业务范围、商品类型、客户需求等，从对象、时间、位置、需求、分布等维度，全方位、动态感知捕捉与供应链相关的海量数据，包括物料信息、库存状态、生产进度、订单信息等。同时，通过采用互联网、移动互联网、无线传感器网络（WSN）等网络传输技术为数据传输提供支撑。

（2）数据管理　将通过感知互联得到的数据进行存储和管理，确保数据的安全性和可靠性。其中，数据存储通常采用数据库技术，包括关系数据库和非关系数据库。另外，数据管理还包括数据清洗、数据整合和数据转换等任务，以确保数据的准确性和一致性。

（3）存储计算　云计算技术应用于智能制造供应链信息平台中的核心功能是存储计算，通过数据存储技术、数据管理技术等，对智能制造供应链信息平台各领域、各环节和各类型的数据进行存储管理；通过资源管理层，对数据资源进行分类存储与灵活调配；借助云计算的分布式编程与计算能力实现智能制造供应链体系动态拓展，在保障数据实时存储与分析计算的同时，也推动智能制造供应链信息平台稳定、高效运行。

（4）分析处理　大数据技术应用于智能制造供应链信息平台的核心功能是对供应链数据的分析处理。通过对智能制造供应链全生命周期数据进行关联关系、内在规律的挖掘分析，提高智能产品的研发效率及市场竞争力；通过对供应链市场数据进行聚类分析，实现供应链上下游企业的高效运营，同时规避市场变化风险。大数据分析处理能使各成员企业全面了解并掌握其原料采购、产品生产、营销零售、客户服务等各环节的状况和发展趋势，提高整体运营效率。

（5）预测决策　人工智能技术应用于智能制造供应链信息平台中的核心功能是预测决策，利用深度学习技术挖掘智能制造供应链全生命周期数据中蕴含的内在规律，将原料采购、网络布局、运输方式繁琐的工作交给供应链平台处理，实现智能调度、路径规划等功能；利用计算机视觉技术对供应链各环节采集的图片、视频等数据进行分析处理，建立与实体世界对应的数字化场景，实现环境感知及人类视觉功能。人工智能驱动的智能决策通过对决策任务有关的数据进行分析，挖掘数据中隐含的偏好关系，实现智能化的科学决策。此外，运用人工智能预测系统对智能制造供应链内外部环境和发展趋势进行预测，能及时进行预判，服务供应链优化。

2. 功能运行层

功能运行层是供应链信息系统的核心，负责实现各种供应链相关的业务功能，包括采购管理、生产计划管理、物流管理、运输管理、仓储管理等。

（1）采购管理　智能制造的生产计划完成是通过外部原材料供应来保证的。外部原材料供应的难点就在于采购管理中的物料需求计算、定货时间的确定，采购管理还要依赖大量的库存数据。智能制造供应链信息平台能够准确、快速地计算物料的需求，并详尽地编制出采购订单，向供应商及时发布采购信息，将供应商提供的原材料、零部件等和生产管理流程结合起来，以保障物料能够及时交付到所需的地点。

(2) 生产计划管理　要保证智能制造供应链能快速、敏捷、灵活地响应客户需求，需要一个统一的协调计划，该协调计划是生产计划管理模块完成的。生产计划编制、生产计划执行、生产计划控制构成了智能制造生产计划管理的核心。供应链的各个环节也都是围绕着生产计划的完成来展开的，因此有效、精准的生产计划制订是生产计划管理的重点。

(3) 物流管理　物流管理是采购管理的下游，是智能制造供应链管理中成本控制的重点。控制了物流成本，就可以有效降低生产管理成本，提高企业的赢利能力。物流管理不仅涉及企业内部的管理，而且涉及运输和包装，还可能涉及进出口贸易。因此，必须依靠供应链信息平台对物流进行有效管理，使采购管理与生产计划管理处于可控的状态，确保企业生产经营活动正常进行。

(4) 运输管理　运输管理通过接受、调度和跟踪运输任务的过程，确定任务的执行状态，对运输的各个环节进行系统管理和智能优化，包括接受、交付、到达、调度和签字，有效提高运输的准确性。

(5) 仓储管理　仓储管理的重点是在有效保障生产、提高响应速度的同时，不断降低库存，节约管理成本。

3. 管理决策层

智能制造供应链信息平台的管理决策层是供应链体系的核心中枢，对技术支撑层的数据处理和功能运行层供应链环节的协作运行情况进行全面了解与实时监测，综合判断供应链运转情况与潜在风险，然后对决策对象进行分类、分级或排序，有针对性地制定应对策略、运作方案和改进计划，实现智能制造供应链的高质量管理、低成本优化及快速响应。主要功能有计划与预测、风险管理及决策与优化等。

(1) 计划与预测　提供供应链需求预测、资源分析和计划编制等功能服务，支持采购计划、生产计划、物流计划等的自动生成、协同执行和智能调优。

(2) 风险管理　支持供应链风险感知预警、评估诊断和应急防控，提供供应链风险识别诊断和防控建议等功能。

(3) 决策与优化　通过对供应链全过程的数据分析和挖掘，发现供应链中的瓶颈和有待优化的问题，为管理层提供决策支持和资源优化配置。

> **案例：面向装备制造企业的数字化供应链平台**
>
> 三一重工供应链涵盖企业数量大、种类多。三一重工的供应商包括机加型、焊接型、钢铁生产等多种类超过数万家上下游企业。庞大的供应商数量对三一重工供应链内产品设计、计划、生产资源、组织等类型数据的交互能力提出了要求。三一重工供应链的特点是：①供应链的生产模式主要是订单式生产与预测式生产相结合，产量不稳定。②企业间的社会化分工程度高，协同制造能力差。
>
> 三一重工传统供应链管理存在 2 类痛点：①一类是对供应商的，供应商面临七大痛点，即原料成本管控难、机加型企业工时定额数据缺乏、设备开机时间不足且效率低、电和气等重点生产资源浪费严重、有效现场管理缺乏、生产流程模糊和数据滞后、管理粗放和方式落后。②另一类是对三一重工的，三一重工面临供应商交期及质量难以保障以及成本优化核价难两个方面痛点。
>
> 因此，三一重工要通过供应链管理实现将自身的生产作业计划延伸到上下游供应商，尤其是需要数字化的供应链来管理适合数据量大且类型和结构复杂的情况。

智能制造信息平台技术

> 树根互联助力三一重工供应链的数字化转型，同时满足三一重工和其供应商保障供应、降低成本、把控质量的核心诉求，实现从线索到订单、从概念到产品、从订单到交付的全流程线上管控；通过规范业务流程制度和范围，优化各业务环节中的不增值活动，支撑企业核心业务高效运行；正确引导供应链各相关企业，整合或对接上下游企业供应链平台，提高信息处理能力和敏捷供应能力，实现上下游企业在销售计划、生产计划、供应计划、生产能力、仓储物流等方面的信息共享和快速资源配置，从而形成基于供应链平台和数据驱动的协同供应和协同制造模式。
>
> （案例来源：工业互联网产业联盟，https://www.aii-alliance.org/index/c359/n4344.html）

2.6 智能制造产业生态信息平台

技术进步和商业模式创新为智能制造产业生态信息平台建设提供了基础条件。智能制造产业生态信息平台通过优化制造企业资源管理、业务流程、生产过程、供应链管理等，提升供需双方、企业之间、企业内部各类信息资源、人力资源、设计资源、生产资源的匹配效率，实现生产智能决策、业务模式创新、资源优化配置、产业生态繁荣。

2.6.1 智能制造产业生态信息平台概念

1. 智能制造产业生态概念

智能制造产业生态是指智能制造企业与企业生态环境形成的相互作用、相互影响的生态系统。智能制造企业必须直接或间接地依赖其他企业或组织而存在，并与之形成一种有规律的组合，即制造经济共同体。在这个经济共同体中，对于每一个企业个体而言，与其关联的其他企业或组织连同社会经济环境构成了其生存的生态环境，企业个体与外部环境通过物质、能量和信息的交换，构成一个相互作用、相互依赖、共同发展的整体。

智能制造产业生态由多个组成部分构成，包括运营主体、参与方、资源和服务等。

（1）运营主体　智能制造产业生态的运营主体通常是智能制造供应链中的核心企业或核心企业联盟。主体负责智能制造产业生态建设和管理，提供各类基础设施和服务。

（2）参与方　智能制造产业生态的参与方包括企业、机构、个体和客户等。他们既可以是智能制造产业链上下游的各类企业，也可以是各类专业服务机构、创新创业者和企业客户等。参与方通过平台实现资源共享、合作创新等目标。

（3）资源　智能制造产业生态整合了各类资源，包括生产要素、技术知识、市场信息等。这些资源可以通过平台进行共享和交换，提高资源利用效率。

（4）服务　智能制造产业生态提供各类服务，包括技术支持、市场推广、融资服务等。这些服务有助于平台上各参与方的发展和创新。

2. 智能制造产业生态信息平台定义

智能制造产业生态信息平台是一个基于物联网、云计算、大数据、人工智能技术等新一代信息技术而段构建起来的综合性的信息平台，涵盖了智能制造产业中的各个环节和参与者，包括智能制造企业、研究机构、政府、行业协会等，旨在通过整合各类资源，促进智能制造产业链上下游的协同合作和创新。智能制造产业生态信息平台不仅关注技术的创新和进步，还注重产业生态的构建和优化，以便实现智能制造产业的可持续发展。

智能制造产业生态信息平台的内涵可以从产业视角及技术视角两个方面进行表述。

（1）产业视角　从产业视角来看，智能制造产业生态信息平台本质上是一种全新的产业集群形式，依托平台的网络虚拟集聚体。区别于传统地理空间上的产业集聚，平台是构建智能制造产业生态的核心，包括内部主体要素和外部环境要素。内部主体要素以智能制造供应链中的主体企业为主导，供应商、客户和竞争者为关键群体，政府、高校、科研机构和第三方服务机构为支持群体。外部环境则包括经济、政治、技术、社会，它们均是智能制造产业生态发展的重要驱动力。

（2）技术视角　技术视角重点关注支撑智能制造产业生态信息平台的技术体系。智能制造产业生态信息平台是实现智能制造产业生态系统的关键推动力。通过将分布式制造服务整合在一起，完成复杂的制造任务。智能制造产业生态信息平台能够显著改善企业的业务流程、供应链管理和制造过程中的协作关系，可以满足实时化、精准化、透明化和精细化需求。为此，技术视角下的智能制造产业生态信息平台是将生产资源转化为可被感知、理解、推理和交互的智能制造对象，强调通过收集、分析智能制造产业生态大数据，服务于智能制造生态的所有参与者，促进产业生态高质量发展。

3. 智能制造产业生态信息平台任务

（1）数据共享　建立统一的数据标准和交换机制。通过数据互联互通和整合利用，实现智能制造产业生态内数据的共享和交换，提高数据的价值和应用效果。通过平台上的数据共享机制，各参与方可以获取到更多的市场信息、用户需求等数据，从而做出更准确的决策和创新，促进产业生态的协同发展。

（2）供应链管理　通过供应链管理机制，实现供需双方的协同和优化。企业可以通过供应链协同管理，减少库存、降低成本，提高供应链的效率。

（3）产业链协同　实现产业链上下游企业之间的信息共享和协同作业。通过平台化的方式，促进原材料供应、生产制造、物流配送、销售服务等各个环节之间的紧密合作，提高产业链的整体效率和竞争力。

（4）价值链优化　通过对价值链的分析和优化，发现价值创造过程中的瓶颈和潜在问题，提出改进措施和优化建议。同时，通过数据分析和预测模型，帮助企业实现价值创造过程的数字化和智能化，提高价值创造效率和质量。

（5）金融支持　通过提供融资服务，帮助参与方解决资金问题。平台可以为创新创业者提供风险投资、贷款等金融支持，促进创新创业的发展。

（6）创新链驱动　提供各类协同创新机制，如研发联盟、创新合作等。通过这些机制，各参与方可以共同进行研发活动，促进智能制造领域的技术创新、产品创新和服务创新。通过整合创新资源、搭建创新平台、提供创新服务等方式，推动创新链与产业链、价值链的深度融合，加速智能制造产业生态的创新发展。

（7）决策支持与智能分析　利用大数据、人工智能等技术手段，对智能制造产业生态的数据进行深入分析和挖掘，为政府、企业和研究机构等提供决策支持和智能分析服务。通过数据的智能应用，推动智能制造产业生态的智能化、网络化和高质量发展。

4. 智能制造产业生态信息平台价值

智能制造产业生态信息平台是面向制造业数字化、网络化、智能化需求，构建基于海量数据采集、汇聚、分析的服务体系，它既是支撑制造资源泛在链接、弹性供给的高效工业云平台，也是"人、机、物"互联的支撑平台。

实施智能制造产业生态信息平台，从产业生态系统的角度，综合应用大数据、人工智能、人机交互等新一代数字技术，可以帮助企业改进生产管理服务流程，支撑企业数字化与智能化转型升级，促进企业实现高端产业发展，推动产品创新、应用创新以及模式创新；在国家层面，通过跨设备、跨系统、跨厂区、跨地区的资源链接和高效协同，加速重构生产体系，引领组织变革、优化资源配置，打造基于智能制造产业生态信息平台的制造业生态，不断巩固和强化制造业的重要地位，助力我国制造业抢占全球新一轮产业竞争的制高点。

2.6.2 智能制造产业生态信息平台功能

智能制造产业生态信息平台是一个综合性的信息平台，旨在促进智能制造产业生态的发展、优化和协同。该信息平台集成了产业链、价值链和创新链等多个方面的信息，通过信息技术手段实现对整体智能制造产业生态的全面监控、分析和管理。智能制造产业生态信息平台的主要功能包括：

（1）数据采集与接入管理　负责从各种来源采集和接入数据，包括企业、政府、研究机构、市场等。数据采集可以通过传感器、API、数据交换平台等方式实现。同时，还需要对数据进行清洗、格式转换和标准化处理，以确保数据的准确性和可比性。

（2）数据存储管理　负责将采集到的数据进行存储和管理，通常采用大规模分布式存储系统和数据库技术。同时，还提供数据备份、恢复和安全保障等功能，以确保数据的安全性和可靠性。

（3）数据分析与挖掘管理　负责对存储的数据进行深入分析和挖掘，以发现产业生态中的趋势、规律和潜在问题。数据分析可以采用各种统计方法、机器学习算法和人工智能技术。通过数据分析，信息平台可以为生态参与者提供智能推荐、预测预警和决策支持等服务。

（4）信息展示与交互管理　负责将分析结果以直观、易用的方式展示给用户，并提供用户交互功能。信息展示可以通过可视化图表、报告、仪表板等方式实现。同时，还提供用户注册、登录、权限管理等功能，以确保信息的安全性和隐私性。

（5）生态服务与应用管理　生态服务与应用是智能制造产业生态信息平台的核心，这些生态服务和应用包括产业规划、市场分析、创新孵化、资源共享、合作交流等。生态服务与应用可以通过API、SDK（软件开发工具包）等方式与其他系统进行集成，以满足用户的多样化需求。

2.6.3 智能制造产业生态信息平台结构

智能制造产业生态信息平台是基于5G、物联网、大数据、人工智能、网络安全等技术构建的，以智能、高效、安全为理念，支持企业采集分析海量数据，可以广泛应用于智能制造领域的企业、政府和研究机构等组织。通过该信息平台，可以促进智能制造产业生态的协同发展、优化升级和创新发展，提高智能制造产业生态的竞争力和可持续发展能力。同时，该信息平台还可以为政府提供决策支持和监管服务，推动智能制造产业的健康发展。

智能制造产业生态信息平台的结构见图 2-10，分为四层：边缘层、基础设施层（IaaS）、平台层（PaaS）及应用层（SaaS）。其中，边缘层是基础，负责构建精准、实时、高效的数据采集体系；IaaS 是支撑，负责海量工业数据处理与存储；PaaS 是核心，负责构建一个可扩展的操作系统，为应用软件开发提供一个基础平台；SaaS 是关键，负责形成满足特定工业应用场景的不同应用服务。

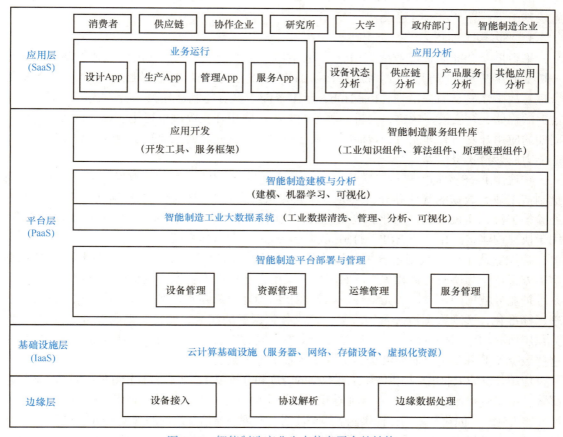

图 2-10　智能制造产业生态信息平台的结构

1. 边缘层

边缘层是基础，部署边缘及配套实时数据库，实现设备接入、协议解析、边缘数据处理（包括采集过滤及计算处理能力）。

例如汽车生产制造过程中包含大量数据信息，需要采集：生产管理方面的生产工艺、生产故障、设备状态参数、生产排程、设备维护等信息；供应商管理方面的零部件、产能、售后、索赔等信息；物流方面的物料计划、零部件物流、整车物流、备件管理等信息；品质管理方面的产品品质、供应商品质、品质问题追溯、一致性等信息。面对如此庞杂的数据，需要借助精准、高效的实时采集技术，一些生产工艺与设备等复杂物理信号还需借助精密的物理传感器才能捕获，同时还要有配套的数据标准规范、协议解析、数据集成和边缘数据处理，以便保证制造信息的品质。除了物理信号需要直接采集，也需要实现系统数据的接入。

2. 基础设施层（IaaS）

基础设施层是云计算基础设施，包括服务器、网络、存储设备、虚拟化资源等基础通用模块，用于支撑云计算。在基础设施层，用户能够部署和运行任意软件，包括操作系统和应用程序。智能制造企业不用管理或控制任何云计算基础设施，但能控制操作系统的选择、存储空间、部署的应用，也有可能获得有限制的网络组件（例如路由器、防火墙、负载均衡器等）的控制。该层能够实现容器化部署与负载均衡，并提供基于云的安全保障能力，基础设施层基于云计算平台进行建设。

3. 平台层（PaaS）

平台层是智能制造产业生态信息平台的核心层，主要包含通用 PaaS、智能制造建模与分析、应用开发、智能制造服务组件库。通用 PaaS 能与云计算深度融合，提供设备与资源管理、故障恢复、服务治理、IoT Hub、运维等能力；智能制造建模与分析提供智能制造大数据的存储、算法模型构建、分析、服务的能力；应用开发提供可视化建模、低代码全生命周期的应用开发与管理能力；智能制造服务组件库提供通用的工业知识组件、算法组件及制造能力原型模式组件等。

在通用 PaaS 架构上进行二次开发，实现工业 PaaS 层的构建，可为智能制造企业提供海量制造工业大数据的管理和分析服务，并能够积累沉淀不同行业、不同领域内技术、知识、经验等资源，实现封装、固化和复用，在开放的开发环境中以微服务的形式提供给开发者，用于快速构建定制化工业 APP，打造完整、开放的工业操作系统。

智能制造工业大数据系统主要描述了一组规程、技术和解决方案，这些规程、技术和解决方案用于为所有利益相关方（如用户、应用程序、数据仓库、流程以及贸易伙伴）创建并维护业务数据的一致性、完整性、相关性和精确性，最终实现将异源异构数据有序分类管理、标准化，实现数据清洗及转换等，完成各数据源的注册、变更、编码等数据流程配置，为顶层所有的应用提供最全面、最独立的支撑；同时以服务分发的形式在企业范围内向使用这些数据的业务系统、业务流程、决策支持系统等提供支持。

应用开发为工业用户提供海量工业数据的管理和分析服务，平台具有较好的扩展性、规模化部署、容灾和灵活配置等特性，并能够积累沉淀不同行业、不同领域内技术、知识、经验等资源，实现封装、固化和复用；提供涵盖服务注册、发现、通信、调用的管理机制与运行环境。

智能制造服务组件库涵盖项目管理、故障预测、库存管理等领域专业知识点；建立技术型微服务组件库，形成对工业机器人技术、视觉检测技术、虚拟加工技术等前沿方向共性需求的抽离与组件化；建立经验型微服务组件库，对于生产计划排布、品质问题评估等以经验为驱动的微服务，基于理论经验与现实经验，形成相互独立且最小化的微服务组件库。

智能制造建模与分析利用数据统计、机器学习、最新的人工智能算法及可视化实现面向历史数据、实时数据、时序数据的聚类、关联及预测分析；基于专业知识，结合工业生产实践经验，基于已知工业机理构建各类模型，实现分析应用。

4. 应用层（SaaS）

应用层是关键，将智能制造企业所需要的智能制造建模与分析、应用开发、智能制造服务组件库等功能集成，为企业提供服务，推动智能制造产业生态发展。平台提供通用性的 SaaS 服务池，主要包括业务运行与应用分析。企业可以根据自身特性，利用智能制造产业生态信息平台提供的建模工具、工业应用开发工具等，去构建本企业的 SaaS 池与 SaaS 服务，构建智能生产、智能物流、智能决策等工业 App。

以上是一个典型的智能制造产业生态信息平台的结构示例，具体结构可能因智能制造企业自身特性、业务需求和技术水平等因素而有所不同。但总体来说，智能制造产业生态信息平台的结构应该能够支持数据采集、存储、分析、展示、服务和管理等功能，以实现产业生态的信息化、智能化和协同发展。

> **案例：构建"互联网＋智能制造"生态系统**
>
> 　　航天云网平台是中国航天科工集团倾力打造的以云制造服务为中心，以"信息互通、资源共享、能力协同、开放合作、互利共赢"为核心理念，以"互联网＋智能制造"为发展方向，开放整合航天科工与社会资源能力的工业互联网平台。它是集产业互联网平台、开放创业平台和生产性服务业平台为一体的综合性服务平台，能为政府、行业组织、企业等用户提供基于"互联网＋智能制造"的云制造、创新创业、工业商城、金融服务和高效物流等产业服务。航天云网平台通过构建"4 类平台业务 +3 项关键技术 +2 项智能制造系统工程能力 +1 系列生态系统配套服务"的"4+3+2+1"产品和服务体系，形成"互联网＋智能制造"系统解决方案。作为产业互联网平台，航天云网平台企业资源充分共享、智能制造能力高度协同、产业链各环节业务协同，促进传统产业转型升级。作为开放创业平台，航天云网平台依托丰富的制造资源和能力云池，构建开放公平的创新创业平台与配套服务体系，推动大众创业、万众创新。作为生产性服务业平台，航天云网平台以云制造服务为中心，围绕生产制造全要素构建多种云端形态，打造现代生产性服务新业态。
>
> 　　（案例来源：https：//www.casicloud.cn/tech-sero.html）

2.7　智能制造信息网络平台

智能制造信息网络平台利用工业互联网、5G、无线局域网等新型网络技术，保障智能产品信息平台、研发生产运维信息平台、智能制造工厂信息平台、智能制造供应链信息平台、智能制造产业生态信息平台的稳定运行。

2.7.1　智能制造信息网络平台概念

1. 智能制造信息网络平台内涵

智能制造信息网络平台是为了实现智能制造目标，利用工业互联网络、5G 网络、移动互联网等技术，实现数据采集、数据传输、数据交换、数据共享和数据处理等功能的信息基础设施。通过建立高性能、高可用性和高可靠性的网络系统，将智能制造相关的设备、仓库、生产线、车间、工厂、产品、供应链和产业链等信息要素紧密地连接起来，支持灵活的供给和高效的工业资源配置，有效支撑智能制造的正常运行，保障智能产品信息平台、研发生产运维信息平台、智能制造工厂信息平台、智能制造供应链信息平台、智能制造产业生态信息平台的稳定运行和信息安全，形成完整的信息平台网络支撑架构。

作为信息基础设施的智能制造信息网络平台旨在解决智能制造过程的资源共享、业务承载和互联网应用等问题，并提供信息共享和数据通信等服务。智能制造信息网络平台支持在智能制造过程中全流程、全生命周期和全产业链的智能管理和控制，以实现智能生产、网络协作、个性化定制和智能服务的目标，并成为支持工业创新发展的新型综合信息基础设施。

2. 智能制造信息网络平台任务

智能制造信息网络平台的主要任务是利用工业互联网、5G、无线局域网等新型网络技术，实现对工业数据的全面深度感知、实时传输交换、快速计算处理和高级建模分析，保障智能产品信息平台、研发生产运维信息平台、智能制造工厂信息平台、供应链信息平台和产业生态信息平台的正常、稳定、安全和可靠运行。

智能制造信息网络平台的具体任务包括：

1）实现原材料、机器设备、控制系统、信息系统、产品以及人之间的网络互联，部署感知终端与数据采集设施，实现全要素、全产业链、全价值链状态信息的实时监测，打造企业泛在感知能力。

2）提供数据接入存储与边缘计算。信息网络平台通过各种通信方式接入各种工业设备和智能产品，采集海量工业数据，利用边缘计算设备实现底层工业数据的汇聚，实现多源异构工业数据的集成，并完成数据向云端平台的集成。

3）实现数据的充分与高效集成，打通企业内、企业间以及企业与客户之间的信息通道，提升企业对市场变化和需求的响应速度和交付速度。

4）基于泛在感知、全面连接与深度集成，在企业内实现研发、生产和运维等业务的协同，提高企业运营效率，在企业外实现各类生产资源和社会资源的协同，提高产业配置效率，提升产业协同能力。

3. 智能制造信息网络平台价值

智能制造信息网络平台连接智能制造的产线、车间、工厂、供应链、产业链，打通智能制造企业的研发、生产、运维、供应链、产业链、智能产品运营等各个业务环节，通过全产业链、全价值链的资源要素连接，推动跨领域资源灵活配置与内外部协同能力提升，驱动制造体系和产业生态向扁平化、开放化演进。

智能制造信息网络平台的价值体现在以下方面：

1）信息网络平台将人、机、料、法、环、测等生产要素全面互联，实现工业环境中的数据闭环，促进数据端到端的流通和集成，打破组织界限和信息孤岛；

2）利用"云网边端"服务模式，通过分布式工业云、定制化网络部署、边缘计算实现工业设备互联、生产数据互通，助力生产效率提升；

3）通过跨企业、跨行业、跨产业的广泛互联互通，促进制造资源的在线化汇聚、平台化共享和智能化应用，实现云端协同、跨界协同和产业协同；

4）有利于更大范围、更深层次地开展资源有效配置、供需精准对接、线上线下互动，支撑打造新型产业生态链。

2.7.2 智能制造信息网络平台功能

1. 各层次的功能

按照层级划分，智能制造信息网络平台可以分为边缘层、车间层、工厂层和产业链/供应链层，信息网络平台各层次的功能如下。

（1）边缘层信息网络平台功能　智能制造工厂存在大量异构、多类型的设备和设施，需要通过网络提供泛在接入和协议转换，实现设备、设施之间的互联互通和数据交换。通过广泛部署的工业传感器采集工业数据，并提供对多种协议数据的汇聚和处理功能。网络边缘设备采集到的海量数据，不再直接传输到云端，减轻了网络传输的负载，降低了数据中心的能耗压力。

边缘层主要包括以下功能：

1）通过传感器、物联网和工业控制系统访问各类工业设备、系统和产品，实现全面的工业数据收集，并利用协议转换技术，实现多源异构数据的处理和边缘集成。

2）作为边缘计算设备，边缘网关能够聚合和分析从传感器和设备采集到的数据，并将边缘分析的结果发送到工业云平台，实现数据向云端平台的集成。

3）边缘计算作为一种新型计算范式，围绕边缘互联、边缘智能和边缘自治，解决网络孤岛、数据孤岛和业务孤岛问题，支撑柔性制造。边缘计算将数据分析、决策处理和控制指令下发迁移到边缘侧，保证满足业务在稳定性和实时性方面的要求。服务请求的处理、计算和分析都发生在边缘侧，无须将请求回传到云计算中心，降低了服务响应的延迟，提高了响应速度，提升了资源和能源效率。

（2）车间层功能　车间层服务于车间生产过程控制和生产现场的数据采集与传输。信息网络平台通过网络及软件系统实现数控自动化设备（如生产设备、检测设备、运输设备、机器人等）互联互通，利用物联网技术对企业的人、机、料、法、环、测等制造要素进行全面感知、采集和传输，以支持车间生产管理决策。

车间层信息网络将物联网传感器、嵌入式终端设备、智能控制设备和通信设施连接成智能网络，使人与人、人与机器、机器与机器之间互通互联，实现数据在生产系统各单元之间、生产系统与商业系统各主体之间的无缝传递，支撑形成实时感知、协同交互的制造模式。

车间层信息网络由生产控制网络构成。生产控制网络主要用于连接生产现场的控制器以及传感器、伺服器、监测控制设备等工业部件，完成 DCS、CNC、PLC 等控制器系统之间、控制器与数据采集及监视控制系统（supervisory control and data acquisition，SCADA）之间的通信连接，实现由加工主体装备、辅助工艺装备、物流运输装备所构成的物理系统的互联互通，以支持车间的生产过程控制与决策。

（3）工厂层功能　工厂层是为了实现智能工厂的目标，通过建立高性能、高可用性和高可靠性的网络系统，有效支撑智能工厂正常运行，保障工厂信息资源（各种生产服务器、生产自动控制设备、智能终端设备、办公设备）的稳定运行和信息安全，形成完整的应用系统网络支撑架构。

工厂层信息网络平台旨在解决智能工厂内部的资源共享、业务承载和互联网应用等问题，提供信息传输、信息共享和信息交换等服务。工厂层信息网络平台为管理决策、研发、生产、运维、市场和销售等各业务方面的应用系统提供有效支撑。

工厂信息网络部署在企业内部的生产区域和办公区域，实现生产部门和管理部门互联互通。生产区域的工厂信息网络连接 ERP、SCM、CRM、CAD/CAE/CAM、MES、APS、WMS 和 WCS 等应用系统，保障研发、生产和运维等制造过程的高效执行。办公区域的工厂信息网络连接各管理部门，连接 OA、信息门户、邮件管理系统等应用，保障企业办公系统的正常运行。

（4）产业链/供应链层功能　产业链/供应链层能够实现企业、供应链、产业链、用户之间全流程、全方位的互联互通，通过云边协同技术实现设计协同、制造协同、运维协同、服务协同、供应链协同和产业链协同。随着软件定义网络（SPN）的发展，产业链/供应链层将能够提供企业需求，快速开通服务，快速调整企业业务，提高网络接入的便捷程度和部署速度，为企业实现广泛互联提供更灵活的网络服务。

产业链/供应链信息网络平台建设的核心目标是通过构建产业链/供应链工业互联网平台，广泛汇聚产业链/供应链资源，支撑资源配置优化和创新生态构建。其主要功能包括：

1）针对高速增长的数据存储和跨地域分布式应用需求，实现存储计算资源的弹性拓展和开放访问；

2）实现产业平台中海量复杂业务的运行管理；

3）聚焦行业共性问题和资源优化配置提供解决方案，实现跨平台的资源配置优化和产业生态构建；

4）提供基础IT资源支撑和集成基础技术框架，实现平台资源调度管理、应用部署和运维；

5）提供数据管理和建模分析能力，实现设计协同、制造协同、运维协同和供应链协同等系统应用；

6）实现泛在无线接入，利用NB-IoT、5G等技术，支持各类智能产品的无线接入需求；

7）支持工业云平台的接入，支持企业信息系统、生产控制系统，以及各类智能产品向工业云平台的数据传送。

2. 网络安全

网络安全保障信息网络平台的稳定、可靠运行，其包括数据安全、信息平台安全、访问安全、设备安全和网络通信安全。

（1）数据安全　数据安全包括采集、传输、存储和处理等各个环节的数据以及用户信息的安全。在数据出口的边缘，使用工业防火墙和工业网闸来保障数据源的安全。在工业数据传输过程中，采用加密的隧道传输技术，以防止数据泄露、被拦截或篡改。在工业数据安全防护方面，应采取数据加密、访问控制、业务隔离、接入认证和数据脱敏等多种防护措施。

（2）信息平台安全　信息平台安全包括平台安全与工业应用程序安全，可采用入侵检测、恶意代码防护等技术来确保平台的安全性，采用灾难恢复解决方案，以应对潜在的导致系统故障的各类事件，保障业务应用系统全天候无中断运行。

（3）访问安全　按照用户类别的不同，分别设置用户访问权限以及每类用户所能使用的计算资源、存储资源和网络资源。采用身份认证机制，防止非法用户访问，实现对云平台上重要资源的访问控制，并防止对资源的未经授权的使用以及对数据的未经授权的披露或修改。

（4）设备安全　设备安全包括工厂内单点智能器件、成套智能终端等智能设备的安全，以及智能产品的安全。设备安全应从操作系统、应用软件安全、硬件安全两方面部署安全防护措施，可采用的安全防护措施包括固件安全增强、恶意软件防护、设备身份鉴别与访问控制、漏洞修复等。

（5）网络通信安全　网络通信安全包括工厂内部网络、外部网络、标识解析系统和网络协议等的安全，可采取包括网络结构优化、边界安全防护、接入认证、通信内容防护、通信设备防护和安全监测审计等安全措施。

2.7.3 智能制造信息网络平台结构

1. 智能制造信息网络平台逻辑结构

信息网络平台分为企业园区网络和企业外部网络。企业园区网络是指在企业内部部署的用以实现企业内部设备互联和信息互通的网络基础设施。企业园区网络由工厂信息网络、生产控制网络、设备接入网络和边缘计算网络构成。企业外部网络主要是指工业云网络，用于连接企业上下游、企业与智能产品、企业与用户的网络。从层次划分上，信息网络平台可分为产业/供应链层、工厂层、车间层和边缘层。其中，产业/供应链层对应企业外部网络，工厂层对应工厂信息网络，车间层对应生产控制网络，边缘层对应边缘计算网络和设备接入网络。智能制造信息网络平台逻辑结构如图2-11所示。

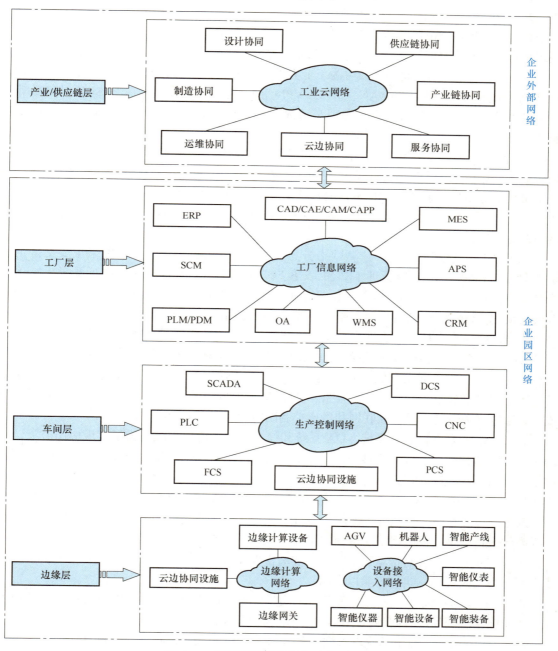

图2-11　智能制造信息网络平台逻辑结构

（1）工业云网络　工业云网络属于企业外部网络，实现生产企业与智能产品、用户、供应链、产业链等智能制造各环节的广泛互联，同时为生产系统与互联网融合提供技术支撑。工业云网络支持设计协同、制造协同、运维协同、云边协同、服务协同、供应链协同和产业链协同应用。

工业云网络主要包括互联网连接、企业网专线和企业云网融合等具体应用。

1）互联网连接。为工厂提供带宽互联网连接，包括普通互联网业务和企业上网专线业务。普通互联网业务包括电子商务活动、出厂产品和用户通过互联网连接到智能工厂和工业云平台，实现出厂产品的远程运维和人工远程信息访问等功能；上网专线为企业提供直接连接到互联网的专用链路，实现方便快捷的高速互联网接入服务。

2）企业网专线。企业网专线可为工业企业的不同分支机构、上下游企业之间提供基于互联网的虚拟专线（如 SD-WAN、MPLS VPN 等）、物理隔离的专线（如 SDH、OTN 等）、网络切片等定制化的专属资源，实现高可靠、高安全、高质量的端到端业务互联和部署服务。

3）企业云网融合。为了满足企业"多系统、多场景、多业务"的上云需求，开展云网融合业务。采取入云专线为工业企业提供云数据中心和企业虚拟私有云之间高速、低时延、安全可靠的专属连接通道，实现本地的数据中心、办公网络、总部与分支机构和云数据中心相连接。入云专线包括 PON 专线、MPLS VPN、5G 入云专线和基于 SD-WAN 技术的互联网专线等。

（2）工厂信息网络　工厂信息网络分为生产网络和办公网络，生产网络主要支持企业资源计划（ERP）、供应链管理（SCM）、客户关系管理（CRM）、制造执行系统（MES）、产品生命周期管理（PLM）和产品数据管理（PDM）等信息系统应用；办公网络支持企业办公自动化（OA）、信息门户等企业综合管理系统应用。

生产网络主要采用工业有线网、工业无线网和工业以太网等网络技术，生产网络是将原来分散部署在各服务器的业务系统，如 ERP、CRM、PLM、SCM 等业务系统部署到工厂云平台，生产过程相关数据存储到企业内部数据中心。通过 Wi-Fi6 与物联网网络，实时连接工厂工业终端及物联网终端，实现数据实时采集、分析与反馈。生产网络主要由 IP 网络构成，并通过网关设备实现与互联网和生产控制网络的互联和安全隔离。

办公网络主要支撑邮件系统、OA 系统和信息门户等应用系统。为了实现应用需求，网络布线方式通常采用有线或无线方式，对吞吐量、时延的要求较高，通常采用高速以太网，使用 TCP/IP 协议进行通信。

（3）生产控制网络　生产控制网络连接 SCADA、DCS、PLC、CNC、现场总线控制系统（FCS）和云边协同设施等生产应用系统，执行车间生产过程的智能控制，保障智能制造过程高效运行。生产控制网络一般使用工业有线和工业无线两种通信方式。

工业有线主要适合对带宽、可靠性、实时性要求高且位置相对固定的设备接入。工业有线主要分为工业现场总线与工业以太网。

1）工业现场总线。工业现场的智能化仪器仪表、传感器、控制器和执行机构等通过工业现场总线实现现场设备间的数字通信以及现场设备和控制系统之间的信息传递。

2）工业以太网。使用工业以太网将数控机床、机器人、检测设备以及其他辅助工艺设备等各类分散的数字化装备连接起来。工业以太网技术凭借其传输速率高、开放性好、兼容 TCP/IP 和成本等优势，逐渐替代工业现场总线。时间敏感网络（Time-sensitive Network，TSN）技术是一种新的可用于工业领域的以太网技术，该技术在保障工业数据传输所需要的可靠性、安全性的基础上，能够支持千兆级以上的带宽，更好地支持 TCP/IP 和 Web 技术体系，已成为最有希望统一工业网络的技术。

工业无线适合广覆盖、移动性强的场景，以可靠性、带宽要求不高的传感器网络、工业机器人等应用为代表，适合灵活的工业应用布置。其中 Wi-Fi 技术具有部署容易、组网灵活和可移动等优势，但其可靠性和安全性难以满足工业级需求；LoRa 技术，适用于低速率、低功耗的中长距离场景；ZigBee、ISA 100.11a、WirelessHART、WIA-PA 等技术受限于传输距离和传输速率，多用在传感器、仪表等传输距离有限、传输速率不高的应用场景；RFID、UWB 等技术多用于定位应用；NB-IoT 技术具有广域覆盖、高可靠性保障、QoS 等优点，适用于低速率、低功耗的传感设备接入。

（4）设备接入网络　设备接入网络位于智能制造信息网络平台的边缘位置，主要实现将车间智能设备和智能装备安全接入。车间的智能设备包括面向生产制造过程的传感、执行和控制设备，比如各种传感器、变送器、执行器、控制器、条码和射频识别标签等基础组件，以及数控机床、工业机器人、工艺装备、AGV、物联网设施和智能仓储设施等制造装备。通过工业现场总线、工业以太网等技术连接车间智能设备和智能装备等工业设备，采集生产数据并通过网络传输到边缘计算网络。

综合应用工业以太网、工业现场总线、光纤通信、5G、NB-IoT 等网络通信技术，将工业设备联网。工业设备联网有直接接入和网关接入两种方式：

1）直接接入网络。需要工业设备本身具备联网功能，或者支持在设备端嵌入 5G 和 NB-IoT 等通信模组。

2）网关接入网络。工业设备本身不具备联网能力，需要在本地组网后通过网关接入网络。例如，通过无线组网技术将设备通过网关统一接入到网络，常用的本地无线组网技术包括 ZigBee、LoRa、BLE、Wi-Fi 等。

（5）边缘计算网络　边缘计算介于云端和现场设备之间，起到承上启下的联接作用，一方面负责各类工业现场设备的接入，另一方面实现与云端的交互对接，实现边缘数据采集、协议适配和转换，以及工业数据分析与处理等功能。边缘计算网络通过大范围、深层次的数据采集，以及异构数据的协议转换与边缘处理，来构建工业云平台的数据基础。边缘计算网络通过在网络边缘部署工业应用程序和边缘计算设备，对海量工业数据进行采集、过滤和预处理，提取工业数据的关键特征，并将处理后的数据传输到云平台，实现边缘计算与云计算的协同，大大降低对网络传输带宽的需求，降低传输时延。

应用工业互联网技术构建边缘计算体系架构，在智能工厂内部署边缘控制器、边缘网关和边缘云等边缘计算设施，其中边缘控制器负责连接各种现场设备，进行协议适配和转换，统一接入边缘计算网络；边缘网关的功能包括边缘计算、过程控制、运动控制、现场数据采集、工业协议解析和机器视觉等；边缘云是部署在边缘侧的单个或多个分布式协同的服务器，边缘云聚焦大规模数据处理，提供弹性扩展的计算、网络和存储服务。

2. 网络拓扑结构

网络拓扑结构是指用传输媒体连接各种设备的物理布局，即用什么方式通过网络传输介质将交换机、路由器、服务器和工作站等设备连接起来。网络拓扑结构一般采用分层结构，多采用核心层、汇聚层和接入层三层结构，尤其是在企业园区网络的结构设计中应用得非常广泛。智能制造信息网络分为企业外部网络和企业园区网络，网络拓扑结构如图2-12所示。

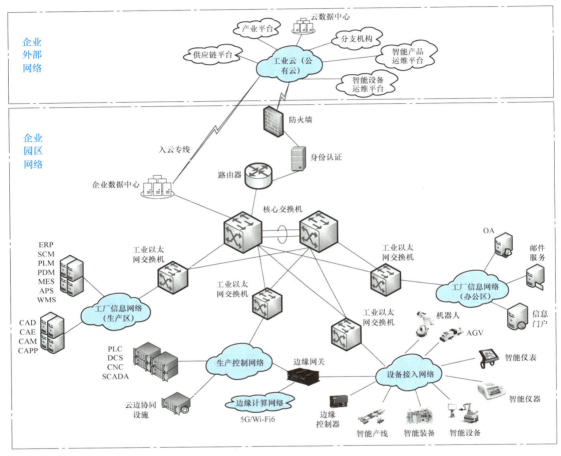

图2-12 智能制造信息网络拓扑结构

（1）网络层次架构　企业园区网络多采用核心层、汇聚层、接入层的三层网络结构设计，形成网络可扩展、业务易分离、故障易定位的稳定网络。

核心层是网络的高速交换主干，负责整个园区网络的连通和快速交换，负责对来自汇聚层的数据包进行路由选择和高速转发，因此，核心层网络设备应选用交换性能和可靠性高的设备，支持双主控、电源冗余、风扇冗余、分布式转发等特性的高性能交换，核心层一般采用多核心星形结构，采用多台核心交换机实现核心设备冗余，冗余设计大大提高网络的可靠性和负载均衡能力。

汇聚层位于核心层和接入层之间，负责把接入层的用户聚合在一起。从功能上说，汇聚层负责将接入层的数据流汇聚后转发给核心层，提供路由策略、路由聚合、数据流量收敛、虚拟局域网之间的路由选择、安全性控制，以及各种网络管理策略的实施。从汇聚层到核心层具有全冗余链路和转发路径，使用冗余引擎和冗余电源获得系统级冗余，保证网络的稳定性及可靠性。汇聚层交换机连接生产区工厂信息网络、办公区工厂信息网络、生产控制网络、设备接入网络和边缘计算网络。汇聚层交换机选用高性能、高可靠性、高实时性的工业以太网交换机。

接入层是底层设备、用户计算机与网络的接口，负责工业现场设备和工控机的网络接入。接入层设备需要具有一定的端口密度，实现多台设备接入网络以获取网络服务，同时需要具有接入安全控制功能。

（2）网络部署方案　信息网络平台利用工业互联网、5G、物联网和网络安全等技术进行科学合理部署。

企业园区网络主要部署的网络设备包括：用于连接多个生产控制网络的确定性网络设备，用于办公系统、业务系统互联互通的通用数据通信设备，用于实现企业园区全面覆盖的无线网络（5G、NB-IoT、Wi-Fi6、ZigBee等），用于园区网络敏捷管理维护的软件定义网络（Software Defined Networks，SDN）的设备，用于企业内数据汇聚分析的数据中心以及用于接入企业外部网络的出口路由器。

企业园区网络建设的基本要求是高可靠和大带宽，关键是实现敏捷的网络管理、无死角的网络覆盖、无缝的云边协同。要建设5G和NB-IoT网络、部署Wi-Fi 6网络，实现无死角网络覆盖，工业企业可根据自身业务需求和预算，选择5G和Wi-Fi 6综合构建具备高可靠性、大带宽、高性价比的无线网络。采用云边协同技术，支持企业办公系统和业务系统的云化部署，实现企业数据的实时、高效汇集、分析和交互。

企业外部网络部署着各类云平台系统，比如，智能产品运维平台、智能设备运维平台、供应链平台、产业生态平台等，这些云平台应支持MQTT、XMPP等通讯协议，实现工业数据的快速高效采集、传输和汇聚，实现跨企业、跨地域的信息互通互操作。

3. 工业互联网技术

"工业互联网"的概念最早由美国通用电气公司（GE）研发部门在2012年提出。工业互联网是新一代网络信息技术与制造业深度融合的产物，是制造业从数字化向网络化、智能化发展的重要基础。工业互联网通过对制造业核心要素的数字化、网络化整合，帮助制造业形成跨设备、跨系统、跨领域的全新产业链，提高生产效率，推动整个制造体系与服务体系全面融合与智能化发展。工业互联网通过一个开放的、全球化的通信网络平台，将设备、生产线、工厂、仓库、供应商、产品、客户和员工等信息要素连接起来，共享工业生产全流程的各种要素资源，促进工业数据的充分流动和无缝集成，使制造过程变得数字化、网络化、智能化。

中国工业互联网产业联盟于2016年8月发布了《工业互联网体系架构（版本1.0）》，指出工业互联网体系架构由网络、平台和安全三大部分组成。其中，"网络"是工业数据传输交换和工业互联网发展的支撑基础。工业互联网的网络体系包括网络互联、数据互通和标识解析三部分。"网络互联"实现工业互联网要素之间的数据传输，"数据互通"实现要素之间传输信息的相互理解，"标识解析"实现要素的标记、管理和定位。网络互联、数据互通和标识解析三者共同协作，实现工业全系统的互联互通，促进工业数据的充分流动和无缝集成。

案例：

卡奥斯 COSMOPlat 是海尔推出的具有中国自主知识产权、引入用户全流程参与体验的工业互联网平台。COSMOPlat 将用户需求和整个智能制造体系连接起来，让用户可以全流程参与产品设计研发、生产制造、物流配送、迭代升级等环节，以"用户驱动"作为企业不断创新、提供产品解决方案的原动力，创造用户终身价值。

卡奥斯 COSMOPlat 以用户为中心，推动生产方式由大规模制造向大规模定制转变，实现企业、用户、资源之间的零距离，以全要素、全价值链、全产业链的场景化应用，实现高精度下的高效率。COSMOPlat 将用户作为牵引，以海尔几十年的制造业最佳实践沉淀的"BaaS"（Business&Best Practice as a Service）引擎为核心，精准把握数字化转型机遇，协同推进场景、企业、园区、行业、城市五大维度数字化，构筑起跨行业、跨领域、跨区域的立体化数字赋能新范式，不断赋能企业从大规模制造向大规模定制转型。在企业端，构筑"大企业共建、小企业共享"的生态体系，提升企业柔性生产能力，赋能企业智能制造转型；在行业端，结合"一米宽""百米深"的行业特点，充分满足千人千面的消费需求，在汽车行业，携手汽车行业龙头企业，与奇瑞控股集团共建行业首个大规模定制工业互联网平台——"海行云"，探索汽车行业转型的最优路径，该平台已沉淀出汽车行业个性化定制、平台化设计、智能化制造等六大能力，并成功入选国家级特色型工业互联网平台。

（案例来源：卡奥斯 COSMOPlat 官网 https：//www.cosmoplat.com/）

本章小结

本章首先介绍了智能制造信息平台的层级结构；然后，分别介绍了产品信息平台的内涵、任务和价值，阐明了产品信息平台的功能，阐述了产品信息平台的结构；介绍了研发生产运维信息平台的内涵、任务和价值，阐明了研发生产运维信息平台的功能，设计了研发生产运维信息平台的结构；介绍了智能制造工厂信息平台的内涵、任务和价值，阐明了智能制造工厂信息平台的功能，阐述了智能制造工厂信息平台的结构；介绍了智能制造供应链信息平台的内涵、任务和价值，阐明了智能制造供应链信息平台的功能，阐述了智能制造供应链信息平台的结构；介绍了智能制造产业生态信息平台的内涵、任务和价值，阐明了智能制造产业生态信息平台的功能，阐述了智能制造产业生态信息平台的结构；介绍了智能制造信息网络平台的内涵、任务和价值，阐明了智能制造信息网络平台的功能，阐述了智能制造信息网络平台的结构。

思考题

1. 按照层级划分，智能制造信息平台可以划分为哪几个部分？这样的层级划分的内在逻辑是什么？

2. 什么是智能产品信息平台？其主要作用是什么？

3. 如何理解研发生产运维信息平台的价值？结合智能制造实践谈谈自己的认识。

4. 制造执行系统 MES 的作用是什么？MES 与其他信息系统之间有什么样的联系？

5. 智能制造工厂信息平台包括哪些核心功能？这些功能如何支撑智能制造工厂的运行？

6. 智能制造供应链信息平台包括哪些核心功能？

7. 智能制造产业生态信息平台的主要作用是什么？请举实例说明智能制造产业生态信息平台的作用。

8. 智能制造信息网络平台的主要作用是什么？请举实例说明智能制造信息网络平台的作用。

参 考 文 献

[1] 周济, 李培根. 智能制造导论 [M]. 北京：高等教育出版社，2021.
[2] 李培根, 高亮. 智能制造概论 [M]. 北京：清华大学出版社，2021.
[3] 魏毅寅, 柴旭东. 工业互联网：技术与应用 [M]. 2 版. 北京：电子工业出版社，2021.
[4] 刘韵洁. 工业互联网导论 [M]. 北京：中国科学技术出版社，2021.
[5] 陈明, 梁乃明, 方志刚, 等. 智能制造之路：数字化工厂 [M]. 北京：机械工业出版社，2016.
[6] 工业互联网联盟. 工业互联网体系架构（版本 2.0）[EB/OL]. [2024-09-23]. https://aii-alliance.org/uploa-ds/1/20231101/7409655baaf8eb071cef86b41a1d7995.pdf.
[7] 工业互联网联盟. 工业互联网网络连接白皮书（2.0 版）[EB/OL]. [2024-09-23]. https://aii-alliance.org/uploads/1/20210930/0ab713db764012d62d3a374cf410453d.pdf.
[8] 李俊杰. 智能工厂从这里开始：智能工厂从设计到运行 [M]. 北京：机械工业出版社，2022.
[9] 张忠平, 刘廉如. 工业互联网导论 [M]. 北京：科学出版社，2021.
[10] 庞国峰, 徐静, 马明棕. 远程运维服务模式 [M]. 北京：电子工业出版社，2019.
[11] 施云. 智慧供应链架构：从商业到技术 [M]. 北京：机械工业出版社，2022.
[12] 文丹枫, 周鹏辉. 智慧供应链：智能化时代的供应链管理与变革 [M]. 北京：电子工业出版社，2019.

第 3 章

信息平台规划技术

重点知识讲解

章知识图谱

本章概要

信息平台规划需要综合考虑企业的发展战略，梳理和优化企业的业务流程，制定出企业信息平台发展战略的总体方案。信息平台规划技术基于企业目标、战略、业务处理过程和信息需求，实现信息平台规划目标与企业的战略规划目标相一致。本章主要围绕信息平台规划相关概念、信息平台规划方法、信息平台总体架构规划、信息平台功能结构规划、信息平台技术选型规划以及信息平台运行管理规划等展开。希望同学们通过本章学习掌握以下知识：

1）信息平台规划的概念，信息平台建设目标、特点和组织。
2）信息平台规划方法。
3）信息平台总体架构规划。
4）信息平台功能结构规划。
5）信息平台技术体系规划。
6）信息平台运行管理规划。

3.1 概述

信息平台规划对于信息平台的建设来说至关重要，凡事预则立，不预则废。企业要组织一支既懂规划又懂信息技术的专门规划组织，来开展信息平台规划工作。

3.1.1 信息平台规划概念和内容

信息平台是一个包括人在内的复杂的人机系统，同时也是一个社会系统。现代企业的架构、业务活动等内容都十分复杂。信息平台需要处理大量、广泛且形式多样的信息，涉及许多业务领域和管理需求。这使得信息平台必然是一个复杂的大系统，其复杂性体现在平台结构、管理过程、平台控制和规划开发等方面。信息平台的复杂性使得企业要对信息平台进行全面的规划。信息平台规划是信息平台长远发展的规划，是信息平台生命周期中的第一个阶段，其质量直接影响信息平台的成败。

信息平台规划是企业信息化、数字化、智能化建设之本，没有科学合理的信息平台规划，就不可能成功地建设信息平台，更不可能因信息平台建设而获得效益。

1. 信息平台规划的概念

信息平台规划，又称信息平台战略规划或者信息平台总体规划，是在综合考虑企业战略的基础上，通过对现行企业系统的分析，来制定企业信息平台战略的总体方案。它将企业目标、支持和实现企业目标所需的信息与信息平台，以及信息平台的开发建设等各要素集成在一起。信息平台规划基于目标、战略、业务过程和信息需求，通过识别并选择要开发的 IT 系统以及确定系统开发时间来实现。信息平台规划是企业战略规划的一个重要组成部分。

信息平台规划有狭义和广义两个概念。狭义的信息平台规划仅指在信息平台建设实施之前的一个阶段即规划阶段。广义的信息平台规划是指信息平台的整个建设规划，既包括信息平台规划，也包括信息需求分析和资源分配等，例如对关键的成功因素进行分析（企业的信息需求分析）或者确定所需开发系统（资源分配）等问题。

信息平台规划是企业战略规划的重要组成部分，做好信息平台规划，应遵循四个原则：

（1）支持企业的战略目标　企业的战略目标是信息平台规划的出发点。信息平台规划应根据企业的战略目标和各种约束条件，来制定信息平台的总目标和总体结构。信息平台规划应支持并服务于企业的战略目标的实现。

（2）熟悉企业当前信息平台及各管理层次的要求　信息平台规划应充分了解和评价现有信息平台的状况，同时要充分分析企业当前的组织结构、业务流程等情况，从战略层、控制层和业务层三个不同管理层次查明企业信息需求，保证所规划的信息平台能够满足各层次的管理需要。

（3）摆脱对现有组织机构的依从以及预测平台对未来发展的支持　信息平台规划应着眼于业务活动的发展，通过规划，找出存在的问题，进而实现管理优化。要摆脱信息平台对组织机构的依从，正确分析未来发展需要信息平台完成的任务，以及信息技术发展带来的影响，提高信息平台的应变能力。

（4）指导信息平台的开发和实施　信息规划应该考虑后续的信息平台实施，要指导信息平台的开发，要考虑信息平台实施的先后顺序和具体步骤。规划方案要讲求实效，合理分配和利用资源，以节省信息平台的投资。

2. 信息平台规划的内容

信息平台规划是制定信息平台长期发展方案，决定信息平台的发展方向、规模以及发展过程。总体规划的复杂性依据平台规模和复杂程度的不同而有所不同，规划的时间周期和详细程度也不同。当然，规划也需要不断修改以适应不断发生的变化。一般来说，信息平台规划主要包括五部分内容：

（1）信息平台的战略、发展目标和总体结构　根据企业的战略目标和业务战略要求，以及内外部约束条件，制定企业的信息平台战略、发展目标和总体结构，制定出与企业战略和目标协调一致的规划内容。信息平台的战略规定了信息平台的规划方向，发展目标是衡量工作完成的标准，总体结构则提供了信息平台的开发框架。

（2）企业业务现状分析　对企业的业务现状进行充分的了解和评价，仔细地收集、整理、分析和总结出企业的业务信息，分析业务流程存在的问题和不足，梳理和优化企业的业务流程。这些工作是信息平台规划的基础。

（3）当前信息平台应用和数据状况分析　对企业当前信息平台的状况进行充分的了解和分析，对信息平台及数据资源建设情况、信息人员配备情况、开发费用情况和项目进展情况等进行全面的评价。

（4）信息技术应用现状及发展预测　信息技术和方法论的发展变化给信息平台的开发带来重大影响。企业在信息平台规划过程中需要充分了解信息技术的应用现状，吸收相关技术的最新发展成果，并能对信息技术的发展做出预测，从而使所开发的信息平台具有更加强大的生命力。

（5）具体开发计划安排及资源分配计划　系统规划涉及的时间跨度较长，应对近期的开发任务做出具体的计划安排，并对未来的发展预留好扩展准备。制订实现开发计划所需软件和硬件资源、人员、技术、服务、资金等资源的分配计划，给出整个系统规划的资源概算。

3.1.2　信息平台规划目标、特点和组织

1. 信息平台规划的目标

信息平台规划的目标是制定同企业发展战略相一致的信息平台的发展战略。企业发展的战略目标是信息平台规划目标制定的参考标准。

在信息平台规划工作中存在两种性质截然不同的发展战略：一种发展战略是希望通过更多、更好的硬件和软件来增强系统的数据处理能力；另一种发展战略则强调建立更好的组织模式，目的是给计划和控制提供良好的管理信息。不论哪一种发展战略，都必须根据以前的情况来预测信息平台规划落地执行期间的技术和管理上的进展，而且也要考虑将来企业组织结构、产品情况和业务系统的变化。更重要的是，要确保所制定的信息平台规划的目标与企业的战略规划的目标相一致。

信息资源环境的复杂性使信息平台规划工作的好坏成为信息平台建设成败的关键。一个有效的信息平台规划可以使信息平台和用户建立较好的关系，可以做到信息资源的合理分配和利用，从而可以节省信息平台的投资；一个有效的信息平台规划可以促进信息平台应用的深化，给企业带来更高的经济效益；一个有效的信息平台规划还可以作为一个标准，考核信息平台开发人员的工作，明确他们的努力方向。信息平台规划的制定过程本身也是一个迫使企业管理者回顾过去的工作，发现可改进的地方的过程。只有进行信息平台规划，才可以保证信息平台中信息的一致性，避免信息平台成为"沙滩上的房屋"。

2. 信息平台规划的特点

信息平台规划具有宏观指导、服务决策、面向高层、动态调整等特点。

（1）宏观指导　信息平台规划不可过细，其目的是为整个系统确定发展战略、整体结构和资源计划，而不是解决系统开发中的具体问题。所以，信息平台规划必须把握信息平台发展的总体脉络，具有宏观指导性。信息平台规划应指导后续工作，而不是代替后续工作。

（2）服务决策　信息平台规划阶段是一个管理决策过程，它运用现代信息技术有效地

支持管理决策，为管理决策服务。信息平台是为企业目标服务的，因此信息平台规划必须以企业的总体战略为依据。同时，信息平台规划又是管理与技术相结合的过程，它是企业总体规划的有机组成部分。

（3）面向高层　信息平台规划是高层次的系统分析，高层管理人员是工作的主体，参与制定系统规划方案的人往往都是企业的高层管理者和高层技术人员。

（4）动态调整　信息平台规划具有动态性。企业所处的市场环境会变化，企业目标也会进行动态调整，企业发展战略和总体规划也会随之变化，因此相应的信息平台规划不可避免地要动态适应变化。

3. 信息平台规划的组织

要开展信息平台规划工作，就要建立适当的组织。组织应当由懂得技术和规划的人员组成，由企业的主要决策者领导。核心规划小组的成员最好是企业中各部门的骨干，以便完成有关数据及业务的调研和分析工作。在明确了规划方法之后，要对规划工作的各个阶段给出一个大体上的时间限定，以便对规划过程进行严格管理，避免因拖延而造成损失、丧失信誉或被迫放弃。信息平台规划主要包括建立企业模型、确定研究的系统边界、建立业务活动过程、确定实体和活动、审查规划结果五个基本步骤。

3.2　信息平台规划方法

信息平台规划方法有很多，主要有战略目标集转化法（Strategy Set Transformation，SST）、企业系统规划法（Business System Planning，BSP）、关键成功因素法（Critical Success Factors，CSF）和价值链分析法（Value Chain Analysis，VCA），其他还有企业信息分析与集成技术（BIAIT）、产出/方法分析（EM）、投资回收法（ROI）等。

3.2.1　战略目标集转化法

战略目标集转化法（SST）是由 William King 于 1978 年提出，该方法把组织的战略目标视为一个"信息集合"，由使命、目标、战略和其他影响战略的相关因素组成，其他因素还包括发展趋势、组织面临的机遇和挑战、管理的复杂性、改革所面临的阻力、环境对组织目标的制约因素等。战略目标集转化法的基本思想是识别组织的战略目标，并把组织的战略目标转化为信息平台的战略目标。

1. 战略集的确定

战略目标集转化法的重点是识别并确定以下两个战略集：

（1）组织战略集　组织战略集是组织战略规划过程的产物，涵盖了组织的使命、目标、战略以及与信息平台相关的其他属性。使命描述了组织存在的意义、价值以及其在特定行业或部门中的地位和贡献。目标则代表着组织期望达到的结果，可以是定量或定性的。战略是为实现这些目标而确立的总体方针和具体举措。此外，组织战略集还考虑了一系列战略性组织属性，如管理水平、管理者对信息技术的理解程度以及对采用新技术的态度等。这些属性虽然难以量化，但对信息平台建设具有重要影响。

(2) 信息平台战略集　信息平台战略集由系统目标、系统约束和系统开发战略构成。系统目标主要定义信息平台的服务要求，其采用类似组织目标的描述，但更加具体。系统约束包括内部约束和外部约束。内部约束产生于组织本身，如人员组成、资金预算等。外部约束来自组织外部，如政府和社会对组织报告的要求、同其他系统的接口环境等。系统开发战略是战略集的重要组成部分，相当于系统开发中应当遵循的一系列原则，如系统安全可靠等要求、科学的开发方法及合理的管理等。

2. 战略目标集转化法的实施步骤

战略目标集转化法的实施步骤可归纳为两步，第一步是识别组织的战略集，第二步是将组织的战略集转化成信息平台战略，见表3-1。

表 3-1　战略目标集转化法的实施步骤

步骤		说明
识别组织的战略集	1. 描绘组织各类人员结构，如总经理、供应商、顾客、政府代理人以及竞争者等 2. 识别每类人员的目标 3. 识别每类人员的使命及战略	分析企业战略集，先考察该组织是否有成文的长期战略计划，如果没有，就依据步骤去识别组织的战略集
将组织战略集转化成信息平台战略	1. 根据组织目标确定信息平台目标 2. 组织战略及属性对应信息平台战略的约束 3. 根据信息平台目标和约束提出信息平台战略	信息平台战略应包括信息平台目标、约束及设计原则等。转化过程包括识别组织战略集中每个元素对应的信息平台战略目标，然后提出整个信息平台的结构

战略目标集转化法的优点是反映了各种人员的要求，从不同群体的需求引出信息平台的目标，它能保证系统目标比较全面，疏漏较少。战略目标集转化法的缺点是在突出重点方面，这种方法不如关键成功因素法有效。

3.2.2　企业系统规划法

企业系统规划法（BSP）是由 IBM 公司于 20 世纪 70 年代末提出的基于全面调查分析的方法。后来，企业系统规划法成为一种通用的系统规划方法并流行开来。企业系统规划法旨在通过规范化方法指导信息平台的建设。它是一种结构化的方法论，基本出发点是：信息平台是为企业目标服务的，信息平台应该能够满足企业各个管理层次的信息要求，并向企业提供一致的信息。信息平台由多个互相联系又相对独立的子系统以集成的方式构成，并且应该具有相对稳定的系统结构。企业系统规划法是一种以企业业务过程分析驱动的信息平台规划方法，通过对企业业务过程的分析，抽象出业务和数据之间的关系，并由此规划系统的结构，从而实现企业的任务和目标。

1. 企业系统规划法的基本原则

在企业系统规划法的应用中要把握以下五个原则。

(1) 信息平台必须支持企业的战略目标　基于这个原则，可以将企业系统规划法看作一个转化过程，即将企业的战略转化成信息平台的战略的过程。

(2) 信息平台建设规划应当表达出企业各个管理层次的需求　一般认为，在任何企业内都同时存在三个不同的管理层，即战略层、控制层和业务层。不同层次的管理活动有不同的信息需求，因此，有必要建立一个合理的框架，并据此来定义信息平台。

（3）**信息平台应该向整个企业提供一致的信息**　各种单项数据处理系统的分散开发导致信息的不一致性，包括信息形式上的不一致性、定义上的不一致性和时间上的不一致性。因此为了保证信息的一致性，有必要制定关于信息一致性的定义、技术实现，以及安全性的策略与规程。

（4）**信息平台应该经得起组织机构和管理体制的变化**　信息平台应具有可变更性或对环境变更的适应性，即应当有能力在企业的组织机构和管理体制的变化中发展从而不受到大的冲击。为了实现上述目的，企业系统规划法采用定义企业过程的概念与技术，使得信息平台独立于组织机构中的各种因素，即与具体的组织体系和具体的管理职责无关。

（5）**"自上而下"识别和分析，"自下而上"设计**　企业系统规划法对大型信息平台所采用的基本方法是"自上而下"地识别系统目标，识别企业过程、数据，和"自下而上"地分步设计系统。这样既可以解决大型信息平台难以一次设计完成的难题，也可以避免自下而上分散设计导致的数据不一致、重新系统化和相互无关的系统设计等问题。

2. 企业系统规划法的步骤

企业系统规划法摆脱了信息平台对原组织机构的依从，从企业最基本的活动过程出发，进行数据分析，分析决策所需数据。然后自下而上设计系统，以支持系统目标的实现。采用企业系统规划法进行系统规划，首先需要自上而下地识别企业目标、企业过程，进行数据分析，划分子系统（识别信息平台的结构），然后再自下而上地设计信息平台，以支持企业目标的实现。

企业系统规划法示意图如图 3-1 所示。企业系统规划法是把企业目标转化为信息平台战略的全过程，大致有七个步骤，具体见表 3-2。

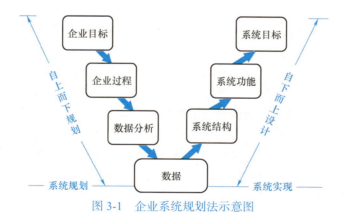

图 3-1　企业系统规划法示意图

表 3-2　企业系统规划法转化步骤

步骤	说明
识别企业目标	首先成立规划小组，进行企业现状分析，了解企业战略目标和决策过程、组织部门的职能和活动、存在的主要问题以及各类人员对信息平台的需求。这些企业目标要在企业各级管理部门中取得一致，符合企业的发展方向，信息平台应支持这些目标

(续)

步骤	说明
定义企业过程	企业过程也就是企业业务过程，是逻辑相关的一组业务处理或决策活动的集合，如订货服务、库存控制等业务处理活动或决策活动。企业业务过程构成了整个企业的管理活动。定义企业业务过程可以作为建立信息平台的基础。按照业务过程所开发的信息平台，其功能与企业的组织机构相对独立，组织机构的变动不会引起信息平台结构的变动
进行业务过程的重组	在定义业务过程的基础上，分析哪些过程是合理的，哪些过程是需要在信息技术支持下进行优化处理的，哪些过程是不适合信息处理而需要取消的。检查过程的正确性和完备性后，对过程按功能分组，如经营计划、财务规划、成本会计等
定义数据类	数据类是指支持业务过程所必需的逻辑上相关的一组数据。数据类是根据业务过程来划分的，一个系统中存在许多数据类，如顾客、产品、合同、库存等，从业务过程的角度将与它有关的输入、输出数据按逻辑相关性整理出来，归纳成数据类。定义数据类包括识别数据类、给出数据类定义、建立数据类与过程的关系
设计信息平台总体结构	定义好功能和数据类，可以得到功能/数据类矩阵，即U/C矩阵。设计信息平台总体结构就是利用U/C矩阵来划分子系统，刻画出新的信息平台的框架和相应的数据类
确定子系统实施顺序	划分子系统之后，根据企业目标、技术约束和资源限制等确定各子系统实现的先后顺序。对企业贡献大的、需求迫切的、容易开发的子系统优先开发
完成研究报告	提出建议书和开发计划

这样设计出的信息平台结构就会支持企业目标的实现，表达所有管理层次的要求，向企业提供一致性信息，并且对组织机构的变动具有适应性。

企业系统规划法的作用主要有以下三点：

1）确定未来信息平台的总体结构，明确信息平台的子系统组成和子系统实现的先后顺序。

2）对数据进行统一规划、管理和控制，明确各子系统之间的数据交换关系，保证信息的一致性。

3）保证信息平台独立于企业的组织机构，也就是使信息平台具有对环境变更的适应性。

企业系统规划法是一种适合较大型企业的信息平台规划方法，着重于制定总体战略和规划框架。优点在于能够确保信息平台与企业的组织机构相互独立，增强系统对环境变化的适应性；通过定义企业过程并划分子系统，使信息平台的构建不受组织机构等因素影响，提高系统稳定性。缺点在于：它缺乏明确的目标确定流程，转换企业目标为信息平台目标时实施复杂；仅关注信息平台的总体规划，缺乏对具体细节和实施步骤的指导。

3.2.3 关键成功因素法

关键成功因素法（CSF）是哈佛大学的W.扎尼（W.Zani）教授于1970年提出的分析方法，在1980年被Rochart教授用于确定信息平台规划。该方法并不是一个完整的信息平台规划方法，而是作为制定信息平台规划的辅助方法，它从企业目标中找出关键因素，并在信息平台战略中予以重点考虑。

在每个企业中都存在对企业成功起关键性作用的因素，称为关键成功因素。一个企业要获得成功，就要对关键成功因素进行认真和不断的度量，并时刻对这些因素进行调整。若能够掌握少数几个关键因素（一般关键成功因素有 5~9 个），便能够确保相当的竞争力。

企业关键成功因素的特点有：少量的易于识别的可操作的目标；可确保企业的成功；可用于决定企业的信息需求。

1. 关键成功因素法的来源

关键成功因素法来自以下四个方面：

（1）产业结构　不同产业因产业本身特质及结构而有独特的关键成功因素，这些因素取决于产业本身的经营特性，该产业内的每一个企业都必须注意这些因素。

（2）竞争策略、行业地位与地理位置　企业的产业地位是由历史与现在的竞争策略决定的，在产业中每一个企业的竞争地位不同，其关键成功因素也不同。对于由少数大企业主导的产业而言，领导企业的行动常给产业内小企业带给重大的问题，所以大企业竞争者的策略可能就是小企业的关键成功因素。

（3）环境因素　总体环境的变动，会影响每个企业的关键成功因素。例如，在市场需求波动大时，存货控制可能就会被企业视为关键成功因素之一。

（4）暂时因素　暂时因素大部分是因企业内特殊的情况而产生的，它们是在某一特定时期对企业的成功产生重大影响的活动领域。

2. 关键成功因素法的步骤

关键成功因素法源自企业目标，通过目标识别和分解、关键成功因素识别、性能指标识别，最终产生一个数据字典。识别关键成功因素就是要识别联系系统目标的主要数据类及其关系。不同企业的关键成功因素是不同的，同一企业不同时期的关键成功因素也是不同的。关键成功因素法通常包含以下四个步骤，如图 3-2 所示。

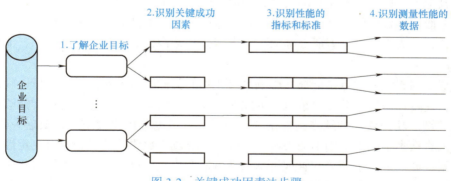

图 3-2　关键成功因素法步骤

（1）了解企业目标　需要与高层管理者交流、沟通，了解企业的发展战略及企业相关问题。每个企业都有自己的目标，在不同时期又会有不同的重点。企业的目标应根据企业内外的客观环境条件制定。

（2）识别关键成功因素　可以采用逐层分解的方法找出决定和影响企业信息平台建设战略目标的关键成功因素。

（3）识别性能的指标和标准　给出每个关键成功因素的性能指标与测量标准。性能指标用来确定信息平台的需求，明确了需求以后，分析现有系统以确定所需信息能否由现有数据库生成。

（4）识别测量性能的数据（数据字典定义） 给出每个性能指标的数据定义，形成性能指标的数据字典。

3. 关键成功因素法的表示

要识别一个企业的关键成功因素，首先要了解企业的目标。从目标出发，可以看到哪些因素与之相关，哪些因素与之无关。在相关的因素中，又可以进一步辨识出哪些是直接相关（是实现目标的主要影响者）和哪些是间接相关的。例如某企业的一个目标是提高产品竞争力，可以用因果图（见图3-3）画出影响这个目标的各种因素以及影响这些因素的子因素。

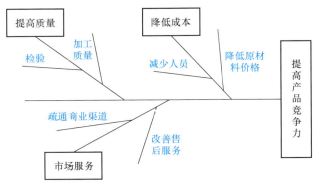

图3-3 识别关键成功因素的因果图

对于如何确定哪些因素是关键成功因素，不同的企业是不同的。在习惯于由高层管理者决策的企业中，主要由高层管理者个人在因果图中做出选择。习惯于群体决策的企业可用德尔菲法或其他方法把不同人设想的关键成功因素综合起来。关键成功因素法在高层管理者中应用效果一般比较好，因为高层管理者日常会考虑什么是关键成功因素。对中层管理者来说一般不适合，因为中层管理者所面临的决策大多数是结构化的，其自由度较小，他们最好应用其他方法。

关键成功因素法的优点是能抓住影响系统成功的关键因素，对其进行分析以确定企业的信息需求，使目标识别能够突出重点，据此所开发的系统具有很强的针对性，能够较快地取得收益。关键成功因素法的缺点是数据的汇总过程和数据分析比较随意，缺乏一种专门的、严格的方法将众多不同人识别出的关键成功因素汇总成少数明确的对企业有决定性作用的关键成功因素。此外，由于环境和管理机制经常迅速变化，信息平台也必须做出相应调整，然而用关键成功因素法开发的系统无法缓解这些因素的影响。此外，它只在确定管理目标上较有效，在后续的目标细化和实现上作用较小。应用关键成功因素法需要注意的是，一旦关键成功因素发生变化，就必须重新开发系统。

3.2.4 价值链分析法

价值链分析法（VCA）是由美国哈佛商学院著名战略学家迈克尔·波特（Michael Porter）提出的，可以用来评估业务的有效性。该方法认为企业在设计、生产、销售、交付产品等过程中进行了基本价值的活动，在人力资源管理、会计、财务、法律等过程中进行了支持价值的活动,每个活动都有可能相对于最终产品产生增值行为,从而增强企业的竞争地位。

以制造业为例,价值链的基本活动包括原料输入(接收和存储原材料)、生产加工、成品输出(产品物流或服务)、销售和市场营销(产品销售或服务)、客户服务和售后;辅助活动包括企业基础结构(管理、会计、财务、法律等各种保障措施的总称)、人力资源管理、技术开发和支持、采购。企业的价值活动不是一些孤立的活动,每一个活动都包括直接创造价值的活动、间接创造价值的活动、质量保证的活动三部分。基本活动和辅助活动相互依存,构成了企业的价值链。企业的效率或者竞争优势来自价值活动的有效组合,只有那些特定的能创造价值的经营活动,才是价值链上的"战略环节"。在这种情况下,制订企业信息平台规划时,就可以采用价值链分析技术。通过分析企业价值链,找出价值增值的重要活动过程,找出关键价值链环节,确定企业最重要的增值环节,并通过信息平台优化处理流程,可以最大限度地增大企业产品和服务的价值。

价值链分析法的基本步骤如下:

1. 识别企业价值链

企业的经营过程是由一系列相互联系、相互作用的活动组成的,其中的基本价值过程包含那些直接参与研发、生产制造、销售企业产品和服务的活动,这是从产品创建直到顾客获得产品的一个完整的价值链。价值链的基本价值过程具有线性特征,缺少其中任何一个环节都不能达到最终产品或服务目的。支持价值过程用以保证基本价值过程顺利进行的,它们不能归入基本价值过程的某个环节。

价值链矩阵结构中,通常将基本价值过程的活动作为列,支持价值过程的活动作为行,某制造企业的价值链如图 3-4 所示。矩阵中所有环节都具有单独价值,但基本价值过程组合起来的价值往往大于其中所有环节单独价值之和,多出来的就是附加价值。附加价值越大,意味着利润越丰厚,企业的竞争优势越大。

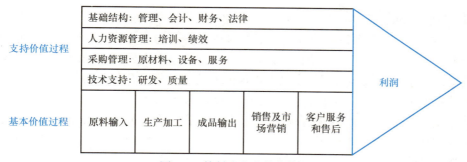

图 3-4　某制造企业的价值链

2. 确定关键价值增加环节

分析价值链中所有活动环节,通过对客户和专家的调查来确定每个环节对企业价值的贡献率,并标示出各环节的贡献率,贡献率大的活动就是价值链的关键环节。由此得到的关键环节,就是对企业来说最明显、最显著的增加价值的环节。

3. 确定关键价值减少环节

价值链分析中,在确定关键价值增加环节的同时,还要分析哪些环节会造成价值减少,比如对降低顾客满意度有关键影响的环节。同样可以通过对客户和专家的调查，统计得出关键价值减少环节。

4. 明确信息技术对关键价值环节的支持

通过以上对价值链的分析，可以识别出企业中最为重要的增值或减值环节，并由此确定支持这些环节的信息平台和信息技术。将信息平台和信息技术用于价值增值环节时，可增加产品或服务的附加价值；将信息平台和信息技术用于减值环节时，可以使该环节变得有效，例如提升顾客的满意度。事实上，为了保证企业整体信息流程的连贯性和畅通，应该对企业价值链的所有环节进行信息流程分析，找到利用信息平台和信息技术可以最大限度地增加价值的增加环节，以及可以最大限度地减少价值的环节，然后在制订信息平台规划时优先考虑。

由于信息平台的发展和应用日益广泛，企业在进行信息平台规划时要分析资金、技术、组织现状等因素的影响，根据实际情况对信息平台进行逐步建设。价值链分析法有助于企业找出最需要信息平台支持的重要环节，从而实现企业信息化建设效益最大化。

3.3 信息平台总体架构规划

信息平台总体架构规划是基于企业架构理论进行的信息平台规划方法。通过构建信息平台业务架构、信息平台数据架构、信息平台应用架构和信息平台技术架构来实现对企业信息平台的规划，通过使用 ArchiMate 架构建模工具辅助实现图形化信息平台规划工作。

3.3.1 企业架构

企业架构（Enterprise Architecture，EA）是由 IBM 的 John Zachman 于 1987 年提出的"信息系统架构框架"概念发展而来的，最早应用于美国的一些政府机构中。企业架构的思想来自企业建模，是在信息系统架构设计与实施的实践基础上发展起来的。一些专家和组织从不同角度给出了企业架构的相关定义。Zachman 的定义是：企业架构是构成组织的所有关键元素和关系的综合描述。国际开放组织（The Open Group）的定义是：企业架构是关于所有构成企业的不同企业元素以及这些元素是怎样相互关联的理解。Gartner Group 公司的定义是：企业架构是通过创建、沟通和提高用以描述企业未来状态和发展的关键原则，来把商业远景和战略转化成有效的企业变更的过程。

企业架构主要从两条主线进行发展和演进。一是以 Zachman 框架为核心，围绕特定领域的应用来开发的主流架构框架与方法，例如 EAP、FEAF、TEAF 等；二是以 ISO/IEC 14252 为基础开发的美国国防部的信息管理技术架构框架 TAFIM，以及国际开放组织开发的 TOGAF 框架，美国国防部进一步开发出了 DoD TRM、C4ISR 以及 DoDAF。其他企业架构模型则基本上是在上述两条演进主线上进一步发展与融合的结果。目前，主流的企业架构方法包括 Zachman 的 EA 框架、国际开放组织的 TOGAF 架构框架、美国联邦企业架构 FEA 和美国国防部的 DoDAF 框架。企业架构演进图如图 3-5 所示。

第 3 章　信息平台规划技术

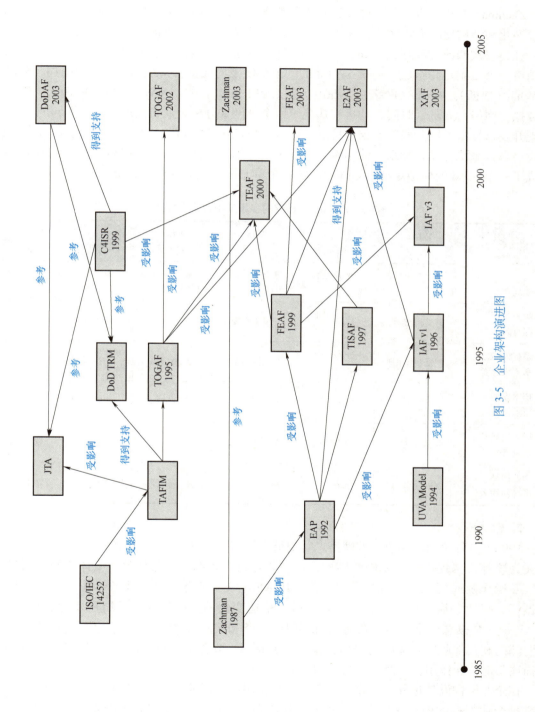

图 3-5　企业架构演进图

1. Zachman 框架

1987 年，IBM 公司的资深工程师 John Zachman 率先提出了"信息系统架构框架"的概念。Zachman 框架本质上是一种分类方法和逻辑结构，它提供了一种定义企业复杂业务过程的模型化和结构化的方法体系，并为企业信息建设提供了一个逻辑化的构造蓝图。

经过多次修改和演化，Zachman 框架最终形成了多维度的组合模型视图（见表 3-3）。该视图由一个二维矩阵组成，通过 5W1H 的六个维度来构成整个系统的问题空间描述，5W1H 即 What（数据）、Where（网络）、Who（人员）、When（时间）、Why（动机）和 How（功能），从数据、网络、人员、时间、动机和功能等六个维度来分析企业，又通过六种不同的角色来体现开发过程中不同阶段的要求与特点，这六个角色包括规划者、拥有者、系统设计者、技术设计者、系统开发者和系统使用者，每一个角色都具有独立的分析视角与分析目标。最终形成了一个 6×6 的模型矩阵，矩阵中的每一个单元均对应一个特定的模型。

表 3-3 Zachman 框架的多维度组合模型视图

元素	What（数据）	Where（网络）	Who（人员）	When（时间）	Why（动机）	How（功能）
范围 规划者	对业务重要的事物列表	业务操作地点列表	对业务重要的组织列表	业务关键事件周期列表	业务目标策略列表	业务执行过程列表
业务模型 拥有者	语义模型	业务逻辑模型	工作流程模型	总进度表	业务计划	业务过程模型
系统模型 系统设计者	逻辑数据模型	分布式系统架构	人机界面架构	处理结构	业务规则模型	应用程序架构
技术模型 技术设计者	物理数据模型	技术架构	表示层架构	控制结构	规则模型	系统设计
详细规范定义 系统开发者	数据定义	网络架构	安全性架构	定时定义	规则规约	软件程序
功能模型 系统使用者	数据模型	网络	组织	业务进度	战略	功能模型

2. FEAF

1999 年 9 月美国联邦政府首席信息官委员会发布了"联邦政府总体架构框架"（FEAF），旨在为联邦机构提供一个基础性结构，促进联邦政府各部门和其他政府实体之间的信息共享、互操作及通用业务过程的共享开发。FEAF 定义了业务、支持业务运作的必要信息和数据、支持业务展开的必要技术，以及适应快速变化的业务和新技术所需要的迁移流程。FEAF 是一个概念模型，用以在跨政府部门的业务和技术设计间定义归一化和协调的结构。政府部门和其他政府实体间的协调合作提升了效率、节省了时间，每一个部门都要用 FEAF 来描述其地位和作用，以及一切相关的业务流程。

在企业架构设计过程中，相互结合并互相作用的子部件组合在一起就形成了 FEAF 开发和维护企业架构的模型，如图 3-6 所示。其核心是由业务架构、数据架构（信息架构）、应用架构和技术架构组成的，从中也可以看出政府信息平台是如何通过 FEAF 模型，实现从目前的架构迁移到未来的架构，来支持政府的需求提升和实现最佳的投资。

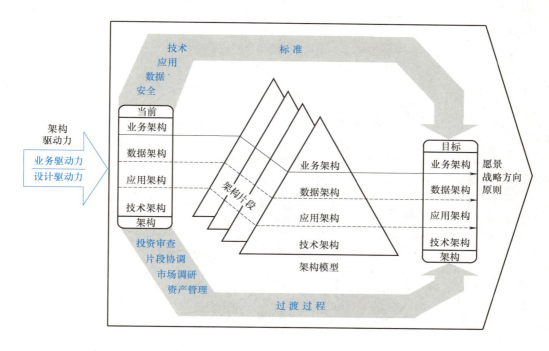

图 3-6　FEAF 开发和维护企业架构的模型

3. TOGAF

TOGAF（The Open Group Architecture Framework）是在国际开放组织成员的共识下发展起来的，是一个跨行业的、开放的免费架构框架，因此在全球得到了广泛使用。

TOGAF 包含多种企业架构相关方法与工具，建立起了一座沟通企业业务愿景、驱动力和业务能力的桥梁。TOGAF 架构开发方法（Architecture Development Method，ADM）是 TOGAF 规范中最为核心的内容，它还包括配套的 ADM 指引技术。ADM 是一个以需求为中心的循环流程。在总体框架及原则的前提下，ADM 从架构愿景出发，经过业务架构规划，确定信息系统架构和技术架构，结合现有信息化基础，给出企业信息化建设的解决方案。ADM 将架构开发过程划分为预备、架构愿景、业务架构、信息系统架构、技术架构、机会及解决方案、迁移规划、实施治理、架构变更管理和需求管理 10 个阶段。ADM 的结构如图 3-7 所示。

4. DoDAF

为了加强联合军事行动，美国国防部（Department of Defense，DoD）集中开发了 DoDAF，统一了美军 C4ISR 体系结构的描述方法，并将其作为指导武器装备架构开发的纲领性规范在下属机构中强制推行，以保证系统的互操作性并降低研制风险。DoDAF 作为装备需求分析的标准已经得到较为广泛的认可。除美国以外的多个国家和组织也在不断完善自己的国防系统架构框架，如英国提出的 MoDAF、北大西洋公约组织提出的 NAF 和澳大利亚提出的 AusDAF 等。

预备
A
架构愿景
B
业务架构
C
信息系统架构
D
技术架构
E
机会及解决方案
F
迁移规划
G
实施治理
H
架构变更管理
需求管理

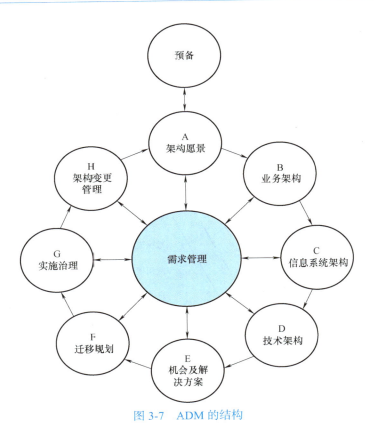

图 3-7　ADM 的结构

为满足特定领域的需求，体系结构设计者需要将体系内部复杂的信息资源按相关性和一致性进行抽象分类。DoDAF 提出的体系结构视图是从不同的角度对复杂系统体系结构的描述，是对体系结构数据的组织归类，易于理解使用。DoDAF v2.0 提出体系结构描述的 8 个视角和 52 个描述性产品模型，如图 3-8 所示。

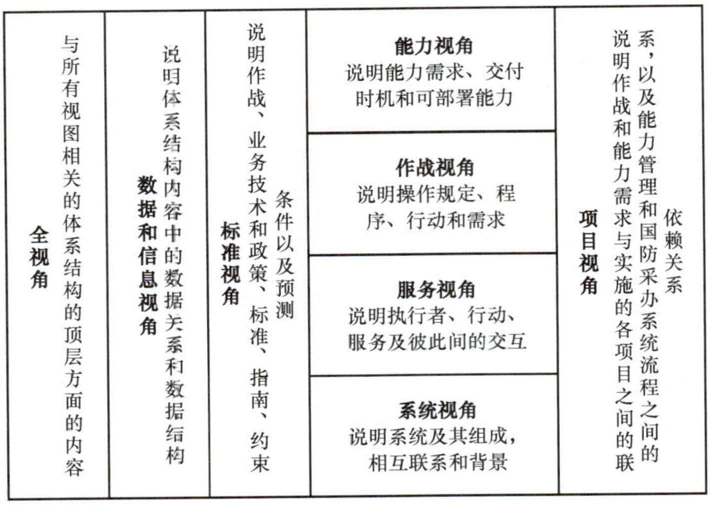

全视角
与所有视图相关的体系结构的顶层方面的内容
数据和信息视角
说明体系结构内容中的数据关系和数据结构
标准视角
说明作战、业务技术和政策、标准、指南、约束条件以及预测
能力视角
说明能力需求、交付时机和可部署能力
作战视角
说明操作规定、程序、行动和需求
服务视角
说明执行者、行动、服务及彼此间的交互
系统视角
说明系统及其组成，相互联系和背景
项目视角
说明作战和能力需求与实施的各项目之间的联系，以及能力管理和国防采办系统流程之间的依赖关系

图 3-8　DoDAF v2.0 提出的体系结构

3.3.2　信息平台业务架构

信息平台业务架构（Business Architecture）是企业架构的核心内容，直接决定了企业实现战略的能力，也是其他架构领域工作的前提条件和架构设计的主要依据。

信息平台业务架构是企业全面 IT 战略和 IT 体系架构的基础，它将高层次的业务目标转换成可操作的业务模型，描述业务应该以何种方式运作才能满足成功必需的能力和灵活性要求。它是数据、应用、技术架构的决定因素。

1. 信息平台业务架构的定位

信息平台业务架构是根据企业战略，以价值链的方式分析和梳理业务流程的架构。首先要考察企业范围内的业务处理流程，以此来定义企业的业务架构。从业务和产品的视角，描述整个平台或产品的实现。在绘制业务架构图时，根据用户操作流程罗列功能模块，形成功能矩阵，从横向和纵向分层来组织架构。业务架构的规划确保商业活动中企业的关键功能。企业需要明确自己的每一项业务、业务范围、业务的关键流程，以及业务和业务部门之间的关系。

通常的业务架构可以用一系列图形来刻画，包括业务的定义和描述、业务模块的定义和描述、业务模块之间的关系、业务的详细流程等。从信息平台总体架构的角度讲，需要对业务流程进行更细化的刻画和阐述，对模块的边界和模块之间的关系定义得越细越好。详细总体架构框架图展示最上面的业务架构层，清晰刻画出业务元素和它们之间的内部交互关系，说明这些元素与企业总目标的关系，为数据架构提供基础。

2. 信息平台业务架构的建模

信息平台业务架构的框架是模板和结构化流程的结合，用以促进企业业务组件以一种系统的、有序的方式被收集和规范化归档。这些业务组件包括战略、流程、事件等。收集的这些信息可以提供企业现在的定位和未来的发展目标，从而推动企业的资金规划和业务决策朝着企业战略方向推进。有了企业现状基线和发展目标的划分及表述，就可以找出它们之间的差别。在实施信息平台业务规划时，就可以分析差别、设计改进战略、分析风险和业务实例的开发，总结出企业的业务架构信息。可以按照业务架构建立流程，来建立一个完整的企业信息平台业务架构。信息平台业务架构建立流程如图 3-9 所示。

信息平台业务架构建立的流程是一个循环重复的过程，每一项都伴有一套细化的流程细节。经过一系列业务流程的分类、定位、集成、构建、模拟、存档，企业会得到一个非常清晰的总体架构中的业务架构，并为下一层的数据架构提供基础和输入。

3.3.3　信息平台数据架构

信息平台数据架构（Data Architecture）是从总体看整个企业的数据资源和信息流结构，包括数据的分类和定义、企业信息模块和模型，也称信息架构。它描述的是与业务模块结合的数据（信息内容）和数据流（信息流），包含数据的采集、存储、转换、发布和传输的全过程。数据架构定义了企业数据模型的建立方法、数据标准和格式、数据字典等，定义了数据管理和维护的策略与原则，包括结构化和非结构化数据的管理、存储、复制及使用，还包括数据相关的应用系统。

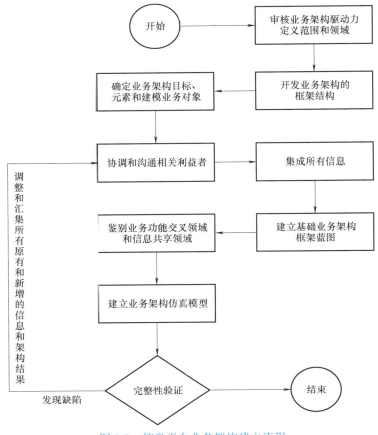

图 3-9　信息平台业务架构建立流程

1. 信息平台数据架构的定位

信息平台数据架构体现了在充分地构建和模拟业务架构的基础上,定义企业总体架构的信息数据层。在业务功能模块基础上识别出相对独立的数据模块。一个业务功能模块可能有几个相对应的数据模块,或者一个数据模块为几个业务功能模块提供数据资源。信息平台数据架构要有较清晰的分类定义,也要有层次结构。从最顶层向下展开到最底层的每个模块,逐级展示了下一层的数据模块和数据流。

信息平台数据架构的分类可分为概念数据模型、逻辑数据模型和物理数据模型三个方面。概念数据模型是来自业务功能模块的,如销售数据(信息)是一个概念数据模型,销售预测、销售进度、销售状况等都是子概念数据模型。逻辑数据模型就是数据信息本身的逻辑定义。物理数据模型就是数据的具体存储实现。信息平台数据架构包括基线、目标和实施三个方面。信息平台数据架构需要反映数据信息的变化,通过对当前数据信息和未来目标数据信息的分析和掌握,发现和确定数据信息的差异,通过实施操作实现从现有数据向目标数据的平稳过渡。

2. 信息平台数据架构的建模

企业信息平台数据架构的最高层是数据的战略、原则、术语,中间层是数据的具体应用,包含数据结构/设计、数据存储/备份、数据调用/接入、数据迁移、数据使用/维护。

一个企业应该有一整套数据应用战略和策略，包括数据质量、元数据、数据管理原则和数据一致性，如图3-10所示。

图3-10 企业信息平台数据架构

数据模型是管理信息和业务需求的具体技术体现，对数据源分析具有直接的指导意义。企业的数据模型构成了数据架构的核心部分。

（1）概念数据模型　概念数据模型（Conceptual Data Model，CDM）也称信息模型，它是按用户的观点来对数据和信息建模，是数据建模的第一阶段的产物。概念数据模型是不依赖某一个数据库管理系统支持的数据模型。概念数据模型可以转换为计算机上某一个数据库管理系统支持的特定数据模型。概念数据模型的表达方式就是实体-联系（E-R）图，它能够确认对象和对象间的逻辑关系，将现实的应用抽象为实体与实体间的联系。概念数据模型的具体对象包括域、数据项、实体、实体属性和联系等。此时不考虑物理实现的细节，只表示数据库的整体逻辑结构。

（2）逻辑数据模型　逻辑数据模型（Logical Data Model，LDM）是数据建模第二阶段的产物，是在概念数据模型基础上进一步细化和精炼的模型。它同时考虑了数据的完整性、一致性和安全性等方面。逻辑数据模型是将概念数据模型转化为具体的数据模型的过程，即按照概念结构设计阶段建立的基本E-R图，按选定的数据库管理系统支持的数据模型，如层次、网状、关系、面向对象等，进行相应转换。逻辑数据模型在概念数据模型基础上增加了属性要素并对关系进行转换，对业务活动、业务逻辑、业务规则进行了更加清晰、明确的定义，为业务需求提供明确的定义和表示，但还未具体到数据库表结构层面。

（3）物理数据模型　物理数据模型（Physical Data Model，PDM）针对某种数据库管系统定义物理层次上的各类数据对象（包括表、域、列、视图等），其类型主要包括层次模型、网状模型、关系模型等。物理数据模型是按计算机系统的观点对数据建模的，主要用于数据库管理系统的实现。物理数据模型用图形的形式表示数据的物理组织，可以生成数据库的创建和修改脚本、定义完整性触发器和约束、生成扩展属性等。有很多 CASE 工具可以用来进行数据建模，如 CA Erwin、Rose、Sybase PowerDesigner 等。CASE 工具的基本功能大致相同，但其扩展功能各不相同。

企业在搭建自身的企业级数据架构及模型时，最重要的是在每一个阶段都要定义和梳理架构中模块和模块之间的关联。涉及的模块包括源数据、数据定义（元数据）、数据的接口、数据的抽取和加工、数据的管理、数据的交付和使用等。

3.3.4 信息平台应用架构

信息平台应用架构（Application Architecture）也称应用系统架构、企业级整体应用架构，主要是支持企业关键业务的主要应用系统。应用架构在业务架构、数据架构和技术架构之间建立了非常关键的联系，应用架构把所有相关元素组合到一起。按照企业应用架构的层次模型，细分为：各个应用/应用群组的功能模块和应用范围，应用之间、应用系统与外围系统的关联关系，应用/应用群组的分布模式，接口定义及数据流向等。其组件是应用模块和技术集成平台。

1. 信息平台应用架构的定位

应用架构是一系列直接服务于业务需求的系统功能与技术实现架构图。对业务来讲，就是一系列解决方案的集合。它为获取业务需求和进行业务系统设计提供了一个框架，这些需求对建设集成的企业解决方案是非常重要的。

通过应用架构可以提供以下服务：

1）一个可以展示的、重复的方法，确保解决方案的设计是集成化的、基于企业架构发展未来方向规划的。

2）分析和发现跨业务部门和领域的关联机会，提高部门间相互协作、资源共享和系统共享的水平。

3）一个可以增加技术架构的充分和重复使用、减少信息孤岛的有效方案载体。通过使用应用架构，企业在具体的业务、数据和技术目标基础上，设计得到整体集成系统。

信息平台应用架构的工作流程如图 3-11 所示。

2. 信息平台应用架构的建模

企业信息平台中一系列重复和成熟的技术模块构成了复杂的系统。每个行业都有自己的应用系统模型，从同类性质的企业应用架构中提取出的共性系统就构成了该行业的应用系统模型。当然这些模型也是不断变化的，要具有一定的前瞻性和稳定性。

应用架构与业务架构的区别如下：

1）应用架构由构造和支撑业务模块的系统组成。

2）应用架构的边界不是业务模块边界，它的边界是以单一或集群的信息应用系统来划分的。

3）应用架构是立体的，它的每一个系统应用模块都具有系统的立体结构。

4）应用架构的系统应用模块是通过信息流和 IT 硬件关联的。

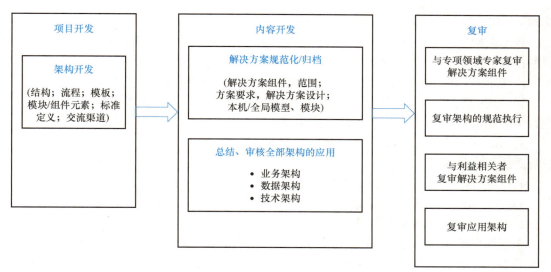

图3-11 信息平台应用架构的工作流程

5)应用架构和其模块可以完成某一类或某一项业务功能。

企业的应用架构中,一般是由几个大的应用群组来定义完整的企业应用功能。每一个应用群组又可以细分和建立立体的应用系统架构模型,以及它们之间的相互关系。系统级应用架构中的模块代表具体的IT系统。这些系统在架构的结构上又可分为前台、中台、后台。

应用架构视图刻画出了重要系统之间的关系,构成从业务流程出发的系统应用群组。应用架构视图对于IT规划、项目的决策、新系统的开发上线有着重大的帮助。同时要注意,每一个应用系统都是有生命周期的,复杂的企业级应用系统的生命周期需要进行维护,并随着变化而不断调整。

3.3.5 信息平台技术架构

信息平台技术架构(Technology Architecture)是基础设施,是单一系统和整体系统的技术实现,以及系统的部署、分布和技术环境。技术架构定义企业IT的科技管理制度和技术标准,从最高层次的政策、原则、指导纲要到技术领域的技术标准化、技术选择和技术组件。制定技术标准和推广标准是企业IT规划的重要任务。信息平台技术架构包括了企业的技术标准、技术选型、应用设计、供应商产品选择、系统技术架构、系统部署、整个企业的技术部署等一切技术层面的组合和组件,与企业的战略规划、业务架构和各个业务领域的实际需求保持一致。它为开发一个联系不同业务部门和业务领域,并在技术层面上与业务相一致的解决方案提供了规范。

1. 信息平台技术架构的定位

信息平台技术架构可以分析和发现企业内部的相关技术资产,使得关键信息资源的交换和共享成为可能。技术架构的建设是以技术标准化和技术管理为核心的企业技术架构的建设。当然人们泛指的企业技术环境,包括硬件、网络、基础开发软件、基础管理和应用软件等是技术架构的组成。但重要的是总结出来的技术构成规律,即技术标准、流程、生命周期等,例如具体的技术政策、技术原则、技术指导纲要、技术元素等,这些也可以总结为"元技术",即定义技术的技术。

技术架构通过定义企业统一的架构,并给出严谨的定义、规划和规范,为企业提供以下服务:

1)提供可以展示的、可以重复的方法,保障在整个企业内实施和共享至关重要的技术标准。

2)清晰展示企业的标准技术资源,表明企业正在使用的相关技术组件和产品的生命周期,说明什么是企业推荐的、新考察的、限制使用的、正淘汰和已淘汰的技术资源。

3)在企业范围内,通过分析和加强不同业务间的内在联系,提高部门之间的协作、信息资源的共享和利用。

4)提供科学、安全、标准、高效的系统技术部署和配置策略。

5)便于制定科学和全局视野的技术部署、技术部署的标准规范和发展策略。

2. 信息平台技术架构的建模

企业信息平台技术架构实际上是对企业总体架构技术环境的建模。技术架构的中心就是建立一个适合本企业的技术标准体系、技术模块和技术模型模板集,以及一系列标准技术组件。信息平台技术架构的工作流程如图3-12所示。

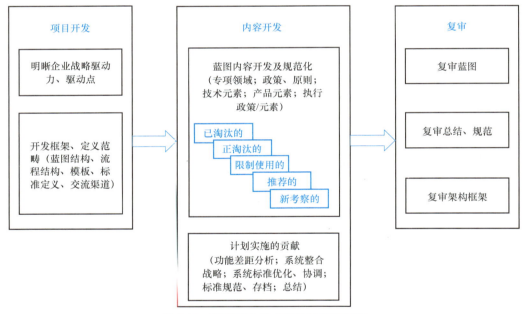

图3-12 信息平台技术架构的工作流程

应用架构与技术架构有时会被混淆,其实它们之间是界限分明的。信息平台技术架构的范畴是比较广泛的,表述方法也是多种多样的。技术架构中的一个重要方面是系统的技术部署,包括应用群组的部署、单一系统的部署、网络架构的部署、安全域的部署等。

企业的技术部署方案展示了大型企业技术架构在技术部署方面的内容,即整个企业的信息平台部署,包括安全域的划分、主机群、服务器群、网络部署、内网的安排、生产环境、开发环境、测试环境的系统部署,本地灾备和异地灾备的安排和部署等。这些构成了技术架构的企业级整体方案部署。企业级技术部署方案一般需要参考已有的企业技术环境和行业的技术标准,包括企业的技术能力、发展战略以及监管要求等。

3.3.6 ArchiMate 架构建模工具

随着企业信息平台规划意识的提升，以及 TOGAF 企业架构方法论的推广，越来越多的企业开始使用企业架构来实现系统规划的构建工作。但是众多企业内部对于如何描述一个架构没有形成系统化方法，企业在做业务架构时其各个项目组都不统一。在项目交付期间，缺乏统一的架构工具，将方案移交客户，也缺少帮助客户对企业架构进行更新和维护的工具。

企业架构设计是离不开绘图的，所谓"一图胜千言"。ArchiMate 建模语言起源于 21 世纪初的荷兰，它提供了一种用于表示企业体系结构的图形化语言，涵盖了策略、转换和迁移规划、架构的动机和基本原理等内容。ArchiMate 语言更适合架构设计，擅长描述系统与系统之间以及组件与组件之间的各种关系，描述系统的粗粒度设计。

1. ArchiMate 语言框架

ArchiMate 框架核心部分由九个单元组成，包括三个层次和三个方面，用于对 ArchiMate 核心语言的元素进行分类。三个层次用于在 ArchiMate 语言中对企业进行建模，即业务层、应用层和技术层（包含物理层）。三个方面包括：

1) 活动结构，表示结构元素（显示实际行为的业务参与者、应用程序组件和设备，即活动的"主体"）。

2) 行为，代表参与者执行的行为，即流程、功能、事件和服务。

3) 被动结构，表示对执行行为的对象，通常是业务层中的信息对象和应用层中的数据对象，也可用于表示物理对象。

在核心部分的基础上，ArchiMate 语言框架引入策略层来模拟战略方向和选择，并引入实现与迁移层，以支持架构的实现与迁移。添加了动机方面来指导对企业架构设计的动机或原因等进行建模。ArchiMate 语言完整框架由五个层次和四个方面组成，如图 3-13 所示。该框架的结构允许从不同的角度对企业进行建模，其中单元内的位置突出了利益相关者的关注点。利益相关者通常会有涵盖多个单元的关注点，其中的物理元素包含在技术层中，用于对物理设施、设备、网络等进行建模。

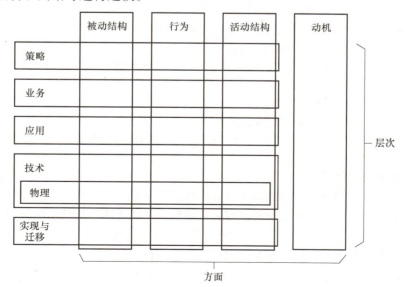

图 3-13　ArchiMate 语言完整框架

2. ArchiMate 语言和 TOGAF 的关系

TOGAF 和 ArchiMate 都是国际开放组织的标准，包含的内容不同但相关。TOGAF 是企业架构框架，包括内容框架、管理框架（架构开发方法 ADM）、架构能力框架和企业连续体等。ArchiMate 是建模技术，包括框架和可视化建模符号。ArchiMate 是对 TOGAF 的很好的补充。

TOGAF 不仅提供了全局的架构视角，也提供了一套完整的方法论。ArchiMate 作为一种开放和独立的企业架构建模技术，帮助架构师将复杂的架构设计转化为易于理解的可视化蓝图。这种直观的呈现方式使整个团队能够更好地理解企业的目标和需求。两者的关系包括：

1）TOGAF 重在架构方法，ArchiMate 重在建模技术。
2）TOGAF 主要解决"如何架构"问题，ArchiMate 主要解决"如何表达架构"问题。
3）TOGAF 包括架构目标和要求，ArchiMate 更专注于业务层、应用层和技术层的建模。

ArchiMate 语言框架的层次和方面（策略层、业务层、应用层、技术层、实现与迁移层、动机方面）和 TOGAF 架构开发方法 ADM 的各个阶段具有简化映射关系，如图 3-14 所示。

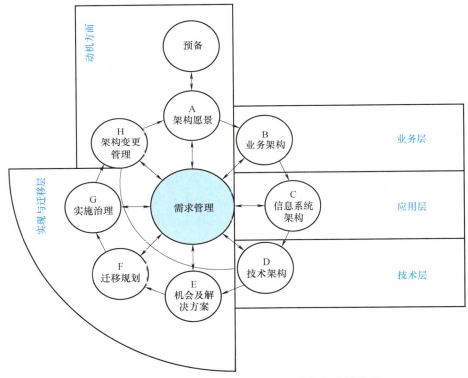

图 3-14 ArchiMate 语言框架和 ADM 的简化映射关系

3. ArchiMate 语言示例

我们通过一个示例来展示 ArchiMate 语言。假设 A 企业是一家专门提供保险服务的公司，拥有一套集成的信息平台以支持其业务流程。市场营销部门使用专门的市场营销系统来识别和吸引潜在客户。一旦潜在客户表达了对保险产品的兴趣，销售部门便会通过 CRM 系统管理客户信息和交互过程，提供个性化的服务和报价。当客户接受报价并购买保险后，核心保险业务系统则负责处理保单的承保和后续的索赔。A 企业业务 ArchiMate 语言示例如图 3-15 所示。

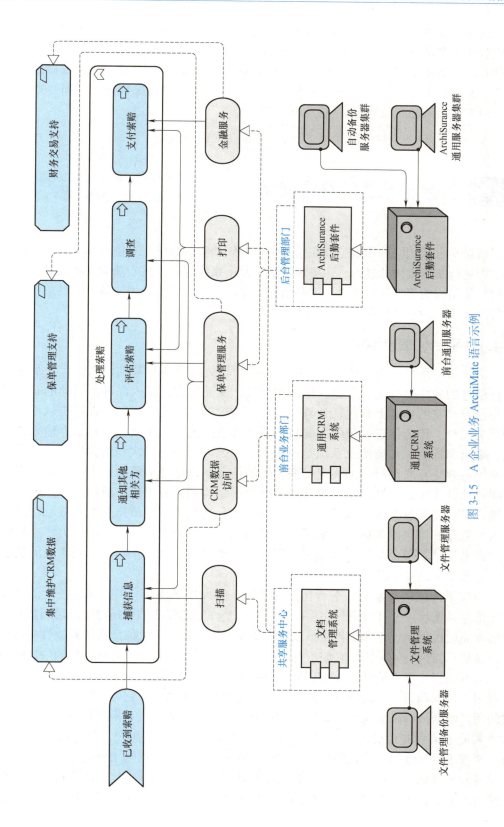

图 3-15 A 企业业务 ArchiMate 语言示例

这个示例展示了 A 企业的业务流程、信息平台和底层技术基础设施之间的关系。业务流程包括了市场营销、需求识别、提供报价、承保和索赔处理等环节。信息平台包括了文件管理系统、通用 CRM 系统和核心保险业务 ArchiSurance 后勤套件。技术基础设施包括了服务器、数据库和工作站等。整个系统支持跨部门协作，并确保数据在不同业务单元之间流动，以支持决策和有效的客户服务。

3.4 信息平台功能结构规划

信息平台功能结构规划是指在信息平台的规划阶段总体上对信息平台的核心组成部分及其结构进行初步架构的过程，主要包括系统及子系统划分、核心功能模块规划等工作。信息平台功能结构的规划从总体上定义和描述了系统的核心功能及组成部分，是后续信息平台分析与设计工作的基础和蓝图。

3.4.1 平台化信息系统

传统信息系统依托人员、计算机以及各种相关的设备与基础设施，旨在及时、准确地进行信息的搜集、加工、存储、传递和分发，从而促进组织内部各类活动的有效管理、调节与监控。它的核心要素包括计算机硬件、传输网络、通信设备、计算机软件、信息资源和系统用户。传统信息系统的主要目标是处理信息流，基本功能包括信息输入、存储、处理、输出和控制。传统信息系统是由多个子系统按照不同层次和结构组合而成的。随着软件系统特别是互联网技术的飞速发展，传统信息系统已经从最初以单一功能应用为核心的封闭式软件系统，逐渐转变为具有更复杂功能结构和服务于更广泛用户群体的平台化信息系统。平台化信息系统强调的是信息系统的平台化特征，即信息系统的核心功能在处理系统内部数据和信息的基础上增加了与外部信息主体充分交互与协作的能力。这种转变反映了信息系统从简单的数据处理系统，到孤立的业务管理信息系统，再到集成的智能化信息平台等几个发展阶段的演进。

相较于传统信息系统，平台化信息系统有两大技术特征。一是系统技术的开放性，平台化信息系统通过公开应用程序接口或函数，允许外部程序扩展其功能或访问其资源，而无须修改原始代码。近年来，各种小程序的快速发展正是平台化信息系统开放性的体现。以百度、微信、支付宝等为例，它们不仅向用户提供标准化服务，还通过开放的应用接口，使得第三方开发者能够开发满足特定需求的小程序。例如，"滴滴出行"微信小程序是基于微信原有用户数据和相关开放接口而开发的社会化出行服务系统。它可以根据微信开放平台所提供的用户数据接口来实现用户信息自动获取与注册的功能。二是平台化信息系统涉及的用户群体和业务流程变得更加复杂和多样化，且系统的众多类型用户之间形成了稳定的关系网络，展现出生态性和平台化的特点。例如，树根互联工业互联网平台是一个典型的面向制造产业链的平台化信息系统。树根互联工业互联网平台提供了一个允许用户进行广泛活动的综合性生态平台，用户可以基于系统的不同功能进行制造资源发布、制造任务协同等活动。它为原材料供应商、零部件生产公司、品牌制造工厂等不同制造业产业角色提供了一个完整的供应链生态系统。

平台化信息系统自诞生以来，在全球软件行业中迅速发展。无论是面向互联网的在线网站还是企业级应用系统，平台化技术和生态化的用户功能体系已成为它们的核心特征，这标志着传统信息系统正式进入了平台化时代。平台化信息系统的快速发展和广泛应用，显著地推动了社会各领域的信息化进程，提高了管理效率和决策质量，同时也促进了数字化转型和智慧城市的建设。平台化信息系统可以整合不同部门、企业和地区的信息资源，形成高效便捷的信息化体系。因此，制造业各个领域都广泛采用了这种平台化信息系统，以此提升信息收集、分析及共享的效率。例如，高端装备制造企业信息平台允许企业利用平台化信息系统实现内部各个部门之间的信息共享和协同工作，提高工作效率和减少沟通成本，同时企业也可以借助平台化信息系统实现与外部组织机构资源整合和信息交流，促进协作和创新。

3.4.2 信息平台子系统划分

信息平台是指由多个子系统及其相关组件和元素构成的统一整体，这些组成部分之间的交互作用和协同效应使得整个系统能够有效运作。在信息平台内部的不同子系统之间、组织之间，乃至系统与外部环境之间都存在互动和联系，这种互动与联系是系统正常运行的基础和前提。智能制造信息平台就是一个典型的应用系统。子系统是指在整个系统中拥有特定功能独立性和运行能力的部分。作为整体系统不可或缺的组成部分，子系统能够在一定程度上独立进行操作。子系统的独立性既是确保系统中特定功能有效执行的关键，也是整个系统顺利运行的基础。子系统间相互作用、共同协作，最终实现整体系统的良好运行。

在信息平台开发过程中，为了深入理解平台功能并提升其架构与设计的质量，通常需要将复杂的大型系统分解为多个简单、易于处理的子系统。在长期的信息平台开发实践和理论研究中，已经形成了多种科学有效的子系统划分方法。

1. 参照法

参照法是一种以成功实施的其他企业管理信息系统的子系统划分为参考，确定本企业子系统划分方式的方法。这种方法的主要优点在于简单易行，能够借鉴已有的经验和教训，从而便于系统的快速实施。然而，在应用参照法时，需要特别注意所选参考企业与本企业之间的相似性，包括但不限于战略规划、组织结构、管理模式以及管理上的先进性等方面。在20世纪80年代初期，我国众多制造业企业以IBM公司的相关信息系统为模板来进行子系统的划分，这一措施在当时取得了一定成效，这些企业的整体性和系统性显著增强。然而，不同国家不同企业所面临的技术环境有所差异，不同企业所面临的实际系统需求也不尽相同，很难以一套相同的系统划分思路和方法进行系统的规划工作。因此，直接借鉴外部模型的参照法在子系统划分上具有固有的局限性。

2. 职能法

职能法是指根据企业现有职能结构来进行子系统划分。职能法以企业的组织机构设置为主要参考依据，其优势在于划分过程相对简便、成本较低，并且易于执行。依照管理理论和方法构建的组织机构，其部门设置通常已经较好地反映了子系统划分的原则，即部门间的联系相对较弱，而部门内部联系则较为紧密。然而，职能法在实施过程中也存在一定的局限性。首先，由于不同职能部门可能会执行相似或重复的业务活动，因此系统中可能会出现一些不合理的设置，而这些不合理的设置难以通过简单的子系统划分来解决。其次，使用职能法开发的管理信息系统受企业组织机构变动的影响较大。一旦企业进行组织机构的调整或变革，原有的系统及其子系统划分就可能不再适用。因此，尽管职能法在某些情况下是一种快速且成本效益较高的子系统划分方法，但是企业在采用该方法时还应仔细考虑其潜在的局限性。

3. 过程 / 数据类法

相较于参照法和职能法，过程 / 数据类法是一种更加有效且具有广泛适用性的子系统划分方法。过程 / 数据类法可依据实际数据模型设计中识别出的数据类，以及在功能需求分析阶段构建的企业业务过程模型来进行子系统划分。过程 / 数据类法的核心在于识别业务过程与数据类之间的相互关系，这种关系通常可以分为以下三种类型：产生并使用（C：Create），业务过程不仅产生新的数据类，而且也需要使用这些数据类；使用（U：Use），业务过程使用已存在的数据类；无关（null），业务过程与数据类之间无关联关系。

过程 / 数据类法的优势在于其高度的适应性和广泛的应用范围，能够更精确地反映企业的实际业务需求和数据流动模式。通过基于业务过程和数据类的分析，可以确保子系统的划分更加符合业务逻辑，提高系统的整体效率和协同工作能力。过程 / 数据类法子系统划分的基本步骤如下：

1) 根据功能需求和信息需求，获得初始 U/C 矩阵。
2) 对 U/C 矩阵进行正确性检验。
3) 对 U/C 矩阵求解。
4) 系统功能划分与确定数据资源分布。

下面以某高端装备制造企业的子系统划分为例，介绍过程 / 数据类法的应用过程。

例：某高端装备制造企业在日常生产经营管理中所产生的以及信息系统所使用的相关数据及数据关系见表 3-4。请根据数据关系给出该企业的信息系统初始矩阵，并利用过程 / 数据类法逐步推导出子系统的划分结果。

表 3-4 数据及数据关系

子系统	业务功能	数据	
		使用数据（U）	产生数据（C）
经营计划子系统	经营计划	订货、成本、财务计划	计划
	财务规划	成本、职工、计划	财务计划
产品工艺子系统	产品预测	客户、产品、销售区域	
	产品设计开发	客户、计划	产品、材料表、零件规格
	产品工艺	产品、材料表、零件规格、材料库存	

（续）

子系统	业务功能	数据	
		使用数据(U)	产生数据(C)
生产制造子系统	库存控制	零件规格、物资供应、任务单	材料库存、成品库存
	调度	产品、工艺流程、成品库存、设备负荷	任务单
	生产能力计划	工艺流程、物资供应	设备负荷
	材料需求	产品、材料表、材料库存	物资供应
	操作顺序	设备负荷、物资供应、任务单	工艺流程
销售子系统	销售管理	订货、产品、成品库存、销售区域	客户
	市场分析	客户、订货、产品	销售区域
	订货服务	客户、产品、成品库存、销售区域	订货
	发运	订货、产品、成品库存、销售区域	
财会人事子系统	财务会计	客户、订货、产品、成品库存、职工、财务计划、计划	
	成本会计	订货、产品、财务计划、计划	成本
	用人计划		职工
	绩效考评	职工	

1）首先，根据该高端装备制造企业的信息系统数据关系表，结合企业实际业务流程，绘制系统的初始 U/C 矩阵，见表 3-5。

表 3-5 初始 U/C 矩阵

功能	数据类													
	客户	订货	产品	工艺流程	材料表	成本	零件规格	材料库存	成品库存	职工	销售区域	财务计划	计划	设备负荷	物资供应	任务单
经营计划	U						U					U	C			
财务规划			C		U	U				U		C	U			

113

（续）

功能	数据类															
	客户	订货	产品	工艺流程	材料表	成本	零件规格	材料库存	成品库存	职工	销售区域	财务计划	计划	设备负荷	物资供应	任务单
产品预测	U		U								U					
产品设计开发	U		C		C		C					U				
产品工艺			C		U		U	U								
库存控制							U	C	C						U	U
调度			U	U						U				U		C
生产能力计划				U								U		C	U	
材料需求				U			U		U						C	
操作顺序					C									U	U	U
销售管理	C	U	U								U	U				
市场分析	U	U	U									C				
订货服务	U	C	U						C		U					
发运		U	U						C		U					
财务会计	C	C	U					C	U		U	U				
成本会计		U	U			C						U	U			
用人计划										C					C	
绩效考评										U						U

2) 利用如下 U/C 矩阵的检验规则，对上述初始 U/C 矩阵进行规范化和正确性检验，检验过程和修正后的 U/C 矩阵见表 3-6。表中带有阴影背景的部分为具体修正的矩阵细节，UC 矩阵检验规则如下：

① 完备性（Completeness）检验：对于具体的数据项，必须有一个产生者（C）和至少一个使用者（U）；功能则必须有产生（C）或使用（U）发生。

② 一致性（Uniformity）检验：具体的数据项必须有且仅有一个产生者（C）。

③ 无冗余性（Non-verbosity）检验：U/C 矩阵中不允许有空行和空列。

表 3-6 检验过程和修正后的 U/C 矩阵

功能	数据类																
	客户	订货	产品	工艺流程	材料表	成本	零件规格	材料库存	成品库存	职工	销售区域	财务计划	计划	设备负荷	物资供应	任务单
经营计划	U					U						U	C			
财务规划					C	U	U			U		C	U			
产品预测	U	U										U				
产品设计开发	U		C		C		C					U				
产品工艺			U		U	U										
库存控制							U	C	C						U	U
调度			U	U					U					U		C
生产能力计划				U							U			C	U	
材料需求			U		U		U								C	
操作顺序				C										U	U	U
销售管理	C	U	U							U		U				
市场分析	U	U	U								C					
订货服务	U	C	U						U	U						
发运		U	U						U							
财务会计	U	U	U						U	U		U				
成本会计		U	U					C						U	U	
用人计划										C					C	
绩效考评										U						U

3）依据修正后的数据完备的 U/C 矩阵，通过表上作业法，进一步对 U/C 矩阵进行调整处理，具体调整过程和目标如下：

在 U/C 矩阵中，多次调整表中的列，使得大部分的"C"元素尽可能地移动到表格的左上角至右下角的对角线上，这样做的目的是使得子系统的边界能较清楚地显现出来。

由于调整列的顺序并不改变业务过程与数据类之间的关系，对实际企业业务流程和数据关系的正确表达没有影响，因此，调整后的 U/C 矩阵所表达的内容保持不变。调整后的 U/C 矩阵见表 3-7。

表 3-7 调整后的 U/C 矩阵

功能	数据类															
	客户	订货	产品	工艺流程	材料表	成本	零件规格	材料库存	成品库存	职工	销售区域	财务计划	计划	设备负荷	物资供应	任务单
经营计划	C	U												U	U	
财务规划	U	C												U	U	
产品预测			U									U	U			
产品设计开发	U		C	C	C								U			
产品工艺			U	U	U											
库存控制			U				C	C	U		U					
调度			U				U	C	U		U					
生产能力计划									C	U						
材料需求			U		U		U	C								
操作顺序							U	U	U	C						
销售管理			U				U				C	U	U			
市场分析			U				U				U	C	U			
订货服务			U				U				U	U	C			
发运			U				U					U	U			
财务会计	U	U	U				U					U		U		U
成本会计	U	U	U											U	C	
用人计划															C	
绩效考评															U	

4）最后，依据 U/C 矩阵，通过表上作业法，进行子系统的划分，具体划分过程和注意事项如下：

① **系统逻辑功能划分**：在最终确定的 U/C 矩阵内，通过绘制多个不重叠的矩形框来覆盖沿对角线排列的"C"元素，每一个矩形框即一个子系统。

② 沿对角线顺序绘制矩形框，既不能重叠，又不能漏掉任何一个数据和功能。

③ 矩形框的划分是任意的，但必须包含所有"C"元素。

④ 矩形框之间的字母"U"表示子系统之间的数据流。

通过上述划分过程，基于 U/C 矩阵的最终子系统划分结果见表 3-8。在子系统划分 U/C 矩阵的基础上，结合企业实际业务流程和系统逻辑现状，总结得出具体的企业信息系统的子系统构成，见表 3-9。

表 3-8 最终子系统划分结果

功能	数据类															
	客户	订货	产品	工艺流程	材料表	成本	零件规格	材料库存	成品库存	职工	销售区域	财务计划	计划	设备负荷	物资供应	任务单
经营计划	C	U												U	U	
财务规划	U	C												U	U	
产品预测			U									U	U			
产品设计开发	U		C	C	C								U			
产品工艺			U	U	U											
库存控制					U		C	C	U		U					
调度					U		U	C	U							
生产能力计划									C	U	U					
材料需求			U		U		U				C					
操作顺序							U	U	U	C						
销售管理			U						U		C	U	U			
市场分析			U								U	C	U			
订货服务		U	U						U		U	U	C			
发运			U						U			U	U			
财务会计	U	U	U					U				U	U			U
成本会计	U	U	U									U	C			
用人计划																C
绩效考评																U

117

表 3-9 子系统构成

功能	数据类															
	客户	订货	产品	工艺流程	材料表	成本	零件规格	材料库存	成品库存	职工	销售区域	财务计划	计划	设备负荷	物资供应	任务单
经营计划	经营计划子系统													U	U	
财务规划															U	U
产品预测				产品工艺子系统									U	U		
产品设计开发	U													U		
产品工艺					U											
库存控制			U													
调度			U			生产制造子系统										
生产能力计划																
材料需求			U	U												
操作顺序																
销售管理			U				U				销售子系统					
市场分析			U													
订货服务			U				U									
发运			U													
财务会计	U	U					U					U		U		
成本会计	U	U	U											U	财会人事子系统	
用人计划																
绩效考评																

3.4.3 信息平台模块规划

信息平台模块规划,是指在信息系统规划阶段,为了有效管理开发流程,确保信息平台的稳定运行及其后期的可维护性,按照特定标准对整个开发过程进行核心模块的整体划分。采用模块化的开发方法不仅可以加快开发速度和明确系统需求,还能增强信息平台的稳定性。在信息平台开发过程中,将信息平台划分为多个模块后,模块间的相互作用被称为块间关系,而模块内部的实现逻辑则构成了该模块的内部子系统。有效的系统模块划分需遵守一系列基本原则，在基本原则指导下设计的信息平台不仅稳定可靠，而且易于维护和升级。良好的模块划分方案对于提升信息平台开发效率、降低后期维护难度具有重要意义。相反，不合理的模块划分不仅无助于开发效率的提升，反而可能妨碍开发进程。

1. 信息平台模块划分原则

在信息平台模块划分过程中，要遵循的首要原则是确保模块的高度独立性。模块独立性意味着：不同模块之间的相互依赖最小化，减少模块间共享的变量和数据结构；每个模块在逻辑上尽可能地独立，功能单一且完整，与其他模块的数据耦合度低。模块独立性不仅确保了模块功能的专一性和接口的一致性，而且能有效降低模块间的耦合度。若模块的独立性差，模块间相互联系过多，将导致信息平台结构混乱、层次不清，使得需求与多个模块交叉关联，从而严重影响信息平台的整体设计。因此，在进行模块划分时，保持模块间的高度独立性是至关重要的。

模块独立性通常由两个定性标准来评估：模块内的内聚性和模块间的耦合性。内聚性，也称为块内联系或模块强度，是指一个模块内部各个元素彼此之间紧密相关的程度。耦合性，又称为模块间联系，是指不同模块之间相互依赖的程度。

2. "高内聚，低耦合"模块关系

"高内聚，低耦合"是指将信息平台中相关的功能或模块组织在一起，使它们形成一个紧密耦合的单元。该单元内部的各个部分相互依赖，紧密关联，但对外部模块的影响和干扰相对较小，不同单元之间相互独立。这样能够提高信息平台的可靠性和可维护性，降低信息平台发生故障的概率。

（1）内聚　内聚可以分为以下几种类型（见图3-16）：

图 3-16　模块内聚

1）偶然内聚：模块中的代码虽然无法定义不同功能的调用，但可使该模块执行多种不同功能。

2）逻辑内聚：将几种相关功能聚集在一起，根据传入参数来决定执行具体功能。

3）时间内聚：把需要同时执行的操作聚合在一起。

4）过程内聚：模块内的组件或操作按照执行顺序进行组织，使组件或操作间没有数据交换。

5）通信内聚：也称信息内聚，是指模块内所有操作都针对同一数据结构进行，也可以是所有操作使用相同的输入数据或产生相同的输出数据。

6）顺序内聚：模块内各处理元素都密切相关于同一功能且必须按照特定顺序执行，前一元素输出直接成为下一元素的输入。

7）功能内聚：代表最高级别的内聚，是指模块内所有元素共同协作以完成同一功能。

（2）耦合　低耦合是指信息平台内各模块之间保持相互独立，模块间的相互依赖和关联最小化。低耦合可提高信息平台的灵活性及可扩展性，减轻信息平台中单个模块变更对其他模块造成的影响，进而降低信息平台的维护成本和扩展难度。

模块耦合方式通常分为强度不同的七种类型，如图 3-17 所示。

图 3-17　模块耦合

1）**非直接耦合**：若两个模块没有直接关系，模块间的交互仅通过主控模块来进行控制和调用，则属于非直接耦合。非直接耦合具备较高的独立性。

2）**数据耦合**：模块间的交互仅通过数据参数（非控制参数、非公共数据结构、非外部变量）的传递进行输入、输出信息交换。数据耦合是松散的耦合，模块的独立性较强。

3）**标记耦合**：模块间通过参数表传输记录信息。该记录是某一数据结构的子结构，并非简单变量。因此，参与共享的模块都需深入了解所共享记录的结构，并根据结构进行数据操作。在系统设计时，应尽可能地避免这类耦合，以免增加数据操作的复杂度。

4）**控制耦合**：若一个模块通过传递控制信息（如开关、标志、名字等）来影响另一个模块的功能选择，则形成控制耦合。控制耦合本质上是通过单一接口在多功能模块中选择特定功能，因此对被控制模块的任何更改都可能直接影响到控制模块。

5）**外部耦合**：当多个模块直接访问同一全局简单变量，而非通过参数表传递该变量信息，且该变量并非复杂的全局数据结构时，即构成外部耦合。外部耦合可能导致的问题与公共耦合类似，但两者的区别在于外部耦合不涉及对数据结构内部各个元素物理安排的依赖。

6）**公共耦合**：若一组模块访问同一公共数据环境，即构成公共耦合。公共数据环境包含全局数据结构、共享的通信区域或内存的公共覆盖区等。随着耦合模块数量的增加，公共耦合的复杂性也会明显上升。通常情况下，公共耦合只在模块有大量共享数据，且通过参数传递这些数据不太方便时采用。否则，更推荐使用模块独立性更高的数据耦合方式。

7）**内容耦合**：内容耦合是模块间耦合的最高级别，通常出现于以下情形：当一个模块直接访问另一个模块的内部数据时；当一个模块绕过另一个模块的正常入口，直接跳转至该模块内部执行时；当两个模块有部分程序代码重叠时（仅出现于汇编语言中）；当一个模块具有多个入口时。通常情况下，内容耦合会极大地破坏了模块的独立性，增加维护和测试的难度，因此，在软件设计中应当尽量避免。

3.5　信息平台技术体系规划

信息平台的研发是一项复杂的信息系统工程，涉及用户界面设计、交互设计、后端程序开发和数据存储等诸多平台开发技术。在信息平台规划阶段，如何从整体上选择合适的技术体系即技术选型，这对信息平台的成功研发具有至关重要的作用。信息平台技术选型规划需要明确技术栈类型、技术选型原则和选型决策要点等。

3.5.1 信息平台技术特征

智能制造信息平台作为一类复杂的信息系统，具有典型的平台化技术特征。智能制造信息平台不仅提供基础的系统服务，而且通过开放自身接口，使得平台用户和合作伙伴可以运用、组装这些接口以及接入第三方的服务接口，从而创造出新应用。新应用随后可以在平台上运行，极大地丰富了平台的功能和服务范围。这种服务模式的价值在于：一方面，通过提供多样化的服务和第三方应用的集成，增强了用户对平台的黏性与使用频率，为平台开拓新的盈利渠道；另一方面，通过对外开放应用接口，平台能够吸引更多的用户和开发者参与，从而实现规模效应，促进用户数量的规模化增长。智能制造信息平台相较于传统的 ERP、MES 等信息系统，在功能特性和服务能力上拥有显著的升级和扩展。例如，奇瑞汽车工业互联网信息平台就是一个典型的智能制造信息平台，具有显著的开放性特征。

2021 年，奇瑞汽车携手卡奥斯 COSMOPlat 共同开发"海行云"平台（见图 3-18），这是汽车行业首个大规模定制的工业互联网平台。"海行云"平台采用"1+4+6+X"的模式，旨在构建一个集中平台，服务于主机厂、上游零部件企业、下游经销商以及其他离散制造业者四大用户，通过个性化定制、平台化设计、智能化生产、网络化协同、服务化延伸、数字化管理六大核心能力，将工业互联网扩展至产业链的各个环节，提升协作效率。

图 3-18 "海行云"平台

"海行云"平台以用户需求为导向，推动生产模式由传统的大规模制造向个性化的大规模定制转变，利用全要素、全价值链、全产业链的应用场景，实现在高精度要求下的高效率生产，引领汽车行业的数字化转型升级。目前，该平台已集成了覆盖产品研发设计、生产制造、营销服务等全流程、全生命周期的数智化解决方案，提供了一系列涵盖研发设计协同、数据管理、工业机理建模、柔性制造、设备状态监测、远程运维、智慧安防、质量管理、数字化精益生产等业务场景的系统解决方案，助力企业实现数字化转型。

3.5.2 信息平台技术栈及相关产品

技术栈是指在信息平台开发过程中采用的各种技术和工具的集合，它包括但不限于编程语言、开发框架、数据库、操作系统、云服务等关键组成部分。项目的具体需求和应用场景对技术栈的选择有着决定性影响，因此挑选适合的技术栈是确保开发流程顺畅的关键。技术栈通常是多种技术的组合，这些技术作为有机整体共同实现特定的目标。在信息平台的构建中，技术栈主要分为前端技术栈和后端技术栈。

1. 前端技术栈

前端技术栈是应用程序的客户端部分，涵盖用户在屏幕上直接看到和与之交互的所有内容。前端技术栈的核心目标在于打造出色的用户体验、流畅的用户界面和简洁的内部架构，即负责信息平台的设计、布局、导航以及所有交互式界面的实现。

（1）基于桌面的前端开发技术　　在传统的桌面级信息平台开发中，需要利用诸多前端技术来设计和开发桌面客户端。以下是一些主流的技术选型：

1）JavaFX：JavaFX 是基于 Java 的跨平台图形用户界面工具包，提供了丰富的控件库和布局管理器，并支持图形化界面和动画效果，适用于构建丰富的客户端应用。

2）Electron：Electron 是一个 GitHub 开源框架，允许使用 Web 技术（HTML、CSS 和 JavaScript）来构建跨平台的桌面应用程序，支持在 Windows、macOS 和 Linux 上运行。

3）WPF（Windows Presentation Foundation）：WPF 是微软推出的用于 Windows 应用程序的用户界面框架，支持 XAML（可扩展应用程序标记语言）编写界面，并可利用 .NET Framework 提供的功能。

4）Qt：Qt 是一个跨平台的应用程序和用户界面框架，使用 C++ 编程语言，适用于开发图形用户界面以及无界面的后台应用程序，支持多操作系统。

5）GTK+：GTK+ 是用于 GNOME 桌面环境下图形用户界面应用程序开发的多语言工具集，支持 C、C++、Python 等语言，适用于多平台开发。

（2）基于 Web 的前端开发技术　　在基于 Web 互联网的信息平台开发中，Web 前端技术栈主要以 HTML（超文本标记语言）、CSS（串联样式表）和 JavaScript 三大核心技术为基础，每项技术都承担着不同的功能和职责。

1）HTML：HTML 是网页开发的基础，用于构建和组织网页内容。它允许开发者通过标记标签定义文档结构、文本内容、图片、链接等元素。作为网页内容的骨架，HTML 确保了网页上各种元素的正确展示。

2）CSS：CSS 负责网页的视觉表现和布局，包括字体样式、颜色、间距、布局等。它与 HTML 结合使用，保障网页的美观和用户体验。为了提升开发效率和代码的可维护性，开发者常使用 Sass、Less 等 CSS 预处理器，这些工具允许使用变量、嵌套规则、混合等高级功能，编译时代码会转换成普通的 CSS。

3）JavaScript：JavaScript 是一种强大的编程语言，用于添加网页的交互性。它可以实现客户端的脚本处理，如表单验证、动态内容更新、交互式地图等。现代 Web 开发中广泛使用了基于 JavaScript 的库和框架，如 jQuery、React、Angular 和 Vue，这些工具极大地简化了复杂应用的开发过程。

（3）面向移动端的前端开发技术　　随着移动互联网技术的不断进步，基于移动设备的信息平台获得了显著的发展。面向移动端的前端技术栈主要有 Android、iOS 和 Hybrid 三类技术。

1）Android：Android 技术是基于 Java 语言的移动应用开发框架。它利用较少的代码量、强大的开发工具和直观的应用程序接口，供开发者进行原生应用界面构建。Android 技术可简化移动应用的界面开发流程，实现对各种设备形态的适配，包括智能手机、可折叠设备、平板计算机、电视以及可穿戴设备等。

2）iOS：iOS 技术是由苹果公司开发的移动操作系统开发框架，主要采用 Objective-C 和 Swift 两种编程语言进行原生应用开发。Objective-C 起源于 20 世纪 80 年代，是基于 C 语言的面向对象编程语言，被作为较早期的 iOS 开发语言；Swift 则是由苹果公司于 2014 年推出的现代编程语言，用于提升开发效率和代码的执行性能。

3）Hybrid 混合开发：Hybrid 技术通过将基于 Web 的前端技术（HTML、CSS、JavaScript）与 Android、iOS 开发技术相结合，提供了一种更为灵活的移动应用界面开发方案。目前主流的混合开发技术代表为 Uni-App。作为一套基于 Vue.js 的前端开发框架，Uni-App 使得开发者能够先编写一套代码，然后将其部署至 iOS、Android、HTML5、小程序等多个平台，实现跨平台应用的开发。

2. 后端技术栈

信息平台开发的服务器端属于后端技术栈。后端技术栈是指用户看不到的网站或应用程序的内部工作原理。服务器端即后端技术栈是信息平台开发的核心部分，负责处理应用程序的内部逻辑和数据库交互，虽然对用户不可见，但对于确保平台稳定和高效运行至关重要。后端技术栈通常包括以下关键组件：

（1）编程语言　　编程语言是构建信息系统及应用程序的基本工具，用于创建核心代码与运行逻辑，通过语义化代码操作和协调计算机进行各项计算任务以及处理输入与输出。常见的后端编程语言包括 Java、Python、Ruby、PHP 和 .NET 等。

（2）服务器操作系统　　服务器操作系统是安装在服务器计算机上的专业操作系统，用于管理如 Web 服务器、应用服务器和数据库服务器等后台硬件。相较于个人操作系统，服务器操作系统具有更高的稳定性、安全性及可扩展性，是企业 IT 架构的核心。

（3）服务器软件　　服务器软件是安装在服务器上的程序，负责协调服务器的工作流程、管理软硬件资源、实现性能优化及安全监控等。服务器软件主要用于管理来自客户端的请求，确保请求被正确处理，并将结果返回给客户端。

（4）数据库　　数据库是后端技术栈中用于存储、检索和管理数据的关键组件。根据应用需求，开发者可以选择 SQL 数据库或 NoSQL 数据库，SQL 数据库擅长处理结构化数据，NoSQL 数据库则在处理大量非结构化数据或需要水平扩展的场景中更加有效。常见的数据库包含 MySQL、PostgreSQL、MongoDB 等。

下面分别从编程语言、服务器操作系统、服务器软件、数据库系统几方面对当前产业界主流的应用现状进行介绍和分析。

（1）编程语言　　当前，智能制造信息平台的系统开发普遍使用四种核心编程语言，即 Java、C++、Python 与 C#。Java 因其跨平台能力、可扩展性以及高效率等特性，在企业级系统应用领域获得了广泛的应用。特别是在制造业的 MES 中，Java 因具备跨平台性能、丰富的框架体系和适合大规模项目的开发环境，而成为众多编程语言中的首选。C++ 特别适合底层系统的开发，能够显著提升程序的运行效率。对于需要直接与硬件交互的工厂应用，如驱动程序开发等，C++ 是一个理想的选择。Python 适用于开发周期短、规模较小的系统开发，被广泛应用于数据挖掘、Web 应用开发和自动化测试等领域。在 MES 的初级应用开发中，Python 也开始被采用。C# 是 .NET 框架下的一种编程语言，在 Windows 系统应用程序开发方面得到广泛的应用。对于核心功能需在 Windows 系统上运行的 MES 开发项目，C# 是一个值得考虑的选择。

（2）服务器操作系统　　服务器操作系统构筑了信息平台的坚实后盾，对于信息平台的顺畅运行和核心性能的保障起到了关键性作用。服务器端运行环境由两个核心组件组成：操作系统以及服务器软件。就服务器操作系统而言，全球市场主要由微软的 Windows Server 系列和基于开源的 Linux/Unix 操作系统系列领跑。但近年来，国产服务器操作系统取得了显著进展，特别是华为的 openEuler 操作系统在国内市场上已经成为领先的操作系统。Windows 操作系统拥有精良的用户界面及图形化的操作环境，操作便捷且适用性强，被广泛应用于桌面软件和服务器应用领域。在工业自动化领域，Windows 操作系统常用于工业控制软件、数据采集和监控系统等应用。Linux 操作系统是一款开源的操作系统，以卓越的安全性、稳定性和可定制性著称。Linux 操作系统应用得十分广泛，涉及服务器、网络、数据存储、嵌入式系统以及科研等多个领域。在工业自动化领域，Linux 操作系统常用于嵌入式系统、自动控制及数据采集等应用。openEuler 操作系统由华为公司开发，是基于 Linux 开源项目的服务器操作系统，适用于边缘计算和物联网设备。

（3）服务器软件　　不同于专门为服务器硬件设计的服务器操作系统，服务器软件是一种用于管理和监控服务器的性能、资源占用、数据存储及备份等重要任务的实用工具。服务器软件常配备实时监控、资源使用率分析、性能调优和自动执行任务等功能，可协助系统管理员更有效地管理服务器。目前市场上领先的后端服务器软件主要包括 Apache、Nginx、Tomcat 等主流服务器软件。Apache HTTP 服务器是 Apache 软件基金会开发的一款开源的网页服务器软件，其模块化架构起源于 NCSA httpd 服务器，并历经多次迭代优化。Apache 兼具跨平台兼容性与安全性，是全球使用率最高的 Web 服务器软件之一。Nginx 是一款以高性能著称的 HTTP 服务及反向代理服务器，且提供 IMAP/POP3/SMTP（因特网信息访问协议/邮局协议版本 3/简单邮件传送协议）服务，由伊戈尔·赛索耶夫为俄罗斯热门网站 Rambler.ru 开发而成，并以类 BSD（伯克利软件套件）许可证的形式向公众开放源代码。作为一款功能强大的服务器软件，Nginx 在处理高并发连接时表现卓越，是 Apache 的有效替代方案。Tomcat 是 Apache 软件基金会 Jakarta 项目的核心项目之一，由 Apache、Sun 及其他公司和个人联合开发而成。Tomcat 兼具技术前沿、性能稳定并且免费的特点。作为一款免费的开源 Web 应用服务器，Tomcat 属于轻量级应用服务器，被广泛应用于中小型系统以及并发访问用户不多的场景。

（4）数据库系统　　在智能制造信息平台建设中，MySQL、SQL Server 和 Oracle 是三种最常使用的关系数据库管理系统（RDBMS）。它们各有特点和优势，适合不同场景的应用需求。MySQL 由瑞典的 MySQL AB 公司开发，现为 Oracle（甲骨文）公司旗下产品，是世界上最受欢迎的关系数据库管理系统之一，在 Web 应用开发领域广受认可。MySQL 以小巧的体积、快速的处理速度和低廉的总体拥有成本而著称,作为一款开源软件,它支持多种操作系统和编程语言,可通过多线程编程从而有效利用 CPU 资源,适合中小型企业的项目使用。SQL Server 由美国 Microsoft(微软)公司开发,是一款高性能、可扩展的分布式客户端/服务器计算的数据库管理系统。SQL Server 以用户友好性、适合分布式组织使用的特点,以及出色的可伸缩性和数据仓库功能而闻名,并可与 Windows NT 紧密结合,为事务型企业级信息管理提供系统方案。Oracle 由美国 Oracle 公司开发,是以分布式数据库技术为核心的一系列软件产品的总称。Oracle 是目前市场上最受欢迎的客户端/服务器(C/S)或浏览器/服务器(B/S)架构数据库之一,典型的应用场景包括基于数据库的中间件技术,如 Silver Stream。Oracle 以其广泛的应用,以及作为通用数据库系统的全面数据管理功能而闻名。作为关系数据库,Oracle 可提供完备的关系数据库产品特性。Oracle 的数据库系统在安全性方面的表现尤为出色,常被认为是市场上最安全的数据库系统之一,能够满足大型企业和组织的需求。

在大数据时代,处理海量数据已成为信息平台面临的关键挑战,这不仅带动了非关系型数据库的发展,也促进了多种大数据处理框架的诞生。Hadoop、Spark 和 Flink 是其中最为知名的三个大数据处理框架,它们各自拥有独特的架构、功能及特征,适用于不同业务需求和数据处理场景。

Hadoop 是由 Apache 软件基金会开发的一种分布式系统基础架构,作为大数据处理领域的领跑者,它使用户能够在不必深入了解分布式系统底层原理的前提下,轻松开发和运行分布式大数据处理应用程序。Hadoop 主要使用 Java 语言编写,因此非常适合在 Linux 环境下运行,但 Hadoop 应用程序也支持其他编程语言(如 C++)。此外,Hadoop 优化了集群的利用,以实现高速的计算和数据存储功能。Hadoop 适用于批处理任务及离线数据分析,并且在处理大规模数据方面显示出良好的可伸缩性及稳定性,但它在实时数据处理方面的表现并不理想,且编写 MapReduce 任务相对烦琐,这限制了其适用性。

Spark 是专为大规模数据处理而设计的快速通用的计算引擎,由加利福尼亚大学伯克利分校 AMP 实验室开发,并作为开源框架推出,可用于构建大型的、低延迟的数据分析应用程序。作为类 Hadoop MapReduce 的通用并行框架,Spark 继承了 MapReduce 的优点,并通过允许作业中间输出结果并在内存中存储,而无须读写 HDFS(Hadoop 分布式文件系统),大大提升了数据挖掘与机器学习等迭代算法的执行速度。不同于 Hadoop,Spark 引入了内存数据集(Resilient Distributed Datasets,RDD)的概念,这使得它不仅能提供交互式查询,还优化了迭代工作负载。Spark 提供了丰富的 API 来适应不同类型的数据处理需求,且拥有高效的处理速度,特别是在内存计算方面远超 Hadoop。尽管 Spark 在许多方面都有优势,但它在处理数据流方面的性能不如专业的流处理框架,并且在某些情况下对内存资源的要求比 Hadoop 更高。

Flink 是专为分布式、强大性能、随时可用以及高精度的流处理应用软件开发的开源框架,拥有内存级的执行速度及可扩展至任何规模的计算能力。Flink 既是框架也是分布式处理引擎,主要用于处理实时流数据和批量数据,能够对无界及有界数据流进行有状态计算。Flink 的特别之处在于其应用程序构建块包括流应用程序构建模块、分层的 API 及库,这使得 Flink 能够在任何规模的应用程序上连续不断运行。尽管 Flink 相对较新,社区规模相比 Hadoop 和 Spark 而言较小,且对于某些特定的批处理任务的性能不如 Spark,但其在实时数据处理、事件处理和状态管理方面颇有优势。通过低延迟处理能力、对流处理和批处理的支持,以及在复杂事件处理和数据流分析方面的应用潜力,Flink 已然成为当前数据处理领域的一个重要工具。

3.5.3 信息平台技术栈选型

在企业构建智能制造信息平台的过程中,技术栈的选择是技术研发部门和企业高层决策者必须面对的一项关键战略决策。所谓技术栈选型,是指对整个信息系统的技术逻辑架构进行设计,并精心挑选相关开发技术的决策工作。智能制造信息平台技术栈选型的核心和关键在于根据平台的实际类型和需求,遵循科学的选型标准和原则,逐步确定符合自身需要的技术组合。

1. 信息平台类型

智能制造信息平台技术选型的首要工作是确定平台的整体类型。当前智能制造信息平台主要分为两大类型:一是面向企业内部智能制造信息平台,二是跨企业生态级智能制造信息平台。

(1) 企业内部智能制造信息平台　企业级或企业内部信息平台是智能制造的基础,为企业的生产制造及运营管理提供了一体化解决策略,通过对生产过程中的各个阶段和节点的集中式管理,实现了生产流程的数字化与可视化。借助云计算、物联网、大数据等前沿技术,企业内部智能制造信息平台实现了制造数据的全面采集、安全存储、深入分析和高效处理,进而推动了生产流程向自动化和智能化转型。下面以某高端装备制造企业为例,介绍企业内部智能制造信息平台(见图 3-19)的特点。该信息平台围绕产品、生产、服务来开展产品物联网数据采集和生产现场数据监控,并通过 PLM、MES、ERP、CRM 和电子商务等信息技术(IT)与运营技术(OT)的综合应用,有效实现了数据整合。该信息平台通过工业云平台内部的大数据分析系统,对海量制造数据进行深度处理与分析,并据此构建企业运营模型,为企业提供各类决策服务。

(2) 跨企业生态级智能制造信息平台　智能制造领域的一个重要部分是跨企业的生态级制造信息平台,它代表了工业互联网中所强调的大规模、平台级产业应用。跨企业生态级制造信息平台不仅包含企业级信息平台的基本功能,而且增加了以下关键功能:

1) 多源异构数据采集。捕获来自网络层的多源、异构的海量数据,并将其传输到工业互联网平台,为后续的深入分析和应用提供必要的数据基础。

2) 海量数据处理。信息平台可提供一系列大数据和人工智能分析的算法模型,包括物理、化学等领域的仿真工具,并结合数字孪生技术和工业智能,对海量数据进行深度挖掘和分析,支持数据驱动的科学决策制定和智能应用的实现。

3) 行业机理模型沉淀。可将工业领域的经验知识转化成模型库和知识库,并通过工业微服务组件的形式提供,以便进行二次开发和重复利用,加速行业通用能力的沉淀和普及。

4) 工业 App 开发。针对研发设计、设备管理、企业运营、资源调度等不同场景,信息平台可提供多种工业 App 和云化软件,助力企业提质增效。

以海尔工业互联网平台为例,2017 年 4 月,海尔推出了 COSMOPlat 工业互联网平台,该平台的核心理念是通过持续与用户交互,将传统的硬件体验转变为更加丰富的场景体验,并将用户的角色从被动的消费者转变为参与者和创造者。通过 COSMOPlat 平台,海尔实现了以用户为中心的用户需求与智能制造体系的紧密连接,使用户能够参与到产品的设计研发、生产制造、物流配送以及迭代升级等全流程中，将传统的"企业与用户之间仅限于生产和消费的关系"的思维模式转变为"创造用户终身价值"的新理念。

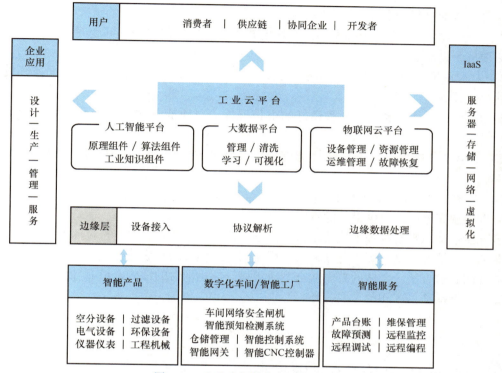

图 3-19 企业内部智能制造信息平台

2. 技术栈选型原则

无论是企业内部制造信息平台还是跨企业生态级智能制造信息平台，在开展技术栈选型时，应考虑以下原则：

1）企业需求原则。必须深入了解企业的具体需求，包括生产线的规模、产品种类、技术水平，以及所在行业和市场特征。技术栈选型必须确保能够满足企业的生产需求。

2）功能满足原则。根据企业的需求和目标，评估信息平台的功能是否全面，同时也要考量系统的可靠性和稳定性。

3）开放性原则。在技术栈选型时，考虑系统的开放性至关重要，这决定了系统是否能够与其他系统集成，从而实现信息共享，提高数据的准确性和管理效率。

4）经济可行性原则。投资成本是极为重要的因素。企业需要对比不同技术的成本，以选择性价比最高的解决方案。

5）服务支持原则。技术栈选型时需重视供应商的售后服务支持体系，确保在遇到问题时可得到及时的技术支持和服务，以维持生产线的连续运行。

3. 技术栈选型决策要素

选择最合适的技术栈是软件开发过程中的一个关键决策，涉及对多个要素的综合考量。技术栈选型决策过程中最需要关注的相关因素包括：

1）**业务需求兼容性**。技术栈需要能够满足特定的业务需求，包括但不限于性能、可靠性和用户体验等方面的要求。

2）**开发团队技能**。选取的技术栈应与开发团队的技能和经验相匹配，确保他们能够迅速掌握并高效地进行开发。

3）**社区支持**。选择一个拥有活跃社区的技术栈可以确保在遇到问题时，开发人员能够获得必要的帮助和支持。

4）**生态系统**。一个成熟的生态系统包括丰富的库、框架和工具等，能够加速开发过程并简化维护任务。

5）**可扩展性**。技术栈应具备良好的可扩展性，以便能够适应未来业务增长和变化的需求。

6）**安全性**。确保选择的技术栈能够提供强大的安全保障，保护软件及用户数据不受威胁。

7）**成本效益**。鉴于软件项目拥有开发、维护和学习成本等，技术栈选型还应考虑经济性，确保在预算范围内提供最大的价值。

智能制造信息平台在技术栈选型时，应全面评估上述要素，并结合具体的业务需求和开发团队的实际情况做出决策。此外，借鉴行业内的最佳实践和成功案例也是提高决策准确性和成功率的有效方法。合适的技术栈选型对于提升信息平台的性能、可靠性和用户满意度至关重要，是推动项目成功的重要一环。

3.6 信息平台运行管理规划

信息平台的稳定、高效运行需要科学的管理规划。信息平台运行管理规划是在信息平台规划阶段从整体上明确信息平台的运营管理方式、数据治理方法和平台维护与升级策略等。信息平台运行管理规划为平台研发完成并投入使用后的整体运行管理工作指明了方向。

3.6.1 信息平台运营管理方式

智能制造信息平台是基于云计算、大数据、物联网等尖端技术的综合性平台，可提供实时数据监控、分析和优化等功能，推动生产流程的数字化和智能化。在数智化转型过程中，智能制造信息平台作为连接各生产环节、实现数据共享和协同作业的枢纽，其运营管理的作用至关重要。

信息平台的运营管理方式是一项全方位的工作，需要从产品策略、用户管理、内容管理、数据分析与优化、市场推广与合作等多个方面进行初步的管理规划。产品策略制定是运营管理方式的基础，需要根据市场动向、用户行为及竞争环境来规划产品的方向和功能，确保产品策略与企业整体战略一致。优秀的产品策略需要明确产品的目标用户群体、功能定位和市场位置，并制订一系列清晰的产品发展计划和实施路线图。用户管理是运营管理的核心，运营管理方式要做到有效吸引和保留用户，提高用户活跃度，以及对用户反馈给予及时响应和处理。先进的用户管理需要对用户数据进行深入分析，以理解用户的需求和行为模式，并据此对产品和服务进行优化，以增强用户体验。内容管理也是运营管理不可或缺的一部分，包括内容的策划、制作、审查、发布和推广等过程。运营管理方式需要在保证内容质量的同时，兼顾时效性和准确性，并根据用户的反馈和需求不断调整内容策略，提高内容吸引力。此外，出色的运营管理一定具备数据分析与优化的能力。运用数据分析工具洞察产品运营状况，基于分析结果调整策略，从而完善产品设计和服务，以确保产品竞争力。市场推广与合作则是运营管理中用于扩大产品影响力和用户基础的重要手段。

综上所述，信息平台的运营管理是一项综合性任务，要求运营团队具有高度的敏感性和适应性，以及对市场和用户的深刻洞察力。只有这样，产品才能持续适应市场变化，实现长远的发展与优化。

3.6.2 信息平台数据治理方法

数据治理方法是组织内涉及数据使用的一整套管理实践。根据国际数据治理研究所（DGI）的定义，数据治理是一个通过一系列信息相关的过程来实现决策权和职责分工的体系，这些过程基于一个达成共识的模型执行，该模型规定了在特定时间（When）和情况（Where）下，哪些人（Who）可以根据何种信息，采用何种方法（How），执行何种行动（What）。信息平台数据治理由企业数据治理部门负责发起和推行，包括制定和实施一系列关于企业内部数据的商业应用和技术管理的政策与流程。

智能制造信息平台的数据治理方法的核心价值在于其提供了一个全面且统一的数据视图，能有效助力企业发展。一方面，通过数据治理，企业能够全面、准确且实时地获得数据信息，有利于降低运营风险，制定更加精准的决策方案。另一方面，数据治理还承担着保护数据资产的重要角色。数据治理方法所采用的高级加密技术确保了数据的安全性，能有效预防数据丢失、被篡改和滥用等安全问题，从而增强企业对数据安全管理的信心。

智能制造信息平台数据治理工程主要涵盖六大关键技术：大数据集成与清洗、大数据存储与管理、大数据分析与挖掘、大数据标准与质量体系、大数据可视化以及大数据安全技术。这些技术共同支持工业环境中数据的有效管理和应用，确保数据的高质量、安全性和可用性。

1. 大数据集成与清洗技术

大数据集成是将来自不同来源、格式和性质的数据进行有机集成，包括逻辑和物理两种形式。大数据清洗则涉及对数据进行重新审查和校验，以发现并纠正错误，并处理无效值和缺失值，确保数据的清洁和一致性。其技术特点包括：能够处理和清洗海量实时数据；实现异构数据类型的集成，如轻量结构化的传感数据和非结构化的监控视频、图片等的集成。

2. 大数据存储与管理技术

大数据存储与管理技术是指使用分布式存储和云存储技术，对数据进行经济、安全和可靠的存储管理，同时确定数据的优先级，支持对云系统中数据的高效快速访问。其技术特点包括：可实现海量数据的分布式存储；支持对存储数据的快速访问，以保证实时制造决策和工控指令的反馈。

3. 大数据分析与挖掘技术

大数据分析与挖掘技术可从海量、不完整、模糊及随机的大型数据库中，挖掘出有价值的、潜在有用的信息和知识。其技术特点包括：以应用目标为导向，结合具体的工业应用目标进行特征算法的设计；可建立云制造应用的定量解析或人工智能分析模型。

4. 大数据标准与质量体系技术

大数据标准与质量体系技术涵盖了工业互联网中大数据的通用技术、平台、产品、行业及安全等方面的标准和规范，包括数据规范、标准、控制和监督等技术。其技术特点包括：具有多类型标准的需求；以交换和交易过程为导向，标准与质量体系聚焦于跨领域数据交换集成和应用数据交易。

5. 大数据可视化技术

大数据可视化技术是指利用计算机图形和图像处理技术（包括二维综合报表、虚拟现实/增强现实等），将数据转换成可视化的图形或图像进行展示，使得数据直观且易于理解，并支持基于可视化的数据分析、交流和决策。其技术特点包括：能够综合处理并展示多维数据；支持制造或企业经营管理决策者基于视觉交互进行决策。

6. 大数据安全技术

大数据安全技术关注大数据的采集、传输、存储、挖掘、发布及应用等全阶段的安全问题，包括用户管控、数据溯源、隐私数据保护和安全态势感知等。其技术特点包括：在隐私保护方面，技术需求复杂、难度较大，且与其他因素高度关联；可进行数据产生及应用过程的追溯与保护。

除了上述六大关键技术外，在工业大数据治理助力企业数字化转型的背景下，人工智能与大数据技术结合的趋势凸显。AIGC（人工智能生成内容）作为这一变革的核心，在智能制造信息平台中的应用日益广泛，极大地推动了制造业向智能化、自动化和精细化发展。智能制造信息平台作为设备、人员与数据之间的纽带，可实时采集、分析和处理生产数据。与AIGC技术的融合，使得智能制造信息平台的功能得到了显著的扩展和深化。AIGC在智能制造信息平台中的运用主要表现在以下方面：

（1）**数据分析和预测** AIGC技术能够对海量的生产数据进行深入挖掘和分析，揭示数据之间的关联和规律，为生产决策提供科学的依据。此外，通过学习和训练历史数据，AIGC能预测未来的生产趋势，助力企业提前进行规划和调整。

（2）**设备监控和维护** 利用AIGC技术，企业能够实时监控设备的运行状态，及时发现并预警异常情况，减少设备故障对生产的影响。AIGC通过分析设备运行数据，还能预测设备的维护及更新周期，提高设备的维护效率与延长设备寿命。

（3）**生产优化和调度** AIGC技术能够根据实时的生产数据和预测结果，动态调整和优化生产计划，提升生产效率和产品质量。通过合理分配和调度生产资源，AIGC还能够降低生产成本和减少资源浪费。

（4）**质量控制和追溯** AIGC技术可对生产关键参数实施实时监控和控制，保障产品质量。通过追踪分析生产数据，AIGC还能追溯产品质量问题的根源并提出解决方案，提升质量管理的标准和效率。

总而言之，AIGC技术在智能制造信息平台的应用，不仅强化了转型升级的技术支持力量，更预示着随着科技的迭代和应用场景的拓展，AIGC将在智能制造领域拥有更大范围和更深影响的应用前景。

3.6.3 信息平台维护与升级策略

信息平台维护与升级策略是信息系统持续稳定运行的基础，主要包含信息平台安全与备份策略、信息平台维护策略、信息平台更新与升级策略等重要组成部分。

1. 信息平台安全与备份策略

（1）信息系统安全

1）物理安全。物理安全旨在保卫信息系统及环境不受自然及人为灾害的破坏，包括但不限于环境安全、设备安全和媒体安全等。对处理敏感信息的系统，应采取如防盗门窗、视频监控等技术防范手段，并可能需要配备安保人员进行实地监控。

2）操作安全。操作安全主要涉及系统日常运行和维持正常功能的各项措施，包括备份和数据恢复、病毒防范与清除以及针对电磁干扰的防护等内容。操作安全要求备份机密系统的主要设备、软件、数据、电源等，确保系统能迅速复原，而且应使用官方批准的防病毒软件，保护服务器和客户端不受病毒侵害。

3）信息安全。信息安全的核心目标是保证信息在系统中的机密性、完整性、可用性以及不可否认性，防止未授权的访问或泄露，并避免数据被破坏或篡改。

4）访问控制。访问控制是指通过角色或权限列表管理控制方法，限制用户或系统实体对信息资源的访问，确保只有授权的用户可以访问特定资源，并明确其权限范围。

（2）数据备份与恢复

1）备份策略。备份策略是指根据数据敏感性及重要程度，确定备份频次、周期和方式，并定期检验备份数据的完整性和恢复能力，以应对数据丢失或损坏的情况。

2）备份技术。备份技术要求采用合适的备份策略，如全备份、增量备份或差异备份，并根据实际需求选用恰当的备份软件和硬件支持。

3）恢复计划。要求制订详尽的数据恢复计划，包括恢复步骤、时间目标和恢复点目标等，确保在数据遗失或损坏情况下迅速恢复数据，减小对业务的影响。

（3）安全审计与监控

1）安全审计。定期追踪和记录系统活动以识别安全隐患，并通过定期审查系统日志、监控网络流量及分析用户行为等，识别异常活动和潜在风险。

2）监控措施。实施入侵检测、漏洞扫描和防御恶意软件等监控措施，确保安全事件能被及时发现和处理，以防数据泄露和系统故障。

（4）安全政策和程序

1）安全政策。制定组织内部的安全标准和规定，并通过培训和宣传提升员工的安全意识和技能，确保合规操作。

2）安全程序。构建系统的安全程序，包括密码政策、数据分类与保护、风险管理等，并规范员工行为，以减少安全风险。

2. 信息平台维护策略

信息平台维护策略是指为了适应环境变化、确保系统的持续高效运行所进行的一系列调整活动规划。这些活动包括但不限于改善信息平台功能、处理运行中的疑难问题等，旨在维护信息平台的稳定性、数据的安全性以及业务流程的连续性。信息平台维护工作主要有以下几类：

（1）应用软件维护　应用软件维护是指根据业务流程的发展和变化，应用程序可能需要做出相应的修改以满足新的业务要求。应用程序维护是信息系统维护的核心,包括完善性维护、纠错性维护、适应性维护和预防性维护四类。

(2) 数据维护　伴随业务流程的演变,数据处理需求也不断变化,从而需要对数据进行更新、删除、结构调整以及备份和恢复等操作,即数据维护工作。

(3) 代码维护　代码维护是指信息系统的应用环境及范围的变化所带来的编码方面的调整,包括添加新代码、删除过时代码或进行其他必要的修改等操作。

(4) 计算机硬件设备维护　硬件是信息系统运行的物理基础。计算机硬件设备维护是指对硬件设备进行持续监控和定期检修,及时更换易损件及处理一般故障,保障其正常运作,并记录系统运行情况。

(5) 数据库维护　定期备份数据库,确保在原始数据库出现问题时,备份数据库可以维持信息系统的连续运行。此外,随着系统的运行,数据库会因频繁增加、删除和修改操作而可能遭受物理结构上的损害,需执行数据库重组织操作。

3. 信息平台更新与升级策略

信息平台的更新和升级是一个综合性过程,旨在提高平台的性能、安全性和用户体验。该工作的主要内容和步骤如下:

(1) 评估当前状态　对当前信息平台的架构、功能、性能和安全性进行全面评估,识别存在的问题和风险。这一步骤确保升级工作具有针对性和有效性,防止盲目升级造成故障及损失。

(2) 明确升级目标　基于评估结果,设定具体的升级目标,可能包括提升性能、增加新功能或改善用户体验等。清晰的目标有助于指导升级工作,确保升级结果符合用户需求。

(3) 制定升级方案　根据升级目标,拟定详细的升级计划,包括时间安排、责任分配、资源需求等。同时,考虑备份和冗余措施,以防升级过程中出现意外。

(4) 实施升级　按计划逐步或一次性实施升级,监控升级过程中平台的性能和稳定性,及时解决出现的问题。同时,保持与用户沟通,持续更新升级进度和监控其所带来的影响。

(5) 测试和验收　升级完成后,进行全面测试,确保升级后的平台达到预期目标并满足用户需求。这一步骤保证了升级质量和效果。

(6) 用户培训与支持　提供培训和支持,帮助用户熟悉升级后的平台,包括操作指南和功能介绍等,并建立用户反馈机制,收集意见和建议,以便进一步改进。

(7) 监控和优化　定期监控平台性能和用户反馈,及时解决问题,并根据反馈和市场需求优化平台性能,提升用户满意度。

本章小结

信息平台规划是智能制造企业信息化、智能化建设之本,没有科学合理的信息平台规划,就不可能有信息平台建设的成功和效益。本章首先介绍了信息平台规划的概念、内容,给出了信息平台建设工作的目标、特点和组织。其次,论述了信息平台规划的四种主要方法,分别是战略目标集转化法、企业系统规划法、关键成功因素法和价值链分析法。再次,论述了信息平台总体架构规划,在介绍企业架构概念基础上,从信息平台业务架构、数据架构、应用架构、技术架构和 ArchiMate 架构建模工具等方面进行了详细阐述。从次，从平台化信息系统、信息平台子系统划分、信息平台模块规划等方面介绍了信息平台功能结构规划。然后，从信息平台技术特征、信息平台技术栈及相关产品、信息平台技术栈选型等方面介绍了信息平台技术体系规划。最后，从信息平台运营管理方式、信息平台数据管理方法、信息平台维护与升级策略等方面介绍了信息平台运行管理规划。

思考题

1. 信息平台规划的概念和内容是什么？
2. 简要介绍信息平台四种规划方法的概念和主要内容。
3. 什么是企业架构？业务架构、数据架构、应用架构、技术架构和 ArchiMate 建模工具各有何特点？
4. 相比于传统信息系统，智能制造信息平台具有哪些显著技术特征？请结合具体案例谈谈你的理解。
5. 在开展智能制造信息平台的系统模块划分时，应遵循的关键原则是什么？有哪些代表性方法可以用来进行具体系统模块的划分？
6. 从具体开发技术来看，智能制造信息平台的核心开发技术栈主要有哪些？（分别从前端和后端的角度进行分类概括。）
7. 智能制造信息平台的数据治理有哪些关键技术？AIGC 对工业大数据治理有哪些具体影响？
8. 首席信息官（CIO）作为制造企业负责信息化整体工作的一把手，如何更好地在智能制造信息平台的规划工作中充分考虑新一代信息技术的发展与更新迭代？请谈谈你的看法。

参 考 文 献

[1] 常晋义.管理信息系统：原理、方法与应用［M］.3 版.北京：高等教育出版社，2016.
[2] 李少颖，陈群.管理信息系统原理与应用［M］.2 版.北京：清华大学出版社，2020.
[3] 饶元，吴飞龙，杜小智，等.EA 架构与系统分析设计［M］.西安：西安交通大学出版社，2015.
[4] 梁昌勇.信息系统分析、设计与开发方法［M］.北京：清华大学出版社，2011.
[5] 杜鹃.信息系统分析与设计［M］.3 版.北京：清华大学出版社，2021.
[6] 赵捷.企业信息化总体架构［M］.北京：清华大学出版社，2011.
[7] 国际开放标准组织.TOGAF 标准 9.1 版：中英对照版［M］.张新国，译.北京：机械工业出版社，2017.
[8] 黄梯云，李一军.管理信息系统［M］.7 版.北京：高等教育出版社，2019.
[9] 中国工业互联网研究院.工业互联网基础［M］.北京：人民邮电出版社，2023.
[10] 青岛英谷教育科技股份有限公司.智能制造信息系统开发［M］.西安：西安电子大出版社，2017.
[11] 孙春燕，黄罡，邓小光.软件工程：经典、现代和前沿［M］.北京：北京大学出版社，2024.

第4章

信息平台分析技术

重点知识讲解　　　章知识图谱

  本章概要

信息平台分析是运用系统的观点和方法，对现行平台进行目标分析、环境分析、数据分析、费用效益分析和风险分析，从而明确信息平台的建设目标和构建其逻辑模型的过程。信息平台分析阶段主要回答谁将使用平台、平台要做什么，以及平台将何地何时使用等问题。在此阶段，项目团队要调查现有系统，确定改进机会，并开发新系统的概念模型和逻辑模型，本章将围绕这些活动的建模技术进行阐述。信息平台分析的主要活动包括需求建模、过程建模、数据建模、对象建模和行为建模等。希望同学们通过本章学习掌握以下知识：

1）信息平台需求类型、需求工程过程与阶段。
2）需求分析建模内涵、需求分析活动。
3）需求获取方法、用例分析、业务流程分析等需求建模技术。
4）数据流图、功能分解图等过程建模技术。
5）实体关系图等数据建模技术。
6）静态建模方法、类图、对象图等对象建模技术。
7）动态建模方法、序列图、通信图、状态图等行为建模技术。

4.1 概述

信息平台分析是平台开发的至关重要的起始步骤，其核心任务是要解决"做什么"的问题，即对信息平台进行深入仔细的研究调查，分析信息平台要解决哪些问题，满足用户哪些具体的信息需求，以便从信息处理的功能需求上提出信息平台的设计方案，即逻辑模型，作为下一阶段工作的依据。

4.1.1 需求类型

在 IEEE 软件工程标准术语表中，将需求定义为：用户所需的解决某个问题或达到某个目标所要具备的条件或能力；系统或系统组件为符合合同、标准、规范或其他正式文档而必须满足的条件或必须具备的能力；这些条件或能力的文档化表述。

信息平台需求可以划分为业务需求、用户需求、系统需求三个层次，如图 4-1 所示。

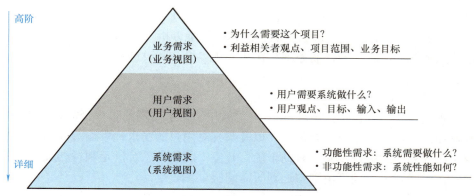

图 4-1　信息平台需求

1. 业务需求

业务需求描述组织或客户的高层次业务目标，如提高市场份额、减少客户流失或提高客户的终身价值。它反映了组织或客户对系统高层次的目标要求，解释了组织为何要开发一个信息平台。业务需求通常来自项目投资人、购买产品的客户、实际用户的管理者、市场营销部门或产品策划部门，记录在"愿景与范围"文档中，该文档有时也称为项目轮廓图或市场需求。标准业务需求涉及问题陈述、业务目标/项目愿景、项目约束（预算、进度和资源）、项目背景/环境、项目范围说明、业务流程分析、利益相关者分析与识别等内容。业务需求文档是详述新项目成功所需一切的报告，其模板主要包含摘要、项目目标、项目范围、业务需求、主要利益相关者、项目约束、成本效益分析七个关键组件。

2. 用户需求

用户需求介于业务需求和系统需求之间，是特定利益相关者或利益相关者群体需求的中级陈述。它描述用户希望从预期的解决方案（产品）得到什么，以及如何与之进行交互。用户需求涵盖了用户使用产品可以实现的不同目标，通常以用户故事、用例和场景的形式记录在用户需求文档（User Requirements Document，URD）中。用户需求通常由用户签字，并用作创建系统需求的主要输入。

3. 系统需求

系统需求通常是系统（或解决方案）的功能、服务和操作限制的详细陈述，并包含了系统必须保持有效的条件、必须具备的品质或必须运行的约束的详细说明。可以认为，用户需求从用户角度概述了产品功能的"原因"和"内容"，系统需求则从工程团队角度定义了构建这些功能的"方式"。系统需求分为功能需求和非功能需求。

功能需求定义了系统应该提供的功能或服务，规定了系统在应对特定情况时应该做什么或不应该做什么。通常采用"应该"语句来描述功能需求，如"系统应该发送电子邮件，通知用户已接受其预订"。功能需求是开发人员在产品中必须实现的功能，用户利用这些功能来完成任务，满足业务需求。

非功能需求（技术性需求）定义系统的性质和约束，即系统如何更好地提供服务和功能，是功能需求的补充，通常与性能、可靠性、安全性、可扩展性和可用性有关，主要包括：软件使用时对性能、运行环境的要求；软件设计必须遵循的相关标准、规范；用户界面设计的具体细节；未来可能的扩充方案等。可用 PIECES 框架，开展系统非功能需求分析。PIECES 框架包括性能（P）、信息与数据（I）、经济（E）、控制与安全（C）、效率（E）、服务（S）六个方面，同等适用于人工系统和计算机系统分析。借助它，能够完整、准确、快速地确定信息系统的需求，确认业务中存在的问题、机会和改进目标。

4.1.2 需求工程

需求工程是定义、创建和验证软件系统需求的严谨的系统性方法。需求工程的重点是发现应该开发什么，这涉及用户想要什么，以及系统对用户的要求和影响等问题。需求工程是软件开发生命周期中的关键步骤，有助于确保开发中的软件系统满足利益相关者的需求和期望，并确保在时间要求、预算范围内达到所需的质量。

需求工程过程是一组活动的结构化序列，它产生用来说明待开发系统的需求文档。需求工程过程的输入包括现存系统的信息、需求相关者的需要、组织的标准与规章、领域信息。不同组织的软件需求工程过程之间可能存在很大区别，但大部分过程都会涉及需求获取、需求建模、需求分析与协商以及需求验证等活动。

需求工程过程模型是从某个特定角度出发构建的简化过程描述，常用的过程模型包括纯线性模型、线性交互模型、层次模型、迭代模型、循环迭代模型、螺旋迭代模型等。图 4-2 所示为一种循环迭代模型，其主要思想为：在软件开发期间需求工程过程是连续迭代的；协商作为一个独立阶段，以突出其重要性；文档和管理活动贯穿需求工程全过程。

需求获取，旨在获得有关系统的现状，以及对未来系统及其运行环境的知识和理解。首先，需求工程师必须确定问题的范围。其次，他们需要了解利益相关者的需求和期望，利益相关者能够阐明和表达的需求可通过互动获取，但有些需求是他们没有意识到的，可通过发明和创造性思维来阐述。最后，为研究这些需求，获取阶段也会探索未来系统的替代规范。现有的需求获取技术可分为：传统数据收集技术、协作技术、认知技术、情境技术、创造性技术。

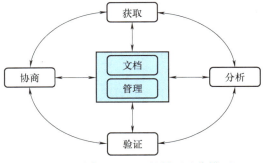

图 4-2 需求工程过程的循环迭代模型

需求分析，就是对获取阶段得到的需求进行精化、细化和建模分析，建立分析模型，从原始信息中获得真正的需求。主要工作包括：①检查、理解和建模需求获取阶段收集的信息，以澄清需求，消除不一致，并确保完整性和非冗余性。②对这些需求进行扩展和提炼，建立一个精确的技术模型，用以说明软件的功能、特征和约束。这一过程中，可能涉及需求分类与组织、需求优先级排序与协商。常用工具和技术包括功能分解结构、业务流程图、用例图、活动图、场景脚本等。

需求规范的任务是以清晰、一致和明确的方式全面记录确定的需求，结果是需求规格说明，这是需求工程过程的最终工作产品。需求规格说明是系统设计、最终验证与管理的依据，一定要保证需求的正确性和高质量。

需求验证，就是对需求规格说明中的需求进行验证和确认，检查其是否完整、一致、准确和可测试，以及是否满足利益相关者的需求和期望。需求验证是一个迭代过程，贯穿整个软件开发过程，甚至涉及维护阶段。需求验证的主要技术包括需求评审、原型法、形式化验证、需求测试、用户手册编制、需求跟踪和自动化分析等。

需求管理，就是管理需求演化或变化及其将带来的影响，包含标识、控制、跟踪、变更需求等一组活动，其目的是：①保障需求规格说明与软件产品的一致性；②控制需求变更对项目开发的影响；③使需求活动与计划保持一致。需求演变或变化贯穿软件系统的整个生命周期，这里仅指贯穿整个需求工程过程的需求管理。需求管理主要包括需求基线维护、需求跟踪建立、需求变更控制三项活动。

4.1.3 需求分析建模

1. 需求分析过程

许多分析人员在系统分析阶段采用四模型方法（Four-model Approach），即开发当前系统的逻辑模型、物理模型，以及目标系统的逻辑模型、物理模型。其中，目标系统物理模型开发属于系统设计内容，需求分析过程仅涉及前三个模型的开发，如图4-3所示。

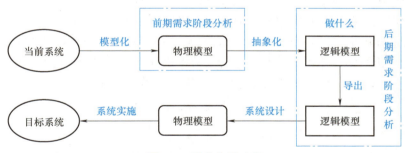

图4-3 需求分析过程

1）开发当前系统的物理模型。分析现实世界，理解当前系统是如何运行的，了解当前系统的结构、输入输出、资源利用情况和日常数据处理过程，并用一个具体模型反映分析员对当前系统的理解。这是面向问题世界的建模，属于前期需求阶段的分析，主要有面向目标的分析、面向问题域的分析、领域分析、企业建模等分析建模技术。

2）抽象当前系统的逻辑模型（概念模型）。基于对当前系统业务处理过程（即怎么做）的理解，抽取其"做什么"的本质，实现从物理模型到逻辑模型的抽象。物理模型中包含很多因素，需要通过分析，确定本质因素，去掉非本质因素和次要因素，得出反映系统本质的逻辑模型。在这一抽象过程中，需要研究相关资料、开展实地调研和咨询相关人员。

3）建立目标系统的逻辑模型。找出当前系统的问题和不足，分析目标系统与当前系统的逻辑差别，从当前系统的逻辑模型导出目标系统的逻辑模型，并从人机界面、性能、限制和细节等方面进行补充、完善。最终的逻辑模型应能描绘出目标系统的业务处理过程，表达出对目标系统的设想，涵盖基本功能、新型功能、约束和限制条件等方面。

2. 需求分析活动

与三个需求层次相对应，需求分析活动示意图如图 4-4 所示。

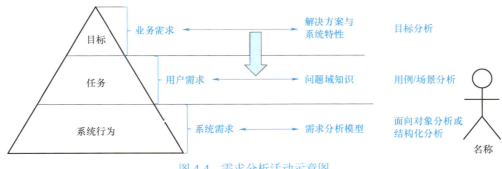

图 4-4　需求分析活动示意图

目标模型用于描述与业务需求相关的内容，涉及系统的目标、特性、任务等方面。目标分析就是建立目标模型，并验证其正确性、完备性、一致性。

用例/场景模型用于组织用户需求的相关内容。用例/场景分析就是建立用例/场景模型的过程，但用例/场景分析无法实现对用户需求相关内容正确性、完备性、一致性的验证。

面向对象分析模型或结构化分析模型用于描述软件解决方案的细节知识，组织和指导系统级需求的建立。面向对象分析或结构化分析就是建立面向对象分析模型或结构化分析模型的过程，同时也能够验证用户需求相关内容的正确性、完备性和一致性。

用例/场景分析更多的是组织用户需求内容，它将每次需求获取活动的进展组织起来，展现、提供给分析活动，使得面向对象分析或结构化分析更加顺利、更有目的性。当然，从用例/场景模型到分析模型，通过反复迭代，直至正式确定需求。

4.2　需求建模技术

模型是对事物本质的抽象表示，旨在帮助人们在事物创建前对其有更好的理解。建模作为一种对系统进行思考和推理的方式，其核心目的是构建一个能够准确反映系统特性和行为的表示。系统需求是信息平台为满足业务需求并被用户接受而必须具备的特性或特征，是衡量所完成系统的总体可接受性的基准。在需求建模期间，系统分析师需要全面识别并清晰描述所有系统需求，并按输出、输入、过程、性能和安全五个类别列出系统需求清单。这里主要讲解需求获取方法、用例分析、用例图分析、业务过程分析等内容。

4.2.1 需求获取方法

需求获取工作充满挑战性。首先，为了解环境，需求工程师必须访问和收集通常分布在许多位置的信息，并广泛咨询各类人员和查阅大量文档。其次，与利益相关者的沟通至关重要，特别是对于捕捉隐性知识和隐藏需求，以及发现潜在偏见；更为复杂的是，这些利益相关方可能持有不同的利益诉求和观点，并可能提供相互冲突或不一致的信息；关键利益相关者也可能难以联系到或缺乏参与意愿。再者，组织和政治因素也可能对系统需求的确定构成影响。最后，不断变化的社会技术环境可能会导致：重新审视优先事项；确定新的利益相关者，并适时调整或更新需求及其背后的假设。

为有效应对这些挑战，业界已提出一系列多样化的需求获取技术。这些技术可以大致划分为以下几类：传统数据收集技术、协作技术、认知技术、情境技术、创造性技术等。

1）**传统数据收集技术**。这一类别包括通过分析现有文件和询问利益相关者来收集数据的传统技术，如访谈（与项目相关人员进行深入交流）、问卷调查（设计并分发标准化问题以收集大量反馈）、背景研究（对项目的历史、环境及上下文进行全面调研）、现场考察（亲自前往现场进行观察与了解）、文档审查（详细检查已有文件资料）以及抽样调查（从总体中选取部分样本进行分析以推断整体情况）等。

2）**协作技术**。这类获取技术利用群体的集体能力，通过非结构化的方式（如头脑风暴）或结构化的方式（如联合应用开发，简称 JAD 研讨会）共同感知、判断和挖掘需求。这一类别涵盖了多种技术，主要包括头脑风暴、原型设计、JAD 研讨会、用户故事等。

3）**认知技术**。这类技术旨在通过引导利益相关者思考、描述和分类领域概念来获取领域知识，包括卡片分类（通过物理或虚拟卡片对信息进行组织和分类）、剧目网格（一种结构化工具，用于捕获和分析特定场景下的行为、角色和交互）、以及阶梯式分析（通过逐步深入的问题引导，帮助利益相关者理清思路，揭示潜在需求和动机）等方法。

4）**情境技术**。这类技术旨在分析环境中的利益相关者，以深刻理解环境背景并确保待建系统能够无缝融入并适应该环境，情境技术一般分为观察法和情景法。观察法侧重于观察系统的当前运营流程，是一种在现有系统中收集信息的有效方式，包括协议分析（观察某些任务并执行解释，以揭示现有系统内流程的特定信息和合理性）、民族志技巧（通过参与观察和文化沉浸来深入理解用户行为和社会背景）、深入实际（即实地考察和体验，以获取第一手资料）等。情景法就是构建一系列交互场景，并用它们来抽取和澄清待建系统的需求。情景的必备信息包括：情景开始和结束时的系统状态，正常事件流以及例外情况，情景中出现的活动等。常见的情景描述形式有脚本（即故事化的情景描述，展现系统在不同场景下的使用情境）、用例（一种结构化文档，详细记录用户与系统的交互过程及其目标）。

5）**创造性技术**。前述需求获取技术大多侧重于提取有关环境和利益相关者现有需求的信息。而创造性技术更强调需求工程师在引领系统创新变革方面的关键作用，这将带来竞争优势。为此，创意研讨会作为一种高效工具，在协作的环境中巧妙地融入了多样化的创意技巧，旨在激发前所未有的想法。另一种技术则是使用未来视频或其他叙事形式，以吸引和引导利益相关者探索不熟悉或有争议的系统。常见的创造性技术包括创意研讨会、类比推理、反差视觉等。

4.2.2 用例分析

用例的概念由 Ivar Jacobson 最先提出，用于描述电话通信中的信息交换序列（对话过程）。后来，用例的应用范围拓展至软件领域，用于详尽阐述系统与外部实体间的交互行为序列——软件功能的执行场景。统一建模语言（Unified Modeling Language，UML）作为软件开发的重要工具，将用例和用例模型视为其重要组成部分，并明确了用例的定义：在系统（或子系统、类）和外部对象交互中所执行的行为序列的描述，包括各种不同的序列和错误的序列，它们能够联合提供一种有价值的服务。这个定义也成为业界广泛接受的事实标准。

1. 用例/场景

用例全面展示了系统在尝试实现特定目标时的所有运行方式；而场景则是这些运行方式中的一个具体实例，表示一个操作序列。在某个场景中，系统在实现用户目标方面可能遭遇成功或失败的结果。简而言之，多个使用场景构成了一个用例，每个场景都是对该用例实现方式的一种具体展现。表 4-1 通过一个实例揭示了场景与用例之间的这种关系。

表 4-1 场景与用例关系的示例

场景描述		对应的用例
共同前提要求：已插入银行卡并验证密码通过 共同结果要求：保持储户账户的数据一致性		用例：取款 前置条件：储户已通过登录验证并得到授权 后置条件：保持储户账户的数据一致性 正常流程： 1. 储户选择取款任务 2. 系统允许储户输入取款额度 3. 储户输入取款额度 4. 系统验证额度，通过后吐出现金 5. 储户拿走现金 6. 系统更新储户账户 异常流程： 3a. 储户请求取消取款任务 1. 系统结束取款任务 4a. 系统验证额度，额度高于账户可用余额 1. 提示额度超支，不能取款 5a.1 分钟后储户仍然没有拿走现金 1. 系统收回现金，提示取款失败
场景1：顺利取款 1. 储户选择取款任务 2. 系统允许储户输入取款额度 3. 储户输入取款额度 4. 系统验证额度，通过后吐出现金 5. 储户拿走现金 6. 系统更新储户账户 场景2：额度不足，未能取款 1. 储户选择取款任务 2. 系统允许储户输入取款额度 3. 储户输入取款额度 4. 系统验证额度，额度高于账户可用余额，提示额度超支，不能取款	场景3：中途取消，未取款 1. 储户选择取款任务 2. 系统允许储户输入取款额度 3. 储户请求取消取款任务 4. 系统取消取款任务 场景4：现金未拿走异常，未能取款 1. 储户选择取款任务 2. 系统允许储户输入取款额度 3. 储户输入取款额度 4. 系统验证额度，通过后吐出现金 5. 1分钟后储户仍然没有拿走现金 6. 系统收回现金，提示取款失败	

因此，用例是对相关场景集合（同一目标下多个场景）的叙述性文本描述。这些场景是用户和系统之间的交互行为序列，它们互有重合、互为补充，共同致力于实现用户的目的。换言之，一个用例承载了与用户某个目标相关的所有成功或失败场景。因此，用例通过从外部视角审视并详细记录系统可观察的行为模式，从而有效地捕获和表达了系统的功能需求，成为了一个理想的功能需求载体。

2. 用例元素

用例是由特定环境下系统和用户之间与特定目标相关的一组可能的交互序列组成的。用例是系统分析中用于识别、澄清和组织系统需求的方法。该方法通过创建详尽的文档来阐述用户为完成某一活动所需执行的所有步骤。

表 4-2 列出了常用的用例元素。在编写用例时，这些元素并不都是必需的，可以根据实际情况灵活选择。而且可以借助预设的用例模板来高效编写用例。

表 4-2 常用用例元素

元素	说明
用例编号	用例的标识，通常会结合用例的层次结构，使用 $x.y.z$ 形式来编号
用例名称	对用例内容的精确描述，体现了用例所描述的任务，通常是"动词＋名词"形式
用例属性	包括创建者、创建日期、更新历史等
描述	简要描述用例产生的原因，大概过程和输出结果
优先级	用例所描述需求的优先级
系统	为达到最终目标而采取的过程和步骤，包括必要的功能要求及其预期行为
用例级别	主要有企业目标级别、用户目标级别、子功能级别
参与者	与系统交互的人或事物，可以是个人、公司、团队或其他系统
主要参与者	触发系统功能以达到目标的参与者
利益相关者	对系统行为方式感兴趣或投资的任何人，他们通常不是直接用户，但受益于系统功能
触发器	标识导致用例开始的事件，可能是系统的内部事件或外部事件或正常流程的第一步
前提条件	用例能够正常启动和工作的系统状态条件
后置条件	用例执行完毕后，系统可能处于的一组状态；通常是系统在步骤结束时应完成的内容
基本流	常见和符合预期下，系统与外界的行为交互序列
备选流	涵盖分支流程和异常流程
相关用例	记录和该用例存在关系的其他用例
业务规则	可能会影响用例执行的业务规则
特殊需求	描述与用例相关的非功能性需求和设计约束
假设	在建立用例时所做的假设
待确定问题	一些当前的用例描述还没有解决的问题

表 4-2 中部分元素的详细说明如下：

1) 在识别参与者时，要注意区分是主要参与者还是次要参与者（又称辅助参与者），并列出每个参与者的目标。存在于系统之外并与系统进行某种互动的任何实体或对象都有资格成为参与者。

2) 事件流由基本流和备选流共同构成，它们全面覆盖了用例可能遇到的所有场景。基本流也称主要成功场景/正常流程，是用例"正常"运行时的场景，即系统运行完美且完全符合预期，运行中没有例外或错误。它通常作为开发各种功能及进一步构建备选流的基础，理解基本流的工作原理对于准确编写代码及识别潜在备选流至关重要。备选流也称替代/扩展路径。备选流中，分支流程是用例中可能发生的非常见的其他合理场景，而异常流程是在非预期的错误条件发生时，系统对外界进行响应的交互行为序列。在编写用例时，应详细列出参与者可能采取的、最有可能发生或最值得注意的异常行为或错误情况，以便在设计系统时能够充分考虑并妥善处理这些例外情况。

3）**特殊需求描述中，非功能需求包括性能、可靠性、可用性和可扩展性等**，设计约束指所用的操作系统、开发工具等。

除了上述元素，某些文献还提到以下元素：依赖关系，是指成功执行用例所需的相关用例、系统或模块；技术与数据的变化列表，输入输出方式的变化以及数据格式的变化；发生频率，用例执行的频率。

3. 用例编写步骤

用例编写步骤如下：

1）**描述系统**。具体内容包括系统、产品或服务的功能，实现什么目标，如何实现这些目标。

2）**识别参与者**。识别所有系统用户，包括个人、团队、硬件或其他系统，并区分主要参与者和辅助参与者。为每个用户创建配置文件，包括与系统交互的用户所扮演的每个角色。

3）**定义参与者的目标**。选择一个参与者，定义其目标，即其希望通过与系统交互实现的目标。每个目标都将成为一个用例。

4）**创建主要成功场景**。在用例描述中，描述基本流程，它涵盖系统按预期工作的场景。

5）**考虑备选流**。基本流完成后，编写导致不同结果的备选流。

6）**对其他用户重复步骤 3）~5）**。

4. 用例的层次性

用例/场景是对需求的组织，需求具有层次性，用例/场景自然也有层次性。业务需求示例见表 4-3。

表 4-3 业务需求用例

ID	3	名称	商品库存管理	优先级	高
参与者及其目标	（主参与者）总经理：库存分析，减少商品积压、缺货和报废 （辅助参与者）收银员：记录销售及退货中的商品出入库情况 （辅助参与者）业务经理：记录商品的批量入库与出库					
用例描述	系统准确记录商品的入库、出库、销售及退货信息，并以此为基础掌握库存实时数据，分析和预测未来商品出库量，发现未来可能出现的积压、缺货和报废，提醒总经理进行处理					
基本流	1. 业务经理：商品入库 2. 收银员：销售处理，售出的商品出库 3. 总经理：库存分析，发现商品积压、缺货和报废					
备选流	2a. 收银员：退货处理，退回的商品入库 2b. 业务经理：商品批量出库					

5. 备选流步骤标记规则

备选流步骤标记依赖其对应的主流程步骤，标记规则如下：

1）如果扩展场景依赖主流程的某个步骤，其标记规则为：步骤 + 小写英文字母。如 2a、2b、2c，依次类推。

2）如果扩展场景可能在主流程的任何步骤或绝大多数步骤都会发生，其标记为：* 小写英文字母。如 "*a" "*b"。

3）如果扩展场景可能在某几步中的任何一步都可能发生，其标记规则为：开始步 - 结束步 + "a"，如 "1-2a" 表示主流程中步骤1和2均可能发生的扩展场景。

4）备选流由条件和处理两部分组成，以系统或参与者能够检测到的某事物作为条件。扩展处理可以包含一个或多个步骤，通过缩进来区分，以完整路径来标记，如 1-5a-1-1a，表示主流程中步骤1到5的异常流程 1-5a 的步骤1的异常是 1a。

注意：默认情况下，异常流程结束后，自动回到其原扩展步骤；分支流程结束后，自动回到其原扩展步骤的下一步。

4.2.3 用例图分析

用例是一种文本方式的需求描述方法，刻画了业务的细节，适用于描述单个用例的具体内容。但它不能提供系统功能的高级概述，无法直观地展现用户与系统之间的交互行为，这在一定程度上限制了开发团队、用户及利益相关者之间的有效沟通与协作。为了弥补这一不足，用例图作为一种图形表示法应运而生，它将获取的用例以图形的形式集中展示，旨在以用例为单位图形化展示系统的功能和行为。因此，用例图能够将多个用例联系起来，共同描述系统的部分或整体功能。鉴于用例图不会涉及很多细节，推荐将用例、用例图配合使用，以发挥各自的优势。具体而言，用例图建立系统功能的高级视图，用例给出其细节性文本描述。

用例图是参与者（包括用户或外部系统）为实现特定目标与系统之间交互的可视化表示。它展现了参与者与系统交互的不同方式，旨在捕获系统的功能需求，是描述系统功能的静态视图。

1. 用例图元素与符号

用例图的基本元素包括参与者、用例、关系等，可选元素包括系统边界 / 系统、包和注释等，UML 为这些元素提供了可视化符号，见表 4-4。

表 4-4 UML 中的用例图元素与符号

元素	参与者	用例	关系	系统边界 / 系统、包和注释
符号	名称（小人图示）	名称（椭圆）	关联关系 包含、扩展关系 参与者泛化 用例泛化	名称（矩形框） 包名 +Attribute −Attribute 注释

（1）用例　用例是对业务工作或系统功能的详细文本描述。用例图中使用水平椭圆表示用例，并以功能命名。相比椭圆图示，详细的用例文本描述更加重要，因为它们包含了实现这些功能所需的具体步骤、前置条件、后置条件以及可能的异常情况处理，是理解和开发

系统功能不可或缺的有价值资料。

注意事项。用例命名应以动词开头，彰显其对系统操作的明确建模；用例名称应富含描述性，为看图人提供详尽的用例信息，如"打印发票"相较于"打印"更为贴切。同时，应注重用例间的逻辑排序，例如在银行客户分析系统中，应按开立账户、存款至取款的自然流程展示，以增强理解。此外，布局上应将包含关系的用例置于调用用例之右侧，以便于阅读并增强清晰度；而对于继承关系，则将子用例置于父用例之下，以提高图的可读性。

（2）参与者　参与者是指与系统发生交互的外部实体。这些实体可以是个人、组织、外部系统（包括各种设备）甚至是时间等抽象概念。在用例图的上下文中，参与者发起或触发用例并接收结果。值得注意的是，参与者代表的是与系统进行交互的角色，不是一个人或工作职位。因此，一个用户可能对应多个参与者，不同用户也可以对应一个参与者。

注意事项。参与者命名应力求业务相关且意义明确，避免直接使用组织名而应偏向功能的描述，如选用"航空公司"而非"东方航空公司"。参与者是建模角色，而非特定职位，如酒店内的前台主管与轮班经理，其预订功能可统一归为"预订代理"。外部系统同样可视为参与者，如对于用例"发送电子邮件"，如果与电子邮件管理软件交互，那么电子邮件管理软件就是该特定用例的参与者。需注意的是，参与者间不直接交互。若需表达系统内复杂交互，应另绘用例图，将原系统转为新图中的参与者。布局时，将主要参与者置于图左，以凸显系统中的重要角色。对于存在继承关系的参与者，应有序排列于父参与者下方，提升图表可读性，便于快速识别特定用例的关联角色。

（3）关系　用例图中有 5 种类型的关系：参与者与用例间的关联关系；用例间的包含关系；用例间的扩展（extend）关系；参与者之间的泛化关系；用例之间的泛化关系。图 4-5 展示了这五种关系。

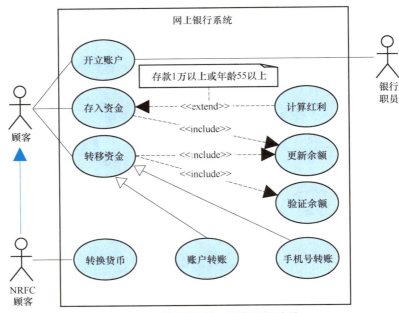

图 4-5　用例图中的 5 种类型的关系

注：NRFC 指境外机构账户

1）关联关系。关联关系表示参与者与用例之间的通信或交互。它用一条连接参与者和用例的无箭头实线来描述，表示参与者参与用例描述的功能。用例和其主要参与者、辅助参与者均为关联关系，在用例图中，主参与者常置于用例左侧，辅助参与者则位于右侧，以增强清晰度。关联关系是直接的，存在于每个用例图中。需要注意的是，每个参与者必须与至少一个用例建立关联；一个参与者可以与多个用例建立关联，如"顾客"关联"开立账户""存入资金""转移资金"等用例；多个参与者可以与单个用例建立关联，如"银行职员""顾客"都关联用例"开立账户"。

2）包含关系。包含关系（<<include>>）表示一个用例包含另一个用例的功能，即包含用例是基用例的一部分。采用此关系的目的是为了实现功能的复用，促进系统设计的模块化和可重用性。值得注意的是，包含用例不是可选的，它的缺失将导致基用例在功能上的不完整。包含关系由虚线箭头表示，箭头指向包含用例。图 4-5 中的用例"转移资金""存入资金"包含"更新余额"用例，"转移资金"包含"验证余额"。

3）扩展关系。扩展关系（<<extend>>）针对用例备选流中的分支流程和异常流程，即处理可选行为、异常行为，在用例图中用虚线箭头表示，箭头指向基用例。在需求开发中，经常需要依据新需求扩展原用例、增加新的备选流。此时可通过附加新用例来扩展原用例，而无需直接修改基用例本身。此外，在有些情况下，用例是不允许直接修改的，如为了符合建立需求基线的要求。新扩展用例描述对新需求的处理流程，并定义它在原用例流程中的扩展点和触发条件。只有当原用例流程执行到扩展点，并满足触发条件时，才会执行新扩展用例。以图 4-5 为例，"计算红利"是用例"存入资金"的扩展用例，只有当存款超过 10000 或年龄超过 55 岁时才会触发该用例。注意，扩展用例依赖基用例，在图 4-5 中如果没有"存入资金"用例，"计算红利"用例将没有多大意义；但基用例本身必须是有意义的、独立的，不能依赖扩展用例行为。

扩展用例是可选的，大多数情况下它不是必需的。但是，扩展用例也可以具有非可选行为，特别是在对复杂业务逻辑进行建模时。为了降低用例复杂性，常将原用例的一些复杂行为扩展为附加用例，例如，在图 4-6 中将"销售处理"用例分拆为"现金支付""信用卡支付"和"礼券抵付"，从而降低"销售处理"用例本身的复杂性。

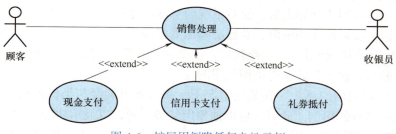

图 4-6　扩展用例降低复杂性示例

4）参与者之间的泛化关系。参与者之间的泛化意味着一个参与者可以继承另一个参与者的角色，用实心箭头线表示，箭头指向父参与者。后代继承祖先的所有用例，并具有一个或多个特定于该角色的用例。图 4-5 中的境外机构外汇账户（NRFC）顾客是一类特殊顾客。

5）用例之间的泛化关系　表明一个用例是另一个用例的专用版本，用空心箭头线表示，箭头指向一般用例。在这种关系中，后代继承祖先的行为，当两个用例之间存在共同行为以及特定于每个用例的专用行为时，会使用此方法。例如，在图 4-5 中，"账户转账"、"手机号转账" 都是用例 "转移资金" 的专用版本。

（4）可选元素　系统边界：系统是界定要建模系统范围/限制的可视化元素。它通常由一个带有系统名称的矩形框表示，矩形框包围着系统的所有用例。在构建大型系统的可视化模型时，系统边界显得尤为重要，它不仅有助于明确项目所涵盖的具体范围，还能在展示不同系统版本时，清晰地标出各自所包含的不同功能区域。

包是另一个可选元素，用于将用例组合在一起，在复杂关系图中非常有用。

注释是一段文本说明，对用例图中的元素做进一步简要说明，以提高设计的清晰度。例如图 4-5 中对扩展条件的说明。在图 4-7 中，注释则是对用例做说明，说明登录系统后，不同权限用户看到的主页都不一样。

图 4-7　用例注释展示

2. 用例图创建

用例图创建步骤如下：

（1）识别参与者　参与者是与系统交互的外部实体。如图 4-5 中的顾客、NRFC 顾客、银行职员等。

（2）识别用例　确定系统必须执行的主要功能或操作（顶级用例），这可通过确定参与者需要从系统中得到什么来实现。例如，在线购物系统中，顾客需要注册、查看商品、购买等服务；在银行系统中，客户需要开立账户、存取资金、请求支票簿等功能，这些都可视为用例。顶级用例应始终提供参与者所需的完整功能，可根据系统的复杂性扩展或包含用例。参与者和顶级用例得到清晰界定后，便对系统的基本功能和业务需求有了初步的了解。在此基础上，可以进一步微调这些用例，并逐层添加更多细节。

（3）查找可重用的通用功能　查找可在整个系统中重用的通用功能，将其作为独立的包含用例，并通过 "包含" 关系连接相关用例。

（4）参与者和用例的泛化　在某些情况下，参与者可能会与类似的用例相关联，同时触发一些他们所独有的用例。此时，可以抽象出父参与者，以显示功能继承。例如图 4-5 中的 NRFC 顾客与一般顾客。用例也可做类似处理，例如，在图 4-5 中，"账户转账" "手机号转账" 都是用例 "转移资金" 的专用版本。

（5）可选功能或附加功能　有些功能是可选触发的。在这种情况下，可以使用扩展关系并向其附加扩展规则。在银行系统示例中，"计算红利" 是可选的，仅在匹配特定条件时触发。扩展并不总是意味着它是可选的。有时，通过扩展连接的用例可以补充基用例。要记住的是，即使未调用扩展用例，基用例也应该能够自行执行功能。

（6）验证和优化关系图　查看用例图，确保其准确地反映了系统内部的交互机制与关系结构，并根据需要进行优化调整。在此过程中，增添系统边界的清晰标识及必要的注释说明，以提升图表的可读性与理解深度。同时，应与利益相关者共享开发的用例图，并收集反馈，确保用例图与他们对系统功能的理解保持一致。

4.2.4　业务过程分析

业务过程分析是在详细调查的基础上，对有关业务过程的资料进行综合分析，以了解业务的具体处理过程，修正系统调查中的错误和疏漏，发现系统的薄弱环节和不尽合理之处，寻找在新信息系统基础上的优化和改进方法。

业务过程是可被描述和记录的一组特定事务、事件和结果。业务简介（Business Profile）是对企业使命、职能、组织、产品、服务、客户、供应商、竞争对手、制约因素和未来发展方向的概述。业务简介是建模过程的起点。

在寻求业务过程描述工具的过程时，人们发现虽然数据流图具有一定的过程描述能力，但其局限性也颇为显著。于是，人们借助数据流图的"流"思想，建立专用于描述业务流程的业务过程模型与符号（Business Process Model and Notation，BPMN）。BPMN 包括标准形状和符号，用于表示时间、过程和工作流等。2010 年 12 月，对象管理组（Object Management Group，OMG）标准开发组织推出了 BPMN2.0 规范。

UML 集成了业务过程模型（BPM）的核心理念，开发了活动图技术。活动图是描述业务过程和对象行为的模型，它以"流"（控制流和数据流）处理为侧重点描述过程与行为，以"令牌"平衡为手段，有效管理并保障复杂并发与协同现象在过程与行为中的顺畅执行。

1. 基于功能分解图的业务过程建模

功能分解图（Functional Decomposition Diagram，FDD）是业务功能或过程自上而下的表示。使用 FDD，分析师能够清晰地展现业务功能，并将这些功能逐步分解为更为低级别的功能和过程。创建 FDD 类似于绘制组织图，从顶部开始向下分解。FDD 可用在系统开发的多个阶段，在需求建模期间，分析师使用 FDD 对业务功能进行建模，并展示它们如何组织较低级别的过程，这些过程在应用开发期间将转化为程序模块。汽车原配件销售平台的 FDD 如图 4-8 所示。

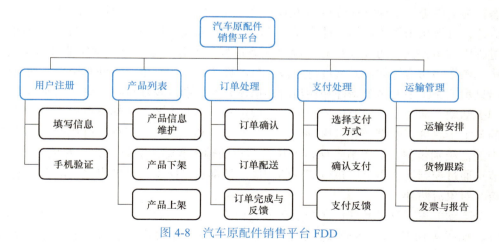

图 4-8　汽车原配件销售平台 FDD

通常在开展需求分析时，还会绘制企业的组织机构图、管理功能图，它们在形式和原理上与 FDD 类似。

2. 基于 BPMN 的业务过程建模

业务过程模型通过图形化手段展示了一个或多个业务过程。图 4-9 是基于 BPMN 规范的订单履行过程业务模型。

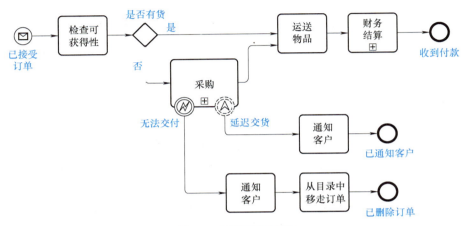

图 4-9 订单履行过程

此订单履行过程在收到订单消息后开始，并继续检查订购的物品是否有货。将有货物品运送给客户，然后进行财务结算，这是折叠的子流程。如果无货，则必须通过调用采购子流程进行采购。值得注意的是，采购折叠子过程采用粗边框标示，这表明它是一个调用活动，其作用类似于对全局定义任务的封装，或作为子流程的表示。

3. 基于活动图的业务过程建模

活动图以可视化方式对系统或过程的行为进行建模，说明系统和过程中的控制流，是一种行为图。活动图描述活动的顺序和并行处理，侧重活动流的条件及其发生的顺序。它展示了从起点到终点的控制流以及执行活动时存在的各种决策路径。

活动图对业务过程、用例和系统的工作流进行建模和可视化，为系统、应用程序或过程的动态行为提供更易于理解和分析的图形表示。具体用途有：创建应用程序或系统工作流的高级概述；可视化用例描述的事件流或涉及的步骤，捕获和记录用户交互的动态方面；描述业务过程中的事件流，可用于检查、改进业务过程，更有效地了解和确定业务过程的需求；对方法、操作和功能等软件元素进行建模，显示算法背后的约束、条件和逻辑；通过使用泳道突出显示工作流中的多个条件和参与者；描述并发活动以及导致特定事件的原因。

（1）活动　活动是一种行为，被定义为由边互连的节点图。活动节点用于对活动指定行为中的各个步骤进行建模，有可执行节点、对象节点和控制节点三种。可执行节点体现整个活动中的低级别步骤。对象节点保存可执行节点的输入和输出数据，并在对象流边上移动。控制节点通过控制流边指定可执行节点的顺序。活动边是两个活动节点之间的有向连接，有控制流、对象流两种。

一个活动的表示符号是其包含的活动节点和活动边的组合，再加上边框以及左上角显示的名称，如图 4-10 所示。活动参数节点在边框上，前置和后置约束以文本表达式显示，并

分别冠以关键字 <<precondition>> 和 <<postcondition>>。关键字 <<singleExecution>> 指定活动是否单独执行。注意，边框是可选的。

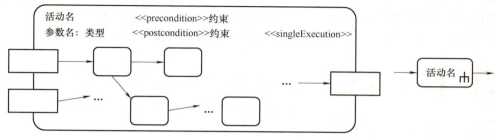

图 4-10　活动表示符号

图 4-10 中的圆角矩形表示动作（Action），边框上的矩形为对象节点，与对象节点相连的活动边是对象流，其他为控制流。活动节点和活动边可以命名，但不需要有唯一名称。图 4-10 右侧带耙形符号的动作，指示一个活动的调用，内部为被调用活动的名称，这可理解为一个微型层次结构，表示此调用启动了另一个表示进一步分解的活动。

活动内活动节点的执行可能会相互影响。活动节点间的影响由活动边上的令牌流指定。令牌在活动中没有显式建模，但用于描述活动的执行。令牌有对象令牌和控制令牌两种。对象令牌是流经对象流边的值的容器，没有值的对象令牌称为空令牌。对象令牌通常只能由对象节点接受，但建模者指定的某些对象令牌可以流经控制流边，由可执行节点接受。控制令牌会影响活动节点的执行，仅流经控制流边，只能由可执行节点接受；它不携带任何数据。每个令牌都不同于其他令牌，即使其值与另一个令牌相同。

（2）动作（Action）　　动作是 UML 中行为规范的基本单元，直接或间接包含在活动和交互等行为中。动作是行为中可执行功能的基本单位，代表模型化系统中的某种转换或处理。动作是 UML 中唯一一种可执行节点，用于建模活动中的从属行为，活动的任何重要功能都需要执行动作。动作是活动"数据流"方面的核心，其作用包括：调用其他行为和操作；访问和修改对象，并将它们链接在一起；执行其他动作（结构化动作）的更高级协调。在业务过程分析中，每个动作都是业务过程中的一个重要步骤，通常是涉众的一个或多个任务的集成。

动作的所有输入和输出活动边一定是控制流。为表示输入和输出，动作采用了附加对象节点（即引脚）方式接受输入、产生输出对象令牌。动作引脚规定了其输入/输出的类型和多重性。引脚（Pin）是一种对象节点，持有包含指定类型值的对象令牌。输入引脚上的令牌为动作执行提供输入数据，而输出引脚上的令牌包含动作执行的输出数据。输入和输出引脚上的多重性下限分别决定了动作执行是否可以开启和自行终止，而它们的多重性上限分别决定了动作单次执行最大的输入和输出值总数。动作开始执行，已使用令牌将从输入引脚删除；但执行结束，输出引脚上的值不会删除。

动作用圆角矩形表示，名称可以出现在矩形中。动作引脚用附加到动作符号的小矩形表示，引脚名称在其附近显示。引脚名称没有限制，通常显示流经引脚的数据或对象的类型。独立引脚情况是指一个动作的输出引脚和另一个动作的输入引脚同名情况。另外，当不存在活动边来区分输入和输出引脚时，可以在 Pin 矩形内放置一个可选箭头，输入引脚的箭头指向动作，而输出引脚的箭头指向远离动作。

图4-11为动作引脚使用示例，名为"订单"的引脚表示订单对象。图4-11a中的几个图是等价的，区别是上面两个图省略了动作的明确引脚，由单个"订单"矩形代替，属于独立引脚情况，表达的语义为："填写订单"生成已完成的订单，"装运订单"使用它们，必须完成"填写订单"动作才能开始"装运订单"。图4-11b演示了多个引脚的使用。

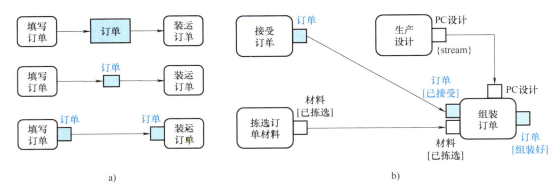

图4-11 动作引脚使用示例

（3）活动边　控制流，也称连接器，连接两个动作，表示从一个动作到另一个动作的转换，显示动作的方向流或控制流。控制流只传递控制令牌以及建模者指定的一些对象令牌，用于显式排序活动节点的执行，在源活动节点完成执行并生成令牌之前，目标活动节点不能收到控制令牌并开始执行。控制流不需要特定事件的触发，一个动作执行完成后会自发转换到另一个动作。控制流由连接两个动作的箭头线表示，图4-12为控制流的例子。如图4-12a所示，连接"填写订单"和"装运订单"的箭头线是控制流边。这意味着，当"填写订单"行为完成时，控制权将传递给"装运订单"。图4-12b显示了相同的控制流，并带有边的名称Filled。图4-12c与图4-12a等价，它使用了连接器，代替连续的线。

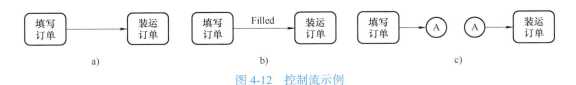

图4-12 控制流示例

对象流表示对象在活动中的移动路径，是一个可以传递数据和对象的活动边，用箭头线表示。对象流描述了动作节点与对象之间的关系，对象作为动作的输入，即动作使用对象；对象作为动作的输出，即动作对对象施加了影响，如创建、修改、撤销等。图4-13为对象流使用例子，图4-13a和图4-13b等价，表示"拣选材料"动作提供订单及其关联的装配材料给"组装订单"动作。图4-13c用注释在对象流上指定了选择行为，关键字为<<selection>>，表示订单将根据订单优先级进行发货，具有相同优先级的订单应按先进先出（FIFO）原则处理。图4-13d在对象流上指定了转换行为，关键字为<<transformation>>；"关闭订单"的结果会生成已关闭的订单对象，但"发送客户通知"需要客户对象；转换指定了查询操作的调用，即根据接受的订单查询其关联的客户对象。

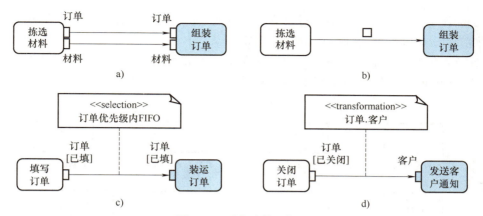

图 4-13 对象流使用例子

（4）控制节点 控制节点是管理活动中其他节点间令牌流的一种活动节点，包括初始节点、结束节点、分叉节点、汇合节点、决策节点和合并节点。初始节点是活动执行的起点或初始状态，用黑色圆圈表示，没有传入边，传出边必须都是控制流。结束节点，用于停止活动中的所有流，用一个带轮廓的黑色圆圈表示，没有传出边。流终结节点，终止一个流，但对活动中的其他流没有影响。分叉节点将一个流拆分为多个并发流，它只有一个传入边，但可能有多个传出边。汇合节点将多个并发流同步，转换为一个传出流，它只有一个传出边，但可能有多个传入边。合并节点将多个流汇集在一起，无需同步，它必须具有两个或多个传入边和一个传出边。决策节点代表逻辑判断，在传出流之间选择，它应至少有一个且最多有两个传入边，以及至少一个传出边。

图 4-14 包含各种控制节点的示例。左上角表示初始节点触发"收到订单"节点。"收到订单"之后的决策节点展示了基于订单拒绝或订单接受条件的分支。"填写订单"后跟着一个分叉节点，它将控制权传递给"发送发票"和"装运订单"。汇合节点表示当"发货订单"和"接受付款"完成时，控制权将传递给合并节点。合并节点向后传递令牌，执行"关闭订单"节点。另外，每当订单被拒绝，控制权也会传递给"关闭订单"。完成"关闭订单"后，控制权将传递给活动结束节点。

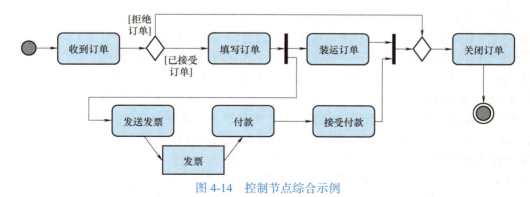

图 4-14 控制节点综合示例

（5）对象节点 对象节点是一种活动节点，用于在活动执行过程中保存包含值的对象令牌。对象节点是指一个特定对象的实例，通常在活动图的特定时间点出现和使用。对象节点可以是动作节点的输入和输出。对象节点具体类型有：活动参数节点、中央缓冲区节点、数据存储节点，以及始终与动作相关联的引脚。

对象节点用矩形框表示，标记节点的名称放置在符号内，它指示对象节点的类型，或者以格式"name：type"指示节点的名称和类型。对象节点及其变种的符号表示如图 4-15 所示。

图 4-15　对象节点的符号表示

对象节点还可指定一个 inState 状态集，符号表示为：将 inState 状态集中的状态名称写入逗号分隔的列表，放在对象节点名称下方的括号内。对象节点包含的令牌数不能超过其上限（upperBound）。对象节点的 ordering 属性指定了将节点持有令牌提供给其传出边的顺序，其可能取下列值之一：unordered，未定义顺序；FIFO，先进先出；LIFO，后进先出；ordered，排序由建模者使用选择行为定义。当且仅当 ordering=ordered 时，对象节点将具有选择行为，可以在引脚或对象节点上用注释标注。注意，对象节点的选择行为被其传出对象流上的任何选择行为覆盖。此外，为进一步表示对象节点细节，可以链接到进一步定义它的类图。

（6）分区与泳道　活动分区（泳道）是一种活动分组，用于标识具有某些共同特征的活动节点。活动分区可以共享内容。它们通常对应于业务模型中的组织单位。它们可用于在活动的节点之间分配特征或资源。一个节点或边可以被同时归类为多个活动分组。通常按照组织单位或涉众角色对节点、边进行分区。分区可以有层次嵌套结构，也可以是多维的。分区可使用泳道进行图示，也可直接标记在节点上。

泳道可以是垂直的，也可以是水平的，通过实线与邻居泳道分隔，泳道上方或左侧是其名称，名称不能相同，通常为对象或业务组织，它们负责各自泳道内的全部活动。在活动图中，每个活动只能明确地属于一个泳道，活动不允许跨越泳道；只有转换、动作流和对象流能够穿越泳道的分隔线。一个活动图的泳道不要超过 5 条，以合乎逻辑的方式排列。图 4-16 为图 4-14 的添加泳道版。

可中断活动区是一种特殊活动分组，用于支持终止活动的一部分。它仅包含活动节点，会将某些活动边标识为中断边。中断边的源位于区域内，目标位于区域外部。活动图引入异常与中断机制是为了描述实际业务过程中的异常情况。

图 4-17 演示了可中断区域的使用，用圆角虚线框表示可中断活动区域，闪电符号表示中断边。在接收、填写或配送订单时发出订单取消请求，该流程将终止并执行"取消订单"节点。注意，如果填写订单完成后发生这种情况，则开票流程可能已经启动，它位于可中断区域之外，不会因订单取消请求而终止，即使配送订单将终止。

第 4 章 信息平台分析技术

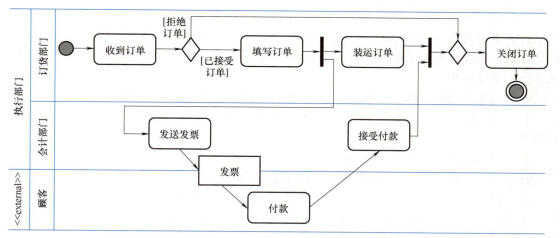

图 4-16 泳道使用示例

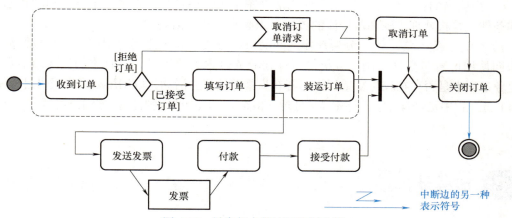

图 4-17 异常与中断处理机制示例

（7）信号与事件机制 为了描述异步协同的业务过程，活动图引入了信号与事件机制，如图 4-18 所示。图中，凸五边形表示发送信号动作，内部为信号名称；凹面五边形符号表示接收事件动作，符号内为名称；等待时间动作用沙漏符号表示，名称可以放在符号下方或左右。

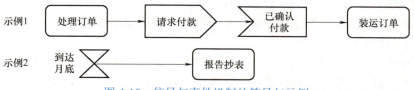

图 4-18 信号与事件机制的符号与示例

发送信号动作表示向接收活动发送信号的操作。发送的信号可以仅是控制信号，也可以是带有数据的对象信号。发送信号动作是异步协同的，发送信号时，不向目标传递令牌，令牌仍保留在本地，继续向后续节点传递。

153

接收事件动作等待一个符合特定条件的事件的发生。它等待接收来自发送信号动作的信号，或者来自等待时间事件动作的时间事件。等待时间事件动作会让流停止一段时间，产生新的令牌，但接收事件动作不产生令牌。收到令牌，接收事件动作才会接收信号，令牌不会增多，将继续后传。

（8）基于活动图的业务建模过程　利用活动图开展业务建模的步骤如下：

1）确定业务过程的处理边界，进而确定流程的开始位置（初始状态）和结束位置（最终状态）。

2）分析业务过程，发现并列举其中的主要处理步骤（动作），并弄清这些步骤之间的先后衔接顺序。即确定从起点到终点所需的步骤或行动。

3）分析业务过程中的主要数据流，确定步骤转换的条件或约束，以及流程分支。

4）确定业务过程的主要参与者，辨别他们在业务过程中的各项职责与行为。简单业务过程可以不开展这项工作。

5）活动分组。进行职责分配，将业务过程的处理步骤划分到不同的泳道。

6）用适当的符号绘制活动图。使用活动图中的适当符号，直观表示已识别的状态、动作和条件，并将处理步骤和数据流的传递组织起来，建立活动图。

7）细化、完善活动图。分析动作之间的协同方式，同步协同使用控制流和数据流，异步协同使用信号与事件机制。分析是否存在业务过程失败场景，若有添加流终结节点。分析业务过程中是否存在较为复杂行为，若有为其单独建立活动，以调用动作形式供过程使用。分析业务过程中是否有异常，补充异常处理。检查活动图中的令牌传递，修正不平衡的节点。

4.3 过程建模技术

过程模型是业务系统运行的一种形式化表示方法，它展示了系统执行过程中涉及的过程或活动，以及数据在它们之间的流动与处理机制。过程模型可以用来描述现有系统或待开发的新系统。本节讲解数据流图和数据字典等过程建模技术。

4.3.1 过程建模概述

过程建模将系统看作过程的集合，涵盖人工执行和软件系统执行的过程。过程执行本质上就是数据处理，它接收数据输入，进行加工处理，然后输出处理结果。过程执行时可能需要和外部系统（或人）进行交互。

过程建模以整个系统为初始复杂过程，采用自上而下的方法，持续开展过程分解，直至所有底层过程都是易于理解和计算机可实现的过程。此时，将这些底层过程编码为软件的"函数"或"程序"，并按照分解中产生的过程关系将它们有机整合，从而构成最终的软件系统过程模型。这些底层过程被称为原始过程或基本过程，建模者会借助微规格说明来描述其内容逻辑。这一过程基本上遵循了数据流图的建模思想，相关技术包括上下文图、数据流图、微规格说明和数据字典。

20 世纪 80 年代出现的信息工程，引入用于复杂应用过程建模的功能分解图和过程依赖图。相比数据流图，功能分解图能够更加集中、更加直观地展示大量过程之间的层次关系。它自上而下展示系统的功能分解结构，图 4-19 是功能分解示意图。

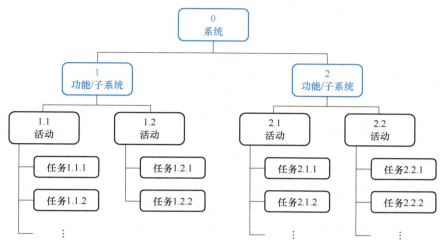

图 4-19　功能分解示意图

信息工程是专门针对信息系统而开发的，功能分解图简化了结构化方法中的功能需求处理技术，在信息系统开发中得到了广泛应用。

4.3.2　数据流图

数据流图（Data Flow Diagram，DFD）是过程建模的主要技术，至今仍是最广泛使用的分析表示方法之一。虽然 DFD 及相关的图和信息不是 UML 的正式组成部分，但是它们可以补充 UML，并提供对系统需求和流的补充认识。

1. 概念

DFD 从数据传递和处理的角度，以图形化的方式刻画数据流从输入到输出的移动和变换过程。它标识了一个系统（或过程）的逻辑输入和逻辑输出，以及把逻辑输入转换为逻辑输出所需的加工处理。DFD 使用图形符号表示外部实体、处理逻辑、数据流、数据存储等基本元素，提供了清晰的层次结构，让分析人员能够很方便地表示任意抽象级别上的信息系统或其子部分。它是支持问题的进一步分解和逐步求精的分析方法。

从名称上看，DFD 是以数据为中心的，但实际上 DFD 主要关注的是过程和所执行的活动。不少文献指出，DFD 是一种用于描述数据流转与变换的图形化工具，它详尽地展现了信息从输入端流动至输出端的过程中所经历的一系列转换与处理。

DFD 是系统逻辑模型的图形表示，只描绘信息在系统中流动和处理的情况，不显示程序逻辑或处理步骤等具体物理元素。在设计 DFD 时，只需考虑系统必须完成的基本逻辑功能，不需要考虑如何实现这些功能。

DFD 易于理解，是极好的沟通工具，常用于用户和系统开发人员之间的交流。DFD 是软件分析和软件设计的工具。在进行需求分析时，DFD 可用来建立当前和目标系统的逻辑模型，描述数据流的处理过程。DFD 用于软件设计时，这些处理过程将是最终程序中的若干功能模块。可见，DFD 为软件设计提供了一个很好的出发点。

2. DFD 的基本元素

DFD 是一种图形化的过程建模技术，使用外部实体、过程、数据流和数据存储 4 种基本符号，开展建模。DFD 主要有两种符号表示法：DeMarco-Yourdon 表示法和 Gane-Sarson 表示法。表 4-5 展示了两种表示法中的四种基本符号。

表 4-5 数据流图的基本符号

表示法	外部实体	过程	数据流	数据存储
Gane-Sarson*	名称	ID 名称	名称 →	ID | 名称
DeMarco-Yourdon	名称	名称	名称 →	ID 名称

（1）外部实体　外部实体是指处于目标系统之外并与之有数据交互的人、组织、设备或其他软件系统，他们不受系统的控制，开发者不能以任何方式操纵他们。外部实体与用例中的主要参与者相对应。

外部实体只是目标系统的外围上下文环境中的实体部分，不是目标系统的一部分，因此不需要在目标系统的开发过程中进行设计和实现。相应地外部实体不属于 DFD 的核心内容。

DFD 仅显示向系统提供数据或从系统接收输出的外部实体。DFD 显示系统边界以及系统如何与外部环境交互，这些交互就是系统与其外部环境的接口。例如，客户实体向订单处理系统提交订单。

DFD 实体从目标系统获取数据或者为它提供数据，是目标系统的数据源或数据目的地，也称为终结符。系统分析员将向系统提供数据支持的实体叫作"源"，将从系统接收数据的实体叫做"接收点"。外部实体可以是源或接收点，也可以都是，但每个实体必须通过数据流与过程连接。图 4-20 给出了外部实体使用规则的正确和错误示例。另外，为了避免 DFD 上出现线条交叉，同一个源、接收点或文件可在不同位置出现多次。

实体符号是带有阴影的、看起来是三维的矩形，实体名称出现在符号内部。通常，采用问题域中习惯使用的名字为实体命名，例如，订单系统中的顾客、仓库、销售代表、银行、会计系统等，注意使用单数形式。

系统内部人员经常被作为外部实体对待，他们其实是过程的执行人员，是过程的一部分，例如订单处理人员、银行职员等。过程执行人员通常在过程中描述，不在 DFD 中描述。然而，那些使用系统信息执行其他过程的人，或者那些决定保存何种信息到系统的人被作为系统的外部实体，例如管理人员等。

（2）过程　过程代表系统中的数据处理行为，它接收输入数据，对数据进行操作或变换，生成具有不同内容、形式的输出。因此，每个过程必须至少有一个输入数据流和一个输出数据流。过程包含业务逻辑（也称业务规则），其用于转换数据并生成所需的结果。过程可以是人工的或计算机化的,人工过程是需要重点关注的部分,以便在新系统中实现自动化支持。计算机化的过程不一定是一个程序,可能是一系列程序或一个模块。过程既可以非常简单,也可以非常复杂。

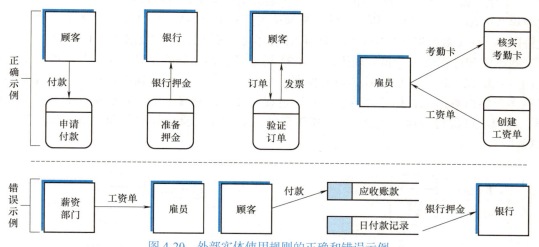

图 4-20　外部实体使用规则的正确和错误示例

过程是对数据处理行为的概括,具有不同的抽象层次。最高层次是将整个系统作为一个过程,实现用户期待的所有数据处理行为。较高层次是将某项业务处理作为一个过程,它包括很多具体的细节任务。在较低层次上,过程可能只代表一项活动,具有原子性特征。在最低层次上,过程可能仅仅表示一个逻辑行为,体现为软件系统的一个命令执行过程。这实际上体现了过程建模思想:对层次较高的过程,通过功能分解,用较低层次的 DFD 描述其内容;当分解到原始或基本过程时,即过程内容达到了可进行"编码"的程度,用微规格说明来描述其内容逻辑。

DFD 中,过程可视为"黑箱",只知道其输入、输出和大致的功能,底层的细节和逻辑被隐藏。通过将过程视为黑箱,分析师能够避免不必要的细节和混乱,创建显示系统功能的 DFD。当需要展示更多细节时,分析师可以放大过程符号,创建能显示过程内部工作方式的更深入的 DFD。这可能会显示更多的过程、数据流和数据存储。通过这种方式,信息系统可被建模为一系列逐渐详细的图形。

过程符号是带有圆角的矩形,过程名称在矩形内部。每个过程都应有唯一的标识 ID、名称和描述。过程标识 ID 通常是"x.x.x…"形式的数字编码,这也显示了其在层次分解中的位置。过程名称应体现其具体功能,由动词(在必要情况下有形容词)和紧随的单数名词构成,例如"申请租金支付""计算佣金""验证订单"和"填写订单"等。过程名称中不要出现多个动词连接的表示,如"打印并显示数据""存储和打印报表"。

(3)数据流　数据流是数据从系统的一个部分移动到另一部分的路径,是系统与其环境之间或者系统内两个过程之间的通信形式。DFD 中的数据流表示一个或多个数据项。例如:用户输入商品名称检索商品,此时数据流为单个数据项;数据流"发票"则由品名、规格单位、单价、数量等组成。当然,DFD 并不显示这些具体内容,它们会被包含在数据字典中。

数据流符号是具有单箭头或双箭头的线,箭头表示数据的流向,相同数据在两个方向上流动,可以使用双箭头,但为区别流入、流出某一符号的特定数据流,应使用单箭头。数据流名称显示在线的上方、下方或旁边,数据流名称由单数名词和形容词组成,例如"订金""发票支付""订单"和"佣金"。数据流名称也存在复数名称的例外,例如"分级参数",此时单数名称可能会误导分析师,使分析师认为只有单个参数或单个数据项存在。数据流不允许同名。两个数据流在结构上相同是可以的,但必须体现人们对数据流的不同理解。

数据流和过程总是一起出现的,图 4-21 展示了它们之间的正确连接。过程改变了数据的内容或形式,每个过程符号必须至少有一个输入数据流、一个输出数据流。过程符号可以有多个输出数据流,如"评价供应商"过程,也可以有多个输入数据流,如"计算总薪酬"过程。过程符号可以连接任何 DFD 符号,如过程"验证订单"和"组配订单"间的连接。

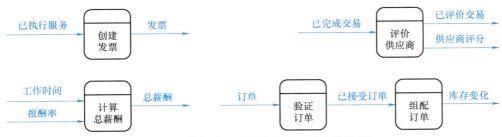

图 4-21 数据流和过程之间的正确连接示例

数据流和过程之间的连接应避免图 4-22 所示的 3 种情况:①自发生成过程(图 4-22a)。只有输出数据流,没有输入数据流,如"申请保险费"过程;②黑洞过程(图 4-22b)。有输入但不生成输出的过程,如"计算总薪酬"过程;③灰洞过程(图 4-22c)。至少具有一个输入和一个输出,但输入明显不足以生成所示的输出,如"评价供应商"过程,供应商评价是多准则决策过程,不能单看价格,还应考虑质量、交货表现等因素。

图 4-22 数据流和过程间的不正确连接示例

数据流可以从过程流向过程,从过程流向数据存储或从数据存储流向过程,从源流向过程或从过程流向接收点。也就是说,数据流至少有一端连接过程符号。数据流可以分割和组合,如图 4-23 所示。分割有两种情况:数据流内容不变,流向不同地方;将原数据流内容划分为多个不同的元素或子组。后一种情况下,分割后的每个分支都是全新的数据流,要赋予不同标识,图示上也要有一个明确的分割操作。组合是分割的逆操作,其组合规则和分割类似。

数据流的附加符号。星号(*)表示数据流之间是"与"关系(同时存在);加号(+)表示"或"关系;⊕号表示只能从中选一个(互斥的关系)。

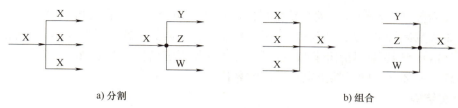

　　　　　a) 分割　　　　　　　　　　　　　　　b) 组合

图 4-23　数据流的分割与组合

（4）数据存储　　数据存储是软件系统需要在其内部收集、保存以供日后使用的数据集合。例如，电车平台记录车辆行驶数据，以方便后续的用户驾驶习惯分析、产品改进。如果说数据流是处于活动状态的数据，那么数据存储就是处于静止状态的数据。

DFD 中数据存储描述的内容应该就是组织希望储存的信息。它和实体关系图中的实体应该存在一定的对应关系，但二者的内容不一定完全相同。数据存储涵盖了数据库方式、文件方式和手工方式的存储；实体关系图中的实体仅限于数据库方式的存储。可以说，数据存储构成数据模型的起始点，是过程模型和数据模型的主要连接点。DFD 不显示数据存储的详细内容，特定结构和数据元素将在数据字典中定义。DFD 不关注数据存储的物理特性，以及存储数据的时间长度，而是关注逻辑模型和存储后访问数据的过程。

在 DFD 中，数据存储符号是一个在右侧开放并在左侧闭合的扁平矩形，数据存储名称出现在线之间，体现其包含的数据。数据存储的名称是由必要的名词和形容词构成的复数名称，例如"应收账款记录""每日付款记录"。如果是集合名称，则可以不用复数，如"工资表"表示一组员工及其薪水。另外，要给数据存储分配唯一的标识号。

数据存储应该至少有一个输入数据流和一个输出数据流，并通过数据流连接到过程符号，图 4-24 和图 4-25 分别展示了数据存储的正确和错误使用示例。

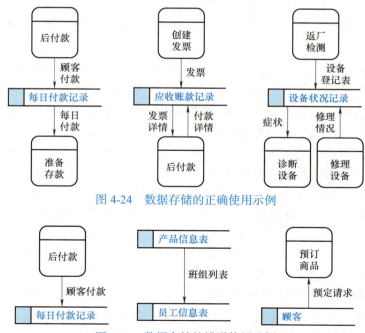

图 4-24　数据存储的正确使用示例

图 4-25　数据存储的错误使用示例

注意：当数据存储包含未被系统更新的固定数据源时，数据存储可以没有输入数据流，例如，企业智慧运行平台从供应商、营销合作伙伴获取数据，这就是单向的。当输入和输出数据流包含信息与数据存储相同时，可以不为数据流指定名称。如果数据流仅包含数据存储中完整信息的一部分，则必须指定数据流的名称。

3. 层次结构

（1）DFD 的类型　　人们利用过程具有不同抽象层次表述能力的特点，建立过程的功能分解结构，进而建立层次式的 DFD 描述。大部分过程模型都是由一系列 DFD 构成的。这些 DFD 可归为 3 类：上下文图、0 层图、N 层图（N>0）。图 4-26 为 DFD 的层次结构示意图。

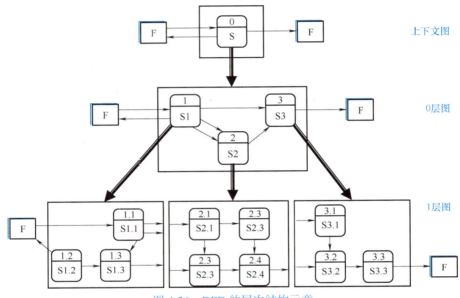

图 4-26　DFD 的层次结构示意

1）上下文图。上下文图也称环境图、顶层 DFD、关联图，用来说明系统的上下文环境、确定系统的边界。上下文图是 DFD 中最高层次的图，是系统功能的最高抽象。它将整个系统视为一个过程（如图 4-26 中的 S），实现系统的所有功能。这实际上是将系统看作黑箱，通过显示其与外界的所有交互，确定系统功能。

上下文图显示与系统交互的所有外部实体，并描述它们与系统之间的输入输出数据流。因此，它非常适合于描述系统的应用环境、定义系统的边界和范围。这是 DFD 中定义上下文图并将其置于最高层的原因。这个特性也使它常常脱离 DFD 的层次结构，独立用于描述系统的上下文环境和定义系统的边界。注意，上下文图中不能出现数据存储，因为它属于黑箱内部功能实现。

2）0 层图。0 层图是上下文图的下一层，可视为上下文图中单一过程的细节描述。它是对单一过程的第一次功能分解，概括了系统的所有功能。0 层图通常用作整个系统的功能概图。例如，图 4-26 中的 0 层图展示了过程 S 的 3 个子系统 1、2、3，以及这些子系统间的数据流。为了概述整个系统的功能，需要分析获取的需求信息，归纳出系统的主要功能，并将它们描述为几个高层次的抽象过程，在 0 层图中加以表述。有一些重要的数据存储也会在

0 层图中表述。但为了简洁、清晰和提高 DFD 的可理解性,0 层图中应避免包含过于详细的过程描述和具体的数据存储细节。需求工程师要根据系统的复杂度掌握 0 层图中过程的抽象程度。

3)N 层图。0 层图中的每个过程都可以进行分解,以展示更多的细节。被分解的过程称为父过程,分解后产生的揭示更多细节的 DFD 称为子图,对应地,父过程所在的 DFD 称为父图。

0 层图的过程被分解所产生的子图称为 1 层图,类似地,N 层图的过程被分解所产生的子图称为 $N+1$ 层图。通常,0 层图以下的子图上不显示外部实体。父过程的输入输出数据流称为子图的接口流,在子图中从空白区域引出。如果父过程连接到某个数据存储,则子图中它可以出现,也可以不出现。

(2)过程编号规则 DFD 中的过程编号规则:上下文图仅有一个过程,代表整个系统,通常编号为 0;0 层图的过程编号形式为"x",如图 4-26 中的子系统 1、2、3;1 层图的过程编号形式为"x.y",表示子系统 x 的第 y 个功能;2 层图的过程编号形式为"x.y.z",表示子系统 x 的第 y 个功能的第 z 个程序模块;更细致的分解,按类似形式编号。由编号规则可见,最右侧小数点后面的数字为过程序号,前面为该过程的分解层次路径,也就是说,子图中过程的编号需要以父过程的编号为前缀。

(3)分层与平衡技术 图 4-26 也可解读为 DFD 的绘制方法。它展示了绘制 DFD 的两种技术:分层和平衡。

1)分层,也称拆分、分割和分解,就是绘制一系列越来越详细的图,直至最终产生的 DFD 都是原始 DFD。原始 DFD 是指 DFD 中的所有过程都是原始过程。原始过程即功能原语,是由无法进一步分解的单个功能构成的过程。

2)在功能分解过程中,最重要的是要保证分解过程的平衡性。平衡性是保证功能分解不会导致需求内容出现偏差的方法,它要求数据流子图和其父过程在输入流、输出流上必须保持一致,从而保持一组 DFD 之间的一致性。DFD 的分解主要是对过程进行分解,如果需要对数据流进行分解,在父图和子图的平衡问题上就需要防止误判。此时需要借助数据流的描述,只有全面分析数据流所包含的数据项,才能得到正确的结论。

4. 绘制方法

数据流图依据"自外向内、自顶向下、由粗到细、逐步求精"的基本原则绘制。先确定系统的边界或范围,再考虑系统的内部;先画过程的输入和输出,再画过程的内部。具体的绘制步骤包括:创建上下文图;发现并建立 DFD 片段;组合 DFD 片段,产生 0 层图;对 0 层图的过程进行功能分解,产生 N 层图;验证所创建的 DFD 集,以保证其完整性和正确性。这些步骤往往需要不断反复,才能建立一个结构良好的数据流图。过程建模在此基础上还需要增加步骤:定义数据字典、建立过程描述。

1)创建上下文图。为了确定上下文图中的实体和数据流,首先需要审查系统需求,确定所有外部数据源和目标。同时,在这一过程中,确定实体、数据流的名称、内容和方向。

在需求获取阶段获得的业务需求,以及业务需求所决定的项目前景与范围,可以用来帮助建立系统的上下文图。

2)发现并建立 DFD 片段。0 层图是系统功能的概要描述。其一般建立过程为:首先从获取的用户需求中寻找和发现系统的功能要求,然后进行归纳和概括,然后在 0 层图中描述出来。然而，直接从用户需求中归纳和概括出 0 层图比较困难。可以先从用户需求中建立一些 DFD 片段，然后从这些 DFD 片段中归纳和概括出 0 层图。DFD 片段的建立方法主要有：基于事件响应的方法、基于用例转化的方法、信息工程方法中的功能分解图。

3）组合 DFD 片段，产生 0 层图。在建立了系统重要事件的 DFD 片段后，可以将这些 DFD 片段组合起来，集成到一个 DFD 中，就形成了系统的 0 层图。但是，多数时候这种组合和集成并不简单，需要反复进行过程的组合和分解，才能产生一个高质量的 0 层图。

0 层图质量判定准则：没有语法错误，遵守 DFD 绘制各项规则；具有良好的语义，过程的功能设置要高内聚、低耦合；保持数据一致性，过程的输入流要足以产生输出流，而且不存在输入数据的浪费；控制复杂度，不要一次在图中显示太多信息。

4）对 0 层图的过程进行功能分解，产生 N 层图。功能分解将单个复杂的过程变为多个更加具体、更加精确和更加细节化的过程。每次分解都会为一个复杂的父过程建立一个完整的数据流子图。在子图中会出现比父过程抽象层次更低的子过程，也可能会新出现一些配合子过程工作的新的数据流和数据存储。功能分解一定要注意子图与父过程的平衡性。

功能分解的停止条件是分解产生的子图满足下述任一情形：所有过程都已经被简化为一个选择、计算或数据库操作；所有数据存储都仅仅表示一个单独的数据实体；用户已经不关心比子图更加细节的内容，或者子图的描述已经详细得足以支持后续开发活动；每一个数据流都已经不需要进行更详细的切分，以展示对不同数据的不同处理方式；每一个业务表单、事务、计算机的屏幕显示和业务报表都已经被表示为一个单独的数据流；系统的每一个最低层菜单选项都能在子图中找到对应的独立过程表示。

5）验证所创建的 DFD 集。一组 DFD 创建完以后，需要进行 DFD 的复审或验证，以确保所创建 DFD 的正确性和有效性。DFD 验证主要包括以下几方面：

① 验证 DFD 语法。DFD 语言包括一组符号、命名规范和语法规则。语法验证的目的是保证所建立的一组 DFD 符合 DFD 语言规范，无语法错误。语法错误可以理解为系统分析员在创建 DFD 时所犯的文法错误。

② 验证 DFD 结构。首先要验证 DFD 层次结构之间的一致性，既包括分解的平衡性，也包括不同 DFD 之间元素实例使用的一致性，如命名是否一致、格式要求是否一致等。其次要验证 DFD 层次结构说明的完备性，如是否所有的过程都有更详细的说明（指子图或逻辑说明），是否所有的数据流和数据存储都有数据说明等。

③ 验证 DFD 语义。语义验证的目的是确保 DFD 所描述内容的正确性和准确性。语义错误可以理解为系统分析员在系统信息的收集、分析和报表等方面的误解。语义错误对系统开发影响巨大，也非常难以发现和修改，需要对业务过程有非常好的理解。这项工作通常要由用户在需求工程师的协助下完成，用户浏览 DFD，从中发现和需求不符或者理解上存在偏差的地方。

验证方法包括：用户验证，让用户对 DFD 模型进行走查，以检验其是否准确地反映了用户的意图及表述的清晰度。角色扮演，让用户在 DFD 过程中扮演与用例模型中同样的角色，按照 DFD 中的描述，推演过程执行；需要关注输入是否有效、是否产生预期输出。

此外，还要保证过程分解的一致性，即确保模型的最底层过程具有一致的细致程度，而不是追求所有过程达到相同的分解层次。

④ 其他问题。DFD 与程序流程图容易混淆，但二者存在显著差异。DFD 专注于数据

的流动路径，不应包含描述数据流出现条件的细节，也不表达分支条件或循环逻辑。在设计 DFD 时，应避免将程序流程图的设计思路带入，而应仅聚焦于数据的流向及其处理过程，不涉及具体的实现方法或控制逻辑。

根据问题的逻辑特性进行过程分解，不能硬性分割。在保证 DFD 清晰易懂前提下，尽量减少不必要的分解层次，以保持模型的简洁性和有效性。

在数据存储方面，子图中出现父图中没有的数据流、数据存储非常正常，它们属于父过程的内部，在父图中不可出现。一般，底层 DFD 需要画出所有数据存储，中间层 DFD 仅需展示过程之间的接口数据存储。

DFD 中的每个元素都具有唯一名称。每个过程都有唯一的名称和标识（ID）。

不要出现交叉线。一种方法是限制每层 DFD 中过程的数量，一般不要超过 9 个，否则太复杂。另一种方法是复制实体或数据存储，为避免混淆，在复制符号的名称或内部，用"*"等特殊符号做标记，也有做法是在符号的一个角上画 n–1 条短斜线，代表该符号出现了 n 次。

5. 示例

1）绘制上下文图。这是构建 DFD 的第一步。上下文图要绘制在一页内，在页面中心放置单个过程符号，表示整个信息系统，并标识为 0 过程。然后，将外部实体放置在过程的周边，并使用数据流将实体与中心过程连接。订单系统的上下文图示例如图 4-27 所示。

在图 4-27 中，"订单系统"过程位于图的中心，有五个实体围绕这一过程。实体"销售代表""银行"和"财务部"分别具有一个输入数据流，即"佣金""银行押金"和"现金收据条目"。"仓库"实体的输入数据流"拣选清单"包括订购的商品，以及从仓库中选择的数量、位置和顺序等内容，输出数据流是"已完成订单"。实体"顾客"有两个输出数据流"订单"和"付款"，两个输入数据流"拒绝订单通知"和"发票"。

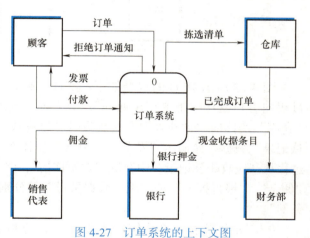

图 4-27　订单系统的上下文图

2）绘制 0 层图。上下文图是信息系统的顶级视图，其中的过程是黑箱。为了显示黑箱内部的细节，需要创建 0 层图。0 层图是对构成整体系统的全部组件之间接口的概览，它放大了系统，并显示其主要的内部过程、数据流和数据存储。将上下文图展开为 0 层图时，必须保留流入和流出 0 过程的所有连接，即要重复上下文图中的实体和数据流。

图 4-28 为订单系统的 0 层图，展示了订单系统上下文图中 0 过程的扩展。具体包括：3 个过程"填写订单""创建发票"和"申请付款"，编号分别为 1、2 和 3；一个数据存储"应收账款记录"，编号为 D1；两个额外的数据流"发票详情"和"付款详情"；一个分散数据流"发票"。

注意：过程编号不是过程执行顺序，每个过程都处于可用、活跃状态，等待要处理的数据；如果过程需要按特定顺序执行，应在过程描述中说明。分散数据流是指同一数据传输到两个或多个不同位置的数据流。

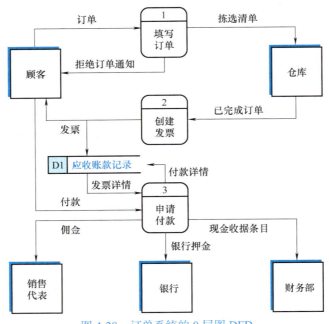

图 4-28　订单系统的 0 层图 DFD

图 4-28 所示 DFD 的解释如下：实体"顾客"提交订单，根据过程逻辑，"填写订单"过程向客户发送"拒绝订单通知"，或者向"仓库"实体发送"拣选清单"；完成出货后，"仓库"实体向"创建发票"过程发送"已完成订单"，此过程向"顾客"实体和"应收账款记录"数据存储输出"发票"；"顾客"实体在"申请付款"过程支持下发起"付款"，该过程从"应收账款记录"中获取"发票详情"，将"付款详情"输回"应收账款记录"，并将"佣金""银行押金"和"现金收据条目"等分别反馈给实体"销售代表""银行"和"财务部"。

0 层图说明了订单系统的基本要求，应检查每个单独过程的详细描述以了解更多信息。

3) **绘制较低层级图**。使用分层和平衡技术创建较低层级的 DFD。

① 分层技术示例。图 4-29 是 0 层图中"填写订单"过程的分解子图，展示了该过程的详细内容。此 1 层图包括"验证订单""准备拒绝通知"和"组配订单"三个过程。

相比 0 层图，1 层图中新出现两个数据存储"顾客表"和"产品表"。它们位于父过程"填写订单"内部，所以 0 层图中未显示。而在 1 层图中，遵循 DFD 绘制规则"仅当两个或多个过程使用数据存储时，才显示该数据存储"，显示了这两个数据存储。为了简化 DFD，子图中经常不再显示实体，丢失的符号可以在其父图中寻找。例如，图 4-29 中的"顾客"和"仓库"实体可去掉。

② **平衡技术示例**。图 4-30 为图 4-28 中"申请付款"过程的 1 层图，图中虚线阴影部分为该过程展开后的内部细节。图 4-28 所示的 0 层图和图 4-30 所示的 1 层图是平衡的，这

是因为子图与父过程"申请付款"具有相同的输入和输出数据流。检查图 4-28 中的父过程"申请付款",它具有一个来自实体"顾客"的输入数据流"付款",三个输出数据流"佣金""银行押金"和"现金收据条目",它们分别流向实体"销售代表""银行"和"财务部"。检查图 4-30,忽略其内部数据流,查看来自外部实体并流向外部实体的数据流,可以看出,4 个过程具有与父过程相同的一个输入和三个输出数据流。类似地,图 4-27 和图 4-28 具有相同的输入和输出数据流,它们也是平衡的。

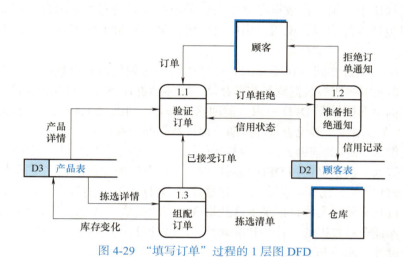

图 4-29 "填写订单"过程的 1 层图 DFD

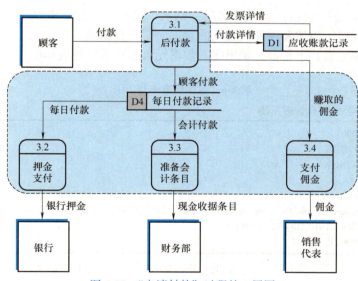

图 4-30 "申请付款"过程的 1 层图

4.3.3 数据字典

数据流图描述了系统的组成部分、各部分之间的联系、数据流向和数据处理等情况,但它本身并不直接阐述各个组成成分的具体含义或详细功能。只有当 DFD 中出现的每个成分都有明确定义后，才能完整、准确地描述一个系统。

数据字典是对 DFD 上所有成分做进一步定义和描述的工具。同时，它也是系统数据的中央信息存储库。分析师使用它来收集、记录并组织关于系统的具体实情，包括数据流、数据存储、实体和过程。此外，数据字典还定义并描述全部数据元素以及数据元素的有意义组合。数据元素也称为数据项或字段，是信息系统内具有含义的最小数据片段。它不可再细分，直接反映事物的某一特征。将数据元素组合得到记录，也称为数据结构。记录是包含在数据流中或保留在数据存储中的相关数据元素的有意义组合。例如，汽车零件库存记录可能包括零件编号、说明、供应商代码、最小和最大库存水平、成本和定价等数据元素。

数据字典中的项目之间存在明显的关系。数据存储和数据流以数据结构为基础，而数据结构又由数据元素构成。数据流与数据存储、实体和过程连接。准确记录这些关系十分重要，这使得数据字典能够与 DFD 一致。借助这些关系，可实现关联查询。数据字典在编写时要按照 DFD 逐层编写，避免重复和遗漏，保持数据的一致性。

数据字典作为 DFD 的辅助文档，为其提供了详尽的注解作用，进一步阐明了 DFD 中各个组件的具体信息。数据字典和 DFD 共同构成了系统逻辑模型的准确完整描述。具体而言，数据字典是 DFD 中各类元素的信息库。它描述了 DFD 中所有的数据元素、数据流、数据存储、记录、过程和外部实体，记录了这些组件之间的关系。这样的设计不仅便于查询和检查，还有利于保证全局数据的一致性和准确性。后续的设计、实现、维护阶段，都需要参考数据字典进行设计、修改和查询。

1. 数据元素

数据元素的描述属性包括编号、名称、别名、类型、长度、默认值、取值/含义、来源、安全、负责用户、描述和注释、有关的数据元素或数据结构、有关的处理逻辑。在实际编写过程中，这些元素并不是都必须出现。数据元素卡片示例见表 4-6。

表 4-6 数据元素卡片示例

系统名称：汽车配件公司库存管理系统

数据元素编号：DI0001
数据元素名称：配件编码
简述：标识系统中的配件
别名：PJBM
长度：12　类型：char
取值/含义：aabbccddeeee，aa-大类，bb-中类，cc-小类，dd-规格型号，eeee-流水号
有关的数据元素或数据结构：DI0003，DS0005
有关的处理逻辑：P0003，P0007

编写：李司　　　　日期：2024-05-01　　　　审核：章良　　日期：2024-05-03

2. 数据结构

数据结构（或称记录）由一系列共同存储并处理的相关数据元素构成，是数据流和数据存储的组成成分。数据存储的描述属性包括编号、名称、别名、描述和注释、组成、有关的数据流或数据结构、有关的处理逻辑等。数据结构卡片示例见表 4-7。

表 4-7　数据结构卡片示例

系统名称：汽车配件公司库存管理系统

数据结构编号：DS0001
数据结构名称：配件基本信息
简述：描述配件固有的属性
别名：PJJBXX
组成：DI0001+DI00002-配件名称（char/20）+DI0003-规格型号（char/30）+DI0004-单位（char/4）
有关的数据流或数据结构：DF0003，DS0005
有关的处理逻辑：P0002，P0005

编写：李司	日期：2024-05-01	审核：章良	日期：2024-05-03

3. 数据流

数据流由一个或一组固定的数据项组成。每个数据流都代表一个由相关数据项组成的记录。在大多数数据字典中，记录与数据流、数据存储分开定义，一旦定义了记录，多个数据流或数据存储在必要时就可使用同一记录。数据流的常见属性有编号、名称或标签、描述和注释、别名、来源（信源）、目的地（信宿）、组成、数量与频率（流量）、高峰流量和时段等。数据流卡片示例见表 4-8。

表 4-8　数据流卡片示例

系统名称：汽车配件公司库存管理系统

数据流编号：DF0001
数据流名称：订货单
简述：描述顾客订货单信息
别名：DHDSJL
数据流信源：E0001（顾客）
数据流信宿：P0001（编辑订货单）
数据流组成：DS0001+订货数量（N/12.4）+价格（N/10.2）+订货日期（Date）
数据流量：1000 张/天
高峰期及流量：9：30—11：00/400 张，15：00—16：30/400 张

编写：李司	日期：2024-05-01	审核：章良	日期：2024-05-03

4. 数据存储

数据存储是保存数据的地方、数据结构（记录）的存储场所。数据字典中只描述数据的逻辑存储结构，不涉及物理组织。数据存储的常见属性有：编号、名称或标签、别名、描述、存储名称、组成、关键字、长度、数量、容量、关联过程等。数据存储卡片示例见表 4-9。注意，数据存储的存取方式多样，包括顺序、直接、关键码（或关键字）等。而在当前主流的数据库存储中，主要采用基于关键字的存取方式来高效管理和检索数据。

5. 过程

在数据字典中，对 DFD 中的每个过程给出其基本描述。对于功能原语来说，不仅需要给出过程描述，还需要单独给出过程中的处理步骤和业务逻辑。常见的过程属性包括编号、名称或标签、过程号（层次号）、描述和注释、输入、输出、处理、有关的数据存储等，过程卡片示例见表 4-10。

表 4-9　数据存储卡片示例

系统名称：汽车配件公司库存管理系统

数据存储编号：DB 0003
数据存储名称：配件库存表
简述：描述配件库存位置和数量
别名：PJKCB
组成：DS0001+库存数量（N/12.4）+库存位置（C/20）
关键字（主/辅）：DI0001/库存位置
记录长度：98B　　　　　记录数：60000 条　　　　　容量：5880KB
关联过程：P0001

编写：李司　　　　日期：2024-05-01　　　　审核：章良　　　　日期：2024-05-03

表 4-10　过程卡片示例

系统名称：汽车配件公司库存管理系统

过程编号：P0001
过程名称：确定顾客订货
层次号：1.3
简述：依据顾客信誉和配件库存确定是否允许顾客订货
输入数据流：DF0001（合格的订货单），DF0002（配件库存）
输出数据流：DF0005，DF0006
处理：依据顾客信誉和配件库存产生可发的订货或不满足的订货
有关的数据存储：DB0001、DB0002、DB0003

编写：李司　　　　日期：2024-05-01　　　　审核：章良　　　　日期：2024-05-03

6. 外部实体

在数据字典中，描述与系统交互的全部外部实体。实体常见的属性包括编号、名称、描述和注释、别名、输入、输出、数量等。外部实体卡片示例见表 4-11。

表 4-11　外部实体卡片示例

系统名称：汽车配件公司库存管理系统

外部实体编号：E0001
外部实体名称：顾客
简述：汽车用户或修配厂
输入数据流：DF0008（发货单）
输出数据流：DF0001（订货单）
数量：7000/年

编写：李司　　　　日期：2024-05-01　　　　审核：章良　　　　日期：2024-05-03

4.3.4　过程描述

在完整的 DFD 层次结构中，复杂过程的细节可以逐层用低层次的 DFD 子图来解释，但到达最底层的功能原语时，DFD 则无法进一步展示其内部细节。数据字典为 DFD 中所有过程提供了一般性描述，但这种描述是高度概括的，不能展示过程的全部细节。因此，为了完整描述系统功能，需要为这些功能原语建立过程描述，记录其细节，并表示一组特定的处理步骤和业务逻辑。常见的过程描述工具包括结构化语言、决策表和决策树。它们也可以用来描述面向对象分析中的方法。

1. 结构化语言

结构化语言又称结构化英语、过程描述语言，是自然语言的一个受限子集，能够准确清晰地描述逻辑过程。"验证订单"过程的结构化语言描述如图 4-31 所示。

```
Input data flows: ORDER, CREDIT STATUS, PRODUCT DETAIL
Output data flows: REJECTED ORDER, ACCEPTED ORDER
For each ORDER
    If  CREDIT STATUS =Y and PRODUCT DETAIL = OK
        Then  Output ACCEPTED ORDER
    Else
        Output  REJECTED ORDER
    EndIf
EndFor
```

图 4-31 "验证订单"过程的结构化语言描述

结构化语言是一种介于自然语言和形式语言之间的半形式语言。图 4-32 展示了结构化语言与自然语言、伪码、程序语言之间的对比。

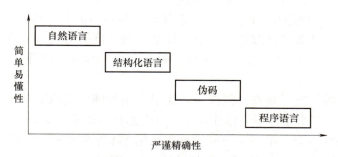

图 4-32 结构化语言与自然语言、伪码、程序语言之间的对比

结构化语言没有固定严格的语法和语义，使用时需要注意：只使用顺序、选择和迭代三种构建块，它们可以相互嵌套；使用有限的词汇，包括数据字典中使用的标准术语、描述控制结构关键字，以及描述处理规则的特定词汇、运算符、关系符；尽量使用简短语句描述处理；只使用动词和名词，避免使用容易产生歧义的形容词和副词，动词含义要具体；使用缩进以提高可读性。结构化语言使用的控制结构关键词包括 IF_THEN_ELSE_ENDIF、FOR_ENDFOR、DO_WHILE、REPEAT_UNTIL、SELECT_CASE_ENDSELECT 等。实际应用中，除了控制结构关键词之外，其他部分可以使用中文。

结构化语言非常适合描述带有一系列处理步骤和相对简单控制逻辑的处理。但它不适合描述具有复杂决策逻辑的过程，以及没有或很少有顺序处理的过程。

2. 决策表

决策表是显示每一种条件和结果的组合的逻辑结构，是一种决策逻辑的表示方法。它比结构化语言更适用于描述复杂决策逻辑，即具有多个互相联系的条件和可能产生多种结果的问题。分析师经常使用决策表来描述过程,并确保在描述过程中全面考虑了所有可能的情况。

"验证订单"过程的决策表见表 4-12,对应的是"验证订单"过程(图 4-31)。此过程有两个条件:产品有库存和客户信用状态良好。如果两个条件都满足,则接受订单,否则拒绝订单。

表 4-12 "验证订单"过程的决策表

"验证订单"过程

	1	2	3	4
客户信用状况良好	Y	Y	N	N
产品有库存	Y	N	Y	N
接受订单	X			
拒绝订单		X	X	X

决策表创建说明:在表的左上角标注过程名称;在其下面列出所有条件,每个条件占一行;在条件下面列出所有行动或决策,每个行动或决策占一行。然后,在表的右侧列出所有条件组合,每种组合占一列,填入 Y 或 N,在每种条件组合对应的行动上输入 X。这样,每列就代表了一个规则。注意,每个条件只有两种可能性,即是(Y)或不是(N),多于 2 种可能性的条件需要被改造。每个条件都有两个可能的值,每添加一个条件,规则的数量都将加倍。一个条件创建 2 个规则,两个条件创建 4 个规则,三个条件创建 8 个规则。

(1)三个条件的情况 现在,假设企业决定信用经理可以免除对客户的信用要求,这就出现了三个条件,三个条件下"验证订单"过程的初始决策表见表 4-13。创建决策表时,为防止遗漏一些条件组合,第一个条件的状态采用 Y-Y-Y-Y-N-N-N-N 模式,第二个条件采用重复的 Y-Y-N-N 模式,第三个条件采用重复的 Y-N 模式。

表 4-13 三个条件下"验证订单"过程的初始决策表

"验证订单"过程

	1	2	3	4	5	6	7	8
客户信用状况良好	Y	Y	Y	Y	N	N	N	N
产品有库存	Y	Y	N	N	Y	Y	N	N
信用经理免除对客户的信用要求	Y	N	Y	N	Y	N	Y	N
接受订单	X	X			X			
拒绝订单			X	X		X	X	X

在多条件表中,一些规则可能是重复、冗余或不现实的,需要简化表格。操作步骤为:

研究条件和结果的每种组合，找出不影响结果的条件，并用短横线"—"标记，然后合并规则并重新编号。

从表 4-13 可以看出，规则 1 和 2 中，客户信用状态都是良好的，信用经理免除对客户的信用要求并不重要，即条件 3 不影响结果；规则 3、4、7 和 8 中，产品没库存，此时其他条件都不重要，即条件 1 和条件 3 不影响结果。用短横线标记这些不影响结果的条件，得到表 4-14。

表 4-14 三个条件下"验证订单"过程的决策表（标记后）

"验证订单"过程

	1	2	3	4	5	6	7	8
客户信用状况良好	Y	Y	—	—	N	N	—	—
产品有库存	Y	Y	N	N	Y	Y	N	N
信用经理免除对客户的信用要求	—	—	—	—	Y	N		
接受订单	X	X			X			
拒绝订单			X	X		X	X	X

从表 4-14 可以看出，规则 1 和 2 可合并，规则 3、4、7 和 8 也可以合并，最终仅有 4 个逻辑规则控制"验证订单"过程，结果见表 4-15。

表 4-15 三个条件下"验证订单"过程的最终决策表

"验证订单"过程

	1 （规则 1 和 2 合并）	2 （原规则 5）	3 （原规则 6）	4 （规则 3、4、7、8 合并）
客户信用状况良好	Y	N	N	—
产品有库存	Y	Y	Y	N
信用经理免除对客户的信用要求	—	Y	N	—
接受订单	X	X		
拒绝订单			X	X

（2）多重结果　除了多个条件外，决策表中也可能出现多重结果，即同一规则可能有两个以上结果。例如"促销政策"业务过程其文字描述为：优先客户订单不少于 1000 元，可享受 5% 折扣，如果使用公司的收费卡，可再享受额外 5% 折扣；优先客户订单少于 1000 元，可获得 25 元优惠券；其他客户能获得 5 元优惠券。该过程的初始决策表见表 4-16。

表 4-16 "促销政策"过程的初始决策表

"促销政策"过程

	1	2	3	4	5	6	7	8
优先客户	Y	Y	Y	Y	N	N	N	N
订单不少于 1000 元	Y	Y	N	N	Y	Y	N	N
使用公司的收费卡	Y	N	Y	N	Y	N	Y	N
5% 折扣	X	X						
额外 5% 折扣	X							
25 元优惠券			X	X				
5 元优惠券					X	X	X	X

从表 4-16 可以看出，规则 1，满足所有三个条件，享受两个 5% 的折扣；规则 2，优先客户订单不少于 1000 元，但未使用公司的收费卡，只享受一个 5% 的折扣；规则 3 和 4 可以合成一个规则，优先客户订单少于 1000 元，是否使用公司的收费卡已不重要，只能获得 25 元优惠券；规则 5、6、7 和 8 也可以合成一条规则，非优先客户只能获得 5 元的优惠券，其他条件根本不重要。对不相干条件，插入横线，得到表 4-17。

表 4-17 "促销政策"过程的最终决策表

"促销政策"过程

	1	2	3	4	5	6	7	8
优先客户	Y	Y	Y	Y	N	N	N	N
订单不少于 1000 元	Y	Y	N	N	—	—	—	—
使用公司的收费卡	Y	N	—	—	—	—	—	—
5% 折扣	X	X						
额外 5% 折扣	X							
25 元优惠券			X	X				
5 元优惠券					X	X	X	X

合并简化后，只有四条规则：规则 1、规则 2、规则 3（初始规则 3 和 4 的组合）和规则 4（初始规则 5、6、7 和 8 的组合）。

决策表列举所有可能情况和结果，不容易发生错误和遗漏，能够保证决策分析的完备性。此外，它也易于构造和理解，并使得基于其开发代码变得相对简单。因此，决策表通常是描述一系列复杂条件的理想工具。然而，使用决策表描述循环较为困难。为此，在实际应用中，决策者有时会选择将决策表与结构化语言相结合，以更好地应对复杂情况。

3. 决策树

决策树是决策表中条件、结果和规则的图形表示。决策树以类似于树的形式水平显示逻辑结构，树的根部在左侧，分支在右侧。决策树是决策表的变形，它们以不同方式提供相同结果。但是在许多时候，图形更直观，更易于理解和使用，也是最有效的沟通方式。因此，决策树更容易被用户接受，是将系统展示给管理层的有效方式。选择使用决策表还是决策树通常取决于个人偏好，但一般而言，决策表在处理复杂条件组合方面可能更具优势；而决策树，则因其直观性，常被视为描述相对简单过程的有效方式。图 4-33 为表 4-17 所示决策表的决策树形式。

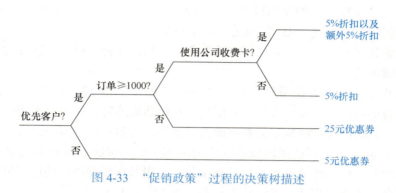

图 4-33 "促销政策"过程的决策树描述

4.4 数据建模技术

过程建模以数据转换的过程为核心，通过功能分解，建立系统的层次过程模型，同时描述了系统的行为和数据，如微规格说明、数据字典等。过程模型侧重数据在系统中的传递和处理，缺乏对数据的定义、结构和关系等特性的描述。为了弥补过程模型在数据描述方面的不足，需要开展数据建模。本节讲解数据库系统设计的三种数据模型，以及基于实体关系图的数据建模技术。

4.4.1 数据建模概述

数据建模技术就是描述数据的定义、结构和关系等特性的技术。数据模型是问题域和解系统共享的知识集合，通常能够反映企业业务的核心知识。数据模型展示了问题域和解系统共享的事物，并给出了对它们的描述，以及它们之间的关系。

数据模型的核心内容是问题域和解系统所共享的知识模型，它服务于不同层次的目的和需求，包括概念、逻辑和物理三种数据模型。这三种数据模型也分别对应了设计和实现数据库系统的三个主要阶段。

1. 概念数据模型

概念数据模型是以问题域的语言解释数据模型，反映了用户对共享事物的描述和看法，由一系列应用领域的概念组成。概念数据模型显示系统中存在的业务对象以及它们之间的关系。它代表了最高级别的抽象，专注于理解业务需求和概念，而不考虑实现细节。概念数据模型在概念级别描述实体及它们之间的关系，例如销售数据库中的客户和产品，以及它们之间关系，如图 4-34 所示。它通常使用实体关系图（Entity Relationship Diagram，ERD）或类似的图形工具进行描绘。

概念 ERD 是数据库的最高级别视图，用于描述数据库的整体结构和实体之间的关系，但不包括属性等详细信息。概念 ERD 独立于任何特定的数据库管理系统（DBMS）或技术实现，它提供了整个数据库系统（DBS）的全局视图，无须深入技术细节。这一特性使得概念 ERD 特别适合大型系统，并有助于与初始数据库设计，以及与可能不具备技术知识的利益相关者进行沟通。

图 4-34　概念数据模型示例

2. 逻辑数据模型

逻辑数据模型将概念数据模型转换为更详细、更结构化的表示形式。这包括实体、属性、关系等内容的添加，以及中立语言的使用。在模型描述时，应倾向于使用用户易于理解的概念和词汇，同时确保这些描述能够准确无误地转化为解系统所需的语言表达方式。逻辑数据模型比概念数据模型更精确地捕获数据需求和关系，解决了从概念数据模型到物理数据模型转换的困难，但仍然独立于物理实现细节。逻辑数据模型通常使用逻辑 ERD 或 UML 类图以及规范化技术进行描述。逻辑数据模型示例如图 4-35 所示。

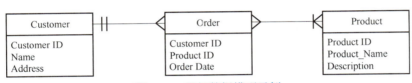

图 4-35　逻辑数据模型示例

逻辑 ERD 是一个关系图，可用于改进数据库设计以及与需要更详细信息的技术利益相关者进行沟通。

3. 物理数据模型

物理数据模型将逻辑数据模型转换为可直接在 DBMS 中实现的架构，是最详细的数据模型。它定义了一组表和列以及它们之间的关系，指定了数据类型、主键、外键，以及索引、分区和存储分配等实现详细信息。物理数据模型示例如图 4-36 所示。

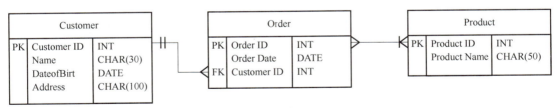

图 4-36　物理数据模型示例

物理数据模型采用解系统语言描述数据模型的实现形式，通常使用特定于所选 DBMS 的数据定义语言（Data Definition Language，DDL）脚本或数据库架构图表示。物理 ERD 对于数据库实现以及与管理员和开发人员的沟通非常有用。

4. 数据模型比较

概念、逻辑和物理三种数据模型代表不同抽象级别，它们之间的比较见表 4-18。

表 4-18 三种数据模型比较

特征	概念 ERD	逻辑 ERD	规范化的逻辑 ERD	物理 ERD
实体	√	√	√	√
关系	√	√	√	√
属性		√	√	√
属性类型			√	√
主键			√	√
系统生命周期	规划	分析	设计	实现、维护
描述语言	问题域语言	中立语言	解系统语言	特定 DBMS 的数据定义语言

综上所述，ERD 描述了系统的数据，过程模型描述了系统的行为，那么二者如何协同呢？功能实体矩阵是实现数据模型和过程模型协同的技术之一。

4.4.2 实体关系图

实体关系图（ERD）是数据建模、关系数据库设计和系统分析中使用的重要工具，它直观地表示了真实世界的实体及其相互关系。通过 ERD，可以系统地分析数据需求，从而生成设计良好的数据库。在着手实现数据库之前，创建 ERD 被认为是一种最佳实践。

ERD 使用实体、属性和关系 3 个基本的构建单位来描述数据模型，是系统中不同实体及其属性，以及实体之间关系的可视化表示。ERD 是一种关系图，可直观展示系统或数据库中实体之间的关系，即不同实体是如何相互关联的。

1. E-R 图表示法

陈品山（Peter Chen）在 20 世纪 70 年代开发了用于数据库设计的 E-R 建模方法。1976 年，他发表了开创性的论文"实体关系模型：迈向统一的数据视图"。后来，Charles Bachman、A.P.G.Brown、James Martin 等开展了改进工作，提出了各自的 ERD 表示法。目前业界依然没有标准的表示法，这里给出陈氏表示法（表 4-19）、乌鸦脚表示法（表 4-20）。

表 4-19 陈氏表示法

元素	符号
实体	实体　弱实体　关联实体
属性	属性　主属性　派生属性　多值属性　复合属性
关系	关系　弱关系　强制关系　可选关系

(续)

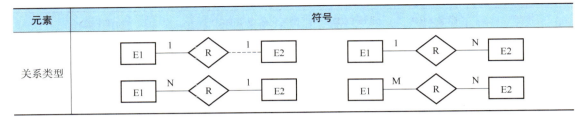

表 4-20 乌鸦脚表示法

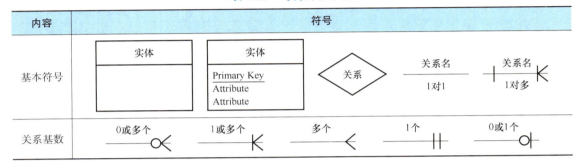

2. E-R 图的组件

E-R 图由实体、属性、关系 3 个基本组件构成。

（1）实体　实体是需要在系统中收集和存储的真实世界对象、概念或事物，用于在数据库中存储数据。它可以是人员、对象、角色、事件、组织单位、地点和概念等，例如，员工、汽车、系统管理员、下单、采购部、收货地址和账户等。实体是表示重要数据的对象或概念，通常用名词命名。

1）实体键。实体键用于唯一标识实体的属性或属性组合。主要类型有：简单键，单个属性用作主键；复合键，两个或多个属性的组合用作主键；替代键，人为生成的标识符（如自动递增的整数）用作主键。当不存在合适的简单键和复合键或担心它们的稳定性或大小时，使用替代键。

2）实体类型。强实体也称为常规实体，具有标识符（主键），不依赖任何其他实体即可存在，例如客户。弱实体是依赖强实体而生存的实体，没有自己的主键属性，需要使用另一个实体的外键与其自身属性组合来形成主键。例如，订单项可能是一个弱实体，它依赖订单而存在。关联实体是典型的弱实体，用于表示实体之间的关系，它们除了包括链接关联实体的外键，通常还包含属性。例如客户订货，需要客户标识、商品标识，还需要订货时间、订货状态等属性。注意，弱实体不一定都是关联实体，例如，房间是弱实体，它依赖具体建筑，但不是关联实体。图 4-37 为实体类型示例。注意，图 4-37 中关联实体可以直接用关系符号代替。

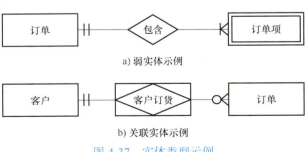

图 4-37　实体类型示例

（2）属性　属性是实体的特征或属性，用于描述实体的详细信息。例如，"客户"实体的属性可能包括"客户 ID"、"姓名"和"电子邮件地址"等。每个属性都有一个名称，作为标识。在物理 E-R 图中，每个属性还有以下特性：数据类型，如文本、数字、日期等；约束，定义其可以包含的值的规则或条件，如唯一性或必需性；域，所有可能值的集合；可空性，允许 null 值，即对实体的某些实例，可以不赋值。

属性分为简单属性、复合属性、派生属性以及多值或单值属性。

简单属性：无法划分为子部分的属性，即属性值是原子值，不能进一步划分，例如电话号码。

复合属性：可以划分为更小的子部分的属性，每个子部分代表一个不同的属性。例如，地址由街道、城市、邮政编码组成。

派生属性：从其他属性计算得出的，或者以其他方式派生自其他属性，例如，可以从一个人的出生日期计算出他的年龄。物理数据库中没有这类属性。

多值或单值属性：可以同时具有多个值的属性即多值属性。例如，一个人的爱好、电话号码或电子邮件视为多值属性，因为一个人可以有多个爱好、电话号码、电子邮箱。对应地，单值属性是一次只有一个值的属性，例如一个人的性别或出生日期。属性类型与符号示例如图 4-38 所示。主属性标识一个实体，既可能是单个属性，也可能是多个属性的组合。

图 4-38　属性类型与符号示例

（3）关系　关系定义了两个实体或多个实体之间的关联方式。关系记录实体间的交互，通常用动词或动词短语命名，表示描述实体之间关联的性质。例如，智能网联汽车的线上注册，汽车与平台间的关系就是"注册"。关系是关联实体，可以具有属性，见前文提到的"客户订货"。关系既可以是单向的，也可以是双向的，指示实体之间关联的流动或方向。在物理数据模型中，关系是数据库中两个或多个实体之间的连接或关联。例如，客户订货关联了客户和订单。

关系的约束是指关系对于实体是必需的还是可选的，体现为强关系或弱关系。当一种实体的存在完全依赖于另一种实体的存在时，它们之间就形成了强关系。如图 4-37 中的"订单"与"订单项"之间的关系，订单项不能脱离订单而独立存在。当两种实体之间没有直接且紧密的联系，或者它们之间的联系在数据模型或业务逻辑中被视为不那么重要时，它们之间就形成了一种弱关系。在这种情况下，这种关系是可选的，也就是说，可能存在不需要实体之间关系的情况，实体可以彼此独立存在。例如，在定制化生产中，产品具有必选零配件和可选零配件，可选零配件用于个性化定制。产品和可选零配件之间的关系就是弱关系，如图 4-39 所示。

图 4-39 弱关系示例

关系的度数是指参与关系的实体数。关系可以是一元关系（涉及单个实体）、二元关系（涉及两个实体）、三元关系（涉及三个实体）等。一元关系就是递归关系，是指实体通过关系与自身相关，可用来表示分层结构或自引用关联。关系的度数的示例如图 4-40 所示。

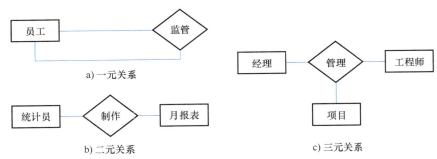

图 4-40 关系的度数的示例

关系的基数指定关系中相关实体的实例数。基数定义了关系中相关实体的最小和最大出现次数。基数可被理解为：关系的其他实体给定时，此实体参与该关系的实例数量。例如，在企业电子邮件系统中，一个账户可以有多个联系人。在"拥有"关系中，对于给定的联系人实例，账户实体有且只能有一个实例参与，这是因为没有具体账户实例建立联系人，就不存在联系人实例。而且，一个联系人实例只能被一个账户实例拥有。因此，"拥有"关系中，账户实体的最大、最小基数都是 1。对于给定的账户实例，可能没有建立联系人，也可能建立多个联系人。因此，"拥有"关系中，联系人实体的最大、最小基数分别为 N 和 0。关系的基数示例如图 4-41 所示。

基数值通常为 0、1 或 N，可以用数字或符号表示，图 4-41 中采用了数字表示。采用符号表示时，若实体在关系中的最小基数为 0，则采用"可选"标记符号；若为 1，则采用"强制"标记符号。

图 4-41 关系的基数示例

关系的类型包括一对一、一对多、多对一和多对多关系，如图 4-42 所示。一对一（1:1）：一个实体的每个实例都与另一个实体的一个实例相关联。一对多（1:N）：一个实体的每个实例都与另一个实体的多个实例相关联，但另一个实体的每个实例仅与第一个实体的一个实例相关联。多对一（N:1）：一个实体的多个实例与另一个实体的一个实例相关联。多对多（M:N）：一个实体的多个实例与另一个实体的多个实例相关联，反之亦然。此外，还有子类型关系。

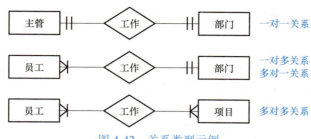

图 4-42 关系类型示例

在图 4-42 中，一对一关系表示一个主管只能管理一个部门，一个部门只能被一个主管领导。一对多关系表示一个部门可以有多个员工，一个员工只能在一个部门工作。一对多关系反过来即多对一关系。多对多关系表示一个员工可以在多个项目工作，一个项目可以有多个员工。

3. E-R 图的创建过程

在创建 ERD 前，需要先定义要分析或建模的内容的目的和范围，并收集当前系统或数据库的所有必要信息。ERD 创建步骤如下：①识别实体，确定系统中涉及的主要实体，它们是具有要存储数据的对象或概念。②识别关系，关系定义实体之间的连接或关联方式，要考虑关系的基数、类型、约束。③添加属性，识别属性及其特性，确定属性类型、主键，然后，将属性添加到相应的已标识实体；注意，如果不易确定主键，可以创建一个；一个属性只与一个实体配对，对属于多个实体的属性，可通过添加修饰符使其唯一。④优化 ERD，以提高清晰度和可读性，以逻辑和直观的方式组织实体和关系，将相关实体组合在一起，并以反映其联系的方式排列它们。

下面以客户线上购买汽车配件为例，分别按陈氏表示法、乌鸦脚表示法演示 ERD 创建过程。客户在某汽车企业智能互联汽车平台购买原装配件，如摄像头、车灯等。客户可能会采购一种或多种汽车配件。每次交易至少需要采购一种配件，否则未产生交易。

1）识别实体。示例涉及的实体包括 Customer（客户）、Order（订单）、Product（产品），如图 4-43 所示。

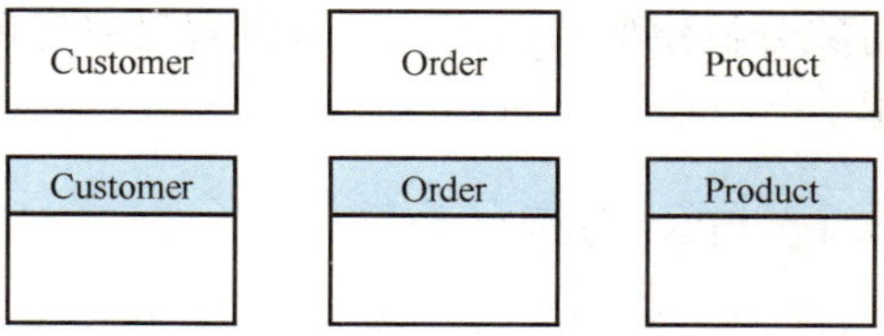

图 4-43 识别的实体

2）识别关系。示例中有两种关系，即 Place（客户下单）、Has（订单包含产品），如图 4-44 所示。

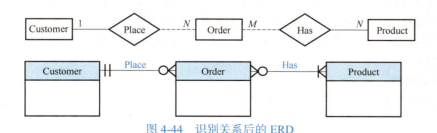

图 4-44 识别关系后的 ERD

3）添加属性。为图 4-44 加上属性，标记主键后，得到图 4-45。本示例简单，这就是最终 ERD，无须再优化。

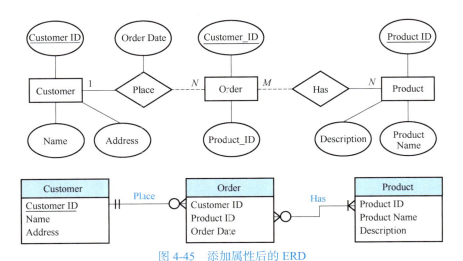

图 4-45 添加属性后的 ERD

4.5 对象建模技术

面向对象分析是另一种观察系统需求并建立系统逻辑模型的方法。本节将首先讲解面向对象分析模型与过程，然后讲解对象建模方法，并结合示例介绍类图、对象图等静态建模技术。

4.5.1 面向对象分析

面向对象分析（Object Oriented Analysis，OOA）是通过运用面向对象分析方法，对问题域和系统责任进行深入理解与分解，旨在正确识别其中的事物及它们之间的关系。此过程涉及识别并定义描述问题域及系统责任所需的类和对象，包括它们的属性、服务，以及这些类和对象之间形成的结构、静态联系和动态行为。

OOA 是识别问题域、系统责任、提取系统需求的过程，通过理解、表达、验证等活动，抽取和整理用户需求并建立问题域模型。OOA 的目的是构建一个既符合用户需求，又能直接且准确反映问题域和系统责任的 OOA 模型及其详细说明。这些结果将作为确认测试和质量评估的依据。

1. OOA 模型

OOA 模型包括需求模型、基本模型、辅助模型和模型规格说明，如图 4-46 所示。

需求模型也称用例模型，描述系统的用户交互和功能，可作为客户和开发人员的契约。用例分析要求识别需求描述中的参与者、用例和用例之间关系。用例描述给出用例的上下文、事件流、非功能需求、前置条件、后置条件等内容。用例模型不仅用于描述系统功能，还作为质量评定标准之一，在软件测试和验收过程中发挥着重要的评定作用。

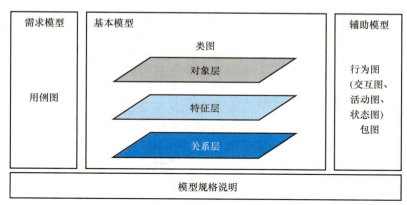

图 4-46　OOA 模型

基本模型为系统的静态模型，是整个 OOA 模型的核心，用于描述事物的静态结构，即描述系统中类与对象以及它们间的关系。静态模型以类图的形式表示系统里的重要信息，类图的主要成分包括类、属性、操作、一般 - 特殊结构、整体 - 部分结构、关联和消息等。这些成分可以归为对象层、特征层和关系层三个层次。对象层给出系统中所有反映问题域与系统责任的对象，即描述系统中应设立哪些类的对象。特征层给出每一个类（及其所代表的对象）的内部特征，即给出每个类的属性与操作，描述对象的内部构成情况。关系层给出各个类及其所代表的对象之间的关系，包括继承关系、聚合关系、关联关系、依赖关系等。

辅助模型表现为系统的动态模型，用于描述事物的动态行为、系统的控制结构。动态模型提供了对类之间交互的不同表示，能够反映类在时间上的流程顺序、在操作上的逻辑顺序。动态模型不能单独存在，必须特指一个静态模型或 UML 元素，这说明动态模型将用例模型和静态模型关联在一起，描述用例和类的动态行为。

模型规格说明，就是对模型中的所有元素进行详细说明。

2. OOA 过程

OOA 过程如下：从问题定义入手，获取用户需求，建立用例模型；提取问题定义中的实体，从而得到类和对象，建立静态模型；结合用例模型和静态模型，定义类和对象的内部表示和外在联系，建立动态模型。

通过 OOA 过程，把用自然语言描述的用户需求，转换为用例模型、静态模型和动态模型，它们共同刻画出系统结构、功能定义和性能描述。OOA 过程是一个迭代往复的过程，需要多次和用户协商、讨论，并站在用户角度确定需求涉及的功能、性能、领域等各方面内容。

4.5.2　静态建模方法

在 Coad/Yourdon 方法中，静态模型构建包括类 - 对象层、属性层、服务层、结构层、主题层 5 个层次活动,如图 4-47 所示。

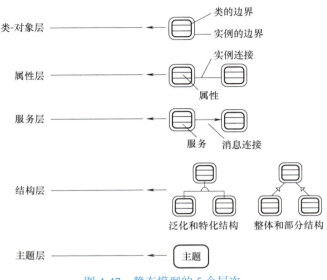

图 4-47 静态模型的 5 个层次

类-对象层:OOA 建模的基础,只有正确识别问题域中的类与对象,才能描述系统结构、划分系统功能。因此,对类与对象的识别过程,就是对问题域中实体、概念的理解和分析过程。

属性层:属性定义了类的数据结构,也同时体现了类间的静态关系。

服务层:服务是类提供的方法,它定义了类的功能,同时也体现类间的动态关系。

结构层:表示类间关系,体现系统组织和结构。对类之间的关联关系、泛化关系、依赖关系和实现关系的分析是结构层分析的核心任务。

主题层:体现分析人员对软件系统的深入理解与抽象。通过对类与对象的识别和结构分析,提供统一的访问接口,实现更复杂的功能。

对应 5 个层次,静态模型构建步骤包括:识别类和对象;识别属性和实例关联;定义类的服务和消息连接;识别类间结构、继承关系;识别和划分主题。注意,在实际的静态建模过程中,这 5 项活动没有严格的先后顺序,可根据不同的需求描述灵活掌握各层的分析顺序,各层间也没有严格的界限。

4.5.3 类图

类图是面向对象系统建模中最常用的图,它是定义其他图的基础。在类图的基础上,可以使用状态图、协作图、组件图和配置图等进一步描述系统其他方面的特性。

1. 类图的元素

类图包含 9 个元素:类、接口、协作、依赖、泛化、关联(组合、聚合)及实现。类图展示了系统中类的静态结构,即类与类之间的相互联系。可以把若干个相关的类包装在一起作为一个单元(包),一个单元相当于一个子系统。一个系统可以有多张类图,一个类也可以出现在几张类图中。AR 仓储管理系统的类图示例如图 4-48 所示。

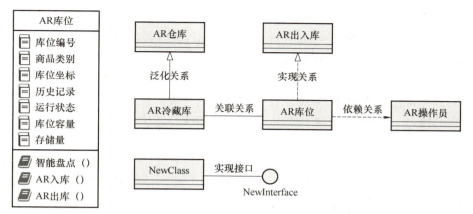

图 4-48 AR 仓储管理系统的类图示例

类是面向对象系统组织结构的核心,是对一组具有相同属性、操作、关系和语义的对象的描述。这些对象包括了现实世界中的物理实体、商业事物、逻辑事物、应用事物和行为事物等,甚至也包括了纯粹概念性的事物,它们都是类的实例。描述类的信息有:名称、属性、操作、职责、约束、注释等,类的 UML 图示如图 4-49 所示。

图 4-49 类的 UML 图示

2. 类与类之间的关系

类与类之间的关系主要有泛化、实现、依赖、关联、聚合、组合,如图 4-50 所示。

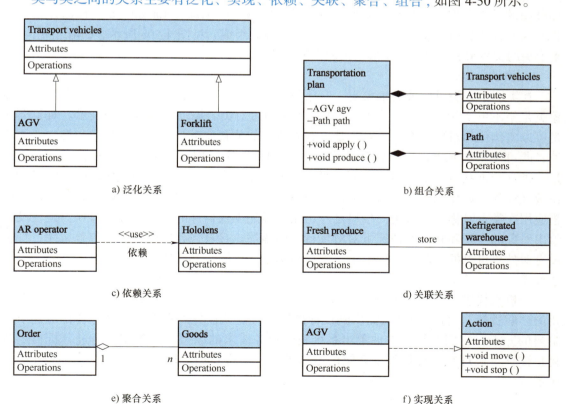

图 4-50 类与类之间的关系

泛化关系表示的是类与类之间的继承关系，UML 中用带空心三角箭头的实线表示泛化关系，箭头指向的是一般个体。AR 仓库中使用的 AGV 和 Forklift（叉车）都继承自运输车辆（Transport vehicles）类，如图 4-50a 所示。

实现关系表示一个类实现一个或多个接口的方法。接口定义好的操作集合，由实现类去完成接口的具体操作。在 UML 类图设计中，实现用一条带空心三角箭头的虚线表示，从类指向其实现的接口。AGV 类实现了 Action（动作）接口，包括 move（移动）和 stop（停止）等动作，如图 4-50f 所示。

依赖关系表示的是类之间的调用关系。在 UML 类图设计中，依赖关系用由类 A 指向类 B 的带箭头虚线表示。AR operator（AR 仓储操作员）必须依赖虚拟现实设备 Hololens 才能进行 AR 仓储操作，如图 4-50c 所示。

关联是一种拥有关系，一个类可以调用另一个类的公有的属性和方法。在类中以成员变量的方式表示。关联分为单向关联、双向关联和自关联。UML 中用一条直线连接两个类，也可以用双向箭头。Fresh produce（生鲜产品）和 Refrigerated warehouse（冷藏仓库）之间存在关联关系，在进行 AR 出库、AR 入库等操作时，必须指定在某冷藏 AR 仓库处理预期关联的某生鲜产品，如图 4-50d 所示。

聚合是关联关系的一种特例，表示整体与部分之间的关系，部分不能离开整体单独存在。UML 中用空心菱形头的实线表示聚合关系，菱形头指向整体。Order（仓储订单）和 Goods（存储货物）之间是一对多的聚合关系，如图 4-50e 所示。

组合是聚合的一种特殊形式，表示类与类之间更强的组合关系。它同样体现整体与部分间的关系，但此时整体与部分是不可分的。例如，Transportation plan（运输计划）由 Transport vehicles（运输车辆）和 Path（运输路径）组成，见图 4-50b 所示。UML 中用实心菱形头的实线来表示组合，菱形头指向整体。

3. 类的分类

在类图中，类可以分为抽象类、对象类、关联类、接口、模板类和分析类等类别。抽象类是指不可实例化的类，在 UML 中抽象类通过对类名添加斜体修饰来表示。对象类则是可以实例化为对象的类。关联类是具有类特性的关联关系，即它具有关联和类二者的特性，既可关联类元素，也可拥有属性和操作。UML 中，用一个类符号表示关联类，并通过一条虚线连接到关联路径。通过关联类描述关联的属性、操作及其他信息。模板类中，模板又称为参数化元素，是对一类带有一个或者多个未绑定的形式参数的元素的描述。模板应用在类上时称为模板类。接口是一组用于描述类或构件的一个服务的操作。是在没有给出对象的实现和状态的情况下对对象行为的描述。接口包含操作，但不包含属性，且它没有对外界可见的关联。在图形上，把接口画为一个圆；其扩展形式是接口表示为一个构造型类。

分析类代表"系统中具备职责和行为的事物"的初期概念模型，用于获取系统中主要的"职责簇"。分析类是从需求到设计的桥梁，是从业务需求向系统设计转化过程中最主要的元素。它们在高层次抽象出系统实现业务需求的原型，业务需求通过分析类逻辑化，被计算机理解。分析类是系统的原型类，分为边界类、控制类、实体类，如图 4-51 所示。

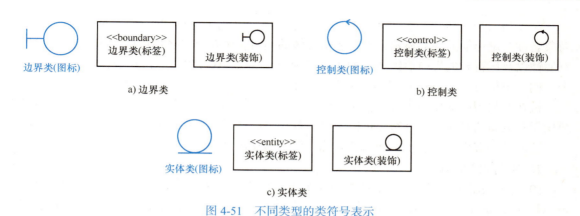

图 4-51　不同类型的类符号表示

边界类是一种用于对系统外部环境与其内部运作之间的交互进行建模的类。边界类依赖于系统外部环境，比如业务主角的操作习惯、外部的条件限制等。常见的边界类有用户窗口、通信协议、打印机接口、传感器和终端等。

控制类是对控制对象的抽象，主要用来体现应用程序的执行逻辑。将控制对象抽象出来，可以使变化不影响用户界面和数据库中的表。控制类的符号通常是一个带有名称的圆形或椭圆形，代表业务流程的控制逻辑。

实体类是用于对必须存储的信息和相关行为建模的类。实体对象用于保存和更新一些事物的有关信息。实体类源于业务模型中的业务实体，很多时候业务实体可直接转化为实体类。

4.5.4　对象图

对象图是类图的实例，它展示了系统执行在某一时间点上的一个可能的快照。对象图使用与类图相同的符号，只是在对象名下面加下划线，同时它还显示了对象间的所有实例链接（link）关系。对象图示例如图 4-52 所示。

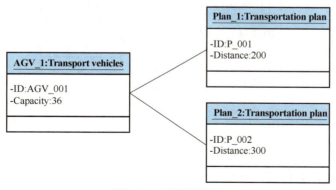

图 4-52　对象图示例

1. 对象图的元素

对象图主要由对象和链构成。对象是类的实例，是一个封装了状态和行为的实体。链是关联关系的实例，是两个或多个对象之间的独立连接。

对象通过其名称、类型和状态区别于其他对象。对象的表示方法是"对象名：类型"。对象名称在矩形框的顶端显示，类型表示具体的类目，跟在对象名称后面，状态由对象的所有属性以及运行时的当前值组成。如图 4-52 所示，对象 AGV_1 是 Transport vehicles 类的一个实例，包括 ID 和 Capacity（容量）等状态值。

链在对象图中的作用十分类似于关联关系在类图中的作用，用一根实线段来表示。链主要用于对象间的导航，一个对象可以通过与其相连的链向链另一端的一个或一组对象发送消息。链的每一端也可以显示一个角色名称，但不能显示多重性。

2. 对象图的示例

图 4-53 展示了生鲜 AR 仓储的部分对象图，包括生鲜仓库 RW_1、运输工具 AGV_001、虚拟现实设备 HL_1、AR 仓储操作员 OP_1 等对象。可以看出，所有对象的表示方法都是"名称＋冒号＋类型名"。此外，所有对象的属性值均已确定，如仓储管理员 OP_1 的 ID 和 Age（年龄）等属性均已确定，虚拟现实设备 HL_1 的 ID 和 IP 均已确定。对象与对象之间则使用链进行连接，表示导航和信息传递关系。

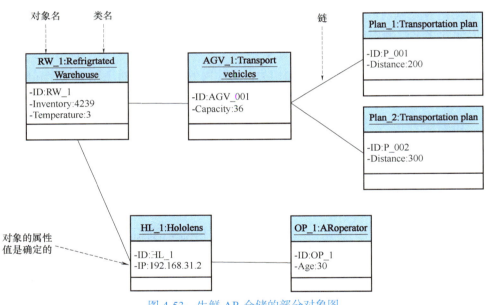

图 4-53　生鲜 AR 仓储的部分对象图

4.6　行为建模技术

任何交互式系统都是通过系统结构元素之间的交互来完成系统功能的，动态建模描述了使用系统功能的具体过程以及各对象间的交互作用关系，表示了功能模型中处理的执行次序。对象通过其在系统的生命周期中改变状态的方式以及通信协作的方式实现系统的功能。

动态模型主要使用的 UML 图包括序列图、通信图、状态图、活动图。

4.6.1 动态建模方法

动态模型着眼于系统的控制、操作的执行顺序，表现了对象的相互行为。模型描述的系统属性包括触发事件、事件序列状态、事件与状态的组织。在分析阶段不考虑算法的执行，动态模型是实现模型的一部分，通常将时间跟踪表或状态机图作为描述工具。对于数据库系统来说，动态模型并不重要，但对交互式系统来说，建立动态模型却是非常重要的。

为创建动态模型，应该完成以下工作：评估所有用例，以便完全理解系统中的交互顺序；标识驱动交互序列的事件，并理解这些事件如何和特定对象相关联；为每个用例创建交互图（如顺序图和合作图）；为具有主要动态特征的类建立状态转换图；为描述对象的工作流，同时便于识别并发活动，建立相应的活动图；评价动态模型以验证精确性和一致性。

动态模型的建立步骤如下：

（1）准备脚本　用脚本表示系统的行为是建立动态模型的基础工作。编写脚本的过程就是分析用户对系统交互行为需求的过程，需要用户参与提出意并进行审查和修改。在动态建模过程中，要保证不遗漏重要的交互步骤，而且需要对目标系统行为建立具体详细的认识，以确保整个交互过程的正确性和清晰性。

（2）确定事件　认真分析脚本的各个步骤，从中确定所有外部事件。事件是在某一特定时间和地点发生的需要系统做出响应的事情。系统响应外部发生的事件称为外部事件，例如线上销售系统中的客户下单、取消订单、变更订单，以及库管员按单出货时的订单查询。可能的外部事件包括系统与用户（或外部设备）交互的所有信号，如发送者与接收者的输入、输出、中断、转换和动作等。

（3）准备事件跟踪图　为了辅助建立动态模型，通常在画状态机图之前先画出事件跟踪图，为此首先需要进一步明确事件及事件与对象的关系。事件跟踪图实质上是扩充的脚本。

（4）构造状态机图　状态机图通常是对类描述的补充，它说明该类对象的所有可能的状态，以及哪些事件将导致状态的改变。所有对象都具有状态，状态是对象执行了一系列活动的结果。状态机图描述了对象的动态行为，是一种对象生存周期的模型。对各对象类建立状态机图，反映对象接收和发送的事件，每个事件跟踪都对应于状态机图中的一条路径。

（5）完善动态模型　每个类的动态行为都用一张状态机图来描绘，各个类的状态机图通过共享事件合并起来，从而构成系统的动态模型。

4.6.2 序列图

序列图也称为顺序图，是一种强调消息时间顺序的交互图，用于说明活动或行为发生的时序，按时间顺序显示对象之间的交互。通过序列图可以看出，为了完成某种功能，一组对象如何发送和接收序列消息。

1. 序列图的元素

序列图由对象、消息、生命线和活动条组成，如图 4-54 所示。序列图将交互关系表示为一个二维图：纵向是时间轴，时间流逝的方向为自顶向下；横轴代表在协作中出现的各个对象。

（1）对象的生命线　对象在一个活动中具有生存区间，对象生命线表示对象在某段时间内是存在的。生命线用一条垂直的虚线表示，生命线的顶部是对象符号，只要对象没有被撤销，这条生命线就可以从上到下延伸。对象在某时间点被创建或者被销毁，意味着它的生命线就在该点开始或结束，若是结束则用叉号表示，如图 4-54a 所示。

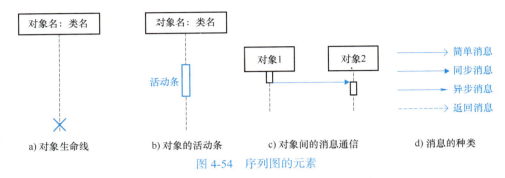

图 4-54 序列图的元素

（2）对象的活动条　对象的活动条在对象的生命线上，表示某种行为的开始和结束，一般表示为一个狭长的矩形，如图 4-54b 所示。活动条的长度代表了行为执行的持续时间，也体现了对象的活动和调用者之间的控制关系。

（3）消息　描述对象之间进行的通信，由对象发出或接收消息，不能超越对象的生命周期。消息可以分成同步消息、异步消息和返回信息，不同类型的消息用不同的箭头线表示，如图 4-54d 所示。同步消息：消息源对象在发出消息后等待接收对象的响应，然后再进行下一步；异步消息：消息源对象在发出消息后直接进行下一步，无须等待消息响应；返回消息表示从调用过程中返回的消息。消息箭头的标注语法为：[attribute=] name [(argument)] [: return-value]，其中 attribute 是生命线所代表对象的可选属性名称，用于保存返回值。同步消息通常需要有相应的返回消息，异步消息则不需要返回消息。

2. 序列图的建立步骤

1）确定交互的上下文。

2）找出参与交互的对象类角色，把它们横向排列在序列图的顶部，最重要的对象安置在最左边，交互密切的对象尽可能相邻。在交互中创建的对象在垂直方向应安置在其被创建的时间点处。

3）对每一个对象设置一条垂直的向下的生命线。

4）从初始化交互的消息开始，自顶向下在对象的生命线之间安置消息。注意用箭头的形式区别同步消息和异步消息。根据序列图是属于说明层还是属于实例层，给出消息标签的内容，以及必要的构造型与约束。

5）在生命线上绘出对象的激活期，以及对象创建或销毁的构造型和标记。

6）两个对象的操作执行如果属于同一个控制线程，则接收者操作的执行应在发送者发出消息之后开始，并在发送者结束之前结束。不同控制线程之间的消息有可能在接收者的某个操作的执行过程中到达。

7）根据消息之间的关系，确定循环结构和循环参数以及出口条件。

3. 序列图示例

"用户登录"用例的序列图如图 4-55 所示。图 4-55 中有四个对象，对象信息的交互沿生命线自上而下，顺序执行。交互过程如下：

1）用户单击主页（Homepage）的 Login 按钮，调用操作 clickLogin（）发送消息。

2）系统向用户显示登录页面（Login Page）。

3）用户输入 userID 和 password 后，单击 OK 按钮，调用操作 clickOK（）发送消息。

4）系统根据已保存的用户账号数据验证登录信息，调用操作 validate Login（userID，password）发送的消息。如果输入的信息正确，则用户登录成功，返回主页并将主页呈现给用户。带箭头的虚线表示调用的返回消息。在控制的过程流中，可以省略返回箭头线，这种用法的前提是默认在每个调用后都有一个配对的返回。

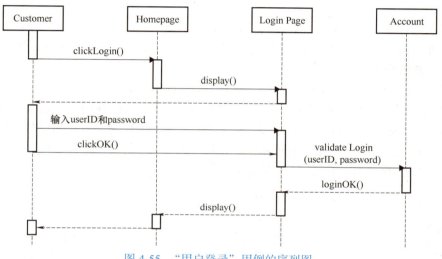

图 4-55 "用户登录" 用例的序列图

4.6.3 通信图

通信图又称协作图，是另一种表示交互的方法。通信图与序列图在语文上等价，可相互转换，且不会丢失消息。与序列图侧重于按时间顺序展示对象间交互的信息流不同，通信图则聚焦于对象结构及其之间的消息传递，通过显示对象及连接它们的链来组织交互过程。因此，通信图的一个作用是表示类操作的实现，它可以说明类操作中用到的参数、局部变量以及操作中的永久链。当实现一个行为时，消息编号对应了程序中嵌套的调用结构和信号传递过程。

1. 通信图的元素

通信图主要是由对象、消息和链构成。链是连接器，表示对象之间的语义连接，链通常是关联的一个实例（包括 association、self、global、local 等）。

消息是协作图中对象与对象之间通信的方式。消息编号有两种：无层次编号，简单直观；嵌套编号，更易于表示消息的包含关系。消息用带有标签的箭头表示，附在连接发送者和接收者的路径上，路径用于访问目标对象，箭头沿路径指向接收，消息的箭头指明消息的流动方向。

此外，迭代标记表示循环，用 * 号表示，通常还有说明循环规则的迭代表达式。监护条件通常用来表示分支，也就是，如果条件为真，才发送消息。通信图通过各个对象之间的组织交互关系以及对象彼此之间的连接，表达对象之间的交互。

2. 通信图的建立步骤

通信图可以用于表示系统中用例的执行和操作的执行等。一般一个通信图只描述一个控制流。通信图的建立步骤如下：

1）明确交互的语境，需要确定通信图中会包含哪些元素或者类，从已描述的用例、类图中找交互的元素。

2）通过识别对象在交互中扮演的角色，把它们作为图的顶点放在通信图中，将较重要的对象放在图中央，再放置邻近的元素。

3）如果对象的类之间有关联，可能就要在对象之间建立链，以说明这些对象是有关联的。

4）从引起这些交互的消息开始，将随后的每个消息附到适当的链上，并设置其顺序号。

5）如果需要对时间或空间进行说明，则用适当的时间或空间约束修饰每个消息。

3. 通信图的示例

AR 拣货协作图如图 4-56 所示。在图 4-56 中，可以看到"AR 拣货员""Hololens 虚拟现实设备"和"AR 仓储管理系统"这三个对象之间的联系，这种联系用箭头线表示，箭头指示信息流的方向，线上的文字是信息序列，文字前面的编号为信息序列编号。如信息序列"1：盘点库存"中，数字1就是序列编号。一般按执行顺序给信息编号。而且，这个编号与程序中的嵌套调用结构和信号传递过程是相对应的。

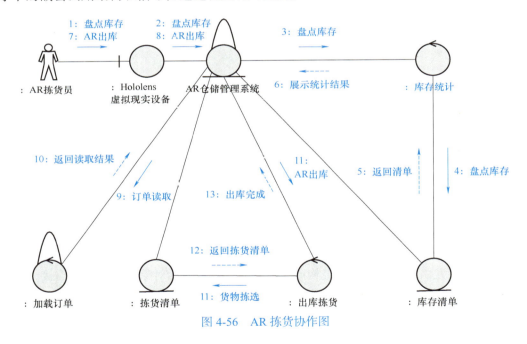

图 4-56 AR 拣货协作图

4.6.4 状态图

状态图是系统分析的一种常用工具，它通过建立对象的生命周期模型来描述对象随时间变化的动态行为。状态图描述了一个对象在其生命周期内响应事件所经历的状态序列，以及对这些事件所做的反应。由于系统中对象的状态变化最易被发现和理解，所以在系统建模中最先考虑的不是活动之间的控制流，而是状态之间的控制流。

状态图是理解和设计对象行为的重要工具，它使得复杂系统的行为模式变得清晰可见。

状态图的作用如下：状态图描述了状态之间的转换顺序，通过状态的转换顺序可以看出事件的执行顺序，而清晰的事件顺序有利于程序员在开发程序时避免出现事件错序情况的出现，此外，状态图清晰地描述了状态转换时所必须触发的事件、监护条件和动作等的影响。

状态图主要包括状态和事件、状态转换等核心部分。状态图的基础是状态和事件之间的关系。

1. 状态和事件

状态是对象生命中的一种条件或状况，通常需要持续一段时间；事件是触发状态转换的必备因素（信号、调用、时间和改变事件）。状态和事件如图 4-57 所示。

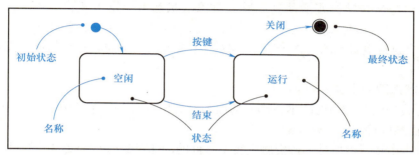

图 4-57 状态和事件

2. 状态转换

转换是两个状态之间的一种关系，对象在第一个状态中执行一定的动作，并在某个特定事件发生、同时某些特定的条件得到满足时进入第二个状态。状态转换的组成：源状态（source state）、事件触发（event trigger）、监护条件（guard condition）、动作（action）、目标状态（target state）。事件可以通过方法调用来触发，也可以通过定时或条件的满足来触发。状态图的应用示例如图 4-58 所示。

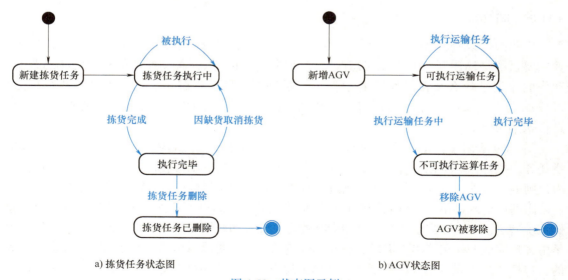

a) 拣货任务状态图　　　　　　　　　　b) AGV状态图

图 4-58 状态图示例

3. 状态分类

在状态图中，状态主要分为初态、终态、中间态和复合态。①初态，表示状态图的入口点，对象在此状态下准备开始其生命周期。它以一个填充的圆点符号来表示。在任何给定的状态图中，初始状态都是唯一的。②终态，代表状态图的出口点，即对象完成了其预定的任务或活动，用一个带实心圆点的圆圈来表示。一个状态图可以包含一个或多个最终状态。③中间态，是对象在其生命周期中可能经历的常规状态。中间状态通过一个带有圆角的矩形来表示。矩形顶部为状态名称；中间部分用来记录状态变量的名称和值，是可选的；底部区域称为活动区，它列出了对象在当前状态下，接收到特定事件时将执行的操作或活动。这些操作或活动完成后，对象的状态不会发生变化。④复合状态是指包含一个或多个子状态的状态，这些子状态可以进一步细分为更具体的状态。复合状态通过在矩形内部绘制其他状态图元素来表示，这些元素可以是中间状态、最终状态或其他复合状态。

4. 建立状态图的步骤

1）编写典型交互行为的脚本。脚本的内容既可以描写包括系统中发生的全部事件，也可以只包括由某些特定对象触发的事件。

2）从脚本中提取出事件，确定触发每个事件的动作对象以及接受事件的目标对象。

3）排列事件发生的次序，确定对象可能有的状态及状态间的转换关系，并用状态图描绘。一张状态图描绘一类对象的行为，它确定了由事件序列引出的状态序列，通过状态的变化来实现系统的功能。

4）比较各个对象的状态图，检查它们之间的一致性，确保事件之间的匹配。首先应该检查系统级的完整性和一致性。对没有前驱或没有后继的状态应该着重审查，如果这个状态既不是交互序列的起点也不是终点，则代表一个错误。最后审查每个事件，跟踪它对系统中各个对象所产生的影响，以保证它与每个脚本都匹配。

4.6.5 活动图

活动图可以描述类操作的行为（类的方法），也可描述用例和对象内部的工作过程。其主要目的是描述动作及对象状态改变的结果，描述采取何种动作使得对象的状态改变，动作的序列是什么及在何处发生（泳道）。活动图有助于理解系统高层活动的执行行为，可以深入描述系统功能的实现流程。活动图的组件与原理参见 4.2.4 节。图所必需的消息传送细节。

图 4-59 给出了活动图应用的两个示例。图 4-59a 描述了 AGV 拣货过程，AGV 接到拣货任务，执行拣货路径；若库位缺货则停止，若库位不缺货则行驶；行驶路径若未到达目标库位则继续行驶，若到达目标库位则进行拣货，若未到达目标库位且前方堵塞则等待；等待后若阻塞已清除则继续行驶否则停止；拣货作业后任务结束，停止。图 4-59b 描述了 AR 仓储系统满足顾客出库需求的过程。图中有顾客、拣货和仓储 3 个泳道。在顾客泳道里的活动是由客户完成的，包括出库需求、核验和收货活动；拣货泳道里的活动是由 AR 拣货员完成的，包括执行出库订单和出库活动；仓储泳道里的活动由 AGV 或堆垛机完成的，只有拣货活动。

第 4 章 信息平台分析技术

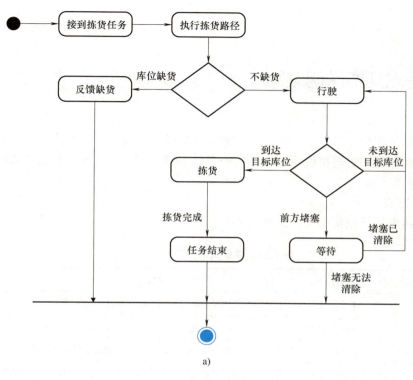

a)

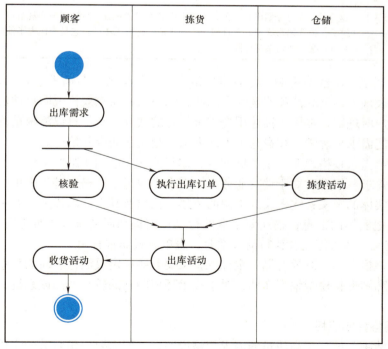

b)

图 4-59 AGV 拣货活动图

193

4.7 需求规格说明编写

需求规格说明描述软件的功能、约束和验收标准，是软件工程师后续工作的基础。大量事例表明，在软件需求规格说明中的任何一个微小错误都有可能导致系统的错误，在纠正时将会付出巨大的代价。

1. 编写方法

常用的需求规格说明编写方法见表 4-21。

表 4-21 需求规格说明的编写方法

符号	描述
自然语言	用带编号的自然语言句子表述需求，每个句子应该表达一个需求
结构化自然语言	在标准表单或模板上以自然语言表述需求。每个字段提供需求某个方面的信息
设计描述语言	使用类似于编程语言但具有更抽象特性的语言，通过定义系统的操作模型来具体说明需求
图形符号	用辅以文本注释的图形模型定义系统的功能要求。如常用的 UML 用例和序列图
数学规范	这些符号是基于数学概念的，例如有限状态机或集合。尽管明确的规范可以减少需求文档中的歧义，但大多数客户并不理解正式的规范，他们无法检查它是否代表了他们想要的东西，也不愿意接受它作为系统合同

自然语言规范需求规格说明，是以自然语言句子的形式编写需求，并辅以图表和表格。自然语言具有表现力、直观性和普遍性，因此，编写出的需求规格说明易被没有技术背景的最终用户和客户所理解，常用于描述用户需求。它的缺点在于：难以清晰精确表达需求，功能需求和非功能需求易混淆，存在几种不同需求一起表达的合并情况。

结构化规范需求规格说明，是以标准方式编写需求，适用于某些类型的需求，例如嵌入式控制系统的需求，但有时对于编写业务系统需求来说过于严格。基于表单的规范的常见字段有：功能或实体的定义；输入及其来源的描述；输出及其去向的描述；有关计算所需的信息，使用的其他实体的信息；描述要采取的行动；前提和后期条件（如适用）；功能的副作用（如有）。定义一些可能的替代行动方案时，表单方式非常有用。

编写需求规格说明，既要遵循一定标准，又要兼顾一定灵活性。对大型系统，最好采用自然语言描述和图形化模型编写文档；对于技术环境明确的较小产品或系统，描述使用场景可能就足够了。

2. 需求规格说明模板

为了编写清晰、统一、高质量的需求规格说明，人们需要一份合适的文档模板。在众多软件需求规格说明模板中，标准 IEEE 830—1998 给出的模板比较权威。该标准给出八种模板，它们之间差异主要在第三部分。

软件需求规格说明的最佳组织形式应随应用领域不同而不同，开发组织应参考标准模板，根据自身情况进行裁剪和定制，形成自己的模板。图 4-60 展示的模板是由 IEEE 830—1998 推荐模板调整而来的。

```
1.引言                    3.外部接口需求              5.其他非功能需求
  1.1 目的                  3.1 用户接口                5.1 性能需求
  1.2 文档约定              3.2 硬件接口                5.2 安全设施需求(safety)
  1.3 预期的读者和阅读建议  3.3 软件接口                5.3 安全性需求(Security)
  1.4 产品范围              3.4 通信接口                5.4 软件质量标准属性
  1.5 参考文献            4.系统特性                    5.5 项目文档
2.总体描述                  4.1 系统特性A               5.6 用户文档
  2.1 产品前景                4.1.1 描述和优先级       6.其他需求
  2.2 产品功能                4.1.2 刺激/响应序列      附录A：术语/词汇/定义列表
  2.3 用户类及其特征          4.1.3 功能需求           附录B：分析模型
  2.4 运行环境              4.2 系统特性B              附录C：待定问题列表
  2.5 设计和实现上的限制        ⋮
  2.6 假设和依赖
```

图 4-60　一种需求规格说明模板

本章小结

本章首先介绍了信息平台的三种需求类型，即业务需求、用户需求、系统需求，以及需求工程过程模型与阶段，阐述了需求分析过程、需求分析活动。然后，详述了需求建模技术、过程建模技术、数据建模技术、对象建模技术和行为建模技术。最后，简述了需求规格说明编写方法和模板。

在需求建模部分，介绍了五种需求获取方法，以及用例分析、用例图分析、业务流程分析等内容。在过程建模部分，主要讲解了数据流图、数据字典和过程描述等内容。在数据建模部分，主要讲解了实体关系图的概念及绘制方法。在对象建模部分，讲解了静态建模方法，以及类图、对象图的绘制方法。在行为建模部分，讲解了动态建模方法，以及序列图、通信图、状态图的绘制方法。

思考题

1. 根据下面描述，试绘制相应的用例图、活动图。

某汽车配件公司销售业务流程如下：①顾客发订单给销售部门。②销售部门经过订单检查，把不合格的订单反馈给客户。③对合格订单，核对库存记录。对缺货订单，通过缺货统计向采购部门发出缺货通知，并登记缺货记录；对可供货订单，登记客户档案，开出备货单，通知仓库备货。④保存订单数据，并进行销售统计。

2. 根据下面描述，绘制数据流图，要求绘制上下文图、0层图、1层图。

库存部门根据需求填写采购申请单，采购部门相关人员根据采购申请单，查阅供应商信息和商品信息，编制采购订单。在采购订单编制完成后，对其进行审核。对不合格采购订单，重新编制；对合格采购订单，将其交付给选定的供应商，并编制采购付款申请单给财务部门。当采购产品到货后，供应商出具送货单，采购部门根据采购订单和送货单对到货产品进行验收。如果货物验收合格，则编制采购入库申请单，提交给库存部门；如果验收不合格，则编制采购退货单，交付给供应商。采购部门根据采购退货单编制相应的采购退货收款申请单，并将其提交给财务部门。采购部门对采购订单、采购产品和采购退货情况进行统计，并将采购订单、采购产品和采购退货等汇总信息上报给经理。

3. 根据下面的线上购物描述，画出实体关系图。

顾客浏览智能互联汽车平台，采购原厂配件。生成订单时，顾客既可能直接从平台选购，也可能从购物车添加商品。顾客使用线上支付（如支付宝、银行卡）。顾客支付成功后，平台生成正式订单；顾客未完成支付，平台将原订单作为预存订单。正式订单转给平台后台，平台后台查验后，转给物流公司，物流公司将商品送至顾客。顾客验收合格后，在平台上确认收货，交易完成，然后顾客可以评价本次交易和服务；顾客验收发现商品不合要求，则进入退货程序。

4. 下面是"订单处理"过程的业务逻辑描述，请分别用结构化语言、决策树、决策表来描述该业务逻辑。

企业根据顾客信誉和当前库存状况，确定是否接受顾客订单。业务逻辑为：①如果顾客当前欠款时间超过90天，则需要先付款，企业才接受其订单。②如果顾客当前欠款时间不超过30天，且本次订货量不超过当前库存水平，则立即发货；否则，先按库存量发货，进货后再补发剩下的。③如果顾客当前欠款时间超过30天但不超过90天，此时企业需要根据自身库存量决定是否发货。有库存，则先请顾客付清欠款再发货；无库存则不发货。

5. 从思考题1到3中任选一题，绘制类图、序列图和状态图。

参 考 文 献

[1] 蒂利，罗森布拉特.系统分析与设计：第11版［M］.张瑾，王黎烨，译.北京：中国人民大学出版社，2020.
[2] 骆斌，丁二玉.需求工程：软件建模与分析［M］.2版.北京：高等教育出版社，2015.
[3] 普莱斯曼，马克西姆.软件工程：实践者的研究方法 第9版 影印版［M］.北京：机械工业出版社，2021.
[4] 萨默维尔.软件工程：第9版［M］.程成，陈霞，译.北京：机械工业出版社，2011.
[5] 丹尼斯，威克瑟姆，罗思.系统分析与设计：第3版［M］.干红华，张志猛，毛淑飞，译.北京：人民

邮电出版社，2009.
［6］李军国. 软件工程案例教程［M］. 北京：清华大学出版社，2013.
［7］WIEGERS，BEATTY.Software requirements［M］. 3rd ed.Redmond：Microsoft Press，2013.
［8］郑人杰，马素霞，殷人昆. 软件工程概论［M］. 2版. 北京：机械工业出版社，2014.
［9］BOULEKDAM，ZAROUR. A novel negotiation approach for requirements engineering in a cooperative context［J］. Multiagent and Grid Systems，2019，15（3）：197–218.
［10］OMG.OMG unified modeling languageTM（OMG UML），Superstructure v2.5.1［EB/OL］.［2024-08-23］. https：//www.omg.org/spec/UML/.
［11］OMG.Business process model and notation（BPMN）v2.0.2［EB/OL］.［2024-08-23］. https：//www.omg.org/spec/BPMN.

第 5 章

信息平台设计技术

重点知识讲解

章知识图谱

本章概要

在信息平台开发过程中,设计技术扮演着至关重要的桥梁角色,它确保从用户需求到平台实现的顺畅过渡,从而保证平台开发的正确性和有效性。本章主要围绕信息平台的设计技术概况和信息平台的应用架构、表现层、业务逻辑层以及数据访问层所涉及的设计技术展开。希望同学们通过本章的学习掌握以下知识:

1) 面向对象设计方法与结构化设计方法的不同之处
2) 服务和服务接口概念
3) 分层应用架构的逻辑层次及 MVC 架构的设计模式
4) 传统的 SOA 架构及微服务架构
5) 信息平台与外部环境的交互原则和特征
6) 输入输出设计、用户界面设计和软件接口设计三者的作用
7) 边界类、实体类和控制类的设计
8) 面向服务的业务逻辑层的设计步骤
9) 关系数据模型设计原理,NoSQL 数据库的概念、类型
10) ORM 概念、Hibernate 和 MyBatis 框架的使用方法

5.1 概述

信息平台设计是根据信息平台分析阶段得到的逻辑模型为该平台制定技术实施方案,即设计信息平台的物理模型,涉及信息平台的设计原则、设计内容和设计方法。

5.1.1 信息平台设计的原则

为确保信息平台设计的有效性和技术资源的最优利用,在设计过程中应遵循以下原则:

(1) 系统性原则　信息平台作为一个统一有机的整体,设计时应从全局视角出发,确保信息平台中信息代码、数据组织方法以及设计规范和标准的一致性,以提升信息平台的设计质量。

(2) 灵活性原则　信息平台是需要修改、更新和维护的,为保持其长久生命力,信息平台在设计时应赋予其高度的开放性和架构弹性,信息平台设计人员要具备一定的前瞻性,尽量采用模块的结构,提高各模块的独立性,尽可能减少模块间的耦合。

(3) 可靠性原则　可靠性是指信息平台对外界干扰的防御力与自我修复能力。作为评估信息平台设计质量的一个重要指标,信息平台的可靠性至关重要,涵盖安全保密性、检错和纠错能力、抗病毒能力和系统恢复能力等。

(4) 经济性原则　经济性是指在满足信息平台要求的前提下,应力求成本控制。一方面,避免盲目过度地追求硬件配置的先进性,而应以满足实际应用需要为前提;另一方面,应避免不必要的复杂化,各模块应尽量简洁,以降低运行成本。

(5) 简单性原则　在信息平台达到预定目标的前提下,应尽量简单。具体来说,设计中应减少数据输入的次数和数量,增强信息共享;简化操作流程,确保用户友好性,使用户容易理解操作的步骤和要求;构建清晰合理的信息平台架构,便于理解和维护。

(6) 管理可接受原则　信息平台能否发挥作用很大程度上取决于其在管理层面上的可接受度。因此,在信息平台设计时,需充分考虑用户的业务类型、工作特性、人机界面的友好程度、掌握信息平台操作的难易程度等诸多因素的影响,设计出用户易于接纳的信息平台。

5.1.2 信息平台设计的内容

信息平台设计一般划分为概要设计和详细设计,概要设计聚焦于高层次的框架构建以及信息平台的分解和结构设计,旨在搭建信息平台的基本架构;详细设计则深入至技术细节层面,着重于具体功能的实现,特别是那些涉及到复杂应用逻辑的算法设计。

然而,随着软件开发工具越来越强大,开发效率显著提高,加之敏捷迭代方法的流行,现代信息平台开发过程中的概要设计和详细设计的界定不再明显,部分详细设计的工作由程序员负责,因此本章不再对概要设计和详细设计进行严格的阶段划分和任务划分,而是按照技术分工将信息平台设计的内容划分为五大部分,如图 5-1 所示。

1. 应用架构设计

应用架构设计作为信息平台构建的核心,是对信息平台的架构划分和组成成分最抽象的规定,如明确信息平台的分布式计算模式、多层逻辑架构。尽管不同信息平台间的架构设计各具特色,但仍存在着共同之处。本章从信息平台的特点出发,认为数据流转始于与外部世界的交互,随后数据进入平台内部,经由业务逻辑算法对数据进行处理,并最终将处理结果进行持久化存储。当外界需要使用信息平台数据时,这一流程则反向执行,这一过程可概括为如图 5-1 所示的三个关键部分:表现层设计、业务逻辑层设计、数据访问层设计。

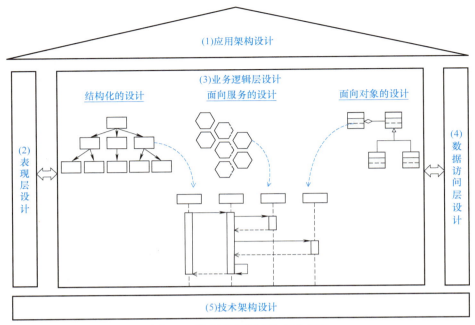

图 5-1 信息平台设计的主要内容

2. 表现层设计

信息平台并非孤岛，它与外部环境持续进行着信息交换。其中，最主要的信息交换发生在人与信息平台之间，即人机交互，这部分设计通常称为用户界面设计。此外，信息交换也可能发生在信息平台之间，具体可分为两类：本信息平台对外开放服务接口，供其他信息平台调用；本信息平台需要请求其他信息平台的服务。其中，前者要求精心设计相应的软件接口，包括定义信息平台对外提供的服务功能、服务中每个操作的输入输出参数等。

3. 业务逻辑层设计

业务逻辑层是应用架构中最核心的部分，业务逻辑层设计的目的是确保实现业务需求，具体包括业务规则、业务流程的实现。业务逻辑层通常包含复杂的计算逻辑，其设计方法也主要分为结构化、面向对象和面向服务等三种。

4. 数据访问层设计

数据访问层的主要目的是实现数据的持久化方案。首先需要选择具体的数据库管理系统，不仅限于关系型数据库，必要时也需要引入非关系型数据库。然后根据需求设计出物理数据模型，将抽象概念映射到实际的数据库结构中，同时针对那些难以在应用软件层面上高效处理的复杂逻辑进行设计，例如：关系型数据库服务器端的复杂存储过程设计。

5. 技术架构设计

技术架构设计旨在为应用程序、网络连接组件、基础设施平台等的开发和部署提供全面的物理实现方案，以满足非功能性需求，例如：安全性、易用性、性能、高并发、高可用、数据容量、可扩展等。它覆盖了从硬件基础设施、数据库、中间件、网络通信到技术路线的选择以及信息安全框架的构建等。

限于篇幅，本章的 5.2 节至 5.5 节将分别围绕针对功能性需求的前面 4 个部分展开介绍，技术架构设计方面的内容读者有兴趣可以进一步查阅相关资料。

5.1.3 信息平台设计的方法

目前信息平台设计的方法有多种，主要介绍其中三种主流的方法，分别是结构化设计方法、面向对象设计方法和面向服务设计方法。

1. 结构化设计方法

结构化设计遵循自顶向下、逐步细化的原则，将复杂的信息平台划分为一系列逻辑独立且功能明确的模块单元。这些模块在层次上逐级细化，进一步解构为更细粒度的子模块，最终依据调用关系严谨地组织起来，构筑起平台稳固而有序的架构框架。

结构化设计方法采用自顶向下的递进细化法来组织与构造平台功能体系。这一设计理念将整个平台视为一个宏观的功能实体，并通过业务流程剖析将其逐步解构为一系列相互独立且逻辑清晰的功能模块，通过逐层细化进一步分解成更细粒度的子模块，并按照明确的调用层级关系进行有序组装，从而构筑起稳定高效的平台框架。此设计思路反映了复杂任务分阶段处理的实践，这在信息平台设计中显得尤为重要。数据流图作为需求分析工具，遵循结构化原则，有效展现信息处理流程，辅助明确功能需求。结构化设计方法的核心要素包括模块化概念的应用，即创建具有明确接口和职责的模块，并借助模块结构图这一可视化工具，直观展现各模块间的内在联系和协同机制，以实现高效而有序的平台运作。

（1）模块　模块是组成目标平台逻辑模型和物理模型的基本单位，是能够独立组合、分解及替换的实体，具备高度灵活性与复用性。在计算机科学中，模块通常是指承载着单一、明确功能的程序组件，可通过名称被调用。本章中所指的模块可类比为编程语言中的"子程序"概念，如 C 或 Java 程序设计中的函数或过程。

模块具有输入/输出、逻辑功能、程序代码、内部数据四种属性。其中，输入/输出作为模块与其他模块或外部环境进行信息交换的通道，接收并反馈信息；逻辑功能描述模块如何将接收到的输入转换成预期的输出，与输入/输出共同构成了模块的对外交互特性；内部数据和程序代码构成了模块的内部实现特性。模块通过特定的程序代码来执行其定义的功能。内部数据则是仅供模块自身操作的数据。模块设计时首先需要确定输入参数和输出结果，以及模块应提供的逻辑功能概述，然后再对模块内部特性的具体实现进行细化，包括内部数据结构的设计以及算法实现。

【例 5.1】　信息平台用户需要进行身份验证，请为此设计一个模块。

模块以长方形的形式呈现，其内部清晰标注了模块的名称，如图 5-2 所示。模块名称由一个动词和一个作为宾语的名词构成，旨在直观且贴切地反映该模块的具体功能。

更常用的模块表示方式是子程序接口，针对上述模块的接口，设计如下 Java 代码：

图 5-2　模块的图形表示方式

boolean verifyUser（String userName，String password）

1）verifyUser 是子程序名称，应当直观地反映出模块的主要功能，遵循自解释原则。

2）模块的输出结果类型为布尔型，真值表示验证成功，假值表示验证失败。

3）模块接收两个输入参数：userName（用户名）和 password（密码）。

（2）模块结构图　模块结构图（Module Structured Chart）是结构化设计方法的核心表

达与沟通工具，旨在清晰描绘信息平台的功能模块及其之间错综复杂的联系。例如，在智能制造信息平台中，生产计划模块扮演着统筹优化整个产品生产流程的中枢角色，组织各类产品的生产活动。智能制造信息平台采用订单驱动模式，即根据接收到的订单信息自动检索产品库存和数据信息。当库存满足订单需求时，平台直接触发发货操作；若数据库已存储了相应产品的完整生产数据，则平台会立即发起生产指令；在缺乏所需产品数据的情况下，就通过提示管理员来启动产品研发和设计流程。生产计划模块包括生产订单模块、车间计划模块和工序管理模块等。生产订单模块主要包括创建新订单、显示订单详情、查询和管理订单；车间计划模块则包括显示车间计划、下发生产指令（车间计划页面上的派工按钮）和显示工序等；工序管理模块包括工序设置、开工、完工、转序等。生产计划模块的结构如图 5-3 所示。

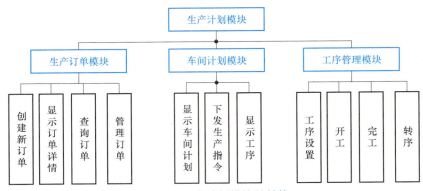

图 5-3　生产计划模块的结构

模块结构图遵循自上而下的层次化组织原则，表现为高层模块通过过程调用整合并利用低层模块的功能。这种结构中，高层模块充当控制者的角色，负责协调和调用其他模块；对应地，低层模块作为被调用实体，执行特定的任务处理逻辑。无论是传统的控制台应用程序还是现代的 Windows 图形用户界面程序，甚至扩展到 Web 应用和分布式架构环境，都广泛采用了类似的模块调用与集成策略。尽管在复杂多元的技术环境中，交互方式可能涉及网络通信、远程调用等多种技术手段，但结构化设计中的"分而治之"原则依然具有指导意义。

模块结构图与数据流图均体现了结构化建模的思想，并且两者存在紧密关联。实际上，模块结构图可以通过对数据流图的转换而获得，其本质区别在于数据流图着重于描述数据流动和逻辑处理的过程顺序，模块结构图更关注控制层次及模块间的调用关系。模块的分解过程往往始于数据流图中的处理过程，若处理过程可映射为相应模块，该处理过程进一步细化出的处理过程就可以转化为相应模块的下层模块。

模块结构图的层级信息常被视为衡量平台规模和复杂性的一个粗略指标，每一层级上的模块总数称为该层级的宽度，一般来说，宽度越大意味着平台的复杂性越高。模块结构图详尽展示了各模块的"职责"，属于静态模型范畴。要细致阐述某个功能模块的动态运行过程，则需借助诸如程序流程图等动态模型工具。

（3）模块之间的联系　结构化设计是将平台构造为由一系列相对独立、功能集中的模块所组成的层次结构。每个模块作为自治单元,可以独立开发、测试和调试;同时模块间的松耦合特性也实现了对平台结构的灵活调整,可以根据需求变化轻松添加、修改或替换模块,而不影响其他部分,提高了平台的适应性与弹性;此外,良好的模块设计促进了代码复用,通用模块可在不同的项目或平台中重复使用,减少了重复开发的工作量。

明确的接口定义是确保模块独立性与协调工作的重要基础,规定了模块间的通信规则。内聚是指一个模块内部各元素结合的紧密程度。每个模块内部追求高度内聚,意味着模块内部元素紧密协作以完成单一、明确的任务。耦合度是衡量模块间依赖的紧密程度,其强弱取决于模块间接口的复杂程度,由模块间的调用方式、传递信息的类型和数量决定,模块间需保持低耦合,通过简化模块间接口,限制调用、信息传递的复杂性,减少不必要的依赖,来保证模块的独立运作和替换性。利用设计工具或架构图,精心规划模块间的依赖关系,避免循环依赖,确保平台结构清晰又易于维护。

在平台设计初期,采用模块化思维构建平台架构图,将复杂平台分解为逻辑上独立的功能模块,确保每个模块职责单一、边界清晰。通过制定统一的接口标准和数据交换格式(如RESTful API㊀、gRPC 等),使得模块间的交互变得标准化、规范化,显著降低集成难度。加之自动化测试和部署流程的引入,确保新模块或修改后的模块在集成到平台时能快速验证其正确性和兼容性,加速迭代速度。通过模块设计,不仅能够实现平台功能的高效整合,还能够通过明确模块间的关联性与独立性,构建出一个既稳固又灵活的平台框架,从而确保平台的长期可维护性和未来扩展的灵活性。

2. 面向对象设计方法

相较于传统的结构化设计将程序视为一系列函数和子程序的集合,面向对象设计方法主张将程序构建成一系列相互作用的对象网络。每一个对象都能够接收数据、管理数据、处理数据,并将数据传达给其他对象。对象不仅包含函数或子程序(操作),还包含数据(属性),对象是操作和属性的封装体。

(1)类 类是一组属性和服务的定义,为所有属于该类的对象提供统一的描述框架。同类对象虽然具有相同的属性和方法定义,但其属性值可以因实例的不同而各异。类在一定程度上可视为对程序设计语言类型的扩展,能够用来声明变量。类是静态定义的,在程序运行前就确定了其语义和与其他类的关系。一个完整的类定义通常包括以下组成部分:

1)属性:已被命名的类的特性,描述了该特性的实例的取值范围。

2)操作或方法:类所提供的服务实现,允许任何类请求执行以改变自身状态或行为。

3)属性与操作的可见性:可见性分为三种情况。公有变量通常为给定的类元,可被任何带有可见性的外部类元使用,在程序的任何位置都可见,可被平台中的任何对象使用,使用符号"+"标识;受保护变量仅限于类本身及其子类内部访问,使用符号"#"标识;私有变量只有类本身能够使用,即仅可以由定义它的类使用,使用符号"−"标识。

为了更好地对比结构化设计和面向对象设计,通过具体例子进行说明。

【例 5.2】 对图 5-3 所示的生产计划模块采取面向对象设计方法重新设计。

原本的一组子程序功能可以保留,但会被封装到不同的类中。由于数据也被封装在类中,可以方便地访问,因为子程序接口适当调整即可。生产计划模块的类设计见表 5-1。

㊀ 一种基于 REST(描述性状态转移)的应用程序接口。

表 5-1 生产计划模块的类设计

类名	数据（属性）	子程序（操作）
Order	orderID、productName 等	AddProduct（product：Product，quantity：Integer）：添加产品到订单 RemoveProduct（productID：String）：从订单中移除产品 UpdateQuantity（productID：String，newQuantity：Integer）：更新订单中产品的数量
Process	processID、processState、processTitle 等	UpdateProcessState（）：更新工序状态 AddProcess（process：Process）：添加工序

（2）类的关系 面向对象设计方法在分析阶段的关键产出是平台的静态模型，对应用领域进行深度建模与抽象，深入挖掘提炼领域内的核心概念，分析概念间的内在联系与依赖关系，最终形成以类图为核心的静态建模体系。商品在线销售平台的类图模型如图 5-4 所示。

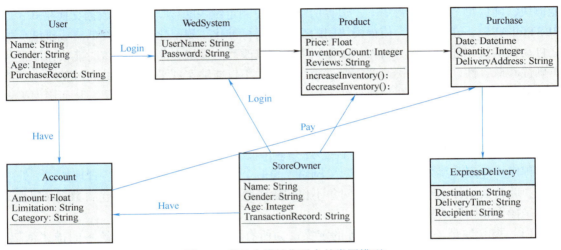

图 5-4 商品在线销售平台的类图模型

类图作为统一建模语言中的重要组成部分，显示了类、类的内部机构、接口、合作及静态结构和关系。上述设计通过运用继承和多态等机制简化了接口并增强了平台的扩展性，带来了两个显著优势：首先，发送者无须关注接收者类型，对象按自身类别响应消息；其次，引入新类型时仅需从父类派生并重写部分父类，而不必修改其他无关程序模块。

3. 面向服务设计方法

面向对象设计以类为基本单元，但在业务流程和功能建模层面抽象层次不足，易导致高耦合。随着组件技术、面向服务架构以及微服务理念的发展，为降低耦合、提升平台的灵活性，面向服务设计方法应运而生。该方法强调以业务功能为核心导向，对软件功能模块进行精细化拆分与重构，实现服务化和组件化的封装策略。每个独立的服务都可单独设计、开发和部署，平台通过服务的协同交互与集成来运行。面向服务设计的核心概念是"服务"，主张以具备完整业务逻辑、高度自治且能独立升级维护的服务实体为基础构建平台，从而增强平台的可扩展性和韧性。

（1）服务 服务定义了与业务功能或业务数据紧密相关的接口及其约束契约（契约是指

一套规范或协议），包括业务规则、安全性需求、服务质量等要素，确保服务的一致性。接口与契约采用中立且基于标准的方式表述，独立于承载服务的具体硬件平台、操作系统及编程语言环境，使得服务能在异构系统间实现统一的理解与交互。使用者只需关注服务提供的功能，无须深入了解服务的技术实现细节。服务具有独立性、自包含性、可重用性等特点，通过对业务领域和流程中的功能模块进行服务化封装，多个服务组合形成完整的信息平台。

【例 5.3】 为物料管理平台的多个业务功能封装服务。

在物料管理平台中，业务逻辑被拆分为一系列后端服务，每个服务都拥有专属的私有数据库，并对外提供操作接口，涵盖命令和查询两类操作。物料管理平台的服务设计见表 5-2。

表 5-2 物料管理平台的服务设计

服务	主数据库	示例服务接口
Order Service	物料采购、供应商等数据库	createOrder（）：创建采购订单 findOrderBySupplier（）：根据供应商查询订单
Inventory Service	物料分类、物料库存等数据库	catelogMaterial（）：物料分类展示 updateInventory（）：更新库存状态
Material Application Service	物料申请、物料使用等数据库	submitApplication（）：提交物料使用申请 useMaterial（）：确定物料使用数量
Search Service	物料数目、采购记录等数据库	queryMaterialByName（）：按名称查询物料 queryMaterialTopUsage（）：查询使用最多的物料

虽然从逻辑上服务的划分与结构化设计方法存在相似之处，但服务具备更强的自治性，可以独立开发、部署，且更紧密地围绕业务功能展开。相比模块间的高耦合，服务间的耦合度大大降低，这是因为服务实现了时间和空间上的双重解耦：一方面，服务依赖于明确的接口契约而非内部实现，使得服务的变更不影响其他服务；另一方面，服务能够在不同环境中独立运行和维护，即使发生变更也不会引起全局连锁反应。

（2）服务接口 服务接口操作的内部实现仍然借助于面向对象方法进行构建，但内部对象如何分工协作以实现接口操作对于服务调用者来说是隐藏的。一般服务遵循 RESTful API 规范设计，外部客户端通过发送 HTTP 请求至特定 URL 来访问服务。当请求到达时，服务端的对象会响应并执行相关的业务处理逻辑，最后生成并返回 JSON 格式的响应结果给请求方。

面向服务架构中的服务致力于整合多平台间的协同工作，微服务框架下的服务则侧重解决单一复杂业务平台的可扩展性和解耦问题，因此微服务的服务粒度更小。服务粒度用于衡量服务封装的功能大小，无绝对固定的划分标准。以空调维修场景为例：创建派工单是粗粒度服务，整合全流程；查阅合同、指派人员等为细粒度服务，专注单一任务。粗粒度服务统筹全流程、接口统一，细粒度服务则专注于执行某一专门或较少的任务集合，它们共同协作构建灵活有序的服务体系。粗粒度服务将大块的业务逻辑封装在一个抽象接口之下，内部处理机制较复杂；细粒度服务提供的是针对性更强的功能组件或者少量数据交换单元。

5.2 应用架构设计

科学合理的应用架构设计在应对复杂业务场景和高并发访问压力方面起着关键作用，本节聚焦三种主流的应用架构模式：首先探讨了经典的分层应用架构，剖析了基础的三层架构及其扩展的五层架构模式；其次通过阐述MVC（Model-View-Controller）架构模式及其前后端分离的MVC架构介绍了视图、模型和控制器协同运作机理；最后聚焦面向服务的架构，主要对从单体系统向分布式系统演进的过程、面向异构系统集成的SOA（Service Oriented Architecture）架构原理，以及服务架构模式展开介绍。

5.2.1 分层应用架构

自信息平台诞生以来，业务需求与规模持续扩大，代码量日益增加，项目管理复杂度也随之提高，有效控制业务逻辑、技术实现和项目管理上的复杂度成为平台设计与开发的关键。

分层架构在分解复杂的信息平台时被广泛使用，旨在提升代码的可维护性和可扩展性。该架构通过将相似职责的组件分层，强调层间的松耦合。设计流程始于层次界定及其接口需求，确保层内独立性，仅依赖下层接口，由此促进结构明晰、独立可修改性，并限制接口变动对相邻层的影响。松耦合特性使开发工作聚焦，显著提升平台质量和开发速率。

1. 基础的三层架构

信息平台领域广泛采用三层架构作为标准分层模型，该架构于20世纪70年代诞生，至20世纪90年代因面向对象编程及分布式计算的兴起而盛行。三层架构将代码在逻辑上分成三层，并将软件类组织到各自的层次中。三层架构中各个层次的描述如下：

1）表现层专注于用户界面的展示与交互管理，给用户提供访问入口，包括向用户展示信息、处理用户输入并将其转化为系统内部操作请求，以及解释用户交互行为并向业务逻辑层或数据访问层发送相关指令。

2）业务逻辑层负责信息平台所有和业务相关的功能实现和业务逻辑处理工作，其核心职能包括对表现层传来的数据进行验证、根据业务规则进行计算处理，以及依据接收到的操作指令调度和调用相应数据访问层的服务。

3）数据访问层的核心聚焦于实现与数据库系统间的交互逻辑，负责实现数据的增删改查以及其他与数据库相关的操作。

纵向结构中，下层向上层提供接口，实现透明交互，各层独立，职责明确。在实施职责分离的过程中，需遵守一条基本原则：业务逻辑层及数据访问层应保持完全独立，不得与表现层存在直接依存关系。具体而言，要确保这两层的代码设计中不包含对表现层组件或服务的直接引用与调用，旨在实现表现层的无缝升级与更换。以三层架构为基础，实际应用中可以根据平台的复杂程度进行调整。简单平台可将表现层和业务逻辑层合并为一层，直接调用数据访问操作。复杂平台则可通过封装窗口类和领域对象类来实现清晰的三层分离，其中窗口类请求领域对象类的服务，领域对象类负责数据的持久化存储。随着复杂度增加，类会被分至不同包或模块以保持结构清晰和职责分明。

2. 扩展的五层架构

随着业务逻辑复杂度的不断增加，原有的三层架构可能不足以满足需求，这时可以对基础结构做进一步拆分和细化，将基本的三层结构扩展为四层、五层甚至更多层，这类架构通常被称为多层（n-layer）架构。公认比较完善的是五层架构，见表 5-3。

表 5-3　五层架构

层名	职责
表现层	等同于三层架构中的表现层，负责用户界面展示及用户交互
控制层/中介层	是表现层和领域层的中介层，管理业务流程的控制逻辑，包括用例事件流的导向、处理会话状态维护、数据的合成或分解等事务
领域层	业务逻辑中的领域类的集合，封装了业务规则和领域对象
数据映射层	负责将领域层的对象数据转换至数据库关系表记录，支持自主开发或采用成熟的企业级持久化方案
数据访问层	等同于三层架构中的数据访问层，负责底层数据存储的交互操作

3. 各层的物理配置

上述分层应用架构通过逻辑分层策略以减弱耦合度，其中的分层组件既可集中部署于单一主机，也可跨客户端服务器（C/S）环境分布。主要的部署模式主要有以下三种：

（1）物理一层　平台全部集中于单一服务器，用户通过 Web 浏览器访问，无须在客户端安装，极大地简化维护与更新流程，规避多客户端兼容与同步问题。

（2）物理两层　胖客户端的 C/S 结构中，表现层与部分业务逻辑层位于客户端，数据库在云端运行，适合内网部署，但需单独安装和维护客户端。在浏览器/服务器（B/S）结构中，利用浏览器作为界面入口，表现层与业务逻辑层部署于 Web 服务器中。

（3）物理三层　针对复杂的业务逻辑，领域层迁移至专门的应用服务器中，数据库则运行在数据库服务器上，即两台服务器的方式，形成分布式部署，优化处理能力并增强安全性。

多层逻辑结构赋予软件打包及物理部署的高度灵活性，具有以下优势：客户对数据的访问经中间层隔离，提高了数据库的安全性；应用程序被部署在多个物理节点上，能更好地处理大规模并发用户请求，提高了平台的响应速度；业务逻辑位于不同的中间服务器，当业务规则变化后，客户端程序不改动，各层改动独立，增强了平台的稳定性和可维护性。

5.2.2　MVC 架构

MVC（Model-View-Controller，模型-视图-控制器）架构与三层架构都旨在实现业务逻辑、数据处理和用户界面展示之间的解耦合，但 MVC 架构在层次划分上并不严格遵循三层架构的基本规则。

1. MVC 架构

MVC 架构起源于 20 世纪 80 年代的 Smalltalk 编程语言，旨在实现数据（即模型）与数据显示（即视图）的解耦，促进数据的多样化展示。此架构通过控制器确保模型与视图的协同，即模型数据的任何变动都能实时触发视图的自动刷新。

MVC 的核心结构由三个关键部件组成：

1）**模型（Model）** 代表应用中的业务对象及其实体属性和方法。它封装了应用程序的数据以及对这些数据的操作，是业务领域知识的具体体现。

2）**控制器（Controller）** 作为模型与视图间的桥梁，承担着对接用户交互指令的关键角色。其功能在于捕获用户发起的各类请求，随即激活相应的模型方法以执行数据的检索或更新操作。基于这些操作产生的结果，控制器将进一步调用视图方法呈现恰当的反馈信息给终端用户，实现了流畅的用户交互体验。同时，模型的更新与修改通过控制器通知视图，从而保持一致。

3）**视图（View）** 是模型的可视化表现形式，直接关联于模型的数据，能够从模型中获取所需信息进行显示。每当模型中的数据发生变化时，模型会通知视图进行更新，视图则通过重新渲染自身来展示最新数据内容。简而言之，在 MVC 架构中，模型负责数据和业务逻辑处理，控制器管理用户交互并协调模型与视图间的信息流动，视图则专注于数据显示和用户交互反馈。三者形成了紧密协同且松散耦合的关系体系，图 5-5 描绘了它们之间相互配合的工作流程。

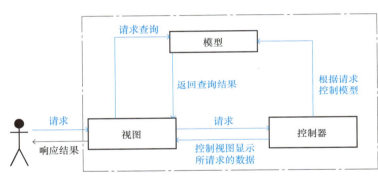

图 5-5 MVC 工作流程

在信息平台构建中，视图作为用户交互界面，只接收用户输入数据，实现简单数据验证以及数据的输出展现，输入和输出数据由封装好的模型对象提供和管理。模型封装了企业数据逻辑及数据库交互，支持多视图复用。控制器充当前置协调者，介于模型和视图之间，依据用户需求调用模型操作与视图展示，避免直接干预数据处理与输出。相较于三层架构，虽交互过程有一定差异，但实际使用中，MVC 的视图近似表现层，控制器与模型的组合映射到业务逻辑层，模型自身又与数据访问层相对应。

2. 前后端分离的 MVC 架构

在 Web 开发中，前端主要指用户浏览器环境，负责界面展示与用户交互，后端则是业务逻辑与数据处理的核心。早期 Web 应用采用传统 MVC 架构，模型、控制器、视图的程序由后端开发人员开发，并统一部署在服务器上。程序运行过程中，用户通过客户端的浏览器发送请求，然后由服务器生成 HTML（视图）并传回客户端，浏览器解析并展示页面内容给用户，同时处理用户的交互事件，并在必要时向服务器发送新的请求。在这种模式下，前端主要承担接收数据、展示界面、用户交互及发送请求功能，而后端则集中处理核心业务逻辑、数据预处理、页面导航控制及渲染的任务。在传统 MVC 架构下，从客户端发起请求到服务器端处理再到最终页面呈现给用户的交互过程如图 5-5 左侧所示。其中，应用服务器的工作顺序依次为：①控制器接收来自前端浏览器的 HTTP 请求；②控制器处理请求，获取数据；③模型根据控制器需要，返回业务数据；④控制器生成视图，将第③步的数据填充到页面中；⑤视图返回完整的 HTML 页面给浏览器。不难看出，后端承担了部分本应由前端负责的工作，如动态页面的生成和渲染，这些前端职能部署在后端应用服务器上，增加了应用服务器的压力，导致前后端高度耦合，开发和运行效率都会受到影响。

随着移动互联网技术的发展以及多终端应用场景需求增加，后端直接生成并返回 HTML 页面的方式显现出局限性。在现代多端应用开发中，通常期望后端仅提供 API 以传输纯数据，由前端负责数据驱动的界面构建与渲染，实现高效前后端分离，从而提高开发灵活性与平台整体性能。图 5-6 的右侧展示了一种前后端分离的架构和部署方案。前端服务器的工作顺序依次为：①接收浏览器发起的 HTTP 请求；②转发请求，并获取后端服务器的返回数据；③如果是 App 请求，则直接将从后端获取的数据以 JSON 或者其他合适格式返回给客户端；④如果是 Web 请求，则生成视图；⑤在④之后，将第②步的数据填充到页面中，并将这个页面返回到浏览器展示。后端服务器的工作顺序依次为：接收请求；处理请求，依据请求类型调用响应的业务逻辑进行计算，获取结果数据；返回数据。

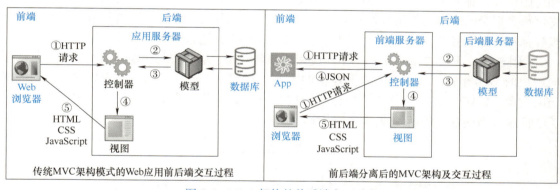

图 5-6　MVC 架构的前后端交互过程

前后端通过约定的协议或接口进行数据通信，确保彼此改动互不影响，后端聚焦业务逻辑与后端输出，前端全权负责界面展示与后端数据加载方式，虽然 Web、移动端等展现形式各异，但所依赖的基本数据模型和计算逻辑大体相同。因此，后端只需开发一套统一的业务逻辑代码，并对外提供 API 供各类前端调用即可。对前后端职责进行有效分离和解耦，会为以后的多端化服务（如 PC Web 端、车载终端、安卓和 iOS 等多种客户端）、大型分布式架构、微服务架构等带来灵活的适配性。

在这种前后端分离架构的部署下，后端提供统一的数据接口，服务于 Web 应用、移动 App（包括安卓和 iOS）、桌面软件甚至智能设备等前端终端。前端根据其平台的特点和用户界面规范独立开发与维护界面展示逻辑和交互体验。原生手机 App 如 iOS 应用就采用 Objective-C 或 Swift 语言开发，并通过 Xcode 工具链进行编译、打包和签名，最终发布到应用商店供用户下载安装。整个上线和维护工作都是由前端团队负责的，和后端项目分离。这种分离使得后端专注于业务逻辑与服务优化,前端专注用户体验与页面技术,从而使技术分工更为明确,便于各团队之间的平行开发和快速迭代,项目协作效率更高。

5.2.3 面向服务的架构

在软件工程领域,面向服务的架构(Service-Oriented Architecture,SOA)一般指具有相同思想渊源但产生背景、应用环境和实施目的各有侧重的架构。传统 SOA 架构侧重解决异构系统集成与互操作问题,通过标准化服务接口、契约以及松耦合的服务交互方式,实现跨平台、跨系统的高效协作和资源复用。微服务架构作为新兴实践,不仅是一种架构风格,更是贯穿信息平台建设全生命周期的方法论。微服务架构倡导将大型复杂系统拆分为一系列小型、独立且可自治的服务单元,每个服务都聚焦于单一业务功能,并采用轻量级通信机制进行交互。这种架构特别适合从零开始构建现代化、高度灵活且易于扩展维护的新一代分布式系统。无论是作为集成工具的传统 SOA,还是用于新系统构建的微服务架构,它们都体现了分布式系统架构原则,旨在提升系统灵活性、降低耦合度并促进模块化发展,从而更好地适应不断变化的业务需求和技术环境。

1. 从单体系统到分布式系统

前面讲述的分层架构和 MVC 架构都是从代码的职责划分和组织方式的角度展开软件类和包的设计,称为架构的逻辑视图。从实现、部署的视角来看,对于已建成的信息平台,若将该信息平台的所有功能组件都整合在一起,以单一可执行文件的形式进行部署,并且所有组件都在一台服务器上作为独立进程运行,那么这种架构通常被称为单体应用。

【例 5.4】 图 5-7 展示了一个单体应用的部署情况。这些代码所编译成的组件,包括面向用户的 Web 组件、封装核心业务逻辑的服务(Service)组件,以及实现数据访问的数据访问对象(DAO)组件,均作为单体系统进行统一的开发、部署、执行与维护作业,确保了软件生命周期管理的高效协同与一致性。

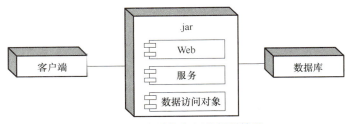

图 5-7 一个单体应用的部署情况

单体应用适用于规模较小、业务逻辑简洁的环境,通常由单一团队全权负责其开发与维护工作。在这种紧凑结构下,团队成员能迅速全面掌握代码知识,便于进行高效的修正与优化。同时,因为单体系统以一个独立的 .war 包或 .jar 包形态呈现,极大地简化了集成、部署流程,并易于构建无状态集群环境——仅需借助负载均衡技术部署多个系统实例,即可有效满足系统扩展性和弹性需求,实现资源的按需伸缩。

当面临一个大型信息平台开发项目时,随着业务功能不断扩展,将所有业务代码都集中在同一个单体应用中的做法,会造成业务平台的对象之间存在大量的循环依赖和紧密耦合,使业务代码难以理解,降低了代码的可维护性、扩展性、灵活性,平台的修改、测试、构建及部署成本也显著增加。在保持平台的高可用性方面，运维团队也会付出极大的人力和时间成本，具体表现在六个方面。

1）**维护复杂度上升**：业务扩张导致代码交织，结构复杂，耦合度高，修复缺陷时易引发新问题。

2）**缺陷修复慢**：业务边界模糊显著增加了分析、定位和修复的成本，同时导致修复周期延长，影响迭代进度。

3）**扩展受限**：集中管理限制了技术与框架升级，难以适应高并发业务需求，初始的技术选型严重限制单体应用的开发语言和框架的能力。

4）**变更风险大**：微小变动需整个应用下线更新，影响平台可用性及业务连续性。

5）**开发效率低**：全员共同修改同一项目，任何变更均需整体发布，降低开发速度。

6）**不灵活**：单体应用构建时间长，任何小修改都要重构整个项目，耗时费力。

不难看出，单体应用基于统一的系统逻辑模型，适用于小规模系统，但在业务扩展中，易导致紧耦合问题。为适应多领域业务与技术多样性，需将统一模型拆分为独立的业务领域模型，减少耦合，明确界限。随着移动技术的推进及前端的专业化，传统的 MVC 架构中视图与业务逻辑的紧耦合已不适用。面对大规模应用，转向微服务架构成为趋势，即将单体拆分为多个服务组件，在多服务器上部署，形成分布式系统，即硬件或者软件组件分布在不同的网络计算机节点上，组件间通过消息传递来协同工作，提升灵活性与可扩展性。

【例 5.5】　图 5-8 展示了一个典型的分布式系统部署架构，包含分布式服务（Business-Service、Other-ServiceWeb）、消息中间件（Middleware）和分布式缓存（Distributed Cache）等技术实现方式。这些工具位于一个网络环境中，依托服务的注册发现机制、消息传递协议及数据缓存同步等高级协作策略，确保系统内部的顺畅沟通与高效运作。

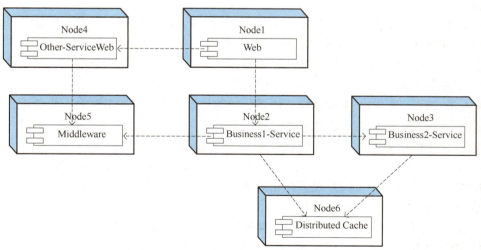

图 5-8　一个典型的分布式系统部署架构

2. 面向异构系统集成的 SOA 架构

美国的 Gartner Group 在 1996 年首次引入"面向服务的架构"（SOA）这一理念时，将其定义为一种基于客户端/服务器软件设计模式的革新方法论。在 SOA 体系中，一个应用系统被构建成一系列相互协作且具有明确职责的服务组件及其使用者的集合。相较于传统的客户端/服务器模型，SOA 的关键突破在于其对松散耦合原则的高度重视以及对独立标准接口的广泛应用，旨在确保各软件组件间的互操作性和可重用性。图 5-9 展示了 SOA 技术架构的典型层次结构，主体部分有五个层次，从最下向上分别是：现有应用资产层、服务组件层、服务层、业务流程层、用户表示层。

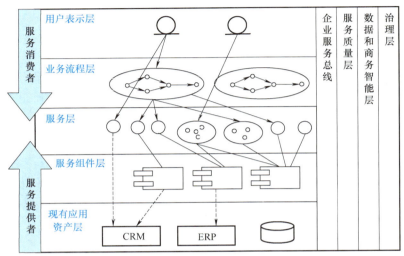

图 5-9　SOA 技术架构的典型层次结构

1）现有应用资产层涵盖企业当前所有已开发、定制或打包的应用软件资源，以及数据库系统等核心资产。为了有效整合与复用这些资产，需对其进行适配和封装，转化为可互操作的服务。

2）服务组件层包含提供具体服务功能的软件组件，基于容器技术进行构建，采用松耦合设计原则实现了 IT 架构的灵活性，确保组件遵循统一的标准，便于构建更新。

3）服务层构成 SOA 体系中定义的逻辑服务集合，服务具有可发现性和可调用性，可被编排组合成更复杂的复合服务，直接服务于业务流程层和用户表示层的需求。

4）业务流程层是 SOA 架构的核心协调层，编排服务将各项服务整合，形成端到端业务流程，包含了流程模型、组合方法和构建块，以及多用户的信息交互（数据流）和控制序列（控制流）。作为桥梁连接业务需求与 IT 实施，处理复杂集成问题。

5）用户表示层依托各项服务，直接向终端用户提供必要的功能与数据访问，并支持跨应用的互联互通，通过信息门户及多样化的客户端技术，为业务流程和组合应用提供快速创建客户前端的能力，以响应市场变化。

此外，以上层次均考虑并集成了安全架构、数据架构、服务集成架构和质量管理，将它们作为公用设施提取出来，形成图 5-9 所示的纵切面的四层架构。

1）企业服务总线作为集成基础设施，支持服务请求的路由、协议转换、消息处理等，确保服务间灵活互联与管理，广泛用于企业构建和部署 SOA。

2）服务质量层针对 SOA 各层次的非功能需求，提供了监视、管理和优化服务性能的关键能力，涵盖了安全、性能、可用性等方面的质量保障。

3）数据和商务智能层整合信息架构、业务分析、商务智能和企业元数据管理等内容，深化数据分析以强力驱动决策制定。

4）治理层确保所有服务和整个 SOA 解决方案严格遵循预设的策略、指导原则和行业标准，与企业整体的治理框架及 IT 治理规范保持一致。治理活动包括责任链构建、效果评估机制、战略指导与策略制定、合规性控制机制、沟通与信息共享、决策权限机制等。

从信息平台建设角度来看，SOA 架构促进了企业内部及跨企业应用平台的集成与互操作，为应对市场快速变化和技术演进提供了有效策略。通过实施 SOA，企业能更好地优化资源利用，实现业务流程自动化，增强运营效能与竞争力。

3. 微服务架构

与单体系统的功能集中、整体部署等特点不同，微服务架构将平台分解为一系列职责单一、结构简单的业务组件，它们可以独立开发、部署与运行，有效降低了不同业务代码间的过度耦合，增强了开发灵活性。不难看出，微服务架构解决了单体系统的缺陷，适用于规模较大的信息平台。实际上，微服务不仅是一种架构模式，更是一种理念的体现。微服务架构围绕服务构建，由多个相互协作且具备自治性的服务集群构成。每个微服务都专注于单一业务，依据业务逻辑划分边界，确保每个服务都是一个独立且完整的业务模块。微服务架构的一个关键约束是服务的通信与协作只能通过消息传递机制来实现，开发人员无法直接访问服务内部的方法或数据，杜绝非正式通信渠道，以此维持服务松耦合，确保平台的高度可扩展性和可靠性。

【例 5.6】 一个智慧物流供应链平台的微服务架构，如图 5-10 所示。该平台由多个独立的服务组成，服务专为业务功能构建，而且每项服务只负责自己的一项功能。这些服务作为独立进程运行，并由各自的开发团队直接管理和维护，因此可以独立更新、部署与扩展，精准适配应用程序各功能模块的需求变化。例如，供应商在客户采购高峰期时，可有针对性地增加订单服务的实例数量，以高效提升处理能力，确保平台的稳定运行。

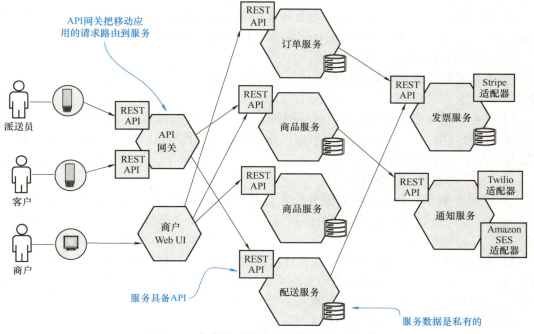

图 5-10 智慧物流供应链平台的微服务架构

在这样的平台中，服务的接口设计至关重要。只要服务的接口保持稳定不变，不管内部发生什么变化，都不会影响依赖于该服务的其他服务。通过这种封装机制，服务完成了实现变更与接口恒定的解耦。从实现、部署和进程视角来看，整个平台可跨多服务器，由独立微服务组成，如订单服务、商品服务等，各以可执行文件或 .war 包等形式存在且独立部署运行。每个服务都具备自身的领域模型和逻辑架构，包括用于实现领域模型的一系列代码集合。这些微服务可能采用三层架构或其他架构实现，并能自由选用编程语言和技术栈，利用网络协议实现服务间通信，体现了高度灵活性与技术异构性。

微服务架构通过将大型信息平台拆分为小型独立服务，显著提升了开发运维的综合效能，简化了设计与开发流程，缩短了测试与部署周期，还通过允许针对少量业务逻辑的独立开发、维护与优化，对比于单体应用大幅提高了灵活性和效率。开发人员能够自由选择最适配于服务特性的语言及框架，促进技术多样性，加速服务迭代。此外，微服务架构增强了平台的可维护性和管理性，局部更新无须全盘部署，降低了维护复杂度。其服务间的进程隔离机制提升了平台的稳定性和容错能力，确保单一故障点不会波及整个平台。在资源管理上，微服务支持跨服务器部署，实现了资源的动态优化分配与高效利用。最重要的是，微服务架构促进了平台的持续迭代与创新能力，各服务独立演化，加速了业务功能迭代，提升了平台的整体适应力和竞争力。微服务架构虽然解决了旧问题，但也引入了新的问题。

（1）微服务数量增多导致测试、部署、管理的工作量增大，运维复杂性提升

1）测试复杂化：服务间交互增多，需用集成测试取代单一功能测试，故障定位与测试流程难度加大。

2）部署挑战：单体应用简单部署变更为每个微服务独立部署，无自动化工具时，部署工作量和风险剧增。

3）管理负担：其要求更高运维水平，以确保众多服务协同运作，其维护需求远超单体应用的维护需求。为解决以上问题，微服务架构实施自动化测试、持续集成、自动化部署和持续交付来减轻工作负担，引入 DevOps 文化与工具链，以提升运维效率与平台韧性。

（2）性能和可用性的下降

1）网络延迟：服务间通信依赖网络，受环境影响，易发生消息延迟、丢失，影响平台响应与可用性。

2）进程通信风险：服务拆分后依赖网络通信，网络故障可能导致服务中断，如订单创建失败，降低可用性。针对这类问题，可以通过批处理、异步消息机制、服务容错机制等来缓解并提高平台的容错能力。

（3）复杂的数据一致性控制

1）跨服务数据一致性挑战：业务操作跨多服务需同步更新数据，需分布式事务确保原子性和一致性，如订单管理需同时调用订单、支付、库存等服务并更新，以维持数据一致性。

2）全局数据视图难题：微服务拥有自己的数据库，缺乏传统 ACID（原子性、一致性、隔离性和持久性）保障，难以获得跨库的全局一致的数据视图。可以通过研究聚焦于 Saga 模式、事件驱动等策略以解决分布式数据一致性问题。

总之，微服务架构并未彻底消除大型平台固有的复杂度，而是将原本在单体应用内部的复杂度转移至各微服务之间的交互上。随着分布式应用规模的增大、参与开发和运维的团队

成员增加到一定程度时，效率问题就以一种新的形态显现出来，其挑战性不亚于传统的单体应用难题。因此，解决由微服务架构引发的新问题需寻求更为系统化、标准化以及全局性的解决方案，兼顾服务拆分所带来优势的同时，也有效管理和控制整个架构的复杂度和风险。

5.3 表现层设计

表现层设计包括输入输出设计、用户界面设计和软件接口设计。这些设计直接影响用户体验和平台与外部环境的交互。其中，输入输出设计是确保平台与用户之间的互动顺畅的基础；用户界面设计则在输入输出设计的基础上，进一步关注用户与计算机之间的交互，从而促进人机对话；软件接口设计则确保平台内部各部分间的协作和与外部平台的通信。

5.3.1 输入输出设计

平台的输入输出模块主要负责平台与用户之间的互动，符合用户习惯的、良好的输入输出界面能够为用户创造良好的工作环境，方便用户操作，使目标平台更容易被用户接受。

1. 输入设计

良好的输入是确保平台正确运行的基本保障。要获得高质量的信息，首先必须确保输入信息的高质量。因此，输入设计的目标是在确保输入信息的正确性和满足输出需求的前提下，尽量减少输入内容，使输入方法达到简便、迅速、经济的目的。

（1）输入设计的基本原则　基本原则主要包括减少错误和提高效率。在进行输入设计时，应确保只要求用户输入处理需求所必需的最少的信息，从而避免冗余和重复输入。同时，应尽量减少输入延迟，保证数据输入的流畅性。此外，输入系统应及时记录数据，并在需要时进行必要的转换，以避免在转换过程中产生错误。

（2）输入数据的内容　在平台设计阶段，需要结合平台输出的需要，确定输入数据的项目名称、数据类型、取值范围、精度和存放位置等内容。其中，需要输入的数据通常包括各种日常的业务数据、控制平台运行的各种操作指令等。

（3）输入数据的形式　确定好输入内容之后，需要选择合适的输入形式，以简化用户的操作，提高输入的准确性和效率。输入形式主要有以下几种。①问答式输入。根据问答式对话进行数据输入。优点是简单易用，缺点是单调、慢速，不适用于大量的数据输入。②填表输入。在屏幕上显示一张待填写的表格，用户根据明确的提示填入每项数据，出现错误时也能提示修改。适用于需要大量相关信息输入的情况，如数据库数据的输入。③点取输入。利用列表框或组合框显示需要输入的内容，用户通过鼠标或按键进行查找和选择来完成输入。优点是输入简单，不会出错；缺点是输入数据被限定了范围，数据量很大时会有一定的系统开销。

（4）输入数据的设备和介质　根据实际需求选择合适的输入设备和介质。选择时，需考虑数据量、频度、来源和形式，以及输入类型与格式的灵活性，同时关注输入速度、准确性、校验方法和纠错难易程度等因素。此外，需要关注数据记录要求、保密性、适应环境和与其他平台的兼容性。常见的输入设备与介质如表 5-4 所示。

表 5-4　输入设备与介质

设备	介质	特点
磁带机	磁带	成本低、速度快，易于保存和携带，适用于大量数据输入
USB 输入设备	U 盘	成本低、速度快，便于携带，适用于大量数据输入
终端、控制台键盘		适用于数据的直接输入
磁性墨水阅读器	磁性墨水记录的单据	输入效率高，适合于少量数据的输入
光学标记读出器	光学标记、条码	输入效率高，适合于少量数据的输入
光阅读器	纸	价格高、速度快，错误率高，但具有发展前景
手写板 + 手写笔		可直接手写形成文字或绘制图形，即可识别文字也可保存图形
语音装置		可将语音转成文字，输入速度快，但识别文字有误差
摄像头 + 语音装置		可直接录入声音、图像等多媒体数据

（5）输入数据的校验　输入数据的校验是确保信息平台数据准确性的关键步骤，主要针对组成信息平台核心功能和业务逻辑的数据和金额、数量等重要数据进行校验，以避免数据内容错误、数据多余或不足、数据延误等情况。校验方法多种多样，可根据需要和条件进行选择。表 5-5 列出了常用的数据校验方法。

表 5-5　数据校验方法

数据校验方法	方法说明
重复校验	将相同的内容重复执行多次，比较其结果
视觉校验	将输入数据显示在屏幕或打印出来，由人工检验。一般在原始数据转换到介质以后执行
控制总数校验	对所有数据项的值求和进行校验
数据类型校验	校验数据是数字型还是字符型
格式校验	校验各数据项位数和位置是否合乎事先的定义
界限校验	检查数据是否在预先的范围之内。分范围校验、上限校验、下限校验三种
平衡校验	校验相关数据项之间是否平衡
代码自身校验	根据事先规定好的数学方法及代码本体计算出来校验码，再与校验位比较，以检验输入的代码是否正确

（6）输入设计说明书　完成这些步骤后，应编写输入设计说明书，详细记录输入的名称、具体项目、数据类型、取值范围等，以确保所有相关人员都能准确理解并遵循输入设计的各项细节。以某企业的数据库管理员工具为例，其输入设计说明书如图 5-11 所示。

	编号	kc001	填表人	×××	填表日期	2024.03.20	
	输入名称		入库单	输入方式		键盘录入	
	项目号		项目名	类型及宽度		取值范围	备注
输入内容	1		零件编号	C(7)		零件表中所有零件号	
	2		零件名称	C(20)		零件表中所有零件名称	
	3		单价	N(8, 2)		大于0	
	4		供应单位	C(30)		供应商档案中已有的供应单位	
	5		入库数量	N(6)		大于0	
	6		入库日期	D(8)			
	7		库管员	C(8)		全部库管员	
	输入格式						

图 5-11　输入设计说明书示例图

2. 输出设计

输出是平台生成的结果或提供的信息，对管理业务和决策至关重要。它是平台开发的目标，也是评价平台成功的标准之一。输出设计的核心在于准确、及时地提供各部门管理所需的信息，包括确定内容和形式，并选择适当的输出方式。

（1）**输出的内容**　在确定输出内容时，首要考虑的是信息的使用者及使用目的、预期的信息量、处理周期、信息有效期和保管方式，以及所需输出的份数。接下来，应明确具体要输出的信息项目，包括每个项目的长度、精度和形式。

（2）**输出的形式**　确定好输出的内容之后，需要选择合适的输出形式将其表达出来，以确保信息能够清晰、直观地呈现给使用者。输出形式主要有以下几种。①表格：一种常见的输出形式，一般用来表示详细的信息。②图形：一般用于表示事物的发展趋势、多方面的比较等方面，具体包括直方图、曲线图、饼图、地图等。③文字：一般用于输出无固定格式的文字信息。④报告：一般用于输出内容较多、既包含说明文字又包含较多格式数据的情况，可以综合运用前三种输出形式。⑤多媒体数据：主要包括声音和视频。

（3）**输出的设备和介质**　同时，需要根据实际需求，如容量要求、数据访问特点、精度要求等选择合适的输出设备和介质。当前常用的输出设备及介质见表 5-6。

表 5-6　输出设备与介质

设备	介质	用途	特点
行式打印机	打印纸	打印各种报表和图形	费用低且便于保存
磁带机	磁带	保存磁带档案文件	容量大且适用于顺序存取文件
磁盘机	磁盘	保存磁盘档案文件	容量大且适用于随机存取文件
光盘机	光盘	保存档案文件	容量大且适用于长期保存文件
终端	屏幕	显示各种报表和图形	立即响应、灵活且便于人机对话
绘图仪	绘图纸	绘制图形	图形精度高
微缩胶卷输出器	微缩胶卷	保存图形资料数据	体积小且易保存

（4）**输出设计说明书** 完成上述步骤后，应编写输出设计说明书，详细记录输出的名称、具体项目、形式、处理周期、格式及份数等，以确保所有相关人员都能准确理解并遵循输出设计的各项细节。同时，这份说明也是用户评估平台实用性的重要依据，帮助用户了解平台能够提供哪些信息以及这些信息将以何种形式呈现。以某企业的产品月库存统计为例，其输出设计说明书如图 5-12 所示。

编号	kc002	填表人	×××	填表日期	2024.03.05
输出名称		产品（ ）月库存统计表		处理周期	每月1次
输出形式：表格		输出方式：打印输出		份数	4
报送		财务处、销售处、经理办公室			
项目号	项目名	类型及宽度	计算方法		备注
1	产品编号	C(6)			
2	产品名称	C(20)			
3	单价	N(8,2)			
4	入库数量	N(8)			
5	出库数量	N(8)			
6	上月结余	N(8)			
7	库存数量	N(8)	上月结余+入库数量−出库数量		
8	资金占用	N(10,2)	单价*库存数量		
9	合计资金占用	N(10,2)	各产品资金占用之和		
格式					

图 5-12　输出设计说明书示例图

（5）**输出设计的评价** 输出设计是为了服务用户，在评价输出设计时，需要从用户角度出发，评估其能否及时、准确、全面地提供信息服务，是否易于用户阅读和理解，是否符合用户习惯，是否充分利用了输出设备的功能，以及是否考虑了未来发展变化。

5.3.2　用户界面设计

用户界面设计是在输入输出设计的基础上，考虑用户与计算机之间的交互，并设计相应的界面以处理输入/输出。

1. 用户界面的特征及其设计思路

在具有高度交互性的信息平台中，用户界面不应该被简单地视为开发后期要添加的一个组件。事实上，无论是从物理、感知还是概念上看，终端用户在使用平台时接触到的一切都属于用户界面。

（1）**用户界面的物理特征** 除了用户实际操作的硬件设备，如键盘、鼠标、触摸屏等，用户界面的物理特征还涉及用户在执行任务时可能使用的辅助材料，如操作手册、打印输出和纸质数据表格等。

（2）**用户界面的感知特征**　感知特征涵盖了用户通过感官接收到的所有信息，不限于物理触摸，还包括视觉元素如数字、文字、图形等，听觉元素如鼠标点击声、键盘敲击声或系统提示音等。

（3）**用户界面的概念特征**　概念特征聚焦于用户需要掌握的知识体系，包括平台所涉及的问题领域对象（如客户、产品、订单）、平台可执行的动作（如添加、删除、更新）以及执行这些动作所需的步骤（如双击、拖放、撤销）。

（4）**以用户为中心的设计思路**　随着对用户界面重要性认识的加深，信息平台设计技术开始注重以用户为中心的设计思路。以用户为中心的设计，强调在信息平台开发生命周期中，始终以用户需求和使用体验为导向。

2. 用户界面设计的指导原则

用户界面设计的指导原则是一门跨学科的艺术，它涵盖从一般性到专业性的多方面原则。作为人机交互领域的核心，用户界面设计不仅应用了计算机科学，更融合了认知心理学、社会心理学、人类生理学、工程学以及语言学等多个学科的知识，以优化人与机器的互动体验。

正式将人的因素引入工程设计始于第二次世界大战期间。如今，信息平台领域的专家正在研究如何在计算机中引入这些原则。这包括了认知负荷的管理、界面的可理解性、任务的可预测性、用户反馈的及时性等原则，以确保设计出易于学习和使用的用户界面。

界面设计应考虑以下几个方面：**可视性和提示性**，确保控件清晰可见、功能明确；**一致性**，保持界面元素的形状、大小和含义一致；**反馈**，提供明确的操作反馈信息；**防止出错和出错处理**，设计良好的错误信息和处理机制；**允许撤销操作**，支持用户撤销上一步操作；**最少记忆量**，简化界面交互，减轻用户的记忆负担，提高操作效率。

上述这些原则中有一些是互相补充、彼此依赖的。有些原则可能不会适用于一个机构的所有信息平台；因此，一个机构也可能会使用除上述原则外的其他指导原则。但无论如何，信息平台开发机构应该先制定一个界面设计标准或原则，所有隶属于该机构的信息平台开发都应遵循该标准或原则，以确保用户交互的效率。

3. 用户界面的形式

用户界面的形式包括菜单式、填表式、选择性问答式及按钮式。

（1）**菜单式**　菜单式界面多样灵活，通过屏幕展示功能选项，方便用户使用。常见形式包括一般菜单、下拉菜单、快捷菜单、级联菜单和菜单树。其中下拉菜单和快捷菜单广受欢迎，分别提供全局功能和即时服务。设计需简洁明了，禁用不相关功能。

（2）**填表式**　填表式界面简便清晰，用户通过逐项填写或查看数据内容向平台输入或查询数据。这种形式易读、不易出错，常见于屏幕输入输出。

（3）**选择性问答式**　选择性问答式设计通过屏幕向用户提问，并根据用户的选择决定下一步操作。这种形式常用于确认数据正确性或询问用户是否继续处理。例如，询问"输入是否正确（Y/N）？"，根据用户回答决定下一步操作。

（4）**按钮式**　按钮式设计通过按钮图标表示功能，单击执行操作，简洁美观。设计需考虑用户特点、学习过程、信息理解和期望，适应技术和系统影响。这种形式关注用户心理，响应时间不宜过长，提供操作帮助和错误提示信息。

4. 图形用户界面设计

图形用户界面（Graphical User Interface，GUI）已得到广泛应用。目前图形用户界面主要以显示器像素为单位，能显示任何字符、图形或图像，可以通过键盘、鼠标、笔、触摸屏来操作界面进行人机交互。目前的人机接口设计重点仍然集中在图形用户界面的设计上。

图形用户界面设计应遵循以下原则：保持一致性，确保各画面外观相似且操作方式一致；正确使用图形表达能力，避免滥用图形导致混乱；支持键盘输入，使用户可以方便地使用键盘进行操作；考虑资源消耗，在资源受限的情况下，适度考虑替代方案以优化性能。

图形用户界面的建模是根据系统需求和用例规约进行的，其中包括界面原型和界面模型两个方面。界面原型应包含界面窗口的整体布局、操作按钮及功能、用户输入数据项和系统数据校验、界面事件响应说明以及系统输出展示方式。界面模型通常采用线框图、视觉稿和原型三种形式，分别关注功能结构、视觉效果和交互效果。

图形用户界面从构思到成稿，一般会经历三四个不同的设计阶段。首先会绘制草图，用于落实想法和初步方案；然后绘制线框图，规划信息的层次结构，将内容分组，突出核心功能；接着绘制包含细节的视觉稿；最后将真实的交互和视觉汇集到一起，构建成原型。

5.3.3 软件接口设计

信息平台除了提供人机接口之外，往往还需要与其他信息平台进行交互。同时，为了满足内部需求，信息平台通常会划分出多个子系统或封装特定功能的软件构件，这些子系统或软件构件之间也需要通过交互进行协作。通过设计软件接口，可以隐藏内部的数据和算法等实现细节，减少平台之间的耦合以及子系统或构件之间的耦合，从而有效实现平台内部各部分间的协作、平台与外部平台的交互。

1. 软件接口技术

目前常用的接口技术包括以下几种：

（1）狭义 RPC　RPC（远程过程调用）是一种实现不同计算机间通信的方式，通过客户端/服务器模式实现。在 RPC 中，客户端可以调用远程计算机上运行的程序的功能，而无须了解其实现细节。它利用网络通信技术实现远程过程调用，使得应用程序可以像调用本地过程一样调用远程过程。RPC 的核心组件包括客户端、服务端、通信协议和序列化/反序列化。RPC 涉及四个主要角色：客户端（client）、客户端存根（client stub）、服务端（server）和服务端存根（server stub）。RFC 执行流程如图 5-13 所示。RPC 并不要求调用双方的编程语言必须相同，早期采用的是 Sun 提供的 Sun ONC（开放式网络计算）系统，支持 C 语言编译，但随着技术变化，跨语言、跨操作系统、面向对象的多种 RPC 得到了开发和应用。

（2）CORBA 和 Thrift　CORBA（通用对象请求代理体系结构）和 Thrift 都是用于解决分布式处理环境中硬件和信息平台互连的解决方案。它们实现了远程调用和跨语言对象通信，但 CORBA 更注重面向对象，Thrift 则专注于大规模跨语言服务开发。CORBA 使用通用的 IDL（接口定义语言）标准描述接口，增加了学习和使用成本，而 Thrift 通过 IDL 描述接口函数和数据类型，自动生成特定语言的接口文件，降低了编程难度。

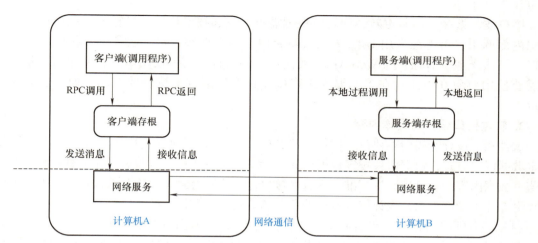

图 5-13　RPC 执行流程

（3）Java RMI　JVM（Java 虚拟机）内置的 RMI（远程方法调用）方案，为不同 JVM 之间的对象通信提供了强大的支持。这一方案允许一个 JVM 中的对象远程调用另一个 JVM 中的对象方法，实现跨 JVM 的分布式应用。RMI 通过 URL（统一资源定位符）来定位远程对象，并依赖 Java 序列化机制来编码和传递参数值。尤其值得一提的是，RMI 直接使用 Java 语言的接口作为 IDL，开发者只需实现这些接口类，即可提供远程服务，不需要额外的 IDL 的定义和编译过程。相比 CORBA 和 Thrift，RMI 仅适用于 Java 环境，易用性有所不同。

（4）Web Service 和 RESTful API　在互联网时代，程序需要通过 HTTP（超文本传送协议）和 WWW（万维网）服务来互相调用。使用 HTTP 的 Web Service 成为跨系统调用的主流方案。因为可以利用互联网的基础设施，所以 Web Service 的开发和实现通常很容易。它通常使用 URL 来定位远程对象，并通过预定义类型和对象序列化方式传递参数。接口既可以使用 HTTP 解析，也可以使用规范如 WSDL（万维网服务描述语言）或 SOAP（简单对象访问协议）解析。在 RESTful 方案中，仅限定了四种操作函数，即 PUT、GET、DELETE、POST，每种操作都可传递参数。

（5）Windows 和 NET 平台　在 Windows 和 .NET 平台中，存在多种远程过程调用方案。Windows RPC 适用于 Windows 程序间调用，使用 GUID（全局唯一标识符）查询对象，参数传递采用 C 语言类型。.NET Remoting 类似于 Java RMI，但仅限于 .NET Framework，编程模型较复杂。ASP.NET Web Service 使用 SOAP 数据协议，支持 HTTP，使用广泛。在 .NET 平台中，有两种主要接口技术：WCF（Windows 通信开发平台）和 ASP.NET Web API。WCF 支持多种协议，封装了底层通信细节，适用于构建跨平台服务。ASP.NET Web API 则更加简单易用，适用于构建基于互联网的服务。总体而言，若构建跨平台服务，WCF 更加强大；若构建基于互联网的服务，则 Web API 更加简单。

（6）其他接口技术　共享中间数据库、中间文件和消息队列是间接接口技术，用于解决信息平台间数据交换问题。共享中间数据库存技术在安全风险和沟通成本高等弊端；中间文件技术解耦系统联系，但需考虑传输协议、加密和可靠性；消息队列技术具有可以实现异步通信、解耦系统、流量削峰和控制等优势。

接口技术繁多且不断更新,项目应根据需求特点和技术优缺点进行合适的设计。针对组织内部调用,可考虑采用 URL 方式接口,便于用户理解;对于服务于多种应用的系统接口,可选择基于 HTTP 的 Web API;面向过程的远程调用可使用函数,而面向对象的编程需要使用对象和方法;在单一编程语言或多种编程语言支持以及性能方面,也需加以考量。

2. 软件接口设计的具体内容

软件接口设计涵盖传输协议、数据协议、接口定义格式和数据内容四个方面。传输协议决定数据传输方式,数据协议规定数据格式,接口定义格式包括函数或操作名称、参数和返回值,数据内容统一管理数据标准。现有的接口框架通常会封装传输和数据协议,使项目组能够更专注于功能需求,设计安全可靠的业务功能接口和数据标准。

(1)平台间接口设计 平台间接口设计是定义和规范不同平台之间通信和交互的方式和规则的过程。通过合理设计接口,可以实现平台间的集成和协作,降低平台间的耦合度,提高平台的可扩展性和可维护性,促进平台的重用,并支持平台间的通信和协作,从而实现更高效、更灵活的平台架构和功能。主要的设计点如下:

1)远程过程定位。确定网络地址和端口,采用面向对象的远程方法和接口。
2)函数接口表示。通过配置文件、注解等方式标识函数接口。
3)网络通信实现。选择合适的编程技术和通信协议,包括网络传输和数据编码协议。
4)接口规范和文档。定义清晰的接口规范和文档,包括参数、调用方式和错误处理。
5)安全性考虑。确保接口设计考虑到身份验证、数据加密和防止重放攻击等安全问题。

(2)子系统及构件的接口设计 大规模平台采用"分而治之"原则,将平台分解为多个子系统,通过接口实现交互。每个子系统都封装特定功能,提供对外接口,降低耦合度,增强可扩展性和可维护性。替换子系统时,保持接口不变,实现子系统模块化和可替换性。图 5-14 展示了制造企业信息平台内部子系统的对接。

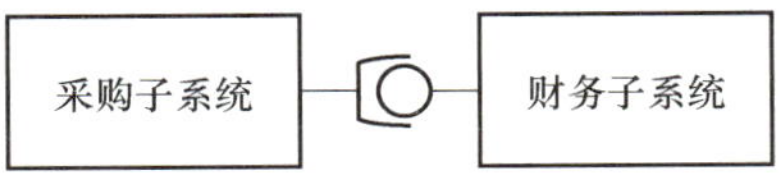

图 5-14 制造企业信息平台内部子系统的对接

UML 构件图展示信息平台中可复用的软件单元及其接口关系。如图 5-15 所示,DataAccess 构件提供数据存取访问,并实现 SearchInDB 接口;Product 构件负责产品管理,提供 SearchProduct 和 ExportToXml 接口。Product 构件依赖于 DataAccess 构件,展现了构件之间的依赖关系,同时 DataAccess 构件可被其他构件复用,促进平台设计与理解。

图 5-15 构件和接口示例

基于构件的软件开发确实为平台提供了高度的变更灵活性。举例来说,当前 DataAccess 构件用于访问 MySQL 数据库。若未来数据库系统需要更改为其他类型,在接口设计保持不变的情况下,只需开发一个新的 DataAccess 构件来适配新的数据库系统。完成新构件的开发后，用其替换原有的 DataAccess 构件，即可在不影响其他依赖该构件的程序运行的情况下，实现数据库的顺利迁移。这种基于构件的架构使得软件能够轻松地应对未来可能的技术变更和业务需求调整。

（3）软件接口设计注意事项　软件接口设计的关键在于规范化、简单性和安全性。规范化确保接口遵循统一规范，并有专门的管理流程和制度；简单性保证接口易于理解和使用；安全性包括安全评估、访问控制、日志记录等措施以保护系统安全。此外，对提供批量文件传送和编写规范的接口文档也要加以考虑，以确保接口的可靠性和易用性。

5.4　业务逻辑层设计

在业务逻辑层设计中，结构化、面向对象和面向服务的三种设计方式各具特色。结构化设计着重于模块的分解和定义；面向对象设计强调类的独立性和功能专一性；面向服务设计则将服务视作信息平台的核心组件，注重服务间的松散耦合关系和清晰的接口定义。这三种设计方式共同致力于构建灵活、易于维护和高度可扩展的业务逻辑层。

5.4.1　结构化的业务逻辑层设计

结构化设计根据信息平台分析阶段确定的目标和逻辑模型，通过自上而下和自下而上的方法，将信息平台分解为功能明确、独立性强的模块，进而简化复杂的平台结构设计。在业务逻辑层设计中，特别关注模块结构图设计和处理流程设计，以实现平台的逻辑功能和数据流程。

1. 模块结构图的设计

在平台设计阶段，模块结构图的设计至关重要，涉及整体架构规划和模块化分解。目标是将复杂平台需求分解为易管理的模块，每个模块承担特定功能和责任。良好的模块设计可以提升平台的可维护性、可扩展性和复用性，降低开发和测试难度。

（1）模块结构图　模块结构图是描述平台模块结构的图形工具，反映模块层次、调用关系及数据控制传递。它明确模块名、功能及接口，是结构化设计的关键。模块结构图由模块、调用（包括循环调用和判断调用等）、数据、控制等基本符号组成，如图 5-16 所示，是结构化设计中的重要工具。

图 5-16　模块结构图的基本符号

1）模块。模块名通常遵循"动词＋名词"的命名规则，以明确表达其功能。

2）调用。调用关系通过箭头线表示，箭头从调用模块指向被调用模块，然而其应被理解为被调用模块执行后会返回结果给调用模块。模块间的判断调用由调用模块内部的条件确定，用菱形符号表示；循环调用则需要通过模块内部的循环功能不断重复调用从属模块，以弧形箭头表示。这些调用和数据流动的方式在模块结构图中都有明确的表示方法，如图5-17所示。

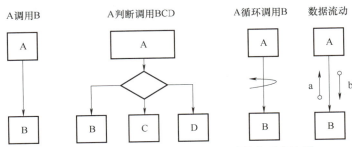

图5-17 模块结构图调用和数据流动的表示方法图

3）数据。模块间数据传递通过带空心圆的箭头表示，并标有数据名。

4）控制。用带实心圆点的箭头表示，在模块结构图中标示状态而无须处理。

结构化方法是一种面向过程的开发方法，但是不管多么复杂的模块结构图，都可以根据"输入—处理—输出"这一基本特征发现一些简单的规律。利用这些规律，有助于理解和构造一个模块结构图。

信息平台的数据传递结构包括传入结构、传出结构和变换结构，如图5-18所示。传入结构表示数据从低层模块向高层模块传递，常见于数据输入功能。传出结构表示数据从高层模块向低层模块传递，常见于数据输出功能。变换结构表示数据在平台内传递时经过处理，低层模块处理数据后再传递给同一高层模块，例如数据格式转换。

（2）模块结构图的构造　基本思路是根据信息平台分析阶段得到的数据流图模型，贯彻"自顶向下、逐步求精"思想，逐层分解得到模块结构图中的模块，确保内部联系强、接口简单、符合用户组织、共用性适当。将相关问题整合到同一模块，不相关问题划分至不同模块。顶层数据流图分解为子系统，逐步按层次分解为模块，并调整调用关系。数据流图模型主要分为两类：交换流和事务流。

1）变换流。其数据流图呈线性结构，包括输入、变换和输出，如图5-19a所示。获取数据是前期工作，变换是核心，输出数据是后处理。

2）事务流。其数据流图将信息流聚焦于事务中心，如图5-19b所示，根据输入数据类型选择相应动作。数据沿输入通路到达事务中心，执行选定的动作。

对于具有变换流或事务流的数据流图，在从数据流图映射成模块结构图时，要分别进行变换分析或事务分析，构造步骤如图5-20所示。

1）变换分析。通过数据流图分析事务模块，将输入转换为输出，确定主要处理功能为输入、变换、输出。优化得到结构图，包括输入、处理、输出三类子树，沿数据流分析逻辑功能，从输入源跟踪至变换部分，再从输出处回溯至变换部分，确定逻辑输入、输出和中心变换。

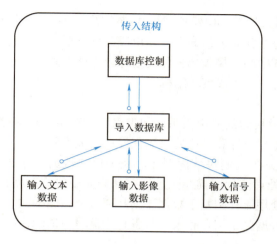
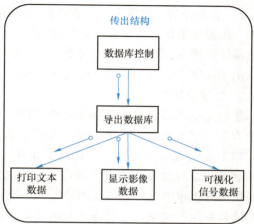
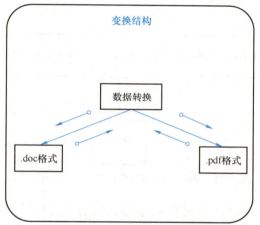

图 5-18 信息平台的数据传递结构

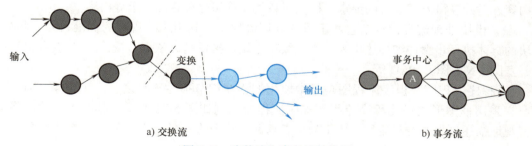

a) 交换流　　　　　　　　　　　　　b) 事务流

图 5-19 变换流和事务流结构图

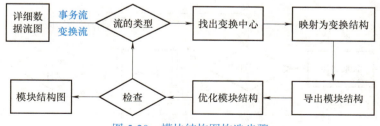

图 5-20 模块结构图构造步骤

2）事务分析。其以事件列表或数据流图为基础，构建顶层模块结构图，包括主控模块和第一层调用模块，实现显示和选择功能。每个独立事件的主控模块成为分支根节点，逐步细化模块结构图，首先在数据流图上确定事务中心、接收部分和发送部分，然后画出初始模块结构图框架，最后分解细化接收分支和发送分支完成模块结构图。

2. 处理流程的设计

模块结构图设计虽然聚焦于功能特性和模块间的调用关系，却难以全面展示数据存储、处理流程与逻辑结构。因此，进行系统处理流程设计和模块处理流程设计至关重要。

（1）系统处理流程设计　在真实业务场景中，模块结构图无法完全反映数据存储文件间的联系。系统处理流程设计旨在通过系统处理流程图描绘数据在存储介质中的流动路径，为模块处理提供准确的输入输出依据。系统处理流程图基于数据流图和模块结构图构建，旨在明确数据间的关系，并把各个处理功能与数据关系结合起来。装备仓库器材申请的系统处理流程图如图 5-21 所示。

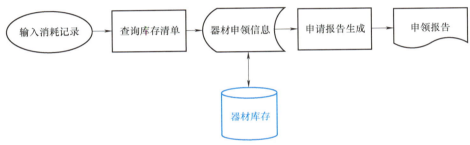

图 5-21　装备仓库器材申请系统的处理流程图

系统处理流程图可以反映出不同的系统处理方式，包括：每个数据文件存放时的介质、处理程序的目的和数目、数据在系统中的流动、处理和存储过程、处理程序的输入输出形式和内容，对计算机外部设备的要求，以及对各类文件保存形式的要求等内容。

（2）模块处理流程设计　它基于系统处理流程图，利用统一规定的标准符号，将处理模块的具体执行步骤详细描述出来，为后续程序设计提供基础依据。设计工具包括程序流程图、盒图（N-S 图）、PAD 等。

1）程序流程图。程序流程图是最常使用的程序细节描述工具之一，于 1946 年首次提出。它采用框图形式描述程序流程。程序流程图示例如图 5-22 所示。其特点是清晰易懂，能直观地描述过程的控制流程，便于初学者掌握。其中的框图包括顺序、选择和循环这三种基本结构。

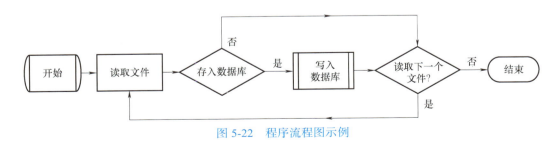

图 5-22　程序流程图示例

2）盒图。盒图又称 N-S 图，于 1973 年首次提出。它将每个处理步骤用盒子表示，盒子内部可以是单个语句或语句序列。在需要时，盒子还可以嵌套其他盒子，以展示复杂的程序结构。

盒图具有明确的功能域，只允许从上到下流动，确保了程序结构的清晰性。盒图不含有箭头，也就是不允许随意进行控制转移，有助于程序员养成结构化思考的习惯。图 5-23a 给出了结构化控制结构的盒图表示符号。坚持使用盒图作为详细设计的工具，可以使程序员逐步养成用结构化方式思考问题和解决问题的习惯。将图 5-22 所示的程序流程用盒图描述，如图 5-23b 所示。

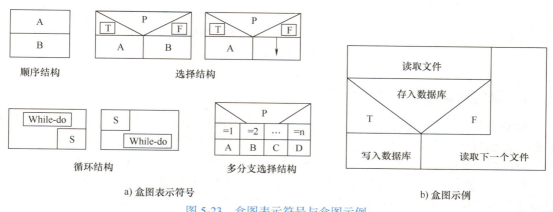

图 5-23 盒图表示符号与盒图示例

3）PAD。PAD（问题分析图）由日本日立公司于 1973 年提出，并得到广泛应用。PAD 通过二维树状结构表示程序的控制流，便于转换为程序代码。图 5-24 给出了 PAD 的基本符号。

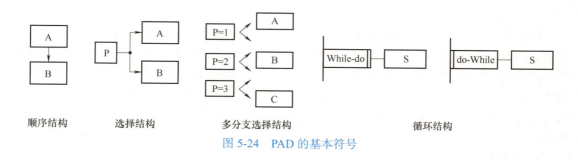

图 5-24 PAD 的基本符号

它采用自顶向下、逐步细化的设计方法，将问题转化为确定的执行过程，生成结构化的程序。PAD 具有清晰的结构，易读性强，并支持多种高级程序设计语言。通过将 PAD 转换为高级语言程序，可以显著提高软件的可靠性和生产率。PAD 的执行顺序从上至下、从左至右，支持层次化的控制结构，便于程序员理解和实现复杂的程序逻辑。开始时设计者可以定义一个抽象的程序，随着设计工作的深入而使用 def 符号逐步增加细节，直至完成详细设计，如图 5-25 所示。

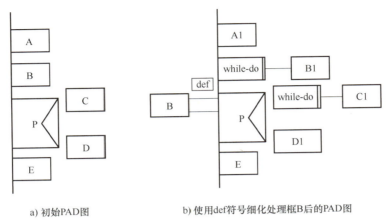

a) 初始PAD图　　　　　　　b) 使用def符号细化处理框B后的PAD图

图 5-25　PAD 图中 def 符号的使用图

5.4.2　面向对象的业务逻辑层设计

面向对象的业务逻辑层设计，旨在实现灵活、易维护且高度可扩展的平台架构。其核心在于将复杂业务逻辑分解为独立类，各负其责。通过合理界定类边界，保障代码清晰、规范。设计中，要遵循高内聚低耦合、单一职责、开放封闭等原则，确保代码质量，提升平台可维护性；同时，需要注重类的独立性、功能专一性和代码灵活性，以构建健壮、高效、可靠的业务逻辑层。接下来以订单平台为例，将客户购买产品这一业务分解为对应的"客户购买界面"边界类、"客户"实体类和"订单管理"控制类进行设计，以确保参与者与平台之间的顺畅交互。

1. 边界类的设计

边界类与 MVC 中的视图相对应，具有接收并转发用户请求、反馈平台响应的功能。边界类通常代表用户界面、通信接口、打印机接口或者专用 API 等软件对象，每个边界类至少与一个参与者有关。

以订单平台为例，所有互动均围绕用户界面完成，这使得边界类主要体现为用户操作界面，图 5-26 呈现了客户购买产品的界面原型设计图，直观描绘了用户操作的界面。通过图 5-27 显示的边界类与参与者的交互以及相关描述，进一步设计捕捉用户需要的各项操作指令，诸如输入客户账号、显示产品型号、查看购买清单等，并指挥平台做出恰当响应。未来，若计划拓展至跨平台订单协作，与外部合作伙伴平台的通信接口也需要设计成一种边界类。

2. 实体类的设计

实体类是领域模型在平台中的具象化，与 MVC 架构中的模型部分相对应，两者皆承载了数据结构与业务逻辑的双重责任，但各有侧重。MVC 架构中的模型部分广泛地致力于数据的组织和业务流程的抽象化设计，旨在促进视图与控制器之间的高效协同。实体类则更加深入地聚焦于领域内概念的精确定义及业务规则的内嵌，充分展现了领域驱动设计的精髓所在。实体类因为封装了关键业务逻辑和极具业务价值的信息，所以具备了持久化存储的必要性，以确保持久的数据完整性和业务连续性。通过将复杂的业务逻辑转化为实际运行的代码，实体类确保了业务操作的精确执行与高效运转。

图 5-26　客户购买产品的界面原型设计图

图 5-27　"客户购买界面"边界类

【例 5.7】 实体类"客户"的设计。在图 5-28 中,实体类、边界类与参与者间的协作一目了然。以"客户"实体类为例,它处理客户业务逻辑,验证信息、提供数据。"客户购买界面"边界类则负责与参与者交互,展示并接收信息。

图 5-28　实体类、边界类和参与者的协作

另外,为提高数据传输效率和平台可维护性,有时会将实体类的属性和方法分离,例如,创建数据传输对象(Data Transfer Object,DTO)、值对象(Value Object,VO)等专注数据传输与存储,业务逻辑则封装在业务对象(Business Object,BO)和数据访问对象(Data Access Object,DAO)中。

3. 控制类的设计

控制类是平台协调与调度的核心,封装特定用例的控制流程,展现业务逻辑演算。它建模平台动态行为,处理核心操作,分配任务。在分层设计原则下,由边界类和实体类承担交互细节与数据存储，而控制类并不涉及，从而确保平台各层分离并高效协作。

【例 5.8】 控制类"订单管理"的设计。如图 5-29 所示，交易事件流涉及验证客户、获取产品信息、创建订单记录等复杂业务控制和界面逻辑。

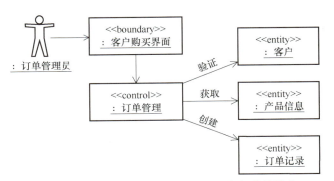

图 5-29 实体类、控制类、边界类和参与者的协作

在平台设计时，根据用例图确定与参与者交互的用例，并创建相应的用例界面类。控制类的引入遵循分层原则，每个基本用例通常有专用控制类处理逻辑，但为了提高代码的复用性和简洁性，也可以合并或拆分控制类，从而提升平台可维护性和扩展性。

4. 设计原则

设计原则是达成平台设计目标与特性的基石，合理使用这些原则能够塑造结构优质、易维护、可靠、健壮的模型，反之会导致结构混乱、质量低劣。

（1）高内聚低耦合原则　在面向对象设计中，高内聚意味着每个类或模块应专注于完成一个特定的任务或功能，因此其内部元素紧密相关，而与其他类或模块的关系则保持适度。低耦合强调模块之间应尽可能独立，减少相互依赖，以此提高平台的稳定性和可维护性。通过封装和抽象，类可以隐藏内部细节，仅暴露必要的接口，从而提高复用性。分层设计模式通过将界面、逻辑和数据分离，进一步降低平台组件之间的耦合度，使得底层组件更易于复用和替换。

（2）单一职责原则　单一职责原则（Single Responsibility Principle，SRP）强调一个类或模块应该只有一个引起它变化的原因。这意味着类的职责应该明确且集中，避免承担过多不相关的任务。将复杂的业务逻辑拆分成多个独立的类，虽然会增加类的数量，但可以使平台结构更加清晰、灵活，并提高代码的可读性和可维护性。

（3）开放-封闭原则　开放-封闭原则（Open-Close Principle，OCP）主张软件实体（如类、模块、函数等）应该对扩展开放，对修改封闭。这意味着当需求发生变化时，应该通过增加新的功能或行为来应对，而不是修改已有的代码。通过策略模式、模板方法等设计技巧，可以实现代码与行为的解耦，提高平台的灵活性和可维护性。然而，在实际开发中，完全遵循开放-封闭原则可能并不现实，因此需要根据项目的具体情况和需求来权衡其实现方式。

（4）Liskov 替换原则　Liskov 替换原则（Liscov Substitution Principle，LSP）强调子类必须能够替换其父类而不影响程序的正确性。这要求子类在继承父类时，必须遵守父类的行为规范，即子类必须能够覆盖或实现父类中的所有方法，并且这些方法的语义和行为必须与父类保持一致。通过遵循 Liskov 替换原则，可以确保多态性在平台中得到正确应用，从而提高代码的灵活性和可重用性。

（5）依赖倒置原则　依赖倒置原则（Dependency Inversion Principle，DIP）主张高层模块不应该依赖低层模块的具体实现，而应该依赖它们的抽象接口。这样可以使高层模块与低层模块之间解耦，提高平台的灵活性和可扩展性。通过面向接口编程和抽象工厂等设计模式，可以实现依赖倒置原则，使得平台更加健壮和易于维护。如图 5-30 所示，Button 类直接依赖于 Lamp 类，违反了依赖倒置原则。理想情况下，Button 类应依赖于一个抽象接口，而不是具体的 Lamp 类实现，从而降低耦合度，从而更容易维护和扩展。

（6）接口隔离原则　接口隔离原则（Interface Segregation Principle，ISP）要求将庞大的接口拆分成更小的、更具体的接口，以便客户端只需知道自己感兴趣的方法。这有助于降低接口的复杂性，减少不必要的依赖关系，并提高平台的可维护性和可重用性。在实际应用中，需要根据项目的具体需求来权衡接口的拆分粒度，以确保平台的稳定性和效率。

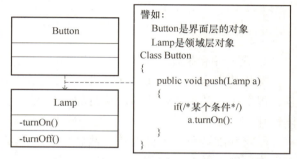

图 5-30　违反依赖倒置原则的模型实例

5.4.3　面向服务的业务逻辑层设计

面向服务的业务逻辑层设计以业务需求为指引，定义各个服务及操作，确保接口和协作清晰。通过用例和领域模型识别平台操作，将业务能力转化为服务，确保职责明确独立。遵循单一职责、闭包原则和实现清晰接口，提升灵活性和可伸缩性，以构建高效灵活的业务逻辑层，支撑平台稳定运行。

1. 面向服务设计步骤

在面向服务的设计中，需要掌握业务全貌及平台的相关内容，通过捕捉来自多个渠道的请求，定义对应的平台操作、服务、服务 API 及协作方式，将操作与服务对应，确保各职责明确，以完成服务的分析与设计工作。服务模型构建是一个持续迭代的过程，要贴合业务实际。因此，面向服务的分析与设计并不是一个间断环节，而是一个相互交织、共同推进的过程。以配送平台为例，其面向服务的设计步骤如图 5-31 所示。首先，通过对业务需求的深入分析，明确平台所需支持的所有关键操作，如用户下单、商家接单等操作。其次，依据平台操作，将复杂业务逻辑拆分为独立的服务组件，比如订单服务负责订单生命周期管理，仓库服务管理库存和出库，厂家服务处理商品供应，每一项服务都封装了特定的业务逻辑和功能，实现了服务的自治性。最后，为每个服务设计 API 和协作方式，规范服务间通信协议，明确数据交换格式，以及确定服务之间的调用流程和依赖关系，如订单服务通过 API 调用仓库服务以检查库存，确保服务之间既能协同工作又能保持松耦合。这一系列设计步骤形成了一个迭代和逐步细化的过程，旨在提高平台的可维护性、可扩展性和灵活性。

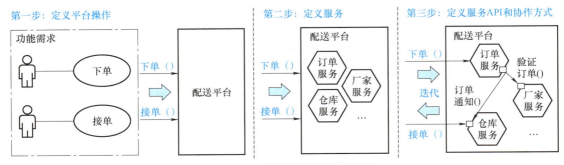

图 5-31 面向服务设计步骤示例

2. 定义平台操作

在构建以服务为核心的平台时，需要从平台的需求分析出发，通过理解用户的应用场景，提取用户请求并转化为可执行的平台操作。仍以配送平台为例，从需求到平台操作的具体转化过程如图 5-32 所示。首先，基于功能需求，定义由需求驱动的领域模型，识别出客户、厂家和配送单等实体对象。然后，将下单和接单的行为映射到具体的平台操作上，如下单操作可能涉及客户向配送平台发起请求，而接单操作则可能是由配送平台先向厂家发送指令，厂家确定接单后将信息反馈给配送平台。通过该转化过程，需求被转化成实际的平台交互，从而实现业务目标。

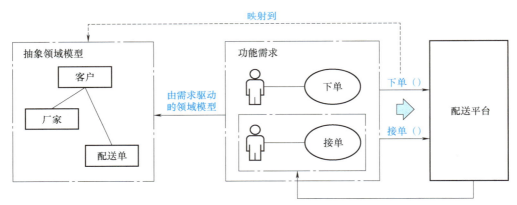

图 5-32 从需求到平台操作的具体转化过程

（1）用例模型中的平台用例　在实际应用中，每个平台用例均对应一个或者多个操作，通过分析用户故事和业务场景，推动识别平台操作，有助于更精准地满足用户需求。通过对用例规约进行分析，来细化和明确操作参数、返回值，设定前置条件和后置条件等平台操作，以确保平台操作具备高度可用性和可靠性。

（2）领域模型　领域模型不仅是平台操作的关键源头，还提供了描述平台功能和行为的术语基础。平台运作过程中，可能会涉及领域对象及它们之间的关系等内容，通过观察对象间关系的变化，推导出相应的平台操作。

平台操作主要分为读、写两类，二者都是平台架构中的重要部分。在架构设计阶段，要着重关注对架构产生影响的平台操作,并对其进行深入分析、识别和规划,从而构建一个稳定高效的平台架构。以客户下单为例,其中涉及的两个关键读操作如下:

1)findAvailableManufacturers(deliveryAddress,deliveryTime)操作,负责根据客户提供的送货地址和时间要求,查找并返回能够满足需求的厂商列表。

2)findManufacturerProductCatalog(id)操作,用于获取特定厂商的产品目录信息。

3. 确定候选服务

服务设计的关键是明确服务清单,其服务范围可围绕核心业务或扩展至企业乃至供应链网络。

(1)根据业务能力设计服务 业务能力是组织目标和核心活动的体现,涵盖服务输入输出、协议等核心要素。为了将业务能力转化为具体的服务,需要精准识别其要素,并通过目标分析、关键指标设定、业务流程梳理等方式,构建服务目录。这一过程灵活多变,转化方式多样,主要取决于业务需求与角色定位。同时,需要保持服务映射关系灵活可调,以维持服务的适应性。

【例 5.9】 以配送平台为例,其业务能力与服务的对应关系如图 5-33 所示。

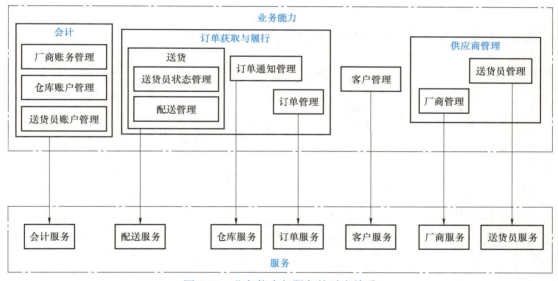

图 5-33 业务能力与服务的对应关系

(2)根据业务领域设计服务 在业务运作的广阔天地中,各个领域构成了我们理解和管理的基础。通过将其细化为更具体的子领域,使每个子领域都承载着业务运作的某个特定环节,从而提高操作的有效性。以销售领域为例,订单管理、产品管理、库存管理和配送管理等子领域,都是不可或缺的组成部分,如图 5-34 所示。

1)确定子领域。理解业务并识别其子领域是设计服务的第一步。这可以通过对业务流程的深入剖析,或参考组织内部部门架构来完成。关键业务对象往往是子领域的核心,因此,识别这些业务对象对于定义子领域至关重要。一旦子领域被明确,它们通常就会被映射到独立的服务上,形成服务目录的基础。

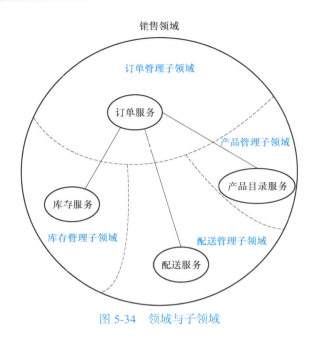

图 5-34 领域与子领域

【例 5.10】 配送领域的子领域映射到服务，如图 5-35 所示。

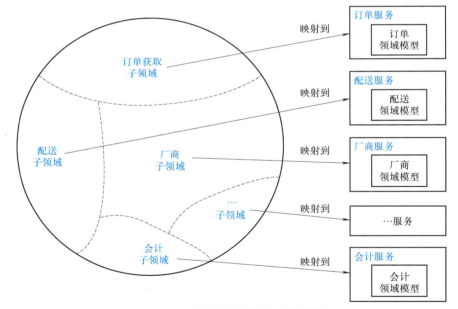

图 5-35 配送领域的子领域映射到服务

2）继续细化服务粒度。在确定了子领域并初步映射到服务后，需要进一步考虑服务的粒度。这涉及如何使服务既不过于庞大，也不过于琐碎。为此，需要遵循一些基本的设计原则：

1）单一职责原则。每个服务都应专注于一个特定的功能或业务流程，保持职责的单一性。这有助于减少服务间的依赖和耦合，提高平台的可维护性。

2）闭包原则。相关且紧密关联的功能应被封装在同一个服务中。这样，当这些功能发生变化时，只需要修改和测试该服务，而不会影响其他服务。

3）两张比萨（Pizza）原则。服务的规模应适中，既不过于庞大以致难以管理，也不过于琐碎以致效率低下。适当的规模有助于确保服务的灵活性和可扩展性。

服务的边界并非一成不变，可能需要适当调整，以适应新的需求和挑战。这要求在设计服务时保持一定的灵活性和可调整性。一旦服务的边界被确定，就可以针对每个服务进行详细的规划和设计。这包括架构设计、技术选型、部署策略等各个方面。通过精心设计和实施，这些服务将共同支撑起组织的业务运作，为组织的成功提供坚实的保障。

（3）服务的粒度　服务粒度在面向服务架构中至关重要，影响着功能的涵盖范围。粗粒度的服务整合了广泛逻辑，细粒度的服务则聚焦具体业务点。在确定服务的粒度时需要权衡复杂度、性能和可管理性等多个因素。服务旨在封装业务逻辑，追求业务与技术平衡，因此定义合理的粒度能够构建高效服务架构，以支持企业业务发展。

4. 定义服务接口

经过对平台操作的细致梳理，得出了候选服务目录。接下来的主要任务是将操作合理分配至各服务，并明确每个服务的 API 定义，以确保服务间的高效协作。

在对平台操作和候选服务进行梳理后，需要精确地将操作分配给对应的服务。每个服务都应明确其业务逻辑边界，确保高效执行所分配的任务。例如，在配送平台中，用户注册（Create Consumer）操作归属"客户服务"，而更新配送状态（Note Updated Location）则可能需要"订单服务"和"配送服务"的协同处理。

当遇到无法直接对应到现有服务的操作时，需要灵活调整服务结构或设计新服务以填补业务空白。最终，每个操作都将有明确的服务归属，并通过统一的服务接口与外部交互。对涉及多个服务协作的复杂操作，需要建立清晰的协作机制，以确保数据同步和流程顺畅。例如，配送平台中的服务分配与协作关系（见表 5-7），正是优化服务架构、提升业务效率的关键所在。

表 5-7　服务分配与协作关系

服务	平台操作	协作者
客户服务	Verify Consumer Details（）	—
订单服务	Create Order（）	客户服务 Verify ConsumerDetails（） 配货服务 Verify OrderDetails（） 厂商服务 Vendor Service（） 支付服务 Authorize Card（）
配货服务	Find Available Manufacturers（）	—
厂商服务	Create Ticket（） Accept Order（） Note Order Ready For Pickup（）	配送服务 Schedule Delivery（）
配送服务	Schedule Delivery（） Note Updated Location（） Note Delivery Picked Up（） Note Delivery Delivered（）	—
支付服务	Authorize Card（）	—

5. 设计原则

为了确保平台高效运行，除了遵循基本原则外，服务设计还需注意以下内容：

（1）领域驱动原则　服务设计应紧密围绕业务核心，从而简化沟通，明确领域界限。将一个业务领域或子领域的所有开发活动集中于一个团队，这能够更好地维护业务逻辑的完整性和连贯性，提升代码的易卖性和可维护性。

（2）独立数据存储原则　根据特定需求选择适当的数据库和基础设施，确保数据独立存储。为了确保数据完整性和安全性，在其他服务访问数据时，应通过调用有相应权限的服务的 API 来实现。

（3）使用轻量级通信原则　服务间通信应优选轻量级协议如 REST、Web 服务或 RPC，以适应跨进程、跨主机的需求。同时，推荐采用异步通信方式，减少服务耦合，通过缓冲机制优化流量，进而提升平台稳定性和可扩展性。

5.5 数据访问层设计

数据访问层设计是信息平台建设的核心之一，需要将领域模型转化为逻辑数据模型并进行细化。其中，关系数据库设计需遵循规范化原则以确保数据一致性。对象关系映射（Object Relational Mapping，ORM）设计则定义领域模型与数据库之间的映射关系以简化数据访问层的开发和维护过程。非关系数据库设计则以其灵活性和可扩展性在特定场景下备受青睐。

5.5.1 关系数据库设计

关系数据库设计致力于构建一个清晰、高效、易维护的平台，且涵盖设计关系数据模型、规范化消除冗余、物理设计优化性能等环节，确保平台能够满足应用需求，实现稳定数据管理。

1. 设计关系数据模型

关系数据模型以表格形式展现实体及其联系，行代表记录，列代表字段，命名字段即得属性名，通过单元格存储字段值。有些字段或字段组合能唯一标识记录，称为主键。

在结构化设计方法中，可以根据 E-R 模型转换为对应的关系数据模型。其中，每个实体需要转换为一张表，多对多的联系通常也需要转换为一张表，而一对多的联系则可以通过在表中增加属性来处理。

【例 5.11】将材料核算平台的 E-R 模型转换为关系数据模型。将图 5-36 中的实体和联系转换成对应的关系数据模型。

（1）产品（产品号，产品名，预算）。
（2）零件（零件号，零件名）。
（3）仓库（仓库号，库管员，面积）。
（4）构成（零件数）。
（5）材料（材料号，材料名，单位，单价）。
（6）消耗（耗用量）。

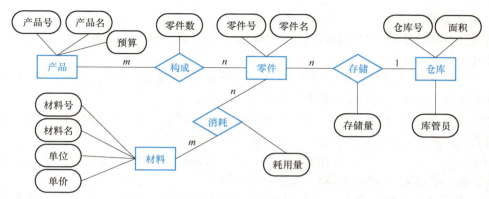

图 5-36 材料核算平台的 E-R 图

2. 规范化消除冗余

在关系数据库构建中,规范化至关重要。E.F.Codd 于 1971 年提出规范化理论,旨在消除数据冗余、提高完整性,他根据关系模式需要满足的要求,按照不同规范化程度分为多个层次,从第一范式到第三范式,逐级严格。

(1)第一范式 第一范式(First Normal Form,1NF)是关系数据库模式规范化的起点。它要求关系模式中的每个属性为原子性,即不可再分的基本数据项。若属性包含多个值或者可进一步拆分,那么就不满足 1NF。为了满足 1NF,需要对该属性进行拆分,使其各部分成为独立属性。

(2)第二范式 当关系模式的主键包含多个属性时,第二范式(Second Normal Form,2NF)要求非主键属性必须完全依赖整个主键,而不能仅依赖于主键的一部分。这有助于消除部分函数依赖,提升数据独立性。若非主键属性仅依赖主键的一部分,则不满足 2NF,需要拆分关系模式,确保非主键属性完全依赖于新主键。

(3)第三范式 若关系模式在满足 2NF 的基础上,所有非主键属性都不通过主键间接依赖其他非主键属性,则满足第三范式(Third Normal Form,3NF)。反之,如果存在间接依赖,则该关系模式不满足 3NF。

【例 5.12】 分解表 5-8 中不符合 3NF 的关系。

表 5-8 不符合 3NF 的产品关系

产品代码	产品名	生产厂名	生产厂地址

消除依赖关系传递,分解得到以下 3NF 关系。

1)产品关系:产品代码、产品名、生产厂名。

2)生产厂关系:生产厂名、生产厂地址。

3NF 通常已经能消除大部分操作异常,是关系模式设计的常用标准。尽管还存在更高级别的范式,例如,由 Boyce 和 Codd 提出的巴斯范式(Boyce Codd Normal Form,BCNF)和 Jim Gray 提出的第四范式(Fourth Normal Form,4NF),但在实际应用中,3NF 往往已足够满足需求。

3. 物理数据库设计

物理数据库设计涉及的是如何具体实现数据库在物理层面上的构建与部署，主要涵盖以下几大方面：

（1）估算数据库的数据存储量　根据需求分析阶段收集到的信息，分析当前数据规模并预测未来增长趋势，以确保为数据库分配足够的存储空间。

（2）设计数据库设备和存储方案　物理数据库设计需要考虑设备选择、布局及 RAID 技术等因素，以满足数据库大小、访问频率及硬件资源的需求。

（3）设计索引　应基于应用的需求和查询模式，制定合理的索引策略，确定需要索引的字段、索引使用类型及维护策略，以提升查询性能。

（4）设计数据库服务器程序　为提高数据处理效率和安全性，可在数据库服务器端开发存储过程和触发器。预编译并存储存储过程，减少网络开销，提升执行效率；触发器则自动执行复杂业务逻辑。

（5）设计备份策略　考虑到数据的安全性和可用性，还需制定详细数据备份与恢复策略，包括备份频率、存放位置、加密方式及数据丢失或损坏的快速恢复策略等。

（6）设计安全策略　数据库的安全是物理设计中不可忽视的一环。需要制定严格的安全策略，包括用户访问控制、权限管理、敏感数据加密等，确保数据不被非法访问和篡改。

（7）设计镜像方案　为了保证数据库的高可用性，物理设计还需要考虑实施镜像和复制方案。这些方案能够确保在设备故障或灾难发生时，数据库能够迅速切换到备用设备，保证业务的连续性。

5.5.2 对象关系映射设计

对象关系映射（Object Relational Mapping，ORM）设计是平台设计的关键技术之一，它连接了面向对象编程与关系数据库。ORM 使开发者以直观、面向对象的方式操作数据库，从而提升效率，简化操作，增强代码可读性与复用性，有力支持平台开发。

1. ORM 概念

在面向对象程序设计中，类和关系数据库中的表分别代表了领域对象的内存形态和存储形态。对象实例在内存中运行，而表记录行在数据库中存储。对象与关系数据库的结合在信息平台开发中极为常见，对象信息变动需保存到数据库，查询时则需从数据库转换回对象数据。ORM 技术正是为了简化这一转换过程，通过映射元数据实现对象自动持久化到数据库。

（1）对象与表的映射关系

1）类映射到表。在关系数据库且遵循 3NF 设计的结构中，每行数据都可视为一个对象实例，持久化类属性应与数据库表列一一对应。类的每一个属性都映射至表的每一列，且数据类型需要一致。

2）关联关系的映射。在面向对象编程中，对象关联常通过引用或指针实现。但在关系数据库中，这种关联需通过外键机制实现。对于聚集关联等特殊类型，需要实施删除约束操作以确保数据完整性。

3）继承关系的映射。关系数据库并不支持面向对象编程中的继承关系，因此在实际应用中，需要采取一些策略在数据库中实现继承关系的映射。

① 父类和子类各对应一表，子类表用外键引用父类表实现继承映射。

② 针对具体类创建表时，将父类属性直接复制至子类表中，无须为父类单独建表。

③ 整个继承体系共享一表，该表包含父类和子类属性，且用额外列标识子类型。

在实际中，需要根据平台的技术需求来慎重选择映射方式，确保选定的方案能够最大限度地满足平台需求，同时避免潜在的问题和风险。

（2）映射的实现方案

1）在领域层直接编写 SQL 语句实现数据库访问，虽然方案简单却显得笨拙，且对开发人员 SQL 水平要求较高，同时会导致业务逻辑层与数据存储层高度耦合，不利于平台修改与扩展。

2）在数据映射层，将 SQL 访问从领域逻辑中分离，为每个实体类创建独立的数据访问类，简化接口，包括查找、更新、插入和删除方法。这种方案降低了耦合度，但仍需手工编写代码以处理数据传递。在传递数据方面，可使用实体类设计，编写数据传输对象或值对象，便于层间传递。

3）设计独立的持久层并配备数据映射器，使数据存储对业务逻辑透明。通过映射关系，开发人员无须了解底层数据库即可实现数据持久化。

（3）ORM 框架　上述映射的第三种实现方案又被称为持久化框架或 ORM 框架，其复杂性在于全面处理映射、对象标识、缓存和事务等持久化问题。使用此框架，领域模型操作可独立于数据库，修改对象与修改数据库逻辑互不影响。它减少了手动编写数据库访问代码，增强了代码可读性，加速了开发。但由于自行开发不现实，所以通常需借助商业化框架来构建平台。

2. Hibernate 框架

（1）Hibernate 简介　Hibernate 是一款功能强大的开源 ORM 框架，类似于 .NET 平台的 Hibernate。它旨在简化从面向对象模型到关系数据库的映射过程，以解放开发人员，使其无须关注数据库操作的细节和 SQL 语法。Hibernate 除了实现 Java 类与数据库表的映射，还支持数据类型转换，并提供面向对象的数据查询方式，使开发人员能以更直观的编程思维操作数据库。无论是 Java 客户端还是 Web 应用，Hibernate 都能轻松应对，其应用场景广泛，极大提升了开发效率。

【例 5.13】　采用 Hibernate，设计将 Customer 类持久化至数据库表 customers 的 ORM 方案。

首先，Hibernate 通过配置文件 Customer.hbm.xml 设置 Customer 类和 customers 表的映射关系：

```xml
<hibernate-mapping>
<class name ="Customer"table ="customers"schema ="dbo"catalog ="Test">
<id name ="customerID"type ="java.lang.String">
<column name ="customerID"length="30"/>
<generator class ="assigned"></generator>
</id>
<property name ="customerName"type ="java.lang.String">
<column name ="customerName"length="30"not-null ="true"/>
</property>
</class>
</hibernate-mapping>
```

上述配置使 Customer 类属性与数据库表 customers 字段相对应。应用程序利用 Hibernate 类库，通过 session 对象调用 save 方法，自动读取配置文件，依据映射关系完成数据库操作。以下代码创建 Customer 类实例并添加到数据库：

```
ora.hibernate.Session session = HibernateSessionFactory.getSession();
Customer customer = new Customer();
customer.setCustomerID("BISTU20201199");
customer.setCustomerName("张三");
session.save(custcmer);
```

（2）Spring Boot 的 JPA　JPA（Java Persistence API，Java 持久化 API）是 Java 开发中的持久化规范，常用于 Spring Boot 的 Hibernate 实现。它的核心涵盖三点：第一，利用注解映射对象与关系；第二，提供约定方法执行实体 CRUD（Create、Read、Update、Delete，即创建、读取、更新、删除）操作，确保数据持久化；第三，利用 JPQL（Java Persistence Query Language，Java 持久化查询语言）实现灵活查询，满足多样化数据需求。

【例 5.14】　采用 JPA 设计将 ProductTitle 类持久化至数据库表 product_info 的 ORM 方案。

1) 对象关系映射。需要为产品定义一个实体类 ProductTitle，使用注解映射到数据库。

```
@Entity                                    //@Entity 注解代表这是一个实体类
@Table(name ="product_info")               // 映射到数据库 product_info 表
public class ProductTitle{
@Id                                        // 自增主键
@GeneratedValue(strategy = GenerationType.IDENTITY)
private Long titleID;
@Column(name ="title",nullable = false)
                                           // 产品名,数据库字段名为 title
private String titleName;
private String model;                      // 型号,与数据库字段名相同
private Double price;                      // 定价,与数据库字段名相同
private Integer available;                 // 可买数,与数据库字段名相同
/***setter and getter 方法略 ***/
}
```

2) 数据库访问的常规操作。通过实体类注解实现对象与数据库表映射，而增删改查操作则通过 JpaRepository 接口定义。针对产品（ProductTitle），定义专用接口，简化数据持久化过程。

```
public interface JpaProductTitleRepository extends JpaRepository<ProductTitle,Long>{
/*** 除默认方法之外可以自定义操作 ***/
}
```

然后就可以使用该接口的默认方法编程,实现数据库访问。例如,查询操作如下:

```
List <ProductTitle> products = JpaProductTitleRepository.findAll( );
ProductTitle Product = JpaProductTitleRepository.findById(10000023);
List <ProductTitle> products = JpaProductTitleRepository.findByModel("X11");
```

上述查询方法的命名均以 find 起头,By 后接查询字段,实现精确查询。若需模糊查询,可添加 like 关键词。同时,使用 and 或 or 可以组合多条件查询。

(3)使用 JPQL 实现自定义操作　在 JPA 接口中,通过 @Query 注解自定义方法,并书写 JPQL 语句实现数据库操作。JPQL 使用"?"占位符指定参数,参数顺序需与方法参数列表一致。当方法被调用时,JPA 将替换占位符并执行操作。例如,更新产品可买数的方法代码如下:

```
public interface JpaProductTitleRepository extends JpaRepository<ProductTitle,Long>{
    @Query("Update ProductTitle set available = ? 1 WHERE id = ? 2")
    @Modifying
    int updateAvailable(Integer quantity,Integer id);
}
```

3. MyBatis 框架

MyBatis 作为持久层框架,不仅支持 SQL 定制、存储过程及高级映射,更是在复杂业务逻辑和多表关联中展现出卓越的灵活性。但这一灵活性往往伴随着手写定制代码的增多。在 MyBatis 中,开发者既可以通过 resultMap 显式定义映射关系,也可以使用 resultType 实现自动映射,前提是数据库列名与实体类属性名相匹配,否则需额外配置。映射关系通常在 mapper.xml 中描述,并需定义 mapper 接口与之关联。

4. 基于 ORM 框架用例的详细设计

【例 5.15】　输入型号查询对应产品。

利用例 5.13 中 Spring Boot JPA 方案,设计 Search.jsp 查询界面与 ProductList.jsp 结果列表页。用户在 Search.jsp 输入型号,提交至 ProductTitleController 处理。ProductTitleController 调用 JpaProductTitleRepository 的 findByModel 方法获取数据,并展示在 ProductList.jsp 中。图 5-37 展示了参与类之间的关系。

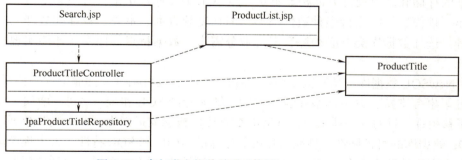

图 5-37　参与类之间的关系(使用 Spring Boot JPA)

图 5-38 的用例顺序图描述了顾客与界面交互等内容。

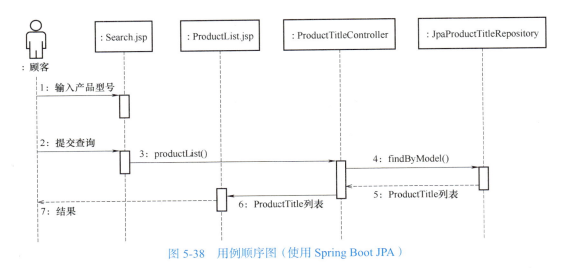

图 5-38　用例顺序图（使用 Spring Boot JPA）

5.5.3　NoSQL 数据库

关系数据库以其完善的关系代数理论与高效的事务、查询机制，成为联机事务处理的核心。然而，随着数字化浪潮到来，非结构化数据激增，关系数据库在处理此类数据时显得捉襟见肘。NoSQL 数据库应运而生，以其灵活性与适用性填补了这一空缺。

1. NoSQL 数据库简介

（1）什么是 NoSQL 数据库　NoSQL 数据库是对传统 SQL 数据库的重要补充，"不局限于 SQL"的理念使其能够适应大规模并发数据处理和多样化管理需求。通过放宽事务和一致性要求，实现更出色的分布式部署和扩展能力，突破关系数据库模式，提升特定业务数据处理性能。其灵活性和高效存储索引机制使其成为处理海量数据、追求高性能的理想选择。NoSQL 数据库种类繁多，各自适应不同应用场景。

（2）NoSQL 数据库与关系数据库的对比　NoSQL 数据库与关系数据库各具特色。关系数据库以坚实的理论基础为支撑，确保数据的完整性和一致性，且查询效率高，适用于处理具有复杂关联性的企业级数据，如金融业务、电商平台等数据。然而，其可扩展性受限，在海量数据的存储和高效处理方面稍显不足。NoSQL 数据库以灵活性和可扩展性见长，能高效处理超大规模数据，支持多种数据模型，但在复杂查询、事务一致性和数据完整性方面有待提升。选择数据库类型必须综合考虑业务需求、数据特点等因素，才能实现高效数据管理。

（3）NewSQL 数据库　NoSQL 数据库在可扩展性、高可用性和性能上优于关系数据库。但它牺牲了事务支持、关系模型和强一致性，缺乏标准 SQL 和统一 API，增加了开发难度和降低了移植性。针对这一挑战，NewSQL 数据库的概念应运而生。NewSQL 数据库旨在结合 NoSQL 数据库的可扩展性、性能与传统数据库的 ACID 和 SQL 特性，为大规模读写工作负载提供更完善的解决方案。目前，NewSQL 数据库的实现方案多样，包括全新架构设计的 DBMS、对用户透明的分表中间件以及云计算提供的 DaaS 服务等。

2. NoSQL 数据库的四种类型

（1）键值数据库　键值数据库是一种非关系数据库，它以键值对形式存储数据，简洁易懂。Redis 和 MemCache 是其中的佼佼者。其数据存放于内存中，读写效率极高，但仅支持简单查询，且内存有限，不适合大数据存储。键值主要用于缓存，适合读多写少、无须持久化的场景。

（2）列族数据库　列族数据库以列式存储为特色，打破了关系数据库的行式存储模式。作为大数据时代的关键技术，以 HBase 为典范的列族数据库在处理大数据时性能卓越。其优势在于高效压缩同列数据，节省存储资源。列族数据库适用于结构化或半结构化海量数据存储，尤其在不需频繁实时更新的场景中表现突出。

（3）文档数据库　文档数据库以文档为基本处理单位，可应对无结构或半结构的复杂数据。文档可长可短，如同关系数据库中的记录，结构各异。MongoDB 是文档数据库的代表。此外，支持全文搜索的数据库能高效检索文档内容，如 Elasticsearch 和 TRS（拓尔思），适用于需全文搜索且不常更新的历史文档场景。

（4）图数据库　图数据库是以图论为基础的非关系数据库，通过节点与关系构建图结构，实现数据读写、事务处理和高可用性。它擅长处理如社交网络、知识图谱等关系数据，弥补了关系数据库在复杂关系查询上的不足。Neo4J、JanusGraph、HugeGraph 等开源图数据库在复杂关系数据相关领域表现出色。

本章小结

信息平台设计技术是构建现代化平台的核心，其涵盖了多个方面，包括设计方法选择、应用架构选择、表现层设计、业务逻辑层设计以及数据访问层设计等。本章深入剖析了这些技术的细节，为读者呈现了一个完整而深入的技术图谱。

在设计理念上，探讨了结构化设计方法、面向对象设计方法和面向服务设计方法，它们各有特色，共同为高效、稳定的信息平台奠定基础。其中，结构化设计方法注重流程与模块化，面向对象设计方法强调封装与复用，面向服务设计方法则重视服务的独立性与集成性。

在应用架构设计上，介绍了分层、MVC 和面向服务的应用架构。分层应用架构提升了平台可维护性和扩展性；MVC 架构分离了业务逻辑、数据访问和界面显示，增强了平台灵活性和重用性；面向服务架构则通过服务化实现平台松耦合和复用，支持分布式平台构建。

在具体实践中，需要关注表现层、业务逻辑层和数据访问层的设计。表现层注重用户友好和易用性，业务逻辑层强调清晰和高内聚低耦合，数据访问层则关注数据完整、安全和高效访问。此外，还探讨了 ORM 设计和 NoSQL 数据库应用。ORM 简化了数据访问层开发，提高了效率；NoSQL 数据库则能够有效处理非结构化数据和高并发访问。通过学习和应用这些技术，可以设计出更符合业务需求、高效稳定的信息平台，为企业信息化建设提供坚实支撑。

思考题

1. 在信息平台设计中，探讨面向过程设计中模块的联系与面向对象设计中类的关系之间的联系与差异。如何在实际开发中根据项目规模、复杂度及扩展性需求选择和结合使用这两种设计思想？

2. 在信息平台设计中，松耦合体现了较大的优势，那么如何权衡面向服务设计的松耦合优势与特定业务场景下的耦合度需求，以制定更加合理的设计策略？

3. 在信息平台架构设计中，传统的三层架构已广泛应用于多种应用场景。然而，随着技术的发展和业务复杂性的提升，出现了向五层架构甚至更多层次架构演进的趋势。五层架构相较于三层架构，主要解决了哪些技术和业务层面的问题？

4. 在设计平台的输入输出模块和用户界面时，如何确保优化用户体验和尊重用户习惯？你认为哪些方法或技术可以帮助实现这一目标？

5. 在设计信息平台的接口时，你如何平衡隐藏内部结构和向外部平台提供服务？在接口的内部实现中，你会考虑哪些因素来确保平台的可靠性和灵活性？

6. 面向对象的设计可能通过继承和多态来处理业务逻辑的变化，但可能导致类的膨胀和复杂性提升。面向服务的设计可能通过服务的独立性来处理变化，但可能需要更多的管理和维护成本。如何在变化和稳定之间找到平衡？

7. 分析 Hibernate 和 MyBatis 两种 ORM 框架的异同。

8. 假设一个平台既需要关系数据库保证数据的一致性和完整性，又需要 NoSQL 数据库来处理大量非结构化数据和高并发访问，请设计一个协同应用的方案，并讨论其优势和挑战。

参 考 文 献

[1] 王晓敏，崔国玺，李楠，等.信息系统分析与设计：微课视频版［M］.5版.北京：清华大学出版社，2021.
[2] 熊伟，陈浩，陈苹.信息系统分析与设计［M］.北京：清华大学出版社，2024.
[3] 柳毅，金鹏，雒兴刚.数字智能时代的管理信息系统［M］.北京：清华大学出版社，2020.
[4] 蒋理，马超群.中国制造2025智能制造企业信息系统［M］.长沙：湖南大学出版社，2018.
[5] 曹杰，刘振，马慧敏，等.信息系统设计与实现［M］.北京：科学出版社，2022.
[6] 杜娟，赵春艳.信息系统分析与设计［M］.3版.北京：清华大学出版社，2021.
[7] 胡笑梅，张子振，李会，等.管理信息系统［M］.北京：机械工业出版社，2021.
[8] 梁昌勇.信息系统分析与开发技术［M］.2版.北京：电子工业出版社，2015.
[9] 劳顿 K C，劳顿 J P.管理信息系统：管理数字化企业 第16版［M］.黄丽华，俞东慧，译.北京：清华大学出版社，2023.
[10] 施云.智慧供应链架构：从商业到技术［M］.北京：机械工业出版社，2022.

第6章 信息平台实现技术

重点知识讲解　　　章知识图谱

本章概要

智能制造信息平台融合了先进的信息技术和制造技术,为企业提供了智能化管理和自动化生产的能力。如何针对智能制造企业的业务需求以及规模大小,来搭建信息平台尤其重要。本章将从信息平台实现的框架技术、实现方法、编码技术以及安装维护技术等几个方面来进行详细介绍。希望同学们通过本章学习掌握以下知识:

1)信息平台实现技术的演化,实现原则,痛点与挑战。
2)信息平台实现框架的概念、特点以及框架模型。
3)信息平台实现方法的特点和实现流程。
4)信息平台前端语言、后端语言以及大数据技术等编码技术。
5)信息平台的安装、切换、维护技术。

6.1 概述

信息平台实现是指将信息平台的构想、设计和技术规范转化为实际可用的系统或服务的过程,它涉及一系列技术开发、集成、测试以及部署活动,旨在构建一个能够高效、稳定、安全地收集、存储、处理、分发和交换信息的数字化环境,以满足特定组织、行业或公众在信息管理及利用方面的需求。

6.1.1 信息平台实现技术的演化历程

随着计算机硬件、软件和网络通信技术的迅速发展,信息平台实现技术经历了多个阶段的演化。从最初的单体架构逐步发展为高度模块化、可扩展且灵活的微服务架构，进而演化至比较成熟的云原生环境下的复杂生态系统。

信息平台实现技术的演化历程如图6-1所示。

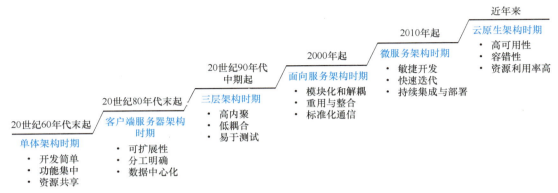

图6-1 信息平台实现技术的演化历程

1. 单体架构时期

单体架构即单体应用程序（Monolithic Application），是指一种将软件系统视为一个不可分割的整体进行设计、开发和部署的架构模式。在这种架构下，所有功能模块、业务逻辑、数据访问、用户界面等均被集成并编译为单一的可执行程序包。在计算机技术早期以及互联网的初期发展阶段，尤其是在 Web 应用程序的兴起阶段，受到技术限制的影响，系统规模相对较小，用户需求相对简单，同时计算资源也相对有限。在这样的环境下，开发者通常采用单体架构的模式来构建应用程序。

随着软件规模逐渐增大，项目复杂度的提高和技术需求的快速变化，尤其是互联网服务的需求激增，单体架构的局限性逐渐显露出来。主要表现在以下方面：随着代码库变大，模块之间的耦合度提高，修改一处可能影响整个系统；由于所有功能共用同一套基础设施，引入新技术或升级现有技术时受到了一定限制；当需要对系统升级或添加新功能时，则需要重新编译整个应用并进行整体部署，这导致了开发效率的下降和风险的增加。

2. 客户端服务器架构时期

客户端服务器架构（Client Server Architecture，C/S 架构）是一种经典的网络计算模式。在 20 世纪 80 年代末到 20 世纪 90 年代初，随着个人计算机的普及和网络技术的迅速发展，以及企业级应用程序对处理能力和存储资源的需求不断增加，单一机器往往无法满足大型系统的性能要求。因此，客户端服务器架构应运而生。客户端服务器架构将应用程序的处理逻辑和功能分解为两个独立的部分：客户端和服务器。通过这种分布式的方式，有效利用了多台服务器资源，实现负载均衡和分布式计算。

随着软件系统的复杂程度日益加剧，以及对可维护性、可扩展性和安全性的要求不断提升，传统客户端服务器架构所固有的局限性逐渐凸显，主要表现在以下方面：尽管服务器可以集中控制数据访问，但客户端与服务器之间的直接交互增加了受到攻击的风险；客户端只有安装特定的软件才能访问服务器，这提高了部署和升级的复杂性；当客户端数量不断增多时，服务器所承受的请求处理压力呈线性增长态势。在未进行有效优化的情况下，服务器可能会成为整个系统的性能瓶颈。

3. 三层架构时期

三层架构，全称三层客户端服务器（Three-tier Client Server）架构，是一种典型的分布式应用架构。在20世纪90年代中期，为应对软件开发中随着系统复杂性提高而出现的一系列问题，并满足对更高可维护性、可扩展性和复用性的需求，三层架构应运而生。这种软件系统设计模式将应用程序划分为三个层次，分别是表示层、业务逻辑层和数据访问层。其中，表示层处理用户交互与数据显示，将用户操作转发至后端。业务逻辑层解析验证请求，并调用数据访问层执行数据操作。数据访问层管理数据库交互，实现数据操作并提供统一访问接口。

随着软件开发实践、业务需求和技术发展的不断演变，三层架构的一些缺点逐渐凸显。主要表现在以下方面：引入了中间层的通信和数据转换，这可能会导致一定的性能损失，特别是在面对大量并发请求时，可能成为系统性能的瓶颈；相较于简单的单层或多层架构，三层架构的设计和实现更加复杂，需要投入更多的时间和人力成本；三层架构高度依赖网络环境的稳定性，因此任何网络问题都可能影响整个系统的可用性，增加了系统的脆弱性。

4. 面向服务架构时期

面向服务架构（Service-Oriented Architecture，SOA）是一种常用软件设计和开发范式。自2000年后，面向服务架构理念迅速兴起，其核心概念是通过定义标准的服务接口来整合各个独立的应用程序，形成低耦合的分布式环境。面向服务架构将应用程序的不同功能单元抽象为独立的服务，并通过定义良好的接口进行交互。这些服务在运行时可以被动态发现、绑定和调用，而且能够跨操作系统、编程语言和网络协议相互通信。

随着服务数量的增加，系统间的交互和依赖关系变得更加复杂。在面对大规模、高复杂度、高多变性和高安全性要求的应用场景中，SOA的一些不足逐渐显现出来。主要表现在以下方面：SOA的实施涉及多个环节，这可能导致整个体系结构变得复杂，从而增加了管理和运维的成本；如果服务划分得过于细粒度，可能会导致服务数量过多，增加了管理和协调的难度。

5. 微服务架构时期

微服务架构（Microservice Architecture）是一种分布式系统架构模式，其核心特征是将应用程序分解为一系列小型的、相互独立的微服务。随着Docker（2013年发布）和Kubernetes（2014年发布）等容器化技术和编排工具的兴起，微服务架构的部署、运维和管理变得更加便捷和标准化，它们极大地加速了微服务架构的落地实践。目前，微服务架构已成为现代软件开发的主流模式之一，众多企业和开源项目皆采用了微服务架构。

然而，微服务架构在运行使用过程中同样存在一些问题。主要表现在以下方面：由于服务数量增多，跨服务的交互和通信变得复杂，需要管理更多的网络调用和API，从而提高了整体架构的复杂度；微服务架构中的操作通常涉及分布式事务，处理起来较为复杂，需要设计合理的补偿策略和最终一致性解决方案，以确保系统的数据一致性。

6. 云原生架构时期

云原生架构（Cloud Native Architecture）是一种专为云计算环境设计和构建的软件系统架构模式，它充分利用云平台的弹性、可扩展、自动化和分布式特性，以实现软件系统的高效开发、部署、运行和管理。2015年，Linux基金会发起并成立了云原生计算基金会（Cloud

Native Computing Foundation，CNCF），旨在推广云原生技术并维护一个健康的云原生生态系统。

在云原生架构中应用程序及其依赖关系被打包成容器（如 Docker 容器），实现标准化、轻量级的部署单元，从而提升了资源利用率和可移植性。同时，云原生架构允许以软件定义的方式管理基础架构资源，实现自动化创建、配置和管理。这意味着系统能够根据负载情况自动调整资源分配，快速响应需求变化，从而提高系统的弹性和稳定性。

6.1.2 信息平台实现的原则

在构建与运维信息平台的实践中，为确保系统的高效运作、安全保障以及可持续更新能力，必须严格遵循一系列实现原则。主要包括用户中心原则、模块化原则、开放性原则、安全性原则和经济性原则。这些原则相互关联，共同促进了信息平台的成功实施和用户满意度的提升。

信息平台实现原则概述见表 6-1。

表 6-1 信息平台实现原则概述

信息平台实现原则	含义	基本要求
用户中心原则	在设计和开发信息平台时，将用户的需求和体验放在首要位置，以确保平台能够满足用户的期望和提供良好的用户体验	① 深入了解用户需求 ② 优化用户体验设计 ③ 提供个性化服务 ④ 建立用户反馈机制 ⑤ 持续改进与迭代
模块化原则	在设计和构建信息系统时，将系统划分为一系列独立、可复用的模块，每个模块都负责特定的功能或业务逻辑	① 模块独立性 ② 清晰的接口定义 ③ 高内聚低耦合 ④ 良好的可维护性 ⑤ 可扩展性
开放性原则	在设计和构建信息平台时，应确保该平台能够与不同系统、设备和服务进行无缝集成，并支持数据和功能的共享与交互	① 统一的接口标准 ② 数据共享与互通 ③ 数据格式兼容 ④ 跨平台支持 ⑤ 开放的开发环境
安全性原则	在设计、开发、实施和运维信息平台的过程中，为了确保信息资源的机密性、完整性和可用性，必须遵循的一系列指导规范	① 数据保密性 ② 数据完整性 ③ 身份认证与访问控制 ④ 安全审计与日志记录 ⑤ 安全漏洞管理与应急响应
经济性原则	在设计、开发、运营和维护信息平台的过程中，强调以最经济有效的方式投入资源并获得最大的经济效益和社会效益	① 合理规划与设计 ② 技术选型与成本控制 ③ 标准化与兼容性 ④ 经济效益评估与决策 ⑤ 资源共享与协同效应

1. 用户中心原则

用户中心原则是指在设计和开发信息平台时，将用户的需求和体验放在首要位置，以确保平台能够满足用户的期望并提供良好的用户体验。基于用户中心原则，可以显著提升平台的实用性和用户体验，确保所构建的功能和服务真正符合目标用户的实际工作或生活场景。遵循用户中心原则，信息平台能够及时响应用户需求的变化，不断迭代更新，使企业能够保持产品竞争力和市场适应能力。

实现用户中心原则的关键在于进行深入的用户调研和分析，首先通过用户画像和用户旅程图等工具，全面、深入了解用户的行为、偏好和需求，并收集用户反馈。在此基础上，进行用户界面设计，确保界面简洁、易用、直观，并符合用户的认知和习惯。同时，鼓励用户提供反馈和建议，及时响应用户的需求和问题。通过用户反馈和数据分析，不断改进平台的功能和用户体验，优化操作流程、界面设计和功能设置。

2. 模块化原则

信息平台中的模块化原则是指在设计和构建信息系统时，将系统划分为一系列独立、可复用的模块，每个模块都负责特定的功能或业务逻辑，这些模块具有明确的功能定义、接口规范和内部实现细节。通过模块化设计，可以创建具有标准接口的模块，这些模块可以在不同项目甚至跨平台重复使用，从而减少了重复编写代码的工作量。

实现模块化原则的关键在于应提前确定每个模块的核心职责，并确保它们之间具有清晰的边界和最小化的依赖关系。然后，为每个模块定义明确、简洁且稳定的接口，将模块内部的数据结构和算法封装起来，接口应仅暴露必要的功能给其他模块调用，隐藏内部实现细节，这样可以保护模块内部实现不被随意修改。此外，模块之间的通信和数据交换应该标准化、规范化，以确保一致性和可靠性。

3. 开放性原则

信息平台的开放性原则是指在设计和构建信息平台时，应确保该平台能够与不同系统、设备和服务进行无缝集成，并支持数据和功能的共享与交互。通过贯彻开放性设计理念，信息平台能够实现与多种系统和设备的无缝对接，支持不同平台之间的数据交互、服务调用及功能融合。这使得信息平台不再是孤立的系统，而是能融入更广泛的信息生态系统。

为实现开放性原则，信息平台应设计并提供统一且易于理解的 API，以确保其他系统和开发者能够通过标准接口与平台进行交互。同时，信息平台应使用开放的数据格式，确保数据交互无障碍，对于特定行业的数据，可以支持相应的标准数据模型或协议。在保障用户隐私和数据安全的前提下，信息平台应明确公开数据收集、存储、使用及共享的原则与规则。此外，信息平台还应设计灵活的角色权限管理体系，确保数据访问的安全性和可控性。

4. 安全性原则

信息平台的安全性原则是指在设计、开发、实施和运维信息平台的过程中，为了确保信息资源的机密性、完整性和可用性，必须遵循的一系列指导规范。通过严格的安全措施和流程，信息平台能够保护用户数据和系统的安全。遵循安全性原则的信息平台可以有效保护用户隐私，确保存储、处理和传输的数据不被未经授权的人员获取或篡改，从而维护数据的机密性和完整性，防止用户数据遭受非法获取或滥用。

实施安全性原则应定期进行全面的风险评估，以识别可能威胁到平台安全的各种内部和外部风险源。在网络安全防护方面，应设计和部署防火墙、入侵检测系统（IDS）、入侵防御系统（IPS）等设备，以保护网络边界。同时，实施虚拟专用网络（VPN）加密通信，确保数据在传输过程中的安全性。加强身份认证与访问控制，实现多因素认证机制，如密码+短信验证码、生物特征验证等，确保数据的安全性。

5. 经济性原则

信息平台的经济性原则是指在设计、开发、运营和维护信息平台的过程中，强调以最经济有效的方式投入资源并获得最大的经济效益和社会效益。在信息平台的设计、开发、运维以及后续升级等各个阶段都要充分考虑到成本效益和资源利用的最优化，确保投入的资源能够获得最大的回报。在经济性原则指导下，信息平台将更加注重提升服务质量、增加用户价值，并通过高效的资源配置，提高整体运营效率和盈利能力。

实现经济性原则应在平台规划、设计和开发过程中，进行详细的成本效益分析，确保投入的资源能够产生最大的价值。根据实际业务需求进行系统功能模块划分，避免过度设计和冗余功能，确保每个功能模块都能带来实际效益。这样可以确保在信息平台构建和运行过程中始终贯彻经济性原则，实现高效、可持续发展，并最大限度地创造价值。

6.1.3 信息平台实现技术痛点与挑战

信息平台在实现过程中会遭遇一系列复杂且关键的技术痛点与挑战，涉及从系统复杂性与稳定性、边缘计算与实时处理、信息安全与隐私保护，到数据集成与互操作性、人工智能与自动化决策等多个维度的技术痛点与挑战，需要持续创新和技术积累来攻克。

1. 系统复杂性与稳定性

智能制造信息平台是一个集成了云计算、大数据、物联网、人工智能（AI）等多种先进技术的综合体，其复杂性远超传统制造系统。智能制造信息平台面临的系统复杂性与稳定性挑战，主要源于多源异构系统的集成需求、大数据与人工智能技术的深度融合、工业互联网的广泛互联性以及对实时响应和高效决策的高标准要求，这些因素共同作用，显著增加了系统架构的复杂度，对数据处理能力、网络安全防护、组件间协同工作及持续运行的可靠性都提出了极高要求。

解决智能制造信息平台的系统复杂性与稳定性关键在于：采纳模块化微服务架构和云原生技术，以简化系统管理和实现弹性扩展；通过实施自动化运维与DevOps文化，可以提高效率与质量；设计冗余容错机制并部署高性能监控与自愈系统，确保持续运行；加强数据保护、灾难恢复规划、重视团队的持续教育。综合这些策略，可以构建出既强大又灵活的智能制造信息平台。

2. 边缘计算与实时处理

在智能制造信息平台中，边缘计算的应用可以显著提高数据处理速度，减少网络延迟，对于实现即时反馈和控制至关重要。但这要求在边缘节点部署高效的数据处理算法、智能分析工具，并且要有效管理计算资源，确保在有限的硬件条件下达到最佳性能。此外，还需解决边缘与云端数据同步、边缘设备的远程管理和安全性等技术问题。

解决智能制造信息平台的边缘计算与实时处理关键在于：需要部署高效边缘计算节点，配备专为低延迟而设计的算法与应用程序；利用容器化与轻量级操作系统优化资源，实施数据本地处理与云端协同策略，减少数据传输延迟；采用边缘智能，集成机器学习模型进行实时分析与决策；建立边缘设备的远程管理和安全框架，保障数据处理的安全性与合规性，以此确保智能制造中数据处理的高效性与实时性。

3. 信息安全与隐私保护

在智能制造中涉及大量敏感数据交换和处理，包括生产流程、产品设计、客户信息等。智能制造的广泛互联性使得其成为网络攻击的新目标，因此构建多层次的安全防护体系至关重要，包括但不限于加密技术、访问控制、安全审计、应急响应机制等。同时，随着数据安全相关法规的不断完善（如欧盟《通用数据保护条例》）如何在收集、处理大量生产及用户数据的同时，确保个人隐私和企业敏感信息的安全，成为不可忽视的法律和技术双重挑战。

为解决智能制造信息平台的信息安全与隐私保护问题，需构建多层防御体系：实施严格的访问控制和身份认证，确保只有授权用户才能访问敏感信息；采用加密技术保护数据在传输和存储过程中的安全；部署入侵检测与防御系统，及时发现并阻止潜在威胁；实施数据生命周期管理，对敏感数据进行分类、加密和定期审查；加强员工安全意识培训，减少人为失误；利用区块链、零信任网络等新兴技术进一步加固数据安全与隐私保护屏障。

4. 数据集成与互操作性

智能制造信息平台强调数据集成与互操作性，是因为这一领域涉及多样化的设备、系统和软件供应商，它们采用不同的通信协议、数据格式和接口标准。为了实现生产过程的全面监控、优化决策和灵活调度，必须打破信息孤岛，实现跨系统、跨平台的数据流通与共享。要确保无论是机器数据、传感器数据还是企业管理系统数据，都能被有效采集、融合和分析，从而支撑起整个智能制造生态的高效协同与智能化运作。

解决智能制造场景下的数据集成与互操作性关键在于：采用标准化的数据格式和通信协议，实现设备与系统间的数据无障碍交流；构建统一的数据湖或数据中心，集成各类异构数据源，运用ETL（抽取、转换、装载）工具进行数据预处理；部署中间件和API网关，提供数据转换和服务对接能力，促进应用层面的互操作；利用微服务架构和容器技术，增强系统的灵活性和兼容性；积极参与行业标准制定与合作，推动生态内合作伙伴遵循统一标准，最终实现数据的高效集成与流畅交互。

5. 人工智能与自动化决策

人工智能技术在智能制造中扮演着核心角色，从生产优化、质量控制到预测维护，都需要人工智能算法的支持。然而，实现精准高效的生产优化、预测维护及动态调度所需的高级数据分析能力，不仅要求算法具备高度的成熟度，还需确保这些智能决策既透明可解释，又能与人类工作者有效协同。同时还要应对数据偏差的挑战，保护数据隐私安全，并严格遵守伦理标准。这些都极大地考验着算法的成熟度、系统的集成能力和组织的管理创新能力。

解决智能制造信息平台中的人工智能与自动化决策挑战关键在于：研发和应用可解释性强的人工智能模型，提升决策透明度与用户信任；实施人机协作设计，确保自动化与工人技能互补，促进工作场所的和谐转型；强化数据治理，实施数据清洗、保护个人隐私与企业数据安全；持续监测算法性能，实施伦理审查，确保决策的公正性与社会责任，以此全面推动智能制造的智能化与人性化发展。

6.2 信息平台实现框架技术

信息平台实现框架在指导系统设计、促进模块化与可扩展性等方面发挥着至关重要的作用。遵循科学、成熟的信息平台实现框架，有助于构建高质量、高可用、高安全、高性价比的信息平台，为组织的战略目标实现与业务发展提供强有力的技术支撑。下面将从面向服务架构、微服务架构、中台式架构、混合云架构等架构特点、框架和制造业应用等角度来介绍信息平台实现常用的框架。

6.2.1 面向服务架构

面向服务架构（SOA）是一种软件架构模式，用于构建应用程序系统。这种架构模式使得开发人员可以避免重新开发或复制现有功能，也不需要深入了解如何连接或者与现有功能进行交互，从而提高了系统的灵活性和可维护性。面向服务架构已经得到广泛应用，许多知名企业都将其引入自己的系统中。例如，阿里巴巴开发并开源了 SOA 服务化治理方案框架 Dubbo；亚马逊在其内部 IT 系统中采用了 SOA，以支持其庞大的电子商务平台。

1. SOA 的特点

SOA 的主要特点包括低耦合性、重用性和业务驱动。这些特点使得 SOA 能够提供灵活、可扩展和高效的架构，使企业能够快速适应不断变化的业务需求和技术环境。

（1）低耦合性 低耦合性体现在 SOA 架构服务之间的独立性和互操作性。由于采用标准化接口和协议，各个服务可以独立开发、部署和更新，不会对其他服务造成影响，且每个服务都拥有独立的业务逻辑和数据存储，不受其他服务内部实现细节的影响。

（2）重用性 在 SOA 中，每个服务都是独立的，并具有自己的功能，这使得它们可以在各种不同的业务中被重用。由于服务具有标准化接口，因此它们可以在不同的系统和应用程序之间进行交互，而无须进行大量的定制化工作。

（3）业务驱动 在 SOA 项目的启动阶段，重点是收集和分析业务需求。这包括确定业务流程、识别关键业务能力以及理解不同业务单元之间的交互。SOA 中的服务创建是基于业务功能模块化的，每个服务都对应着特定的业务任务或业务规则。

2. SOA 的框架

IBM 提出的 SOA 理念得到了国际开放组织的认可和支持，并在该组织的推动下发展成为一套标准化架构框架。国际开放组织发布的 SOA 参考架构（SOA Reference Architecture）为 SOA 的实施提供了通用的架构框架和指导原则。SOA 参考架构如图 6-2 所示。

SOA 参考架构主要包含五个要素，分别是基础设施服务、企业服务总线、关键服务组件、开发工具以及管理工具。下面介绍其中三个核心要素：

（1）基础设施服务（Infrastructure Service） 该核心要素提供服务组件的统一运行环境，包括服务容器（如应用服务器和消息队列），此外还负责服务的绑定和通信，确保安全性，并提供服务的管理和监控功能，包括对性能、可用性和事务处理能力的实时监控。通过日志记录、审计和追踪等手段增强服务的可追溯性和透明度。

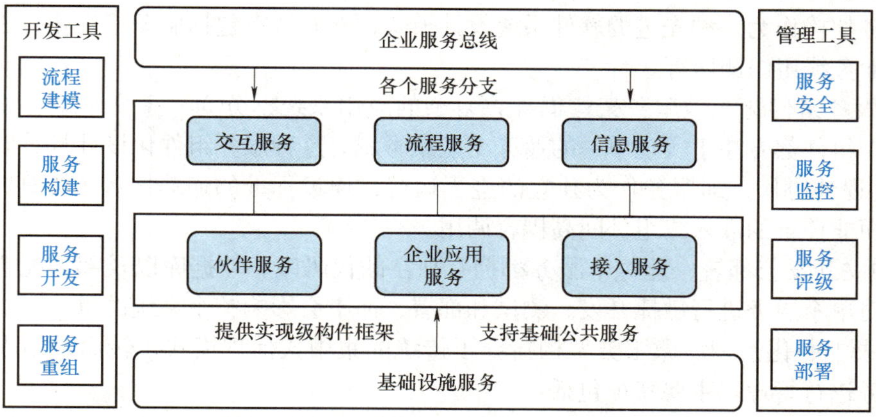

图 6-2　SOA 参考架构

（2）企业服务总线（Enterprise Service Bus，ESB）　作为 SOA 中的核心集成组件，企业服务总线承担了服务间交互的中介角色。企业服务总线主要负责通过提供统一的消息传递、协议转换、数据格式标准化等功能，实现服务间的低耦合通信，促进异构系统和服务的无缝集成。它充当服务调用者与服务提供者之间的中介，管理服务间的交互模式，简化服务的发现、调用和管理过程。

（3）关键服务组件（Key Service Component，KSC）　在 SOA 中，关键服务组件是承载业务逻辑、实现特定业务功能的个体服务单元。一般来说，一个企业级的 SOA 通常包括交互服务、流程服务、信息服务、伙伴服务、企业应用服务和接入服务。这些服务组件遵循高内聚、低耦合的原则，确保自身独立性、可重用性和可替换性，便于根据业务需求进行灵活组合和动态调整。

3. SOA 的制造业应用

供应链管理（Supply Chain Management，SCM）贯穿于企业制造全过程，从原材料和零部件采购、生产计划，到成品产出、交付用户全过程，在物流、信息流、资金流等方面实施管理。把 SOA 技术引入 SCM 领域，将制造资源封装成服务，实现整个车间生产制造、供应的全方位协同。整个架构呈现出一种松散耦合的形态，这不仅使得内部结构更具灵活性，而且能够对外部系统的动态需求做出即时响应。这种设计为企业的发展提供了极大的便利。此外，整个架构还配备了高效的数据接口，支持数据的互通与开放，进一步提升了企业的扩展能力。为了保障信息安全和系统稳定，该架构对通信加密和权限管理两方面进行了精心设计，确保企业供应链的安全运行。

6.2.2　微服务架构

微服务架构是一种现代的软件架构风格，旨在将大型、复杂的应用程序分解为一组小型、独立、可重用且易于管理的服务。每个微服务都拥有自己的数据库、业务逻辑和接口，并通过网络进行通信。例如，在电子商务平台中（如京东），搜索功能、推荐功能以及购物车功能都可以作为独立的微服务存在。这些微服务共同组成了一个完整的应用程序，通过相互协作来提供全面的功能。

1. 微服务架构的特点

微服务架构作为一种先进的软件系统设计模式，核心特点包括服务组件化、去中心化治理以及按业务线组织团队等。

（1）服务组件化　微服务架构倡导将复杂的应用系统拆分为一系列小型、独立的服务组件，每个组件都专注于实现单一的业务功能或子域。这种服务组件化设计具有以下特征：

1）进程外协作，即服务作为独立的进程运行，通过标准的通信协议（如 HTTP 等）进行交互，而非传统的嵌入式组件间高耦合调用。

2）独立开发与部署，即每个服务都拥有独立的代码库、数据库以及部署配置，开发团队可以针对单个服务进行敏捷开发、测试和部署，而不会影响整个系统的重建。

（2）去中心化治理　微服务架构摒弃了传统的集中式治理模式，转而采用去中心化的方式对服务进行管理。主要特征包括：

1）轻量级契约，即服务间通过定义明确、简洁的接口契约（如 RESTful API）进行交互，契约独立于实现技术，确保了服务间的解耦。

2）服务自治，即每个服务团队负责其服务的全生命周期管理，包括设计、开发、测试、部署、监控、运维等，拥有高度的决策权。

（3）按业务线组织团队　微服务架构对团队组织方式提出了新的要求，即按照业务线而非技术栈来组织团队。主要特征包括：

1）减少内部消耗，由于团队边界与服务边界相吻合，服务内部的修改和协调工作主要在团队内部完成，降低了跨团队沟通和协作的复杂性，减少了项目内部消耗，提升了整体研发效率。

2）清晰责任，即团队对所负责的服务有清晰的所有权和运维责任。

微服务架构因其独特的优点，已被众多知名企业成功应用并取得显著成效。如 Netflix 通过微服务架构重构其在线流媒体平台，实现了服务的独立部署、弹性伸缩和快速迭代，显著提升了系统的灵活性和可靠性。微服务架构将继续以其服务组件化、去中心化治理以及按业务线组织团队等特点，为构建适应性强、扩展性好、易于维护的现代软件系统提供强大支撑。

2. 微服务架构的框架

图 6-3 为微服务架构示意图。微服务架构由多种关键组件构成，这些组件共同支撑起一个高效、灵活且安全的微服务系统。

基础设施层为整个架构的搭建提供基础环境，支撑后续层级组件的实现，下面针对微服务架构的一些核心组件进行介绍。

（1）服务网关　服务网关在微服务架构中扮演着统一入口角色，为客户端提供了方便的访问后端微服务的途径。其功能多样，包括路由、鉴权、过滤和限流等。常用于微服务架构的 API 网关解决方案通常包括 Zuul 或 Gateway，它们作为服务之间的统一入口，实现各种功能。

（2）注册中心　注册中心是微服务架构中的关键组件之一，其主要责任是管理服务的注册和发现。它提供了一种高效的服务发现机制，使得微服务之间的调用更加灵活、可靠。在这一领域，Eureka 采用客户端服务器架构实现了服务注册与发现；Nacos 则是阿里巴巴开源的多功能服务发现和配置中心，支持服务注册、发现、配置管理等一系列功能。

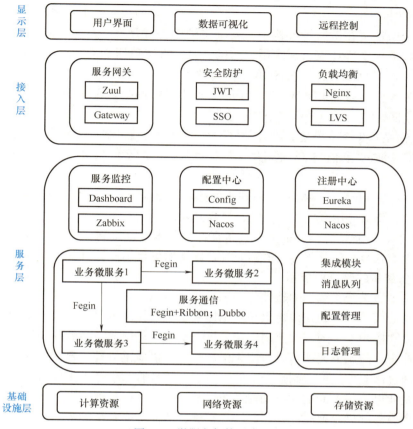

图 6-3 微服务架构示意图

（3）配置中心　配置中心是管理微服务应用程序配置信息的中心化服务。它允许开发人员集中管理应用程序的各种配置信息，包括但不限于数据库连接、API 密钥和环境变量等。在这个领域，Spring Cloud Config Server（简称 Config）是一种常用的解决方案，它提供了集中式配置管理的功能，允许外部化、集中化地管理配置文件。

（4）服务通信　服务通信是微服务架构中至关重要的组成部分，负责微服务之间的数据交换。服务通信可以采用多种协议和技术，例如 HTTP/REST、RPC 等。Fegin 允许使用简单的接口和注解来定义和实现服务之间的通信。Ribbon 可与 Fegin 结合使用，实现对服务提供者的负载均衡和自动重试。Dubbo 支持多种通信协议和序列化方式，可根据需求选择合适的配置。

（5）服务监控　其功能是实时监控各个微服务，收集各种性能指标，并提供可视化展示和报警功能。Dashboard 是指集中展示和监控信息的界面，通常用于实时显示数据、指标、报表等，帮助用户迅速了解系统状态或业务情况。Zabbix 作为一款开源监控解决方案，提供了分布式监控、报警通知、实时监控、自动发现等功能。

（6）负载均衡　负载均衡是实现流量在私有云与公有云资源之间智能分配的重要机制。

它确保请求在多个服务实例之间均匀分布，从而提高系统的可用性和扩展性。Nginx 和 LVS（Linux Virtual Server，Linux 虚拟服务器）是常用的负载均衡工具，用于优化服务器性能和增强网站的可用性。

（7）安全防护　在微服务架构中，安全防护至关重要，涉及多个层面的安全措施以保护系统及其数据免受恶意攻击和未授权访问。常见方法包括 SSO（Single Sign On，单点登录）和 JWT（JSON Web Token，JSON Web 令牌）。

微服务有多种框架可供挑选（如 Spring Cloud、Dubbo、Akka、Dropwizard 等）。在选择合适的微服务框架时，可以考虑以下指标：

1）市场接纳与生态成熟度，即评估框架在行业内的被接纳程度和生态系统的成熟状况，具体而言，应关注的指标包括企业采用该框架作为标准的案例数量、框架在开发者社区中的活跃度等。

2）架构支持与开发效率提升，即理想的微服务框架应提供完备的架构支持与丰富的开发辅助工具，以降低应用开发的复杂性，提高开发效率。

3）独立部署与兼容性，即框架应具备良好的版本管理机制，确保新版本的发布与现有系统之间的向上兼容与向下兼容，框架应具备优秀的可重用性和可移植性。

3. 微服务架构的制造业应用

微服务的本质是经验知识的软件化和工具化，借助专业化工具打造通用化平台。微服务架构为智能制造信息平台的知识转化和复用提供了优质技术手段。算法、模型、知识等模块化组件能够以"搭积木"的方式被调用和编排，实现了低门槛、高效率的开发。

在制造业中，微服务架构可以应用于生产管理、供应链管理、仓储管理以及智能制造系统等方面。通过微服务架构，制造企业能够更加高效地管理生产、供应链和物流等方面的业务。例如，企业可以将不同的业务功能（如订单处理、库存管理、生产调度等）分离成独立的服务，每个服务都可以独立开发、部署和扩展，从而提高系统的灵活性和可维护性。

6.2.3　中台式架构

要厘清中台概念，就需要对前台与后台的界定有一个清晰的认识。对于直面广大用户群体的企业而言，前台主要负责与用户的直接交互，其核心诉求在于响应前端用户需求的快速性，实现创新的敏捷性以及迭代的高效性。后台则是企业内部的支撑体系（如数据管理与存储、业务逻辑处理、功能模块集成等），随着前台业务的扩张而逐渐壮大，后台的稳定性、扎实性至关重要。后台的构建通常需要投入大量资源，一旦建成，就不宜频繁改动，以免影响整个企业的运营根基。

前台与后台在发展过程中往往会遭遇以下两类问题。第一类问题源于业务需求或功能需求的高度相似性和通用性。由于缺乏专门团队对这类需求进行统筹规划和集中开发，因此系统层面普遍存在重复建设现象，造成资源浪费、效率低下等问题。第二类问题源于早期业务发展过程中，为应对特定业务场景而形成的深度耦合的垂直业务逻辑与基础系统架构。这种情况下，横向系统间的交叉逻辑复杂，使得在开拓新业务、新市场时难以直接复用既有系统。为解决上述问题，企业需要寻找一种机制化、产品化的方法，对内部具有高度通用性的数据、功能、产品乃至经验进行统一规划和开发，形成可高效复用的共享资源，使业务部门能够更加专注于业务运营，提升企业整体竞争力。

中台概念最早源于阿里巴巴集团的技术战略，最初被称为"中间件"，之后逐渐演变为"中台"概念。通常，中台包括三个部分：数据中台、业务中台和算法中台。

1. 中台式架构的特点

中台式架构作为一种先进的企业 IT 架构模式，其特点包括业务模块化、数据共享与整合、技术模块化与标准化等。

（1）业务模块化　中台式架构以业务模块化为核心原则，将复杂的业务系统拆分成一系列独立、自治的业务模块。每个模块都聚焦于特定的业务功能或流程，具有清晰的边界和职责，能够独立开发、测试、部署和维护。当业务需求发生变化时，只需对相应模块进行调整，无须牵涉整个系统的重构，从而实现了业务的快速响应与敏捷迭代。

（2）数据共享与整合　中台式架构通过引入数据中台的概念，实现了企业内部跨业务系统的数据共享与整合。数据中台作为企业数据资产的中枢，负责数据的统一采集、预处理、存储与管理，形成标准化、结构化的数据资产。数据中台通过提供统一的数据访问接口和数据服务，使得各业务模块能够方便、高效地获取所需数据，避免了数据孤岛和冗余。

（3）技术模块化和标准化　中台架构强调技术模块化与标准化，将通用的技术能力封装为可复用的技术组件或服务。这些技术组件遵循统一的技术标准和接口规范，便于跨业务模块的共享和集成，降低了技术开发和维护成本，提升了技术资源的利用效率。技术标准化还促进了开发团队之间的协作，简化了系统集成和迁移过程，增强了系统的可扩展性和可移植性。

2. 中台式架构的框架

图 6-4 展示了中台式架构的框架。中台式架构的大体框架以业务中台、算法中台以及数据中台为主，在基础设施上搭建模型，利用相关工具集成企业的业务功能，最终可以通过展示端面向用户提供服务。

基础设施层主要承担数据库、云计算、监控、网络服务以及运维管理等功能，为整个架构的运行提供技术和物理资源支持，确保上层的业务应用和数据服务能够高效运行。

数据中台是企业级数据管理架构，旨在提升数据利用效率和响应速度。其核心组件包括数据查询、数据分析、数据治理和数据资产。其中，数据查询支持自助、模板和 SQL 查询；数据分析提供报表设计和展现组件；数据治理确保数据质量和安全性；数据资产整合资产管理方案。数据中台有助于企业高效运营，并为其提供丰富的数据资源。

算法中台是企业内部用于集中管理、开发和部署算法及数据科学相关资源的平台。其中，数据组件负责从数据中台获取数据，并进行数据预处理，确保数据的高质量，最终用于挖掘隐藏的规律。模型组件围绕模型的生命周期展开，利用经过预处理的数据支持模型的持续优化和更新。算法组件涵盖多个领域的技术，用于支持各种数据分析任务和业务场景，为企业提供强大的决策支持。

业务中台负责优化企业内部各种业务流程，尤其对于制造业而言，包括生产计划调度、生产物流管理、执行优化管理、生产绩效管理、质量管理等核心功能。其中，生产计划调度确保了生产效率和交付时间，包括计划编制、计划修改、计划下达和计划跟踪等；生产物流管理关注物料和产品在生产和运输中的高效流动，涉及物料、采购、库存和运输等子系统；执行优化管理通过对数据、参数、原料配比和生产流程的不断优化，保障生产的高效和稳定。

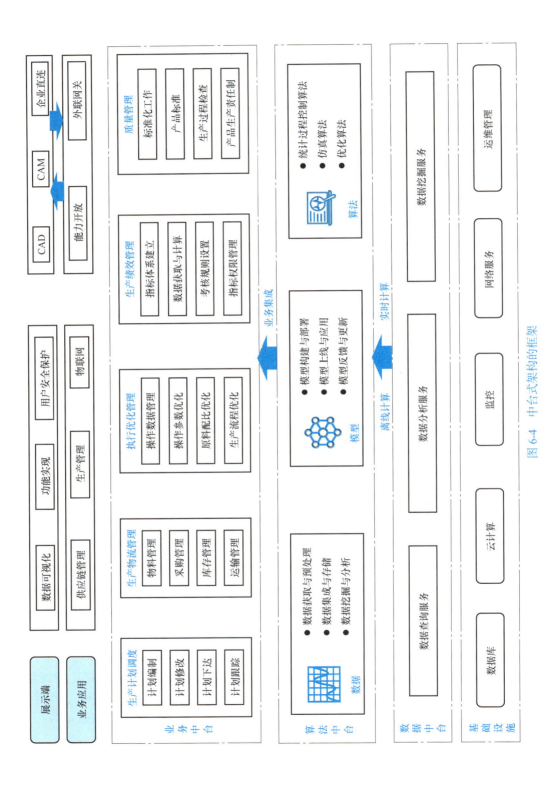

图 6-4 中台式架构的框架

数据中台为算法中台提供数据支持，算法中台依赖数据中台来进行算法模型的训练和优化。算法模型处理后的结果可以反馈到数据中台，从而丰富数据维度和提升数据价值。算法中台为业务中台提供智能化处理能力，通过应用算法模型来优化和创新业务流程。业务中台可以根据业务需求调用算法中台的服务，实现业务的智能化。数据中台为业务中台提供数据服务，业务中台通过对数据的分析和处理指导业务的决策和操作。同时，业务中台产生的业务数据也可以回流到数据中台，形成数据的闭环管理与优化利用。

3. 中台式架构的制造业应用

中台式架构基于数据中台的数据分析和挖掘，实现对资源的精细化管理和优化配置，提高资源利用率和降低成本。通过算法中台，可以实现生产过程的自动化控制，减少人工干预，提高生产效率。同时，算法中台还可以实现生产过程的可视化管理，使管理者能够实时了解生产状况，及时做出决策。业务中台提供灵活的业务模型构建能力，支持企业快速响应市场变化，实现业务创新，提升企业的竞争力。

中台式架构帮助制造企业实现业务流程的优化、数据驱动的决策、技术能力的共享、组织结构的优化以及对业务创新的支持，从而提升企业的整体运营效率和市场竞争力。

6.2.4 混合云架构

混合云架构是一种将公有云、私有云以及本地数据中心资源进行深度融合和协同管理的云计算模式。它旨在结合不同云环境的优势，为用户提供更加灵活、高效、安全且经济的 IT 资源部署与服务交付方式。混合云环境为企业提供了更大的灵活性和控制力，使其能够根据具体需求在不同的环境中部署和管理工作负载。目前，混合云架构已在众多业界领先企业中得到广泛应用并取得了显著成效。例如，福特汽车公司利用混合云支持车载信息娱乐系统和移动应用，其中应用通常在公共云上运行，车辆数据则通过私有云处理，以确保数据的安全性和合规性。

1. 混合云架构的特点

混合云架构融合了公有云和私有云的优势，为企业提供了兼具灵活、安全与效能的综合解决方案。混合云架构的主要特点包括柔韧性和可扩展性、业务连续性和访问便利性、统一的管理和操作体验等。

（1）柔韧性和可扩展性　企业可根据业务特性，将高性能计算密集型或大数据处理的任务部署在公有云环境中，充分利用公有云所提供的强大计算能力。相反，对数据安全性要求与隐私保护要求极高的业务模块，企业可选择部署在私有云或本地数据中心，确保关键业务数据的安全。

（2）业务连续性和访问便利性　作为广泛应用的云计算范式，混合云架构通常跨国内乃至全球范围内的数据中心，构建了一个庞大的分布式网络。这种部署模式赋予混合云近乎无缝的连接能力，确保用户在全球任何具备互联网接入能力的地点都能轻松访问云服务，显著提升了用户的使用体验。

（3）统一的管理和操作体验　众多云服务供应商已推出跨平台的管理和运维工具，这些工具给用户带来了统一的管理和操作体验。跨平台管理工具通常具备一致的用户界面和操作流程，使得用户能够在不同云平台间自如切换和高效管理资源，此类工具还提供标准化 API 和开发框架，可以在不同云平台上顺畅部署和运行应用，大幅减少代码移植和适配的工作量。

2. 混合云架构的框架

混合云架构一般包括私有云部分和公有云部分，二者的基础设施独立运行，通过加密连接进行数据交互。图 6-5 展示了一种基于混合云技术的智能工厂生产管控平台架构。

（1）私有云　私有云分为基础设施层、平台服务层以及软件服务层三层。

1）基础设施层。基础设施层作为底层支撑，集中管理支撑云计算上层服务的所有物理设备资源，包括对计算、存储和网络资源的调控管理。该层提供可弹性扩展的计算能力、存储能力及网络处理能力，并配套对应的服务管理与监控管理系统。

2）平台服务层。平台服务层在私有云环境中扮演着中介角色，介于基础设施层和软件服务层之间。其核心目标在于简化对跨公有云和私有云资源的管理，优化服务部署和扩展性。平台服务层借助模型算法、应用组件及开发工具，能够迅速构建出具备弹性扩展特性的运行环境。

3）软件服务层。软件服务层涵盖了生产流程的各个环节，从生产线的实时监控到物料的有效调度。其中，生产管控服务作为关键部分，主要负责协调和优化整体生产过程。设备监控服务着重于实时收集与分析设备数据，确保设备稳定运行并提高生产效能。物料调度服务则专注在物料流转的管理和优化，以确保生产线的连续运转。

（2）公有云　公有云分为基础资源层、平台服务层、应用服务层。

1）基础资源层。基础资源层为企业提供了灵活、可扩展且经济效益高的资源，企业可依据自身业务需求快速配置和管理资源，无须顾虑底层硬件设施的维护与升级。与私有云不同，公有云的基础资源由云服务提供商持有并维护，资源的配置与管理大多由云服务提供商的后台系统自动完成。

2）平台服务层。平台服务层包括数据服务、应用引擎以及安全管控三个方面。数据服务支撑了数据计算与分析、数据开发与治理等核心功能。应用引擎的核心组件为人工智能引擎与微服务引擎，它们为应用提供机器学习平台、计算机视觉服务等工具。针对安全管控，密切关注不同层面的安全隐患，并采取对应的管控措施，以保障组织资产及运营安全。

3）应用服务层。应用服务层中，数据备份服务确保了数据的安全保存和恢复性；业务容灾服务在面对灾难性事件时，保障关键业务功能维持运行或快速恢复；数据可视化服务则将复杂数据转化成直观的图表和报告，为决策者揭示数据背后的趋势和规律。

公有云与私有云之间可以通过备份恢复与压缩加密技术建立联系。数据备份是指将数据从原始位置复制到另一个位置，以防止数据丢失或损坏。在私有云中生成的数据可以定期备份到公有云，反之亦然。恢复是备份的逆过程，用于从一个环境中恢复数据，以应对私有云或公有云中数据发生问题的情况。压缩是在备份数据之前对数据进行缩减大小的处理，以减少所需的存储空间和传输带宽。加密是在压缩数据后对数据进行加密，以确保数据在传输和存储过程中的安全性。在私有云和公有云之间使用压缩和加密技术，并保护数据免受未经授权的访问或泄露。

3. 混合云架构的制造业应用

在智能制造领域，混合云平台有广泛的应用场景，利用混合云可以根据业务需求动态调配公有云和私有云资源的优势，实现制造业平台计算资源的灵活配置。在面临大规模数据处理和分析需求时，可以快速扩展公有云资源；在需要保证数据安全和企业私密性的场景下，则可以利用私有云的高安全性和可控性。

第 6 章 信息平台实现技术

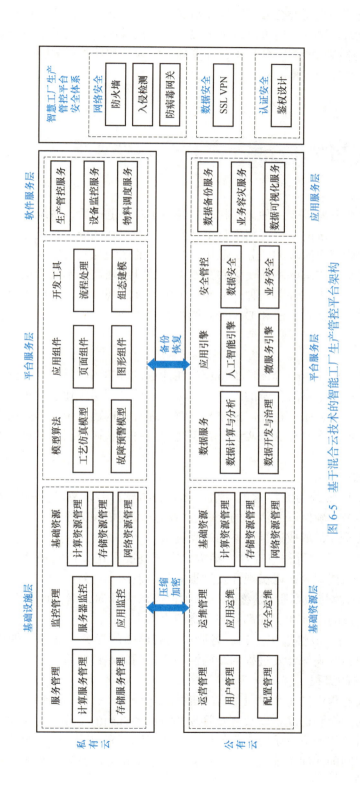

图 6-5 基于混合云技术的智能工厂生产管控平台架构

在智能研发领域，利用混合云可以构建仿真云平台，支持高性能计算，实现计算资源的有效利用和弹性伸缩。混合云还可以用于实现设备连接管理、数据采集与分析、生产过程监控与优化等功能。这些功能需充分利用云计算的资源池和弹性扩展的特性，以支持工业设备的智能化管理和生产过程优化。

6.3 信息平台实现方法

早期，信息系统开发处于一种无序状态。经历了软件危机后，系统工程方法论被用于指导开发，即根据信息系统的生命周期将整个开发划分为规划、分析、设计、实施、运行与维护五个阶段，并明确每个阶段的任务。最初，有组织的系统开发按照这些通用阶段按顺序执行各项任务。随着企业需求的不断变化和开发工具的日益强大，不同信息系统的开发过程在上述生命周期的基础上出现许多变种，从而衍生出各种实现方法，如结构化方法、面向对象方法、原型化方法、敏捷式方法和DevOps方法等。

6.3.1 结构化方法

结构化方法论（Structured Methodology）在计算机科学领域是一种得到广泛应用的系统开发理论体系，它借鉴了系统科学的理念与方法，强调采用层次化、自顶向下的系统分析与设计策略。这种方法论主张通过逐层抽象与分解来理解和构建系统，即高层次的系统概念可以通过逐步细化为低层次的概念来实现，直至达到最终可直接映射为某种程序设计语言指令的模块级别。

1. 结构化方法的特点

（1）结构化阶段划分与流程管理　结构化方法将软件开发划分为一系列有序阶段，并支持线性或迭代推进，确保开发活动的有序进行和阶段间依赖关系的严谨性，每个阶段的输出成为后续阶段的输入，形成连贯完整的过程链条。

（2）强化文档系统与过程可控性　结构化方法高度重视文档完备性，强调在每个阶段生成并维护详尽的文档记录，以实现开发过程的完全追溯和有效控制。

（3）用户中心化设计原则　始终坚持以用户需求为导向，确保所有开发活动围绕用户需求展开，每个阶段的设计和实现都紧密围绕用户需求进行。

（4）明确分工与阶段性成果产出　各阶段均有清晰的任务定义和预期成果，严格区分不同阶段的工作内容，确保开发过程的结构性和阶段间的递进关系。

2. 结构化方法的流程

信息系统开发过程中的每个阶段都有明确的工作任务、目标以及预期要达到的阶段性成果，以便制订计划和控制进度，以及有效管理和协调各方面的工作。每个阶段都要形成完整而准确的文档资料，作为下一阶段工作的依据。在实际开发过程中，要严格按照划分的阶段展开工作，阶段之间的次序不能乱。图6-6展示了结构化方法开发过程中各个阶段的主要工作任务。

第 6 章 信息平台实现技术

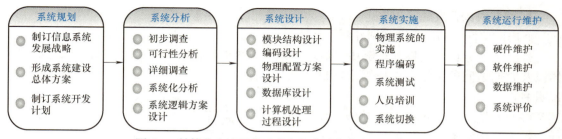

图 6-6 结构化方法开发过程中各个阶段的主要工作任务

系统投入正式运行后,性能和效益如何?是否达到了预期的目标?这些是用户和开发人员都非常关心的问题,需要通过系统评价来回答。系统评价是对信息系统的技术水平和经济效益进行全面衡量的理论与方法。正确评价信息系统,对其推广应用和取得良好的效益有重要意义。

6.3.2 面向对象方法

面向对象设计(OOD)是面向对象分析(OOA)的延续,解决设计阶段的问题(在分析模型基础上建立设计模型)。OOD 的主要工作内容是以 OOA 模型为基础,针对选定的实现平台进行系统设计,这包括全局性的决策和局部细节的设计。OOD 的目标是产生一个满足用户需求,并且在选定的实现平台上完全可以实现的 OOD 模型。OOD 模型的框架如图 6-7 所示。

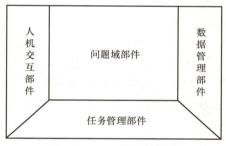

图 6-7 OOD 模型的框架

下面将从类与对象的概念、面向对象开发的特点、面向对象开发的流程等方面进行介绍。

1. 类与对象的概念

在面向对象方法中,"类"和"对象"是两个核心概念,它们构成了面向对象编程的基础,对软件设计和实现起到关键作用。类是一种抽象的概念,它是对具有相似属性和行为的事物的描述或模板;对象是类的实例,是根据类的定义在内存中创建的具体实体。

在采用面向对象方法开发的软件系统中,最小的程序单元是类。这些类能够生成系统中的多个对象,而这些对象直接映射成客观世界的各种事物。面向对象的软件系统由多个类组成,每个类都代表了客观世界中具有某种特征的一类事物。

2. 面向对象开发的特点

(1)抽象性 抽象性在面向对象方法中被视为一种关键特征,其核心在于通过抽象类、接口等机制,将对象的通用特征和行为提炼出来,从而实现问题域的概括和简化。

(2)模块化与可重用性 模块化在面向对象方法中扮演着重要角色,其核心在于将复杂系统分解为相互独立且功能清晰的模块单元,每个模块都有特定的责任和功能。

(3)面向问题域 面向问题域强调在软件设计过程中紧密围绕实际业务问题和领域知识进行建模。此种做法旨在确保所设计的软件系统能够直接映射到问题域,最终实现软件工程与实际业务需求的有效对接与深度融合。

3. 面向对象开发的流程

面向对象开发的流程图如图 6-8 所示。

（1）**需求分析**　收集和理解用户需求，识别系统的功能和性能要求，确定问题域的实体以及它们之间的关系，形成需求规格说明书。

（2）**系统设计**　根据分析模型，设计类结构，确定类与类之间的继承、关联和聚合关系，设计接口和方法，创建类图、序列图等设计文档，实现对分析模型的细化和补充，形成设计模型。

（3）**详细设计**　在系统设计的基础上，对每个模块进行详细设计，定义类之间的继承、组合等关系，确保系统的结构清晰且符合设计原则。

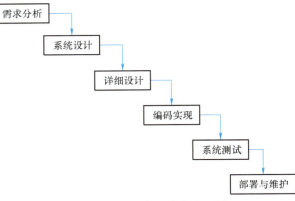

图 6-8　面向对象开发的流程图

（4）**编码实现**　根据设计模型，选择合适的面向对象编程语言，编写类的定义、属性和方法，实现类之间的交互。

（5）**系统测试**　通过单元测试，修复代码中的错误；将各个模块集成到一起，进行整体的功能测试，验证系统的各个部分能够正确地协同工作；对整个系统进行测试，确保系统能够稳定运行。

（6）**部署与维护**　将开发完成的软件系统部署到目标环境中，并在系统上线后持续监控运行状况，根据业务变化和需求更新进行软件的维护和版本迭代。

整个面向对象开发的流程强调了从问题域出发，通过自顶向下、逐步求精的分析与设计过程，将复杂系统分解为一系列相互协作的对象，实现软件系统的模块化、可重用和易于维护。

6.3.3　原型化方法

原型化方法是一种软件开发方法，其思想是通过迅速构建和演示软件原型来收集用户反馈和验证需求，从而快速迭代开发并最终交付满足用户需求的软件产品。它强调在项目早期通过快速迭代和原型开发来不断完善和优化信息系统。原型化方法强调在正式开发之前，先创建一个简化的、初步的软件原型，以便快速验证需求、收集用户反馈和指导后续开发工作。

原型化方法主要包括快速原型法、增量原型法、演示原型法以及探索性原型法等。快速原型法的核心思想是快速构建出一个初步的、可操作的软件原型，以便验证和演示系统的基本功能。快速原型法通常采用迭代的方式，快速创建原型并根据用户反馈进行调整和改进。增量原型法通过逐步构建系统（每个增量都包含系统的部分功能），随着项目的进行，逐步完善原型。增量原型法允许用户在开发过程中逐步参与，并在每个阶段提供反馈。演示原型法主要用于展示系统的外观和交互方式，而不涉及具体的功能实现。演示原型法通常用于展示系统的设计概念和用户界面，帮助用户理解系统的整体构想。探索性原型法着重于探索和验证系统的新颖想法和技术，而不是为最终产品开发一个完整的原型。探索性原型法常用于研究性或试验性项目中评估新技术的可行性和效果。

1. 原型化方法的特点

（1）快速原型构建　原型化方法强调在项目初期快速构建一个初步的、可操作的软件模型或系统原型，而不是一开始就致力于构建完整的、功能完备的软件产品。

（2）需求验证与反馈　通过构建原型，开发团队可以直接向用户展示系统的核心功能和用户界面，从而获取用户对系统初步设计的直观感受和即时反馈，避免需求理解偏差所导致的无效开发。

（3）迭代开发　迭代开发即根据用户对原型的反馈，反复修改和优化原型，直至用户满意为止。每次迭代都可能涉及原型的重新设计与改进，直至原型成熟到足以转化为最终产品。

（4）用户参与度高　在整个开发过程中，用户可以频繁地参与到原型的评审和改进中，这有助于提高最终产品的用户满意度，确保软件系统真正符合用户需求。

2. 原型化方法的流程

原型化方法的流程包括需求分析、原型设计、原型开发、原型测试和评估、迭代和修改、最终交付等，如图 6-9 所示。

（1）需求分析　在这个阶段，开发团队与利益相关者密切合作，收集并分析用户需求和系统功能要求。

（2）原型设计　根据需求分析阶段的结果，开始设计和创建系统的原型。这包括确定原型的范围、功能和界面设计。

（3）原型开发　在这个阶段，开发团队开始构建原型，并根据设计阶段的方向进行迭代和调整。

（4）原型测试和评估　完成原型后，进行测试和评估以验证其功能和用户体验。测试可以由开发团队内部完成，也可以邀请实际用户参与。

（5）迭代和修改　根据测试结果和用户反馈，对原型进行修改和优化。这可能涉及调整功能、界面设计或交互方式等方面。

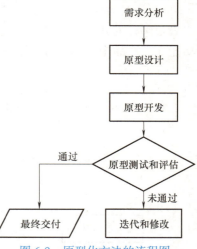

图 6-9　原型化方法的流程图

（6）最终交付　在经过多次迭代和修改后，最终确定原型，并准备将其交付给开发团队进行正式开发。

6.3.4　敏捷式方法

1. 敏捷式方法的概念

敏捷式方法是一种灵活的软件开发方法，强调通过持续的迭代和快速响应变化来实现软件开发项目的成功交付。它强调团队合作、客户参与和持续交付，以提高软件开发的灵活性和响应能力。自敏捷软件开发理念诞生以来，出现了很多优秀的敏捷式方法，比较有代表性的有极限编程（Extreme Programming，XP）方法、Scrum 方法、精益软件开发（Lean Development）方法、动态系统开发方法（DSDM）、特征驱动开发（FDD）方法、Crystal Clear 方法等。下面以极限编程为例介绍开发过程。

极限编程是基于简洁、交流、反馈、勇气和尊重五个价值观的敏捷式方法，它的开发过程如图6-10所示。项目首先从收集"用户故事"这一活动开始，这一活动是开发团队了解软件的商业背景和用户的需求特征的一个活动。此时，开发人员和用户一起，把各种需求变成一个个小的需求模块。接下来进入迭代过程进行编码实现，优先级高的需求首先进入迭代过程予以优先实现。迭代完成的系统，经验收测试得到用户批准就可以发布了。

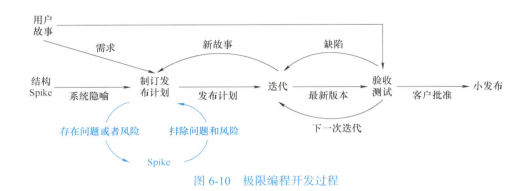

图6-10 极限编程开发过程

注：Spike是一种探索性编程活动。

极限编程的开发过程是由多次迭代组成的，每次迭代的目的都是将经过测试的可发布的新功能加入产品中，然后进入下一次迭代。一次迭代的内部工作流程如图6-11所示。

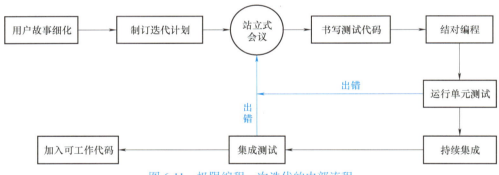

图6-11 极限编程一次迭代的内部流程

在一次迭代的编程中，极限编程提倡结对编程（Pair Programming），即两个人一起编写同一段程序。程序员在写程序和调整优化程序的时候，都要严格遵守编程规范。任何人都可以修改其他人编写的程序，修改后要确定新程序能通过单元测试。

2. 敏捷式方法的特点

（1）迭代和增量开发　　迭代和增量开发是敏捷式方法的核心理念之一，它倡导以较短的周期（如几周或几个月）进行迭代开发，每个迭代周期都致力于实现和交付软件的部分功能。

（2）团队合作与用户参与　　团队合作在敏捷式方法中占据重要地位，团队成员通过频繁沟通与信息共享，确保团队对项目目标有清晰的理解；敏捷强调用户应积极参与到软件开发的全过程中。

（3）快速响应变化　面对需求变更和技术变化，敏捷式方法鼓励团队保持开放和灵活的态度，能够在开发过程中根据新的需求和反馈迅速调整计划和策略。

（4）持续交付　持续交付是敏捷式方法的重要实践原则，它强调通过频繁地交付可用的软件产品，敏捷团队能够在较短的时间内获取用户反馈，及时调整产品方向，缩短开发周期和减少交付风险。

3. 敏捷式方法的流程

敏捷式方法通常采用迭代的开发方式，每个迭代周期内，团队都会完成一部分工作，并提交给用户评审。具体步骤如下：

（1）需求分析和规划　确定项目愿景和目标，制定产品需求 Backlog（待办事项列表）。

（2）Sprint 计划　这是敏捷式方法中的关键阶段之一，其核心目标在于在每个迭代周期（Sprint）之前定义明确的目标和计划，以指导团队的工作。

（3）迭代开发　团队按照 Sprint 计划执行任务，进行日常的 Scrum 会议，包括每日站立会议、Sprint 评审和 Sprint 回顾会议。

（4）持续集成和测试　开发团队在开发过程中进行持续集成和自动化测试，确保代码质量和功能完整性。

（5）交付与评审　在 Sprint 结束时，交付可用的软件增量；进行 Sprint 评审，接受用户反馈。

（6）迭代和反馈　根据用户反馈和评审结果，调整和优化产品 Backlog；不断重复上述步骤，持续迭代开发，逐步完善产品。

6.3.5　DevOps 方法

1. DevOps 的概念

DevOps 方法是一种强调软件开发人员（Dev）与 IT 运维技术人员（Ops）之间紧密协作、高效沟通的现代软件开发方法。它旨在通过自动化工具链、持续集成/持续部署（CI/CD）、敏捷开发实践以及文化与组织变革，实现快速、可靠、高质量的软件产品交付，并提升业务价值。DevOps 概念起源于 2008 年，由比利时软件咨询师 Patrick Debois 在首届 "Agile Infrastructure&Operations" 主题活动中提出。

DevOps 的作用不局限于提高软件开发和运维的效率，它还可以促进组织内部不同团队之间的合作。此外，DevOps 通过自动化部署、测试和监控等手段，降低了人为错误的发生率，提高了系统的稳定性和可靠性。通过 CI/CD 的实践，DevOps 还有助于加速产品上线的速度，使得组织能够更快地响应市场需求和变化，从而保持竞争优势。

2. DevOps 方法的特点

（1）康威定律　康威定律阐述了一个系统的架构如何反映其内部组织的沟通结构。在 DevOps 实践中，这一定律暗示着应用程序的架构与组织的结构之间存在密切的对应关系。

（2）耦合设计　在 DevOps 实践中，耦合设计是一种被鼓励的方法，其核心在于推动软件系统的组件化和低耦合。该设计理念促使每个服务具备独立部署、运行和扩展的能力，使得它们能够独立进行开发和演化。

（3）持续集成和持续交付　持续集成（CI）通过将开发人员提交的代码频繁地集成到共享存储库中，并进行自动化测试，来确保代码质量和功能完整性。持续交付（CD）是一种软件工程的手段，使软件在短周期内产出，确保软件随时可以被可靠地发布。

（4）基础设施即代码　DevOps 注重持续监控应用程序的运行状态和性能指标，并及时反馈给开发团队，以便及时识别和解决问题，保障系统的稳定性和可靠性。

3. DevOps 方法的流程

DevOps 方法的流程如图 6-12 所示，通常分为以下三步：

图 6-12　DevOps 方法的流程

（1）工作流　建立从开发到运维的高效工作流是实现软件交付价值的关键。可视化工作流、减少交付批次大小、内建质量管理等实践有助于减少交付延迟。实践包括持续构建、集成、测试和部署，按需搭建环境，控制在制品数量，并构建支持安全变更的系统和组织。这些举措提升了工作质量、敏捷性和效率，实现了快速、平滑、用户价值导向的软件交付。

（2）工作反馈　在工作流程中应用持续、迅速的反馈机制是关键之举。通过扩展反馈环、嵌入相关知识，并从源头进行质量控制，可防止问题的再次出现，缩短问题检测周期，并实现迅速修复。这不仅有助于构建更安全的工作系统，还能在灾难性事件发生前就察觉并解决潜在问题。

（3）持续学习与实验　在 DevOps 中，建立持续学习和高信任度的组织文化至关重要。这种文化支持动态、严谨、科学的实验，为团队提供不断探索和改进的机会。通过鼓励团队成员积极参与实验，并倡导学习与分享的精神，组织能够迅速适应变化，并持续提升业务价值。

DevOps 这三步的作用：推动项目团队主动承担风险，公平处理工作中的意外情况；侧重问题根本原因分析，避免单纯追责；促进组织和团队从成功和失败中不断积累经验知识、汲取教训，增强应对风险的能力。实现 DevOps 并非一蹴而就，而是一个渐进的过程。随着实践的不断推进，DevOps 团队的活动和技能也逐渐变得更加完善和成熟。

6.4　信息平台编程技术

信息平台的编码技术是指通过编程语言、工具和技术，将业务逻辑、数据处理和用户界面实现为计算机程序的过程。这一过程包括使用集成开发环境（IDE），如 Eclipse、Visual Studio Code 等，以及应用各种编程语言，如 Java 和 JavaScript。编码技术还涉及：前端开发技术，例如 HTML、CSS 以及 JavaScript 框架（如 Vue），用于构建用户界面；中台技术如微服务架构和 API 管理等，负责实现系统的业务逻辑和数据处理；后端开发技术，如 Spring Boot 等框架，用于数据存储和应用程序逻辑的处理。信息平台的编码技术还涵盖了大数据集成与检索技术，如搜索引擎和数据仓库等，以高效地处理和分析大量数据。选择合适的编码技术对于构建高性能、可维护和可扩展的信息平台至关重要。

6.4.1 编程环境与语言

在信息平台的开发过程中,选择适当的编程环境对于提升开发效率和确保代码质量至关重要。编程语言作为构建软件和系统的基础工具,其选择直接影响到软件的性能、可维护性和开发效率。Java 作为一种被广泛使用的编程语言,在管理信息系统开发中具有重要作用。本节将重点介绍 Java 及其开发环境。

1. 集成开发环境

集成开发环境(Integrated Development Environment,IDE)是一种软件应用程序,旨在提供程序开发环境,将开发过程中所需的各种工具集成在一起。通常包括以下组件:代码编辑器,用于编写和修改源代码;编译器和构建工具,用于将源代码转换为目标代码;调试器,用于检测和修复程序中的错误;用户界面设计器,用于设计和创建应用程序的用户界面;数据库管理工具,用于管理和操作数据库;版本控制系统,用于管理代码版本和协作开发。

2. 开发语言 Java

(1) 简介 Java 是一种被广泛使用的编程语言,以卓越的跨平台特性而闻名。Java 程序可以在任何支持 Java 虚拟机(JVM)的平台上运行。它提供了强大的功能和工具,使开发者能够创建高效、可扩展且安全的软件解决方案。Java 凭借其稳定性、跨平台能力、丰富的类库以及强大的社区支持,成为开发大型复杂信息平台的首选语言。

(2) Java 开发和运行环境 Java 的开发和运行环境由 JDK(Java Development Kit)和 JRE(Java Runtime Environment)组成。JDK 是用于 Java 应用程序开发的工具包,包含编译器、调试器等开发工具以及核心类库,是开发过程不可或缺的部分。JRE 则是用于运行 Java 程序的软件环境,包括 JVM 和 Java 类库。为了提高开发效率,开发者通常使用 IDE 工具,这大大简化了 Java 应用程序从开发到部署的全过程。表 6-2 列出了常见的 Java IDE。

表 6-2 常见的 Java IDE

IDE	简介	优点	缺点
Eclipse	适用于 Java、C/C++、PHP 等多种编程语言的 IDE,具有强大的插件系统	开源免费、跨平台、插件生态系统、强大的调试功能、项目管理工具等	内存消耗大、学习成本高、对 GUI 和 Web 界面设计支持不足等
Visual studio	微软推出的 IDE,支持多种编程语言,特别适用于 .NET 开发	支持多种语言、丰富的插件生态、集成版本控制、丰富的设计器、强大的调试工具等	只能在 Windows 上运行、体积较大且资源消耗高、价格较高等
IntelliJ IDEA	专为 Java 开发设计的 IDE,也支持其他 JVM 语言,如 Kotlin 和 Scala	智能编码辅助、高效的代码导航和搜索、内置工具和框架、跨平台、集成版本控制系统等	价格较高、插件开发门槛较高、内存消耗大、学习成本高等
MyEclipse	专为企业级 Java 开发设计的全栈式 IDE,提供丰富的开发工具和框架支持	智能编码辅助、快速测试与实时调试、快速迭代部署、多数据库管理等	体积庞大、过于重型、资源消耗较大等
NetBeans	支持 Java、PHP、HTML5、JavaScript 和其他编程语言	跨平台支持、模块化设计、用户友好的界面、强大的 Java 支持等	性能较差、内存消耗大、插件不够丰富等

(3) 应用 Java 在信息平台开发中有着广泛的应用,如图 6-13 所示。在前端开发中,Java 可以结合 JavaScript 和各种框架(如 Spring Boot)来构建动态和响应式的用户界面。在

后端开发中，Java 能够构建可扩展且可靠的服务层和数据访问层。在大数据集成与检索方面，Java 可以利用 Elasticsearch 等框架实现高效的数据存储和搜索。Java 凭借卓越的跨平台能力、强大的安全性和稳定性，结合丰富多样的库资源和庞大的生态系统，为构建高效、可靠和可扩展的信息平台提供了技术支持。

6.4.2 前端开发技术

信息平台的前端开发技术对于实现用户界面和用户体验至关重要。通过使用编程语言（如 HTML、CSS 和 JavaScript）和框架（如 Vue），开发者能够创建响应式、交互性强且兼容多种设备的网页和应用程序。前端开发技术的先进性直接影响网站的加载速度、交互流畅性以及用户满意度，从而对信息平台的成功和用户黏性产生深远影响。

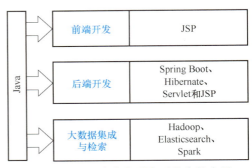

图 6-13 Java 在信息平台开发中的应用

1. UI 设计

（1）简介 UI 设计是构建用户与信息平台交互界面的过程，目标是设计出易用、高效且令人愉悦的界面。UI 设计融合了视觉元素和交互设计，一个优秀的 Web 界面应具备清晰的信息架构、一致的设计语言和响应式布局，以确保用户在各种设备上都能获得直观、一致且愉快的体验。

（2）应用 UI 设计在智能制造信息平台中起着至关重要的作用，通过工艺流程可视化、实时数据监控和设备控制界面等特有设计元素，为用户提供一个高效、直观且安全的操作环境。这些设计元素结合了现代 UI 设计原则和制造业的特定要求，使操作人员能够快速找到所需信息并进行操作，同时支持管理人员及时做出决策。通过用户角色定制、模块化和可配置的界面，智能制造信息平台的 UI 设计能够满足不同工作流程和生产需求，从而提高生产效率和产品质量。

2. 静态页面技术

（1）简介 静态页面技术是构建网页的基础，主要包括 HTML 和 CSS。HTML 负责定义网页的结构和内容，而 CSS 用于描述网页的视觉效果和布局。

HTML 是一种用于创建和描述网页内容的语言。它通过使用标记标签（如 <html>、<head>、<body> 等）来定义网页的结构和内容，使得网页中的文本、图像、视频等多种类型的信息能够被浏览器正确解析和显示。这些标记标签是预定义的符号，用于标识网页中的不同部分和元素。

CSS 是一种样式表语言，用于描述 HTML 文档的呈现方式。它允许开发者定义字体、颜色、布局等视觉样式，使得网页内容不仅结构化，而且美观。CSS 的引入，使网页设计更加灵活和丰富，同时也提高了网页的可维护性。

（2）应用 在智能制造信息平台中，HTML 负责构建和定义平台的网页结构，确保文本、图像和视频等信息能够准确展示。CSS 则用于定制网页的视觉效果和布局，使平台的用户界面既美观又易于操作。HTML 与 CSS 的结合不仅提升了用户体验，还增强了平台的吸引力和专业性。在下面的代码示例中，网页结构主要包括三部分：<html> 标签作为开始标签，<head> 标签构成头部内容，<body> 标签构成页面主体部分。CSS 编码部分则包含在 <style> 标签之中。

```html
<html lang="zh-CN">
<head>
  <meta charset="UTF-8">
  <!-- 网页标题 -->
  <title>代码示例</title>
  <!--CSS 样式定义 -->
  <style>
    /*设置段落样式 */
    p{
      color:#333;/*设置文字颜色 */
      font-size:16px;/*设置字体大小 */
      line-height:1.6;/*设置行高 */
    }
  </style>
</head>
<body>
  <!-- 段落内容 -->
  <p>这是一段示例代码 </p>
</body>
</html>
```

3. 动态界面技术

（1）简介　动态页面技术使网页能够根据用户操作和实时数据变化进行内容更新，从而提高用户体验和互动性。其中，JavaScript（JS）和 Vue.js（Vue）是两种常用的动态页面技术。

JavaScript 是一种客户端脚本语言，允许开发者编写能够在用户浏览器中运行的代码。通过 JavaScript，开发者可以创建动态效果、响应用户操作、与服务器交互以及更新网页内容。这种语言的强大功能使网页不再是静态的，而是能够根据用户的操作和需求动态变化。

Vue.js 是一个基于 JavaScript 的渐进式框架，用于构建用户界面。它提供了一套简洁而强大的 API，使开发者能够轻松地管理和渲染动态数据。Vue.js 通过虚拟 DOM（文档对象模型）技术优化了更新性能，其组件化架构也大大提高了开发效率和可维护性。Vue.js 在动态页面中的应用，使得复杂的用户界面开发变得更加简单和高效。

（2）应用　在智能制造信息平台中，JavaScript 和 Vue.js 的应用给平台带来了高度的交互性和动态性。JavaScript 通过实现实时数据更新、响应用户输入和与服务器的异步通信，极大地提升了平台的用户体验和功能。Vue.js 则凭借其组件化和响应式设计，简化了复杂用户界面的开发，使信息平台能够高效地管理和渲染动态数据，同时保持良好的性能和可维护性。两者的结合使智能制造信息平台不仅功能强大，而且操作直观、响应迅速，满足了现代制造业对信息平台的高要求。

4. 前端数据可视化组件

（1）简介　前端数据可视化组件是基于 JavaScript 的库或框架，可以快速嵌入网页或

Web 应用中，将数据转换为图表或图形展示。这些组件简化了数据展示过程，使开发者能够以直观、易读的方式呈现复杂数据，从而增强用户体验。前端数据可视化组件的优势在于其灵活性和易用性，能够轻松集成到现有应用中，无须重写大量代码。

这些组件提供多种图表类型，如柱状图、折线图、饼图和地图等，满足不同场景下的数据展示需求。同时，它们支持高度自定义和配置，开发者可以根据实际需求调整图表的样式、颜色和大小等属性，以更好地满足用户需求。常用的工具有 Apache ECharts、D3.js、Chart.js 等。表 6-3 为 Apache ECharts 提供了热力度与百度地图扩展示例。

表 6-3 Apache ECharts 热力度与百度地图扩展示例

```
$.get(ROOT_PATH +'/data/asset/data/hangzhou-tracks.json', function(data){
  var points = [].concat.apply(
    [],
    data.map(function(track){
      return track.map(function(seg){
        return seg.coord.concat([1]);
      });
    })
  );
  myChart.setOption(
    (option ={
      animation: false,
      bmap: {
        center: [120.13066322374, 30.240013034923],
        zoom: 14,
        roam: true
      },
      visualMap: {
        show: false,
        top: 'top',
        min: 0,
        max: 5,
        seriesIndex: 0,
        calculable: true,
        inRange: {
          color: ['blue', 'blue', 'green', 'yellow', 'red']
        }
      },
      series: [
        {
          type: 'heatmap',
          coordinateSystem: 'bmap',
          data: points,
          pointSize: 5,
          blurSize: 6
        }
      ]
    })
  );
  // 添加百度地图插件
  var bmap = myChart.getModel().getComponent('bmap').getBMap();
  bmap.addControl(new BMap.MapTypeControl());
});
```

（2）应用　在智能制造信息平台开发过程中，前端数据可视化组件的应用场景十分广泛。这些组件能够将生产数据、设备状态、工艺流程等复杂信息以直观的图表形式展示，帮助操作人员和管理者快速理解和分析数据。通过嵌入柱状图、折线图、饼图和地图等多种类型图表，平台可以实时展示生产进度、设备利用率、质量检测结果等关键指标，支持决策分析和故障预警。此外，数据可视化组件的灵活性和可定制性使得开发者能够根据具体需求调整图表样式，从而提供个性化的用户体验，进一步提升平台的实用性和用户满意度。

6.4.3　后端开发技术

后端开发技术在信息平台建设中至关重要，涵盖数据存储、服务构建和业务逻辑处理等方面，是系统稳定性和数据处理效率的基础。强大的后端开发技术能够确保平台快速响应用户需求、处理大数据并提供可靠服务。本节将介绍 Spring Boot、Spring Cloud 和 MyBatis 等技术。

1. Spring Boot

（1）简介　Spring Boot 是由 Pivotal 团队推出的一种新框架，旨在简化 Spring 应用的开发与部署。该框架采用"约定优于配置"的原则，通过预配置的依赖和自动配置，显著减少开发过程中的配置工作。Spring Boot 继承了 Spring 4 的优点，并通过起步依赖（Starter Dependency）进一步简化配置，使开发者能够专注于业务逻辑。它内置了 Tomcat 等 Servlet 容器，可以将应用打包为可执行的 .jar 包，实现一键部署，同时简化运行环境的要求，只需配置 JDK 环境变量即可。Spring Boot 已成为快速应用开发领域的领导者。

在 Spring Boot 应用程序中，采用的是典型的分层架构模式，如图 6-14 所示。控制层（Controller）负责接收用户请求（Request），根据请求类型调用相应的服务层方法进行处理，并将处理结果（Response，即响应）返回给用户或选择合适的视图展示结果。服务层（Service）封装了核心的业务逻辑，接收来自控制层的请求，执行业务操作，并调用数据访问层（Data Access Object，DAO）的方法来访问数据库。数据访问层负责与数据库进行交互，包括数据的增删查改操作，通常使用 ORM 框架来实现。视图层（View）负责将数据呈现给用户，可以通过 HTML 页面、模板引擎或直接返回 JSON 数据来实现。这种分层结构有助于实现关注点分离，使代码更加模块化，便于维护和扩展。

图 6-14　Spring Boot 核心架构

（2）应用　Spring Boot 在智能制造信息平台中的应用体现了其快速构建企业级应用的能力。通过简化配置和部署流程，Spring Boot 显著提高了系统的开发效率。它集成了丰富的开箱即用组件，如 Spring Data JPA 和 Spring Security，使开发人员能够专注于业务逻辑的实现。此外，Spring Boot 支持多种数据库和消息队列，能够满足智能制造系统中数据处理和设备通信的需求。其微服务架构特性促进了系统的模块化和可扩展性，为智能制造信息平台的稳定运行和灵活调整提供了有力支持。

2. Spring Cloud

（1）简介　Spring Cloud 是一套基于 Spring Boot 的微服务架构开发工具集，旨在解决分布式系统中的诸多问题，如服务注册与发现、配置管理、服务熔断、负载均衡和分布式消息传递等。它充分利用 Spring Boot 的开发便利性，使开发者能够轻松构建和维护分布式系统。

Spring Cloud 具有高度的模块化和灵活性，包含多个子项目，包括 Eureka、Ribbon、Hystrix 和 Zuul 等。每个子项目都针对特定问题提供了解决方案，开发者可以根据需求选择合适的子项目进行集成和使用。

Spring Cloud 的目标是帮助开发者快速构建分布式系统，同时确保系统的高可用性、高性能和可扩展性。它使开发者能够专注于业务逻辑的实现，而无须处理分布式系统的复杂性，因此成为微服务架构领域的主流选择之一。

Spring Cloud 核心架构如图 6-15 所示。

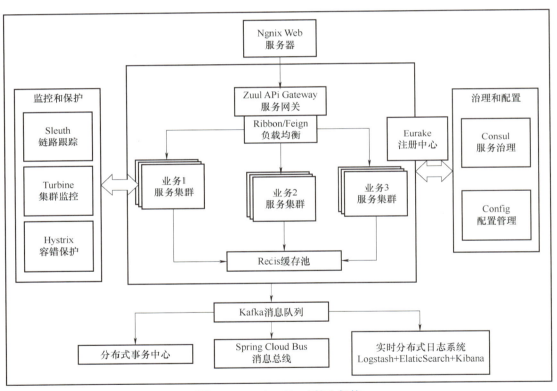

图 6-15　Spring Cloud 核心架构

（2）应用　Spring Cloud 在智能制造信息平台中的应用主要体现在其构建分布式系统的能力上。通过提供服务发现、配置管理、负载均衡和断路器等一系列工具，Spring Cloud 确保了系统的稳定性和高可用性。其微服务架构支持系统的模块化和动态扩展，使智能制造信息平台能够根据业务需求灵活调整。此外，Spring Cloud 与 Spring Boot 的无缝集成简化了开发流程，提高了系统的开发效率。Spring Cloud 还支持多种云平台，能够满足智能制造系统中数据处理和设备通信的需求，为智能制造信息平台的稳定运行和灵活调整提供了强有力的支持。

3. MyBatis

（1）简介　MyBatis 是一款优秀的持久层框架，封装了 JDBC，使开发者只需关注 SQL 本身，而无须处理诸如注册驱动、创建连接、创建语句、手动设置参数和结果集检索等 JDBC 的烦琐过程。它提供灵活的配置和可扩展性，支持自定义插件，并能与多种数据源和事务管理器集成。MyBatis 的主要目的是简化数据库操作，提高开发效率，同时保持 SQL 的灵活性和性能。

MyBatis 核心架构如图 6-16 所示。

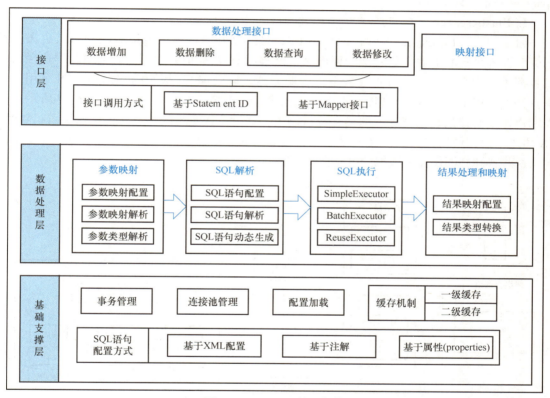

图 6-16　MyBatis 核心架构

MyBatis 通过提供简洁易用的 API，实现与数据库的交互。开发者只需定义一个接口，并添加注解或关联 SQL 映射文件，MyBatis 便能自动生成实现类，执行 SQL 语句并处理结果映射。MyBatis 的接口层使数据处理层代码更易于管理和使用。同时，MyBatis 的数据处理层负责处理 Java 类型和数据库类型之间的转换，提供了一些内置的数据处理组件，如类型转换和映射配置，可以处理常见的 Java 和数据库类型。此外，MyBatis 的基本支撑层是其核心组件之一，为整个框架提供必要的支持和功能，包括许多重要组件，如 SQL 会话管理器、事务管理器和缓存管理器等。

（2）应用　MyBatis 在智能制造信息平台中的应用，通过灵活的数据库操作和 SQL 管理能力，使开发人员能够利用简单的 API 和动态 SQL 轻松实现数据库的增删改查操作。它支持定制化 SQL、存储过程以及高级映射，增强了系统的性能和可维护性。它与 Spring Boot 框架的无缝集成进一步简化了开发流程，提升了开发效率。MyBatis 的多数据库支持能够满足系统在不同场景下的数据处理需求，从而确保智能制造信息平台的稳定运行和灵活调整。

6.4.4 大数据集成与检索

信息平台的大数据集成与检索能够高效处理和分析海量数据，帮助组织发现数据间的关联性、趋势和模式，从而支持数据驱动的决策制定。本节将介绍 Elasticsearch、Hadoop 和 Spark 等分布式计算框架。

1. Elasticsearch

（1）简介　Elasticsearch 常被简称为 ES，是一款开源且高度可扩展的分布式全文搜索引擎，以近乎实时的数据处理能力而闻名，能够高效存储和检索大量数据。ES 旨在轻松应对数据量的增长，可以无缝扩展到上百台服务器，以处理 PB 级别的数据集。ES 采用 Java 语言开发，以 Lucene 作为其核心索引和搜索功能的基础。ES 核心架构如图 6-17 所示。它为用户提供快速的数据存储、搜索和分析能力，同时确保系统的高可用性和水平可扩展性。ES 功能丰富，包括强大的全文搜索功能、灵活的数据聚合分析能力以及自动分片和复制机制，这些特性共同保证了数据的可靠性和性能。

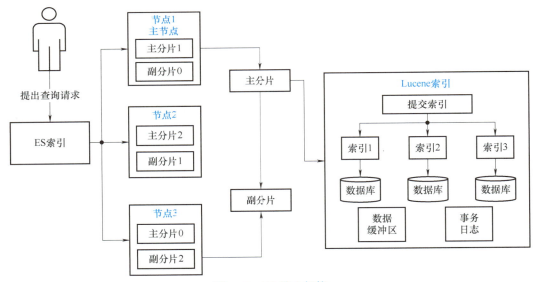

图 6-17　ES 核心架构

（2）应用　Elasticsearch 的数据处理阶段包括对已采集的数据进行索引、搜索和分析。在这个过程中，Elasticsearch 会自动对数据进行索引，将其存储在分布式文件系统中，并创建倒排索引以实现快速搜索。Elasticsearch 还支持多种搜索和分析功能，如布尔查询、匹配查询和聚合分析，使用户能够灵活地检索和分析数据。

2. Hadoop

（1）简介　Hadoop 是由 Apache 软件基金会（Apache Software Foundation）维护的开源分布式计算框架，专为处理大规模数据集而设计，能够在计算机集群上高效处理数据。它可以从单一服务器无缝扩展到数千台机器，每台机器都提供本地计算和存储资源。Hadoop 的核心组件包括 HDFS（Hadoop 分布式文件系统）和 MapReduce，其核心架构如图 6-18 所示。HDFS 用于可靠地存储海量数据；MapReduce 则是一款强大的数据处理引擎，能够并行处理和分析大规模数据。Hadoop 的特点包括：高吞吐量的数据访问，易于扩展，能够处理大量结构化和非结构化数据。通过自动将数据切分成固定大小的块并存储在集群中的多个节点上，Hadoop 实现了数据的可靠存储和高效处理。

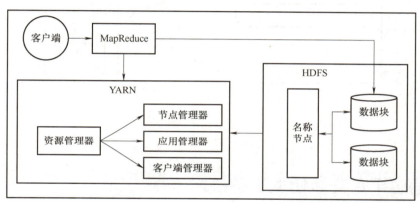

图 6-18　Hadoop 核心架构

（2）应用　在智能制造信息平台开发中，Hadoop 框架主要用于处理和分析大规模数据集，能够存储和管理海量数据，同时执行复杂的计算任务，这对数据密集型的智能制造应用至关重要。Hadoop 的可靠性、可扩展性和成本效益使其成为处理生产日志、传感器数据、产品质量数据等工业大数据的理想选择。它帮助组织从数据中提取有价值的信息，优化生产流程，提高产品质量，实现预测性维护，并做出更精准的市场和运营决策。

3. Spark

（1）简介　Spark 是一款开源的分布式计算系统，利用内存计算引擎在数据驻留在 RAM（随机存储器）中时显著提高数据处理速度，尤其适合迭代算法和交互式数据挖掘，其核心架构如图 6-19 所示。Spark 支持多种编程语言，包括 Java、Scala、Python 和 R，便于不同背景的开发者实现并行应用程序。它还提供了丰富的内置库，如 Spark SQL、Spark Streaming、MLlib 和 GraphX，涵盖了结构化数据处理、实时数据流处理、机器学习和图形处理，增强了灵活性和可扩展性。这些特点使得 Spark 在处理大数据应用时具有高效的性能和良好的可扩展性，因此 Spark 被广泛应用于数据流处理、机器学习和复杂的数据分析场景。

（2）应用　在实际应用中，Spark 可以与 Hadoop 协同使用，从 HDFS 中读取数据，利用内存计算能力进行快速的数据处理和分析，并将结果写回 HDFS。此外，Spark 还可以使用 Hadoop 的 YARN 作为集群管理器，以便更加有效地分配和管理集群资源。通过这种集成，Spark 和 Hadoop 共同提供高性能、可扩展和可靠的大数据处理解决方案，满足各种大数据需求。

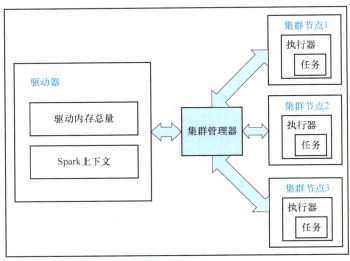

图 6-19 Spark 核心架构

6.5 信息平台安装切换维护技术

信息平台的安装、切换与维护技术已成为保障企业信息系统持续、稳定运行的关键。通过有效的安装和切换维护,可以实现系统的无缝升级和扩展,满足不断变化的业务需求。专业的维护技术能够及时发现和解决潜在问题,提高系统的安全性和性能。

6.5.1 信息平台安装技术

信息平台安装技术是一种将计算机信息系统、网络设备、安全设备、存储设备等硬件设备和软件系统进行有效集成、部署,以实现信息系统的正常运行和高效服务的技术。该技术包括硬件设备的安装、调试,软件系统的部署、配置,以及网络和安全设备的设置和管理,这些技术可以确保信息平台的稳定性、安全性和高效性。

1. 硬件安装

信息平台安装技术中的硬件安装是构建信息平台的物理基础,涉及将服务器、存储设备、网络设备等计算机硬件设备物理地安装到适当的位置,并确保它们能够正常工作。这一过程包括服务器的组装、上架和接线,存储设备的配置,网络设备的物理安装,以及终端设备的安装和调试。正确的硬件配置能够提供必要的计算能力、数据存储能力和网络性能,满足信息平台在处理速度、数据容量和访问效率方面的需求。尤为重要的是在服务器安装和配置阶段,首要任务是选择合适的服务器硬件,这包括 CPU 的类型和数量、内存的大小、硬盘的类型和容量等。安装过程中,既要了解各种设备的兼容性,也需要根据信息平台的具体应用场景和预期负载来决定服务器的配置。硬件安装涉及的主要内容如图 6-20 所示。

2. 软件部署

信息平台安装技术中的软件部署是将操作系统、应用软件和系统软件等安装到计算机硬件上，以确保它们能够正常运行和提供高效服务。首先，选择合适的操作系统是基础，它不仅影响系统的稳定性和安全性，还关系到后续应用软件的兼容性及其性能。常见的操作系统包括各种版本的 Linux 和 Windows Server。其次，数据库管理系统（DBMS）如 MySQL、PostgreSQL 或 Oracle 等，是处理和存储数据的核心，需要根据数据处理需求和并发量进行选择与优化。常见的应用服务器有 Apache、Nginx 或 IIS。合理配置数据库和应用服务器，包括网络连接、存储分配、缓存设置等，对提升整个信息平台的响应速度和处理能力至关重要。最后，考虑到可能的系统升级和扩展需求，软件部署还应借助一定的外界技术力量，如使用自动化部署工具、容器化技术等，以提高部署效率并降低后续维护的复杂度。

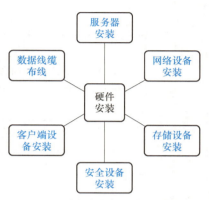

图 6-20　硬件安装涉及的主要内容

3. 网络配置

信息平台的稳定性和通信效率取决于其网络配置，包括网络架构设计、设备选择和安全措施。合理的网络架构能确保数据流畅，有效管理网络流量。网络设备如交换机、路由器、负载均衡器和防火墙等，需根据平台需求精心配置。配置时，要确保网络畅通，同时考虑路由优化、VLAN（虚拟局域网）划分等策略，以提高性能和隔离网络区域。负载均衡器的配置则直接关系到高访问量情况下的服务可用性和响应时间。此外，冗余设计通过备份链接和设备，保证关键路径和节点在发生故障时快速切换，减少停机时间。网络安全配置通过设置防火墙规则、VPN（虚拟专用网络）和加密技术保护数据传输，以及部署 IDS（入侵检测系统）和 IPS（入侵防御系统）来防御安全威胁。目标是维护数据的完整性、保密性和可用性，这要求管理员持续关注安全威胁和漏洞，及时更新策略和措施。

4. 数据迁移和同步

数据迁移和同步是确保信息平台数据一致性、完整性和可用性的重要过程。数据迁移涉及制订计划、选择工具和方法，以及执行迁移过程，这要求深入理解数据结构、内容，并考虑新旧系统间的兼容性。数据同步则关乎建立策略和机制，保持数据在多个服务器或设备间的一致性。技术人员需评估数据量、类型和迁移时间窗口，选择可靠、兼容的工具，并确保数据更新的实时性和一致性。

数据迁移和同步需与硬件安装、软件部署和网络配置等环节紧密结合，以确保平台数据的整体完整性。迁移策略的选择依赖于多种因素，如数据量、复杂性、系统兼容性、业务连续性、成本和时间限制。最佳迁移策略应该综合考虑这些因素，制订个性化迁移计划并实施。具体的数据迁移和同步过程如图 6-21 所示。

5. 安全控制

信息平台安装技术中的安全控制是保护系统免受未授权访问和数据泄露等威胁的关

键。这包括制订安全策略、实施安全措施和配置设备，以维护机密性、完整性和可用性。安全措施涵盖访问控制、数据加密、网络安全、应用程序安全和物理安全等。技术人员需深入了解安全威胁和漏洞，并采取安全措施，如用户身份验证、数据加密、防火墙配置、入侵检测和软件安全修补。安全控制还涉及物理安全，即数据中心和机房的访问控制和环境保护。

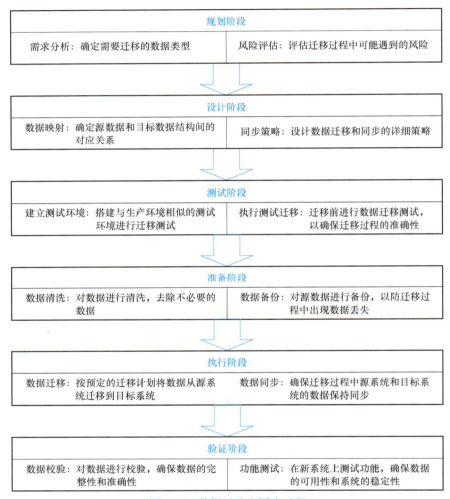

图 6-21　数据迁移和同步过程

此外，安全控制还包括建立监控和审计机制，通过安装 SIEM（安全信息和事件管理）系统、IDS 和 IPS 来实时检测和响应安全事件，进行审计和合规性检查。这些系统帮助监控网络流量和日志，及时发现异常行为和潜在的安全威胁，并采取相应的措施进行应对。总体而言，安全控制确保信息平台在安装、部署和运行过程中的安全，保护数据不受损害。

6. 测试和验证

测试和验证是确保信息平台稳定性和安全性的关键步骤，涉及对硬件、软件和网络等的全面测试。其中，硬件测试确认设备无故障且配置正确，软件测试验证代码正确性和功能完整性，网络测试则检查配置有效性和通信安全。性能测试模拟负载场景，评估响应时间、吞吐量和资源消耗等指标，以识别瓶颈和优化系统。安全测试，如渗透测试和漏洞扫描，是防止外部攻击和内部滥用的关键，有助于发现和修复安全漏洞。

测试不仅是发现和修复问题的过程，还包括系统优化和调整，应该是持续和迭代的。随着平台升级和环境变化，启动新的测试周期成为确保系统性能最佳的重要措施。使用自动化测试工具和 CI/CD 流程能提高测试效率和频率，确保快速响应和解决问题，保障平台的高可用性和可靠性。

6.5.2 信息平台切换技术

信息平台的切换技术是指在多个信息平台之间进行转移和交互的技术手段和工具，通常涉及软件工程、用户界面设计、数据同步和系统整合等领域。这些技术可以帮助用户高效地在不同的系统、应用程序或服务之间切换，并确保数据的一致性。常见的切换方式的优劣势对比见表 6-4。

表 6-4 常见的切换方式的优劣势对比

特点	方式			
	直接切换	并行运营	试点运营	分阶段运营
切换风险	风险最高，若第一次切换失败，会导致整个系统瘫痪	风险较低，有旧系统可以备用	风险较低，先进行试点部署，出现问题不会影响整个组织	风险逐步管理，各阶段的成功为下一阶段提供保障
切换成本	短期成本最低，但若切换失败，长期成本巨大	成本较高，需要同时维护新旧两套系统	初期成本较低，但扩展至全组织时成本增加	随着各阶段的推进，成本逐步增加，但可控性更强
切换时间	能最快完成全部切换	需要较长时间，直到新系统完全稳定	起始较快，但完全切换取决于试点推广速度	整体耗时最长，但风险会逐步缩小
用户适应性	对用户冲击最大，用户需要快速适应新系统	用户有时间适应新系统，可以根据需要使用旧系统	有限用户群体先适应，为全员推广提供反馈	用户逐步适应，每个阶段的变化较小
数据准确性	一次性完成数据迁移，要求高度的准确性	需要同步两套系统的数据，管理难度较高	数据管理相对简单，扩展时需要注意数据的一致性	各阶段需要保证数据迁移和同步的准确性
系统稳定性	依赖于一次性切换成功，稳定性和可靠性风险高	旧系统作为备用，提升系统稳定性	通过有限范围内的试点运行来确保系统的稳定性	系统的稳定性取决于各阶段的成功实施

1. 直接切换

直接切换是信息平台切换方式中最基础、最直观的一种。它允许用户根据需求手动在新旧平台间切换。这种方式要求平台兼容用户设备，界面直观易用，并能无缝迁移、同步数据。安全性、隐私保护、培训和支持等因素是切换过程中的重要考量。

直接切换的优势在于简便快捷、响应迅速，且给予用户高度自主性。它不依赖复杂同步或集成机制，能够满足用户对即时信息的需求，并允许用户根据个人喜好选择切换平台的时机，灵活适应不同场景。但随着信息技术的发展，平台数量和种类增加，对切换效率和质量的要求提高，数据安全和隐私保护的重要性也更加突出。因此，未来直接切换方式需不断创新优化，以提供更高效、安全、用户友好的体验。

2. 并行运营

并行运营切换方式允许在系统升级或更换时同时运行新旧系统，使用户能够并行操作，实现高效信息管理和任务处理。新系统逐步接管业务流程，同时监控比较两设备性能，确保性能稳定后再完全切换。此方式要求用户具备多任务处理能力和平台管理技巧，同时需制订回滚计划应对新系统问题。

并行运营切换的主要特点包括支持用户并行处理多任务，减少新旧系统间的切换，提高工作效率，但需注意兼容性和数据同步。这些特点使其成为应对信息过载和提高任务处理效率的有效方式，特别适用于需要同时处理多个信息和任务的场景。但这种切换方式仍面临一些挑战，比如，随着信息技术的不断发展，用户需要切换的系统数量和种类持续增加，不同系统之间的兼容性问题会导致信息传递和功能使用上的障碍等。

3. 试点运营

试点运营切换是一种渐进式、可控的切换方式，允许平台在有限环境中测试新功能、界面或技术，以评估其性能和用户接受度。通过选择特定用户群体或市场区域进行试点，收集反馈以指导后续决策，能够降低全面推广风险，及时发现并解决问题。

其特点主要体现在测试性和评估性两方面。在这种切换方式下，通过在小规模环境中尝试切换，平台提供商可以测试和评估切换机制，收集用户反馈，了解问题和改进点，并根据测试结果进行优化。此外，试点运营有助于了解切换机制在不同环境下的表现，为大规模推广提供参考。但这种切换方式面临试点代表性、数据收集分析准确性以及试点结果大规模应用等问题。为解决这些问题，需要选择具有代表性的试点区域或用户群体，收集准确且全面的试点数据，同时要解决试点与全面切换之间的差异和适应性问题，以确保切换机制顺利推广。

4. 分阶段运营

分阶段运营是一种将信息平台切换分为多个阶段逐步实施的切换方式，每个阶段都有明确的目标和任务。这种方式允许逐步引入新功能、修复问题、收集用户反馈，并调整优化，降低切换风险，提高成功率。分阶段运营使平台提供商能控制切换过程，确保每个阶段顺利进行，提供稳定优质体验。

分阶段运营的特点是逐步性、可控性和灵活性。这种切换方式允许平台提供商在切换过程中保持对风险的严格控制，确保每个阶段顺利进行。此外，平台提供商可以根据实际情况调整切换计划，以适应不断变化的需求和环境。相比于其他切换方式，其优势在于能够降低风险、提高切换成功率，并为用户提供更加稳定和优质的切换体验。但该切换方式也面临一些挑战，包括切换阶段的划分、各阶段间的协调和整合，以及用户适应性管理等。

6.5.3 信息平台维护技术

信息平台维护技术是指运用计算机科学、网络技术、软件工程和数据管理等多学科知识,对信息平台进行有效管理和维护的一系列技术手段和方法。这些技术包括但不限于系统监控、性能优化、软件更新与升级、数据备份与恢复、故障排查、应急响应等,以确保信息平台的稳定运行和数据安全。信息平台维护技术的主要功能如图 6-22 所示。

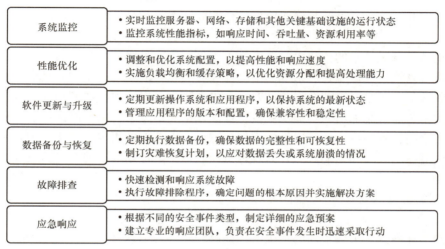

图 6-22　信息平台维护技术的主要功能

1. 系统监控

系统监控是信息平台维护技术中的重要组成部分,通过实时跟踪和记录信息平台的运行状态,包括硬件使用情况、软件服务状态、网络通信情况等,及时发现并处理潜在的问题,其目标是确保信息平台的稳定运行和高效性能,提高系统的可靠性和用户体验。

常用的系统监控技术手段有性能监控工具、日志分析工具和报警系统等。性能监控工具可以实时监测系统的各项性能指标,如 CPU 使用率、内存占用、磁盘空间和网络流量等;日志分析工具则用于收集和分析系统日志,以提供故障排查和性能优化的依据;报警系统则通过预设的阈值和规则,及时向管理员发送警报,以便快速响应和处理系统问题。此外,系统监控还包括通过可视化工具和仪表板展示关键指标和系统状态,使管理员快速获取信息并做出决策。

2. 性能优化

性能优化技术专注于提高系统的响应速度、处理能力和资源利用率。其目标是确保信息平台能够高效地处理用户请求,提供快速且可靠的服务。为确保性能优化效果的持久性和可复制性,在进行性能优化之前,管理员应制定性能优化流程和策略,包括性能测试、性能监控和性能评估等。

性能优化技术的主要手段包括资源分配优化、数据库优化、代码优化和网络优化等。资源分配优化涉及合理分配 CPU、内存和磁盘空间等硬件资源,以确保系统资源得到充分利用；数据库优化则关注优化数据库查询、索引设计和缓存策略，以提高数据检索和处理的效率；代码优化涉及改进应用程序的算法、减少资源消耗和提高代码质量；网络优化关注优化网络结构和配置，以提高数据传输的速度和稳定性。通过这些优化手段，信息平台可以更好地应对各种性能问题和挑战，提高系统的稳定性和可靠性，向用户提供更好的服务。

3. 软件更新与升级

软件更新与升级技术专注于使信息平台的软件系统处于最新状态，通过修复已知漏洞，提高系统性能和功能。其目标是确保信息平台的稳定运行和高效性能，以及满足用户不断变化的需求。

软件更新与升级技术的主要手段包括补丁管理、版本升级和功能扩展等。补丁管理涉及及时安装操作系统、数据库管理系统、中间件和应用软件的安全补丁和修复程序，从而修复已知漏洞和缺陷；版本升级涉及将软件升级到更高版本，以获得新功能和性能改进；功能扩展涉及根据用户需求添加新的功能模块或组件，以扩展信息平台的功能和用途。在进行软件更新与升级之前，管理员应进行详细的规划和测试，以确保新版本或补丁与现有系统的兼容性，并评估潜在的风险和影响。此外，管理员应制订回滚计划，以便在更新或升级失败时快速恢复系统。

4. 数据备份与恢复

数据备份与恢复技术主要作用于保护信息平台的数据免受丢失、损坏或被盗用的风险。其目标是确保在数据丢失或损坏的情况下，能够快速准确地恢复数据，以减少业务中断的时间和影响。

数据备份与恢复技术的主要手段包括定期备份数据、验证备份数据的完整性和可行性以及快速恢复数据。定期备份数据涉及将信息平台的数据复制到另一个存储位置，如外部硬盘、磁带或云存储服务，以防止原始数据丢失或损坏；验证备份数据的完整性和可行性涉及定期检查备份数据的准确性和可恢复性，以确保备份数据在需要时可用；快速恢复数据涉及在数据丢失或损坏的情况下，尽快将备份数据恢复到信息平台，以降低业务中断的时间并减轻其带来的负面影响。为确保数据的安全性和可靠性，在进行数据备份与恢复之前，管理员应编制合适的备份策略和恢复计划，包括备份数据的频率、存储位置和保留时间等。

5. 故障排查

故障排查技术关注于识别、诊断和解决信息平台运行过程中出现的问题和故障。其目标是确保信息平台的稳定运行，减少系统故障对业务的影响，并提高用户满意度。

故障排查技术的主要手段包括监控系统日志、分析系统性能指标、使用故障排查工具和诊断故障原因。监控系统日志涉及收集和分析系统运行时的日志信息，以发现异常行为；分析系统性能指标涉及跟踪系统的关键性能指标，如CPU使用率、磁盘空间和网络流量等，以识别性能瓶颈和潜在问题；使用故障排查工具涉及利用专业的故障排查工具和技术，如性能分析工具和问题跟踪系统，以快速定位和解决问题；诊断故障原因涉及深入分析故障的根本原因，并采取相应的措施进行修复和预防。在进行故障排查之前，管理员应制定故障排查流程和策略，包括故障的记录、分类和优先级排序等。此外，应建立故障排查知识库和经验分享机制，以提高故障排查的效率和效果。

6. 应急响应

应急响应技术是指在信息平台发生安全事件或系统故障时，能够迅速有效地采取应对措施，以最小化损失和尽快恢复服务，其目的是确保信息平台在面临突发事件时，能够保持业务的连续性和数据的完整性。

应急响应技术的主要手段包括制订应急响应计划、建立应急响应团队、准备应急响应资源，以及进行应急演练。制订应急响应计划涉及明确应急响应的目标、流程和责任分工，以及制定详细的操作步骤和沟通机制；建立应急响应团队涉及组织专业人员，如系统管理员、安全专家和业务负责人，以协同应对突发事件；准备应急响应资源涉及配备必要的硬件设备、软件工具和安全设备，以支持应急响应活动的开展；进行应急演练涉及定期模拟不同的应急场景，以提高团队的应急响应能力和熟练度。为了能够在故障出现时快速采取措施，在进行应急响应之前，管理员应制定应急响应流程和策略，包括应急响应的触发条件、操作步骤和沟通机制等。

6.6 智能制造信息平台实现案例

随着物联网、大数据和人工智能等技术的发展，智能制造已成为全球制造业转型升级的重要方向。许多企业在实现向智能制造转型过程中面临众多挑战，如数据集成、系统兼容性、生产线自动化、智能决策支持系统的建设等，这些挑战需要专业的信息技术服务提供商来解决。本节选取江苏金恒信息科技股份有限公司（简称金恒科技）作为信息技术服务提供商的案例进行分析。

金恒科技以"打造国际知名的智能制造整体解决方案服务商"为企业愿景，全面提供数字工厂规划咨询、设计与实施服务，涵盖产销一体化、设备"智维"、智慧物流、智慧园区、智慧能源、智慧环保及无人行车等主航道产品，产品和服务适用于钢铁及其产业链，以及有色金属、化工、医药、物流、公共服务等多个行业。其主导建设的南钢智慧运营中心，是"智造＋经营＋生态"集群式一体化智慧运营中心。该中心建设了六大集群，融合了 16 个业务管控模块，汇聚了 26 条产线、采集数据量超 42 万，开发模型超 300 个，打造了智慧工厂数字孪生系统，1∶1 还原真实产线，构建了全流程智慧生产与运营能力，打造了企业生产运营管控的"工业大脑"。金恒科技人工智能团队主要面向钢铁行业共性需求和痛点问题，助力钢铁企业形成以人工智能为引擎的新质生产力：在数据智能、机器视觉等领域，开发了基于机器学习的钢种性能预测系统，优化了钢材检验流程，年均节省钢材检验费用超 3000 万元；针对钢包号识别的行业痛点，通过特色标签设计和自研发关键算法，解决了现场环境干扰大、维护工作量大、识别精度低等问题；开发全自动金相智能分析系统，涵盖机器人、人工智能、SaaS（软件即服务）平台，实现金相试验从制样、腐蚀、拍照、判级到生成报告的全流程智能化操作，攻克行业金相人工检测难题。

金恒科技目前开发出的主要软件产品包括智能设备管理平台、智能能源管理系统、智能仓储系统、智能远程集中计量系统等。金恒科技通过持续的技术研发和应用创新，在软件开发、系统集成、云计算服务以及大数据分析等领域取得了卓越成就，展现了我国信息技术企业的活力与潜力。

6.6.1 金恒科技信息平台框架技术分析

1. 框架技术介绍

金恒科技信息平台采用分布式架构构建数据采集服务，实现集群规模灵活伸缩，具备百万级数据采集能力。目前平台采集吞吐量每秒超 50 万，每日处理查询请求数超 3000 万，为智慧运营、数字工厂、设备"智维"、智慧能源、智慧质量等多个领域业务系统提供数据支撑。其大数据平台面向制造业为客户提供专业高效、安全可靠的一站式大数据开发与治理平台，帮助客户构建数据中台支撑数据应用，赋能行业数字化转型；助力满足中小规模制造业（1~500TB）的实时数据、准实时数据的应用需求。其云平台通过云计算，支持公有云、私有云两种模式，基于云计算架构实现金恒科技微服务低代码开发平台，提供统一的开发底座，通过对云原生、微服务能力的全面覆盖，以及系统管理、权限管理、组织架构、分布式日志中心等平台基础能力的构建，对平台开发需求进行支撑。金恒科技以微服务的框架模型来打造自身的信息平台，具体的框架结构如图 6-23 所示。

如图 6-24 所示，金恒科技信息平台的实现分为四个部分：第一部分是底层的基础设施层，通过 DevOps 和云原生构建资源管理能力和研运一体化管理能力。第二部分是以基础设施层为基础，构建的一个全面覆盖服务治理、远程配置、链路追踪、流量控制、分布式日志、服务监控、消息队列、分布式调度等微服务能力的微服务开发底座，以实现对企业大型项目的支撑。第三部分是系统组件层，主要围绕各类业务场景的通用能力，构建了数据字典、分布式日志、权限管理、通知中心、文件管理、安全审计等基础组件，以降低开发难度，提高开发效率。最后一部分是顶层低代码层，该层通过数据建模、流程引擎、应用市场、数据报表、页面设计、接口中心、BI（商业智能）大屏七大模块，端到端覆盖功能开发的全生命周期，开发效能提升了 30%。

2. 框架技术优势

企业在提供产品或服务的过程中通常会面对系统数量庞大、稳定性要求高等问题，金恒科技采用微服务架构进行信息平台搭建可以为客户企业软件的开发应用带来许多优势，从而提高客户企业的竞争力，具体优势如下：

（1）易扩展　微服务架构允许信息平台快速响应业务需求变化，微服务架构中每个服务都是独立的，可以单独开发和部署，这使企业能够更快地推出新功能和服务来满足客户的个性化需求。

（2）降低部署成本　微服务可以实现按需扩展，信息平台可以根据实际需求来调整资源分配，避免了因单一业务需求的扩张而需要整体扩容导致资源浪费。

（3）简化服务　在微服务架构中，每个服务都简单明了，业务功能明确，每个服务只关注于一个业务功能，这样的设计使得服务更易于管理。

（4）提高平台灵活性和稳定性　微服务之间的松耦合提供了更高的灵活性，服务可以独立更新和替换，而不会对整个系统的运行产生影响。

第 6 章 信息平台实现技术

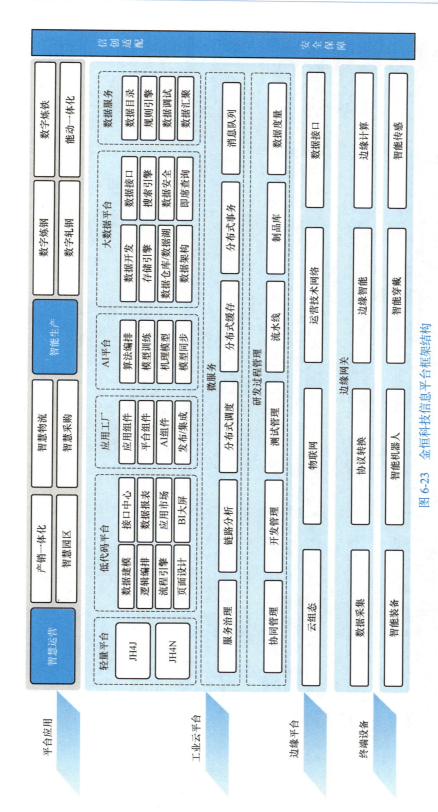

图 6-23 金恒科技信息平台框架结构

287

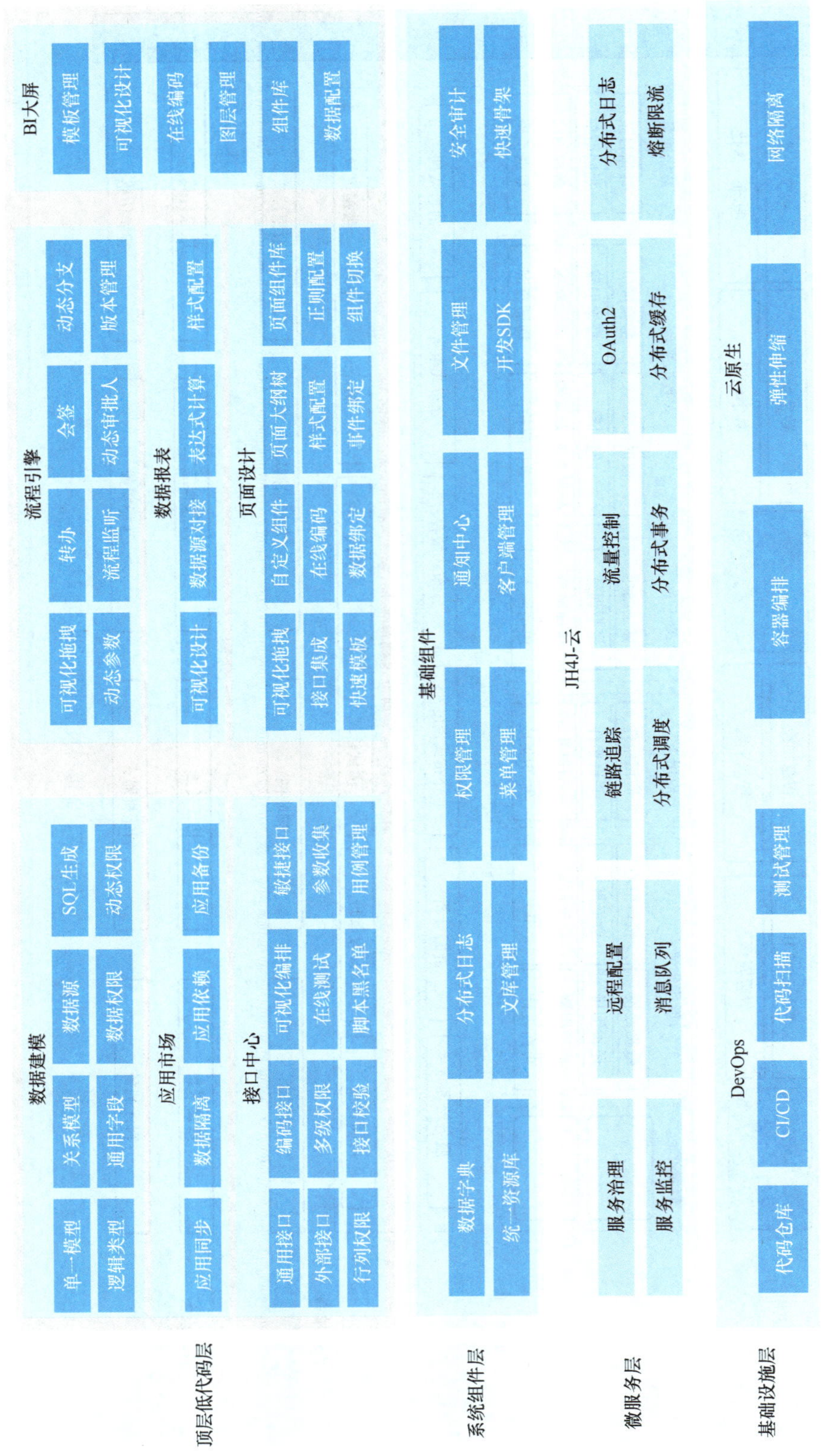

智能制造信息平台技术

顶层低代码层

数据建模：单一模型、逻辑类型、关系模型、数据源、通用字段、数据权限、SQL生成、动态权限

应用市场：应用同步、数据隔离、应用依赖、应用备份

接口中心：通用接口、外部接口、行列权限、编码接口、多级权限、接口校验、可视化编排、在线测试、脚本黑名单、快捷接口、参数收集、用例管理

BI大屏：模板管理、可视化设计、在线编码、图层管理、组件库、数据配置

流程引擎：可视化拖拽、动态参数、转办、流程监听、会签、动态审批人、动态分支、版本管理

数据报表：可视化设计、数据源对接、表达式计算、样式配置

页面设计：可视化拖拽、接口集成、快速模板、自定义组件、在线编码、数据绑定、页面大纲树、样式配置、事件绑定、页面组件库、正则配置、组件切换

系统组件层

基础组件

权限管理、菜单管理、分布式日志、文库管理、数据字典、统一资源库、通知中心、客户端管理、安全审计、快速骨架、文件管理、开发SDK

微服务层

JH4J-云

服务治理、服务监控、远程配置、消息队列、链路追踪、分布式调度、流量控制、分布式事务、OAuth2、分布式缓存

基础设施层

DevOps：代码仓库、CI/CD、代码扫描、测试管理

云原生：容器编排、弹性伸缩、分布式日志、熔断限流、网络隔离

图 6-24 金恒科技信息平台实现

288

6.6.2 金恒科技信息平台实现方法分析

1. 实现方法介绍

金恒科技基于 SOLID[⊖] 的设计原则，结合多种设计模式进行信息平台细节功能上的开发，管理上基于 DevOps 研运一体化的概念，在产品研发侧使用敏捷开发。传统 DevOps 以 CI/CD 为主，新型的 DevOps 通常需要覆盖需求、任务、测试、迭代、版本、开发、上线、流水线、制品库、代码库等项目的全生命周期，确保软件开发过程的高效和灵活。金恒科技信息平台实现的具体过程如图 6-25 所示。

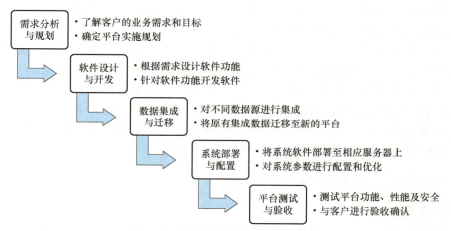

图 6-25　金恒科技信息平台实现过程

在底层的软件基础建设上，打通了需求从提出到发布的完整生命周期。在需求端，将需求细分为外部需求、产品需求两大类，通过数据度量、团队分析决策筛选出高价值的需求，对需求进行优先级排序。通过任务细分、拆解到人，进行进一步细化，将需求与代码库、测试计划、测试用例、缺陷绑定，实现效能度量。将需求与发布流水线、制品绑定，实现需求从提出到发布的全生命周期全流程跟踪。

在制度上，金恒科技按以下步骤进行敏捷式管理：

1）明确产品愿景和目标：在项目开始之前，确保所有团队成员都理解产品的长期愿景和短期目标。这有助于团队保持方向一致。

2）定义产品特性列表：创建一个产品特性的优先级列表，该列表随着项目的进展会不断更新。

3）规划迭代/冲刺：将工作分解为一系列较短的迭代或冲刺，通常持续 1~4 周。每个迭代都有一个目标和一组要完成的任务。

4）每日站立会议：每天举行短暂的站立会议，团队成员分享他们前一天的工作成果、

⊖ SOLID 是指单一职责原则（Single Responsibility Principle）、开放-封闭原则（Open-Close Principle）、里氏替换原则（Liskov Substitution Principle）、接口隔离原则（Interface Segregation Principle）和依赖倒置原则（Dependency Inversion Principle）。

今天的计划以及遇到的任何障碍。

5）迭代评审：在每个迭代结束时，向所有利益相关者展示新增的产品功能，收集反馈。

6）迭代回顾：在同一时间，团队讨论过去迭代中什么做得好、什么可以改进，并规划如何在接下来的迭代中实施这些改进。

7）持续集成和测试：以天为维度提交代码，并进行自动化测试，以确保产品质量。

2. 实现方法优势

敏捷式管理的核心理念是在项目活动中运用敏捷的原则，通过专门的知识、技能、工具和方法，使项目能够在有限资源的限定条件下实现或超过设定的需求和期望。传统的瀑布式管理常用于交付式项目，对于平台及产品类型的研发，敏捷式管理的主要区别在于：

（1）强调团队合作与客户协作　敏捷式管理鼓励团队成员之间的紧密合作，以及与客户的持续互动，以确保项目始终符合客户的需求和期望。

（2）适应性和灵活性　敏捷方法强调对变化的快速响应。在项目执行过程中，如果环境或需求发生变化，敏捷团队能够迅速调整计划和策略，以适应这些变化。

（3）迭代开发和持续交付　敏捷式管理支持通过短周期的迭代来逐步构建产品，每次迭代都会产生可以交付的产品增量，这样可以快速获得用户反馈并纳入下一次迭代中。

（4）反对过度预先计划　与传统瀑布式管理相比，敏捷式管理不那么依赖项目的预先计划，而是更多地依赖项目团队的自组织和自适应能力。

6.6.3　金恒科技信息平台编码技术分析

1. 前端实现技术

金恒科技采用先进的前端开发技术和工具，以实现用户友好、高效的界面设计和交互体验。其信息平台的前端技术主要包括以下几个方面：

（1）前端框架　金恒科技信息平台前端整体使用 Vue3+Element UI Plus 框架，该框架提供了丰富的组件库、响应式设计和单页面应用（SPA）支持，能够帮助开发团队快速构建现代化的用户界面，并实现复杂的交互功能。

（2）前端组件库　金恒科技主要通过 ECharts、AntV X6 等组件进行图表展示和可视化展示，其中 ECharts 是一个使用 JavaScript 实现的开源可视化库，可以流畅地运行在个人计算机和移动设备上；AntV X6 是基于 HTML 和 SVG（可缩放矢量图形）的图编辑引擎，提供低成本的定制能力和开箱即用的内置扩展。

（3）状态管理　为了管理复杂的应用状态和数据流，金恒科技使用状态管理库来管理信息平台的前端状态，常用的状态管理库包括 Vuex、Redux 等。这些库提供了统一的状态管理方案，使开发团队能够方便地管理应用状态、实现状态共享和数据流控制。

（4）前端安全防护　为了保护用户数据和防范安全风险，金恒科技实施前端安全防护措施，包括跨站点脚本（XSS）攻击防护、跨站请求伪造（CSRF）攻击防护、内容安全策略（CSP）等技术手段，来确保信息平台的前端界面和用户数据安全。

2. 中台实现技术

在金恒科技工业云平台中，总体使用容器化、云原生、微服务及大数据四类技术，下面从业务中台、数据中台和算法中台三方面介绍金恒科技中台实现技术的特点。

（1）业务中台 金恒科技的业务中台建设，围绕提升业务灵活性、加速业务创新、提高运营效率展开，涵盖了数据管理、服务管理、流程优化等多个方面。在数据管理方面，通过构建统一的数据服务平台，实现了数据的集中管理和质量控制。在服务管理方面，通过建立标准化、模块化的服务组件库，大大提升了业务开发的效率和灵活性。在流程优化方面，业务中台通过引入智能化工具和方法，如自动化工作流程、机器学习算法等，有效简化了业务流程，降低了运营成本。

（2）数据中台 金恒科技的数据中台构建了一个统一的数据访问层，使得企业内部的各个业务系统能够高效地共享和交换数据。这不仅解决了数据孤岛的问题，还确保了数据的一致性和安全性。此外，金恒科技的数据中台还深度集成了大数据处理和分析能力，满足复杂的数据分析和挖掘需求。企业可以依托数据中台快速构建数据分析模型，实现对市场动态、消费者行为等关键信息的即时洞察，进而快速响应市场变化，精准定位客户需求。

（3）算法中台 金恒科技通过封装成熟的算法模型迅速响应各业务线的特定需求，支持复杂场景下的业务决策和智能化升级。算法中台的搭建需要注重算法全生命周期的管理。从算法研发、验证、部署到监控和维护，要严格控制每一个环节，确保算法服务的高效性、稳定性和可靠性。此外，算法中台通过建立标准化的算法服务调用接口，大幅降低了业务部门接入和使用算法服务的门槛，加速了算法创新成果的业务落地速度，在产品推荐、风险控制等方面展现出了巨大的业务价值。

3. 后端实现技术

后端实现技术主要负责处理业务逻辑、数据存储和交互等功能。金恒科技通过有效的后端开发技术和工具，实现高效、稳定的系统运行。其信息平台后端实现技术主要涉及以下几个方面：

（1）后端框架 后端框架作为整个平台的基础底座，为平台以及平台应用提供整体的稳定性保障。金恒科技信息平台后端使用了 Spring Cloud Alibaba 系的微服务框架，通过 Spring Boot、Spring、Spring MVC、MyBatis 进行单体项目的开发，通过 Nacos 实现微服务中的数据治理和数据配置，通过 Spring Cloud Gateway 构建整体微服务网关，集成 Sentinel 进行网关的熔断限流，集成 Ribbon 进行负载均衡。

（2）数据库技术 信息平台后端通常需要与各种类型的数据库进行交互，包括关系数据库（如 MySQL、Oracle）、NoSQL 数据库（如 MongoDB、Redis）等。金恒科技根据业务需求和数据特点选择合适的数据库技术，并利用数据库集群、数据分片等技术手段来实现数据的高可用、高性能和可扩展性。

（3）API API 通过异步系统实现对海量并发请求的支撑。金恒科技使用 RESTful API 作为后端接口的设计风格。RESTful API 基于 HTTP 协议，采用统一资源标识符（URI）和状态转移（GET、POST、PUT、DELETE 等）进行数据传输和操作，具有简单、灵活、可扩展的特点。

（4）分布式架构 金恒科技采用分布式架构来构建后端服务。分布式架构将系统拆分为多个独立的服务，每个服务负责处理特定的业务功能，通过轻量级通信机制进行交互。这种架构能够实现快速扩展、高可用和容错性，适用于大规模的互联网应用场景。

6.6.4　金恒科技信息平台安装、切换、维护技术分析

1. 安装技术

金恒科技信息平台的安装技术主要围绕高效、稳定与安全的原则展开，确保客户能够快速部署并有效利用平台提供的服务。这一过程通常包含以下几个关键步骤：

（1）需求分析与定制化设计　在安装前，技术团队会与客户进行深入沟通，了解客户的具体需求和业务流程。这一步骤是为了确保平台能够有针对性地满足客户的业务需求，包括对软硬件资源的评估，以及对安全性、可扩展性的需求分析。

（2）环境准备与配置　根据需求分析的结果，技术团队会准备相应的硬件环境，并配置操作系统及相关软件环境。这包括服务器的搭建、网络的配置、数据库和中间件的安装等。

（3）平台软件安装　在硬件和基础软件环境准备就绪后，就可以进行平台软件的安装了。这一步骤通常涉及软件包的部署、应用程序的配置以及初始数据的导入等操作。

（4）功能验证与性能调优　软件安装完成后，技术团队会进行一系列的功能测试和性能测试，确保平台的各项功能正常运行，同时会根据测试结果进行性能调优，以满足高效运行的需要。

（5）安全加固与备份　考虑到信息安全的重要性，安装过程还包括对信息平台进行安全加固，如设置防火墙规则、数据加密、访问控制等。此外，还会配置数据备份机制，以防数据丢失或系统故障。

2. 切换技术

金恒科技作为一家专注于信息化解决方案的企业，其信息平台切换技术是其产品和服务中的重要组成部分。在主平台发生故障需要进行切换时，金恒科技主要采用直接切换和并行运营相结合的切换方式来提供高效、可靠的业务连续性保障，以应对各种挑战和风险。金恒科技信息平台切换技术的主要特点和应用场景如下：

（1）高可用性　能够确保客户业务每天24小时不间断运行。通过实现主备平台之间的实时数据同步和快速切换机制，保证在主平台故障或计划性维护时，能够快速切换到备用平台。

（2）快速响应与自动化切换　当主平台发生故障或不可用时，系统能够自动检测到这种情况，并自动启动切换流程，实现业务的无缝切换，以便能够在最短的时间内恢复业务。

（3）实时数据同步与数据一致性　无论是在切换过程中还是切换后，客户都可以获取到最新的数据信息，避免数据丢失或不一致的情况发生，保障业务数据的完整性和准确性。

（4）多种切换触发条件　可以根据客户的需求和业务场景，设置不同的切换触发条件。例如，可以基于故障检测、性能监控、手动触发等条件进行切换，满足不同业务场景下的切换需求。

3. 维护技术

金恒科技遵循高效精准、安全可靠的原则，从平台性能、数据安全、版本更新等多方面为客户提供全方位的信息平台维护服务。以下是金恒科技信息平台维护技术的主要特点和应用场景：

（1）系统监控与性能优化　实时监控系统运行状态、性能指标和资源利用情况，及时发现和解决潜在问题，确保系统稳定性和性能优化。

（2）安全防护与漏洞修补　注重信息平台的安全防护，通过加强平台系统安全策略、数据加密、访问控制等措施，保护系统免受网络攻击和恶意行为的侵害。

（3）数据备份与灾难恢复　定期进行数据备份，并将备份数据存储在安全可靠的地方，以便在系统故障或灾难事件发生时能够迅速进行数据恢复，最大限度地减少数据丢失和业务中断。

（4）故障诊断与问题解决　金恒科技借助日志和监控工具等手段来快速定位问题根源，并采取有效措施解决故障，最大限度地减少系统故障对业务的影响。

本章小结

本章详细介绍了信息平台实现涉及的相关技术。首先是信息平台实现概述，介绍了信息平台实现技术的演化历程，阐述了各时期的特点，论述了信息平台在实现过程中要遵循的原则，并提出了信息平台实现过程中面临的技术痛点与挑战。其次，对信息平台实现框架技术进行介绍，主要有面向服务架构、微服务架构、中台式架构、混合云架构，并对每个架构的特点、框架和制造业应用进行了详细论述。再次，关于信息平台实现方法，主要从方法的特点、实现过程两方面介绍目前常见的五种信息平台实现方法，每种方法也都有其适用场景。从次，在信息平台编码技术方面，重点介绍了信息平台的编程环境与语言、前端实现、后端实现以及大数据集成与检索等关键技术的概念和应用，使读者可以较为直观地理解信息平台构建的编码技术要求。信息平台建设除了技术实现外，还需要进行安装、切换、维护，因此对信息平台安装技术、切换技术和维护技术的核心组件技术、特点及实现步骤进行介绍。最后以金恒科技为例，从信息平台的框架技术、实现方法、编码技术及安装切换维护技术四方面论述金恒科技信息平台的实现过程，展现了信息平台实现在实际应用过程中的技术选择。

思考题

1. 信息平台实现原则有哪些？各原则的基本要求是什么？
2. 信息平台实现技术痛点与挑战有哪些？
3. 列举三个微服务的可选框架，写出并解释可以考虑的指标。
4. 阐述算法中台、数据中台与业务中台之间的逻辑关系。
5. 面向对象开发方法的流程有哪些？
6. 试分析 Hadoop 和 Spark 的区别和联系。
7. 信息平台的切换方式有哪些？对它们进行比较。

参 考 文 献

[1] IBM 商业价值研究院.IBM 商业价值报告：云战略 混合云架构，让企业更安全、更灵活、更高效[M].北京：东方出版社，2021.
[2] 彭勇.数据中台建设：从方法论到落地实战[M].北京：电子工业出版社，2021.
[3] 张旭，戴丽，阎赛华.数据中台架构：企业数据化最佳实践[M].北京：电子工业出版社，2020.
[4] 厄尔.SOA 服务设计原则[M].郭耀，译.北京：人民邮电出版社，2009.
[5] 顾春红，于万钦.面向服务的企业应用架构：SOA 架构特色与全息视角[M].北京：电子工业出版社，2013.
[6] 赫尔维茨.SOA 达人迷[M].田俊静，译.北京：人民邮电出版社，2013.
[7] 闻思源.管理信息系统开发技术基础：Java[M].北京：电子工业出版社，2020.
[8] 荻西特.深入理解 Elasticsearch：第 3 版[M].刘志斌，译.北京：机械工业出版社，2020.
[9] 罗福强，李瑶，陈虹君.大数据技术基础：基于 Hadoop 与 Spark[M].北京：人民邮电出版社，2017.
[10] 耿立超.大数据平台架构与原型实现：数据中台建设实战[M].北京：电子工业出版社，2020.

第 7 章

信息平台测试技术

重点知识讲解

章知识图谱

本章概要

在构建智能制造信息平台的过程中,保证平台系统按照预期计划实现相关功能,并在运行过程中避免系统缺陷,是智能制造信息平台可用的必要前提。本章从信息平台质量视角出发,从测试概述、测试方法、测试自动化、智能化测试及测试管理等方面进行论述。希望同学们通过本章学习掌握以下知识:

1)信息平台测试基本概念。
2)信息平台测试基本方法。
3)信息平台测试自动化原理。
4)信息平台智能化测试原理。
5)信息平台测试管理技术体系。

7.1 概述

为什么要进行信息平台测试?实际上信息平台测试的概念是软件测试在信息平台这一背景下的具体表现,即利用测试相关的技术与方法对信息平台的质量进行分析、保障和改进,并通过管理策略和手段持续优化,从而提供更好的系统服务。

7.1.1 信息平台测试定义

在 SWEBOK 3.0(2014 年发布的软件工程知识体系)中,平台测试被定义为"从一个通常是无限的执行域中选择合适的、有限的测试用例,对程序所期望的行为进行动态验证的活动过程"。这一定义凸显了测试的核心关注点——用户的期望行为，揭示了测试的本质特性——采样性，即测试只能覆盖无限操作集合的一个子集，因此总是带有风险性。

另外，Glenford J.Myers 将平台测试定义为"测试是为发现错误而执行的一个程序或者系统的过程"，这一观点在业界得到了广泛的认可，但也存在局限性。若过于强调测试的目的是寻找错误，可能会导致测试人员忽视系统产品的其他重要方面，如基本需求或客户的实际需求，从而使测试活动变得随意和盲目。此外，该定义还暗示测试仅在程序代码完成后进行，忽略了测试在整个系统开发过程中的关键作用。

与此相反，Bill Hetzel 提出了另一种观点，将平台测试定义为"评价一个程序和系统的特性或能力，并确定它是否达到预期的结果"。这一观点强调了"平台测试是以检验系统是否满足需求为目标的"，与 IEEE 729—1983 中的定义相契合。该标准明确指出，平台测试是使用人工或自动手段来运行或测定某个系统的过程，其目的在于检验它是否满足规定的需求或揭示预期结果与实际结果之间的差别。平台测试的构成如图 7-1 所示。

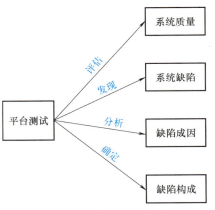

图 7-1 平台测试的构成

这两个定义从不同角度看问题，前者通过测试来保证质量，后者通过改进测试方法来提高测试的效率。两者应相互补充，共同指导测试实践，寻求保证质量和提高效率之间的平衡。平台测试无法证明系统完全无错或所有功能都正常，其目标在于尽可能找出潜在问题和不一致性。为了更有效地进行平台测试，我们需要深入理解系统质量、系统缺陷、缺陷成因和缺陷构成。

1. 系统质量

系统质量是指在特定的使用条件下，与明示的和隐含的需求定义相一致的程度，系统质量的内涵如图 7-2 所示。

根据 ISO/IEC 25010：2023 标准，系统质量可以按以下八个特性进行评估。

（1）功能适应性（Functional Suitability） 系统能否正确地实现设计规范并满足用户需求，包括功能的正确性、完备性和适用性等方面。

图 7-2 系统质量的内涵

（2）效率（Efficiency） 在规定的时间和数据吞吐量条件下执行其功能的能力，以及在规定条件下有效利用资源的能力。

（3）兼容性（Compatibility） 系统与其他系统、平台或第三方组件的共存和互操作性。

（4）易用性（Usability） 用户学习系统、操作系统、准备输入和理解输出所做努力的程度。如安装的简易性、界面友好性以及适用于不同用户特点的能力。

（5）可靠性（Reliability） 系统在规定时间和条件下能够维持正常功能和性能水平的程度或概率。可靠性可以用平均失效前时间（MTTF）或平均故障间隔时间（MTBF）衡量。

（6）安全性（Security） 系统在数据传输和存储等方面保证数据的安全性。安全性要求系统能够进行用户身份验证、数据加密和完整性校验，并记录关键操作以供审查。

（7）可维护性（Maintainability） 对系统运行需求变化、环境变化或错误修复的努力程度。

（8）可移植性（Portability） 从一个计算机系统或环境移植到另一个系统或环境的容易程度，或者系统和外部条件协同工作的容易程度。

除上述特性外，平台测试还要关注使用质量，包括基本功能和非功能特性、用户体验感和满意度、风险管理，以及系统在特定业务领域中的上下文关系和完整性。

2. 系统缺陷

系统缺陷是指信息系统或程序中存在的任何一种破坏正常运行能力的问题、错误，或者隐藏的功能缺陷和瑕疵。系统缺陷会导致系统产品在一定程度上无法满足用户的需求。IEEE 729—1983 对系统缺陷的标准定义为：从产品内部看，系统缺陷是系统产品开发或维护过程中所存在的错误、毛病等各种问题；从外部看，系统缺陷是系统所需要实现的某种功能的失效或违背。

系统缺陷主要包括：

1）运行异常，如中断、崩溃或界面混乱。
2）数据计算错误，导致结果不正确。
3）功能或特性未能完全实现。
4）在特定条件下无法给出正确或精准的结果。
5）计算的结果未达到精度要求。
6）用户界面设计不佳，如文字排版不整齐等。
7）需求规格说明书存在问题，如遗漏需求、描述模糊或自相矛盾。
8）设计不合理，存在结构性缺陷。
9）实际输出和预期结果不符。
10）用户难以接受的其他问题，如响应时间过长、操作不便捷等。

3. 缺陷成因

开发人员的主观局限性和系统本身的复杂性，导致开发过程中的系统错误是不可避免的。如图7-3所示，系统缺陷的主要成因包括多个维度。

（1）技术层面

1）开发人员技术水平有限，导致系统设计在功能、性能与安全性之间难以达到完美平衡。
2）在采用新技术初期，由于经验不足，问题处理不够成熟。
3）系统逻辑过于复杂，使得问题难以在初次处理时得到全面解决。
4）系统结构设计或算法选择不当，可能导致系统性能下降。
5）接口参数繁多，容易造成参数传递不匹配的问题。

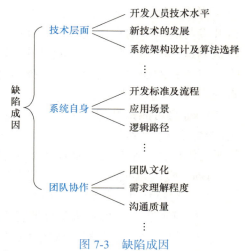

图 7-3 缺陷成因

6）需求规格说明书中描述的功能在技术上难以实现。

7）缺乏系统崩溃后的恢复机制或数据备份，威胁系统的安全性和可靠性。

（2）系统自身

1）系统开发标准或流程不完善，导致开发过程出现疏漏。

2）文档错误、内容错误或拼写错误等问题。

3）未充分考虑大数据场景下的强度或负载问题。

4）对程序逻辑路径或数据范围边界考虑不周全，可能遗漏某些关键条件。

5）实时应用系统缺乏整体规划和精心设计，可能导致系统单元间的不协调问题。

6）与硬件或第三方系统的接口兼容性或依赖性问题，可能导致功能错误或无法正常工作。

（3）团队协作

1）团队文化，如对系统质量的重视程度不够。

2）系统分析阶段对用户需求理解不清或沟通不畅，导致需求被误解或遗漏。

3）不同开发阶段的人员之间存在理解上的差异，如编程人员对设计规格说明书的理解有偏差，导致编程过程出现错误。

4）设计或编程中的假定或依赖性缺乏充分沟通。

4. 缺陷构成

缺陷构成如图 7-4 所示。如果将系统开发过程划分为需求分析、初步设计、详细设计、代码编写等阶段，从各阶段发现的系统缺陷数目看，需求分析阶段往往是系统缺陷出现最多的，其次是详细设计阶段，再次是代码编写阶段。通过需求评审、设计评审、代码评审、单元测试等过程，系统缺陷数目会有效减少。

5. 可测试性

可测试性是衡量信息平台是否易于进行测试的属性，是平台开发与测试中的重要概念。具有更高可测试性的平台不仅能降低测试成本和工作量，还能提升整体质量。实现高可测试性需要对平台的规模、复杂度、系统结构、分布性和不确定性等多个因素进行细致的考虑。

Voas 将可测试性定义为：<u>当平台本身存在故障并按一种特定的输入分布被执行时，平台会发生失效的概率</u>。这一定义强调了可测试性与平台失效能力以及运行环境之间的关系。

图 7-4　缺陷构成

Bach 则认为可测试性是一个平台能被测试的难易程度，其内部要素包括：

（1）<u>可操作性</u>　平台在给定配置和环境下能够顺利操作和使用的能力。

（2）<u>可控制性</u>　测试人员能够轻松创建复杂场景，测试平台在极端环境下的运行能力。

（3）<u>简单性</u>　平台实现规定用途的能力水平，包括功能简单性、结构简单性和代码简单性。功能简单性意味着平台实现需求所规定的最少特征；结构简单性使模块之间的交互和耦合易于理解；代码简单性则有助于代码的检查、评审和走查。

（4）<u>稳定性</u>　平台应保持相对稳定的状态，避免频繁变更。当变更发生时，变更过程应可控，且不会对自动化测试的效果产生负面影响。

（5）<u>可理解性</u>　平台的源程序、文档和数据易于理解。

（6）可观察性　测试人员能够利用测试工具从被测平台捕获足够的数据和信息，以便对测试结果进行分析和比对的能力，以及利用人工方式对隐含信息进行测试的能力。

6. 测试原则

测试是确保信息平台质量的关键环节，其目的在于在平台交付前发现并修复尽可能多的缺陷，以满足用户的期望和需求。主要的测试原则包括：

（1）尽早、持续地进行平台测试　测试工作应尽早开始，并贯穿整个开发生命周期。

（2）合理控制测试范围和深度　根据项目的实际情况和需求，设定合理的测试停止准则，确定测试的范围和深度，尽可能多地发现缺陷。

（3）保持测试的独立性　避免开发小组测试本组开发的程序，考虑由相对独立的测试部门或第三方测试机构测试，或者互相测试。

（4）以用户需求为导向　测试人员应站在用户的角度审视平台的功能和性能。

（5）测试应有针对性　由于不可能进行完全的测试，测试内容比测试范围更重要，可以通过风险分析确定测试的优先级和执行顺序。

（6）制订并执行测试计划　在测试前，测试人员应与用户和开发人员充分沟通，明确测试目标、范围、环境、方法等内容，制订测试计划并严格按计划执行测试。

（7）设计全面且有效的测试用例　详细描述输入数据，给出预期输出结果，并考虑无效或非法的输入情况，以测试平台的健壮性和容错能力。

（8）精细管理测试用例　建立测试用例库，对测试用例进行分类、归档和版本控制，并定期审查和更新测试用例。

（9）选择合适的测试方法　针对平台的不同部分和特性，可以采用不同的测试方法。

（10）使用恰当的测试工具　恰当的测试工具可以辅助测试人员完成烦琐的测试任务。

（11）严格确认实测结果　测试用例执行后，被测平台会输出大量的信息，应对实际输出结果仔细核对和确认，确保与预期结果一致。

（12）深入分析平台缺陷　通过分析所发现缺陷的类型、来源、模式和趋势等，发现平台的质量状况和趋势，进一步挖掘问题并找到平台改进的方向。

（13）进行回归测试　在平台变更后应当进行回归测试，确保没有引入新问题、已有缺陷得到正确处理。

（14）持续进行培训　测试人员需要不断接受培训或自我学习，更新测试理念和方法。

（15）测试即服务　测试人员将通过测试获得的平台信息提供给用户或项目决策者，为平台设计和开发提供有价值的反馈和建议。

7.1.2　信息平台测试模型

为了构建具有良好质量的平台系统，基于模型的信息平台测试在实践过程中得到了广泛的应用，代表的模型包括 V 模型、W 模型、X 模型和 H 模型等。

1. V 模型

V 模型最早由 PaulRook 在 20 世纪 80 年代后期提出，因其模型构图形似字母 V 而得名，主要目的是解决瀑布开发模型下软件产品的开发效率问题和质量问题。V 模型针对瀑布开发模型对平台测试过程进行了补充和完善。V 模型示意图如图 7-5 所示。

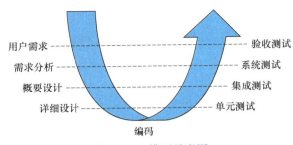

图 7-5　V 模型示意图

在 V 模型中，软件开发的左侧代表了需求分析和设计阶段，这些阶段涉及用户需求、需求分析、概要设计和详细设计等活动。这些活动的结果为后续的开发和测试工作提供了基础。随着开发活动的进行，V 模型逐渐向下展开，进入测试阶段。右侧的测试活动与开发阶段一一对应，包括单元测试、集成测试、系统测试和验收测试。这些测试从单个模块的功能逐渐扩展到整个系统的验证和验收。

2. W 模型

W 模型也被称为双 V 模型，分别代表测试与开发过程，由 Systeme Evolutif 公司提出。W 模型将平台测试中的各项活动与开发过程各个阶段的活动相对应，核心思想在于强调测试与开发活动的并行进行，以及测试活动应贯穿于整个开发周期。

与 V 模型相比，W 模型的最大特点在于并行性。在 V 模型中，测试被视为编码完成后的一个独立阶段，这可能导致在需求或设计阶段隐藏的缺陷直到后期才被发现。W 模型要求测试与开发活动同步进行，确保每个阶段都能及时发现并解决问题。此外，W 模型指出测试并不局限于程序的测试，应当贯穿整个开发周期。需求阶段、设计阶段和程序实现等各个阶段所得到的文档都应成为测试的对象。

W 模型也存在局限性。它将需求、设计、编码等活动视为线性进行的，测试和开发活动也保持着线性的前后关系，这限制了模型的适应性和灵活性。

3. X 模型

X 模型的基本思想源自 Marick 的观点，他强调一个模型应能处理开发过程中的各个方面，包括交接、频繁重复的集成以及需求文档的缺乏等问题。Robin F.Goldsmith 借鉴了 Marick 的一些想法，重新组织形成了 X 模型，以应对复杂多变的开发环境。

在 X 模型中，开发过程被分为同步开展的左右两个部分。左侧描述了针对单独程序片段进行的相互分离的编码和测试，强调对程序片段的独立测试。右侧则强调对部分程序片段集合的编码和测试，通过程序片段的集合来丰富软件功能，并对集成的部分进行编码和测试工作。

X 模型强调频繁的交接和集成，最终合成为可执行的程序，这些可执行的程序需要经过测试，通过集成测试后的成品若达到发布标准，则可以提交给用户，也可以作为更大规模和范围内集成的一部分。多根并行的曲线表示软件变更可以在各个部分发生。此外，X 模型还提倡探索性测试，这是一种不进行事先计划的特殊类型的测试，有助于有经验的测试人员发现测试计划之外更多的软件错误。

X 模型也存在局限性。该模型没有被充分文档化，需要从 V 模型的内容进行推断。X 模型也缺乏明确的需求角色确认，可能导致在需求理解和确认方面存在一定的模糊性。

4. H 模型

V 模型和 W 模型都将开发视为需求、设计、编码等串行的活动，但在实际情况中，这些活动往往交叉进行，这导致测试层次之间不存在严格的顺序关系，并且各层次的测试也存在反复触发、迭代的关系。

为了解决以上问题，一些专家提出了 H 模型。H 模型示意图如图 7-6 所示。该模型的核心思想是将测试活动完全独立出来，形成一个与其他流程并发进行的完全独立的流程。当到达某个测试就绪点时，平台测试就从测试准备阶段进入测试执行阶段。

图 7-6 仅演示了整个生产周期中某个层次上的一次测试"微循环"，其他流程既可以是任意开发流程，也可以是测试流程本身。H 模型揭示了以下几点：

1）测试不仅指测试的执行，还包括很多其他活动。

2）测试不再是开发流程后期的一个阶段，而是一个独立的流程，与其他流程并发进行。

3）测试要尽早准备，尽早执行。

4）测试活动具有层次性。不同层次的测试活动既可以先后进行，也可以反复进行。

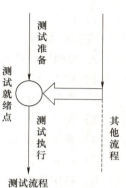

图 7-6 H 模型示意图

7.1.3 信息平台测试分类

信息平台测试的分类方式多种多样，具体取决于分类的方法和坐标。对于平台测试，可以从不同的角度加以分类，如测试层次、测试目的和测试方法等，如图 7-7 所示。

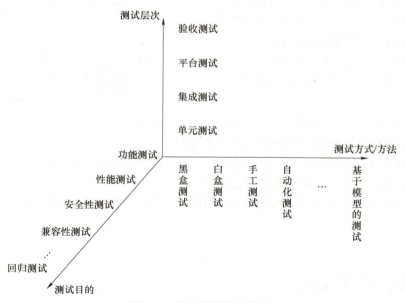

图 7-7 信息平台测试分类

1. 按测试层次分类

可以从底层、接口层次、系统层次和用户/业务四个层次来划分，具体包括：

1）底层（单元测试）：针对单个模块或单元的测试，通常由开发人员执行。

2）接口层次（集成测试）：将系统内的单元或模块集成为一个完整系统，对其进行测试，以确保各个部分正常协同工作。

3）系统层次（平台测试）：针对已集成的系统进行测试，检查整个系统的功能和性能。

4）用户/业务层次（验收测试）：验证系统是否满足用户需求和业务需求，通常有最终用户或客户参与。

2. 按测试目的分类

1）功能测试：验证系统功能是否按照预期正常工作。

2）性能测试：评估与分析系统在不同负载条件下的性能指标。

3）安全性测试：测试系统在面对非授权访问或恶意攻击时的安全性。

4）兼容性测试：测试系统在不同环境下的兼容性和互操作性。

5）可靠性测试：检验系统是否长期稳定运行，包括异常处理和强壮性测试。

6）易用性测试：检查系统是否容易理解、使用方便和流畅、界面美观等。

7）回归测试：为确保系统在修改后仍能正常运行而进行的测试。

8）专项测试：确定系统或组件在特定条件下的表现是否符合预期。

3. 按测试方法分类

1）静态测试和动态测试：静态测试无须运行程序或系统，动态测试则是在程序或系统运行时进行测试。

2）白盒测试和黑盒测试：如图7-8所示。白盒测试涉及了解系统的内部结构和实现，黑盒测试则把被测试对象看成一个整体，关注系统的外部行为。

3）手工测试和自动化测试：手工测试由人工操作，自动化测试用测试工具和脚本测试。

4）精准测试：结合代码依赖性分析、测试覆盖率分析，基于受影响的代码进行精准的范围划定而进行最优化的回归测试。

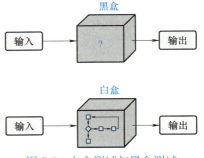

图7-8 白盒测试与黑盒测试

5）模糊测试：基于模糊控制器生成数据或基于数据变异算法进行的半随机测试，比随机测试更有效率。

6）蜕变测试：用来缓解"测试准则问题"的平台测试技术，通过构造具有预期输出的测试用例，验证系统或待实现函数的必要属性。

7）基于模型的测试：先基于需求分析构建测试模型，再生成测试数据或测试用例。

7.2 信息平台测试方法

信息平台测试通常会经历多个阶段，因此依据不同阶段特点的差异性，需要确定相应的测试目标和设计对应的测试任务。在进行具体的测试实施时，根据不同阶段的测试目标，信息平台测试一般按照单元测试、集成测试和系统测试等层次进行，同时针对信息平台的具体特性，还需进行专项测试，以提升信息平台总体质量。下面按照测试层次，介绍不同测试阶段中涉及的测试方法和工具。

7.2.1 单元测试

按阶段进行测试是信息平台测试的"中轴线"，代码的单元测试是按阶段进行测试的第一阶段，主要采用白盒测试方法。本节主要介绍信息平台单元测试的目标与任务、静态测试方法和动态测试方法。

1. 单元测试目标与任务

测试过程中，应该依据每一个阶段的特点制定不同的测试目标并设计测试任务。单元测试是在信息平台开发过程中要进行的最低级别的测试活动，最小可测试单元将在与其他部分相隔离的情况下进行测试。信息平台是由许多单元（模块）构成的，要保障整个信息平台的质量首先需要确保构成信息平台的单元的质量。可以说单元测试是离代码级测试最近的测试类型，受到开发群体的广泛关注。代码级测试除了测试功能能否正常实现之外，还需确保代码结构可靠、逻辑严谨，具备良好的响应性。因此单元测试只进行静态测试是不够的，还需运行单元以进行动态测试。

（1）单元测试目标　一般情况下，被测试的单元体现出一定的独立性，能够实现某种预想的功能；同时，每个单元都基于明确的接口实现与其他单元进行业务功能上的连接。因此，单元测试的广义目标主要包括两个方面：一是检验各单元是否被正确地编码，代码编写结构是否符合设计规格要求，验证代码和信息平台设计的一致性是否得到满足；二是检测单元能否确保实现良好的外部行为，检查能否在各种条件下（包括异常条件，如异常操作和异常数据）给予正确的响应。执行单元测试可以比较全面地挖掘各个单元中存在的问题，避免将来在集成测试和系统测试时发现难以定位的问题，从而减少总体测试所需的工作量。概括起来，通过单元测试，需要验证以下内容：

1）单元接口。数据或信息能否正确地流入和流出单元。

2）局部数据结构。模块内部的临时数据能否在执行时保持完整、正确，既包括内部数据的形式、内容及相互关系不发生错误，也包括全局变量在模块中的处理和影响正确。

3）模块边界。模块在数据处理的边界处能否正确工作。

4）独立路径。对模块中的基本路径进行测试，避免因不当的控制流而造成错误。

5）错误处理。检查模块中的出错处理措施是否有效。

6）单元性能。指针是否被错误引用，资源是否及时被释放，影响模块运行时间的因素等是否正常。

（2）单元测试任务　为了实现上述目标，需要对单元功能、逻辑控制、数据和安全性等各方面进行必要的测试。具体地说，包括对单元中所有独立路径、局部数据结构、单元接口、模块边界、错误处理、单元性能等方面进行测试，如图7-9所示。单元测试任务见表7-1。

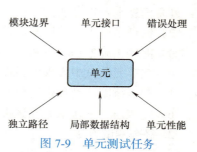

图7-9　单元测试任务

表 7-1 单元测试任务

测试任务	具体要求
单元接口测试	1. 检查实际参数与形式参数的个数、属性、量纲是否匹配一致 2. 检查调用其他单元时实际参数与被调单元形式参数的个数、属性、量纲是否匹配 3. 检查调用预定义函数时参数的个数、属性、次序是否正确 4. 检查是否存在与当前入口点无关的参数引用 5. 检查是否修改了只读型参数 6. 检查各单元全程变量的定义是否一致 7. 检查是否把某些约束作为参数传递
单元局部数据结构测试	1. 检查不合适或不相容的类型说明 2. 检查变量是否有初始值 3. 检查变量初始化或默认值是否有错 4. 检查变量名是否正确（拼写是否正确，是否正确截断） 5. 检查是否存在上溢、下溢和地址异常
单元边界条件测试	1. 使用边界值分析技术，对变量刚好等于、大于或小于比较值的情况进行测试 2. 对数据流中有属性要求的数据进行边界的临界值测试，例如数据长度、数据类型等
单元独立执行路径测试	1. 对每一条独立执行路径进行测试 2. 检查算符优先级是否被误解或用错 3. 检查混合类型运算是否正确 4. 检查变量初始化是否错误，赋值是否错误 5. 检查计算是否出现错误或精度不够 6. 检查表达式符号是否错误 7. 检查逻辑判断、逻辑运算是否正确
单元容错性测试	1. 检查输出的出错信息是否容易理解 2. 检查记录的错误是否与实际遇到的错误相符 3. 检查程序自定义的出错处理代码运行前，系统是否已经介入 4. 检查异常处理是否恰当 5. 检查错误陈述中是否提供了足够的定位出错信息
内存分析	1. 检查内存使用情况，了解程序内存分配的真实情况 2. 发现对内存的不正常使用，并在问题出现前发现征兆 3. 在系统崩溃前发现内存泄漏错误 4. 发现内存分配错误，并精确显示发生错误时的上下文情况 5. 指出发生错误的缘由

不同信息平台可以针对异质性需求调整单元测试任务的具体要求，开发人员依据要求判断测试是否通过。这里给出是否通过单元测试的一般判断准则。

1）信息平台单元功能与设计需求一致。
2）信息平台单元接口与设计需求一致。
3）能够正确处理输入和运行中的错误。
4）在单元测试中发现的错误已经得到修改并且通过了测试。
5）测试范围达到预定的相关的覆盖率的要求。
6）完成信息平台单元测试报告。

2. 静态测试方法

静态测试是代码级测试中最重要的手段之一，代码即使可以正常运行，但是不符合某种规范，也会给将来程序维护带来隐患。静态测试通常在代码完成并无错误地通过编译后进行，不实际运行代码，而是通过人工审查或计算机自动化分析的手段，检查代码是否符合某种规范、是否存在错误。静态测试一般包括代码互查、代码评审、静态分析等形式。

（1）代码评审　代码互查形式相对自由，代码评审却是一种相对正式的活动，需要多人进行。代码评审的具体流程如下：

1）组长或编程人员向测试小组人员提供规格说明书、控制流程图和程序文本等材料。同时，测试人员通读代码，了解程序的范围和目的，并通过对代码做逐行检查，关注代码的逻辑、规范性、安全性和性能等方面。

2）组长准备一批重要的测试用例。测试人员对照程序在脑海中执行测试用例，在纸上或黑板上推演程序和变量的状态，记录所发现的问题，给出具体的反馈意见，形成报告并交给编程人员。

3）编程人员与测试人员就反馈意见进行解释和讨论，并根据反馈内容进行代码修正。测试人员对修正后的代码进行复审，判断是否解决了所提出的问题。一旦代码获得批准，便可以合并到主程序。

代码评审有助于提升代码质量，促进知识共享和团队协作。成员对代码编写或程序执行中可能出现的问题提出质疑与评论，由此引发讨论，从而发现更多问题。多数代码评审中，怀疑程序的过程中所发现的缺陷，比通过测试实例本身发现的缺陷更多。

（2）静态分析　静态分析是指测试人员对代码进行机械性、程序化的分析。测试人员一般借助测试分析工具分析源代码的系统或内部结构，包括控制流分析、数据流分析、接口分析、表达式分析等。代码的静态分析工具比较多，例如支持 Java 语言的 CheckStyle、FindBugs 等，支持 C++ 语言的 Parasoft C++Test、Helix QAC（原 PRQA 静态测试软件产品线）等，以及 Logiscope、Macabe 等性能检查工具。

3. 动态测试方法

为了确保单元的代码在结构上可靠并具有良好的响应能力，除了对代码进行静态测试以外还需要进行动态测试。典型的动态单元测试工具是 xUnit 工具簇，即 JUnit、CppUnit、NUnit 和 PyUnit 等。通过利用测试工具执行单元代码，以验证代码功能是否正确实现、验证单元之间的接口是否正确、代码能否适当地处理错误和异常情况等。单元测试环节进行动态测试时，为了隔离被测试单元与其他部分，需要根据被测试单元的接口，开发相应的上级、下级模块，即驱动程序和桩程序。单元测试的动态测试还具有另一种实现形式，即针对面向对象编程中的类的测试。

（1）驱动程序和桩程序　如图 7-10 所示，驱动程序（驱动模块）用来调用被测试单元，模拟被测试单元的上级模块。在动态测试过程中，驱动程序向被测试单元传递测试数据，验证被测试单元的各种预设功能是否正常实现。桩程序（桩模块）接受被测试单元的调用，模拟被测试单元的下级模块，用于检测被测试单元和下级模块之间的接口，以及记录被测试单元的调用信息，如调用的次数、传递的参数等，从而测试单元的交互行为。

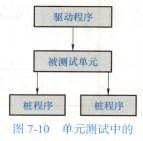

图 7-10　单元测试中的驱动程序和桩程序

（2）类测试　类测试主要关注单个类的公共接口和内部实现，包括类的构造函数、方法、属性以及它们之间的交互，确保类在独立于其他类的情况下能够正常工作。面向对象编程中，单元测试主要针对类这一基本单位进行，着重测试其成员函数。类测试通常不会对每个成员变量和方法都测试，例如对那些只负责数据封装的非业务逻辑方法不会详尽地测试。然而对类中的关键或重要成员变量和方法，需要进行彻底的测试。单个方法的测试类似于对传统系统的单个函数的测试，可以使用基于输入域或基于逻辑覆盖等多种测试方法。

类的测试不仅要验证类的实现与类的描述是否一致性，还要详细考虑父类对子类的影响。多态性测试用来测试子类中多态方法是否符合父类的要求。在子类中重载父类的方法时需要特别注意，避免以后调用错误的方法版本导致出错。代码中清晰的注释对于明确各种方法功能和要求至关重要，特别是被广泛调用的公用方法。在复杂情况下，可能需要采用展平测试策略，将子类和父类的所有成员方法和变量放在一起组合成一个新类进行测试。展平测试可以确保所有方法和变量都被适当地测试。

7.2.2 集成测试

集成测试通过将已通过单元测试的独立模块组合在一起，并测试它们之间的接口和交互，来验证整个系统的行为是否符合设计要求。集成测试发生在单元测试之后、系统测试之前，它确保通过单元测试的模块能够以设计要求的方式来构建程序。高质量的单元不意味着整个系统也是高质量的。不同单元在相互调用时可能会产生隐蔽的失效，例如接口参数不匹配、传递错误数据等。集成测试一方面可以检测单元测试反映不出的全局性问题，另一方面可以间接地验证架构设计是否具有可行性，一般由测试人员和信息平台开发者共同完成。

单体架构是早期信息平台开发中采用的模式，所有功能集中在一个大型工程中开发，模块间高度耦合，需整体部署和更新。现在的信息平台多采用微服务架构，架构中应用被分解为多服务器部署的服务，每个服务实现特定功能，独立开发、部署和扩展，通过轻量级通信协议如 HTTP 或 RPC 互相通信，提高了服务的灵活性和扩展性。单体架构和微服务架构的区别如图 7-11 所示。系统集成的模式在单体架构和微服务架构的信息平台中有很大不同，因此集成测试的方法也有很大不同。

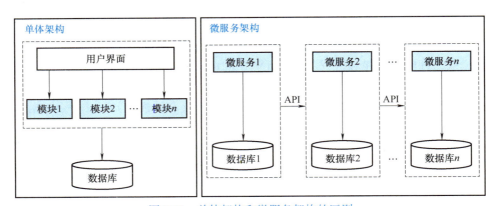

图 7-11　单体架构和微服务架构的区别

1. 单体架构集成测试

单体架构中，所选择的测试实施策略会影响测试用例的形式、测试工具、测试效果以及测试费用等。测试实施策略基本可以概括为以下两种：

（1）非渐增式测试模式　在单元测试后把所有模块组件一次性合成系统进行测试，如Big-Bang 测试。

（2）渐增式测试模式　通过逐步增加被测试系统的功能来进行，在每个模块测试完成后加入下一个要测试的模块，其测试的范围逐步增大，如自底向上、自顶向下、混合等测试策略。例如，自底向上测试策略从信息平台最底层的模块开始测试，具体的流程如下：

1）把底层模块组合成实现信息平台中具有某种功能的簇。

2）开发相应的驱动程序，实现对子功能簇的调用、测试数据的输入输出。

3）对功能簇进行动态测试，检验功能是否正常实现。

4）测试后移除驱动程序，沿系统结构向上组合其他模块，形成更大的功能簇。

自底向上测试策略示意图如图 7-12 所示。

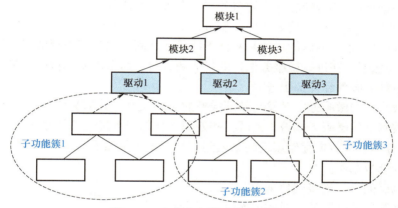

图 7-12　自底向上测试策略示意图

三明治集成方法是一种混合策略，主要的实现过程是从程序的两头（主控模块和底层模块）向中间集成，将自底向上和自顶向下有机结合起来。由于底层模块在自底向上的集成中测试过，因此这种方法不需要写桩程序。三明治集成方法示意图如 7-13 所示。

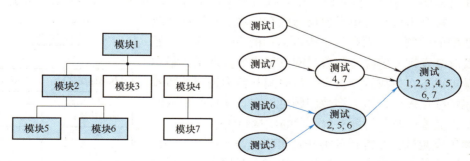

图 7-13　三明治集成方法示意图

非渐增式测试模式的优点是测试可以很快完成，因为它不需要逐步集成各个模块。然而，这种模式的缺点也很明显。由于所有组件一次性集成，系统复杂性迅速增加，这可能导致测试环境不稳定，使得识别缺陷变得更加困难。此外，如果测试失败，之后定位问题根源也会更加困难。非渐增式测试模式适合小型项目或者当测试资源有限时采用。渐增式测试模式则是一种逐步增加被测试系统功能的模式。渐增式测试模式的测试范围逐步增大,可以对问题提供更早的反馈,在系统复杂性较低时就被发现,有助于更快速地定位和修复问题。此外,渐增式测试模式还可以更好地模拟实际运行环境,这是因为测试是逐步构建起来的,更接近最终产品的运行状态。自底向上集成方法需要开发大量驱动模块,对上端控制模块的问题要较晚才能发现。实际测试中多采用混合测试策略。并行地进行自顶向下、自底向上的集成方法。更重要的是采取持续集成的策略。

2. 微服务架构集成测试

在微服务架构中,整个应用程序被拆分成多个独立的松耦合的服务组件。每个服务都负责一小部分特定的功能,通常由不同的团队开发和维护。每个微服务由多个关键部分构成其架构,如资源组件、服务层、领域层、仓库层和数据映射器等。此外,网关和 HTTP 客户端也扮演着重要的角色,负责处理独立的服务与外部服务的通信。

微服务架构的集成测试主要关注验证服务与外部组件(其他微服务或数据存储系统)之间的交互是否正常。集成测试的目的是验证不同服务之间、服务与外部数据存储系统交互时能否正确地读写数据。在进行微服务架构的集成测试时,通常需要执行以下步骤:

1)启动被测微服务和外部服务。
2)调用被测试的微服务,触发与外部服务的 API 交互,读取响应数据。
3)检查被测试的微服务能否正确解析和处理从外部服务接收到的数据。

一个微服务和外部数据存储系统的集成测试的测试步骤如下:

1)启动外部数据库。
2)将被测试的应用连接到数据库。
3)调用被测试的微服务,对数据库进行读写操作。
4)读取数据库并验证是否包含被写入的数据。

3. 持续集成测试

信息平台开发中各个单元模块不是同时完成的,持续集成的策略是将设计完成的模块及时进行集成测试,而不等待系统的所有模块都设计完成后才进行集成测试。这有助于尽早揭示潜在的错误,避免在单元模块完成后的集成阶段出现大量问题。在多人协作的代码开发过程中,时常会出现某些单元模块与已有程序的变量冲突或接口不匹配的问题,从而产生了难以追踪的 Bug。这类问题如果不及时被发现并解决,随着时间推移将日益严重,最后开发人员不得不在集成阶段投入大量时间和精力进行故障排查。采用持续集成后,绝大多数问题可以在首次代码引入时就被发现,显著提升了信息平台开发的质量和效率。

持续集成测试已经得到各类开发团队的普遍认可,每位开发人员通常一天至少完成一次集成测试。开发人员可以通过自动化工具来实现测试,以满足效率和质量的要求。自动化持续集成测试包括代码提交、自动构建、单元测试、静态分析、集成测试、构建验证测试(BVT)、自动部署和问题反馈,整个测试过程如图 7-14 所示。

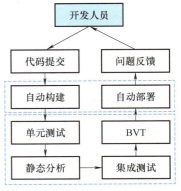

图 7-14 持续集成测试过程

为了维持一个有效的自动化持续集成环境需要依托完善的工具链，包括代码管理、版本构建、持续集成调度、静态分析、单元测试，以及接口自动化测试工具。目前通常采用 Maven、Gradle 和 Ant 等持续集成调度工具，它们被广泛应用于持续构建和集成，进而进行自动化测试以执行 BVT。有了稳固的基础设施，便可以实现代码的持续编译、集成测试以及自动化部署。除了前面提及的静态分析和单元测试工具外，用户界面（UI）自动化测试可以采用 Selenium 或 Appium 等工具，接口自动化测试可以使用 REST Assured 或 Jmeter 等工具。

集成测试阶段的结束必须确保所有设计的功能测试用例均通过验证，同时性能测试及各其他类型测试用例的通过率需达到至少 90%。未通过的测试用例中，绝不能包含导致系统崩溃或严重错误的缺陷，一般错误的占比需控制在 5% 以内。满足这些条件后，就可以向集成测试部门的管理人员申请结束当前轮次的集成测试，讨论并决定后续的测试计划。集成测试将持续进行，直到回归测试结果满足信息平台质量标准，才能正式结束。

7.2.3 系统测试

经过集成测试之后，被分散开发的一些模块被连接起来，模块间接口问题基本消除，随后进入系统测试阶段。系统测试是为了判断系统是否符合规定而对集成之后的系统进行测试的活动。功能测试是为了确保信息平台满足用户功能需求和按照用户期望运行进行的测试。系统测试中除了功能测试外，其余均属非功能测试（专项测试）。

1. 功能测试

功能测试可采用黑盒、白盒或灰盒方法来验证系统是否能够准确实现产品规格说明书所规定的各项功能。功能测试还需要模拟用户的完整操作流程，进行端到端的全面测试，从而确保系统能够按照设计要求运行，并真正满足用户的实际需求。也可以通过调用信息平台应用对外暴露的接口，检查每个功能是否能够被接受，并且以规定的格式输出结果。

（1）功能测试的内容　不同信息平台的功能各有特色，功能测试的内容和重点也各不相同，例如程序安装与启动正常、系统界面清晰美观、功能逻辑清楚、升级能继续支持旧版本数据、与外部应用系统接口有效等。

1）界面测试。主要检验信息平台界面的设计是否合理、规范，以及用户与信息平台之间的交互是否便捷高效。

2）数据测试。确保数据输入的准确性、处理和输出的准确性、容错性和安全性。

3）操作测试。检查信息平台操作的流畅性、异常处理能力、回退/撤销功能以及权限管理的正确性。

4）逻辑测试。检查功能逻辑的正确性，确保用户的操作得到预期的响应和结果。

5）接口测试。确保系统与外部设备的接口交互顺畅，测试兼容性、可扩展性和自定义配置的有效性。

（2）功能测试的环境

1）硬件环境。不同的硬件配置可能会带来不同的性能表现，如个人计算机、笔记本计算机、服务器以及 PDA（个人数字助理）终端等。

2）平台环境。测试人员需要验证信息平台在各种操作系统上的运行稳定性，以确保其兼容性。

3）网络环境。信息平台在运行过程中涉及网络通信，测试人员需要选择合适的网络体系结构和网络环境来模拟用户的真实使用情况。

4）数据准备。测试数据需要尽可能真实且覆盖各种情况。这有助于发现信息平台在处理不同数据时的潜在问题。如果无法获得真实数据用于测试，则可以使用模拟的数据来代替。

5）测试工具。采用自动化测试工具可以帮助测试人员快速执行测试用例并生成测试报告，从而节省大量时间和精力。

（3）功能测试的步骤　功能测试的具体步骤是从确定测试目标与质量要求开始的，通过分析需求与文档，明确测试项及其优先级。随后，需要选择合适的测试方法与工具，并制定有效的测试策略。在此基础上，设计详细的测试用例与脚本，确保测试能够全面覆盖所有功能点。执行测试后，对结果进行深入分析，评估测试风险与充分性。最后，编写全面的测试报告与总结，为信息平台质量提供客观准确的评估意见。功能测试的具体步骤如图7-15所示。

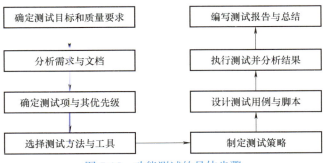

图 7-15　功能测试的具体步骤

（4）功能测试的实现方式　功能测试的实现既可以通过手工测试，也可以利用自动化测试工具进行。在自动化测试的实践中，可以考虑基于接口进行测试，这是因为接口测试具有更高的稳定性、可维护性和更广的覆盖范围。但若无法基于接口进行测试，或者需要对用户界面进行细致验证时，可选择基于用户界面的自动化测试方法。

1）面向接口的功能测试。信息平台 API 规范了应用程序间的交互，主要分为内部接口和外部接口。内部接口确保系统内部协同工作，外部接口则实现与外部应用的数据交换和功能集成。接口测试涵盖组件交互逻辑验证和系统整体功能、性能测试，确保应用间顺畅通信。

2）面向用户界面的功能测试。随着移动互联网的普及，用户界面功能测试重心转向 Web 和移动端。测试包括页面设计一致性、元素布局合理性、链接有效性、图形显示效果和表单处理正确性。

2. 回归测试

回归测试的使用时机如图7-16所示。主要分为两种情况：一是改错后进行回归测试。当信息平台中的错误被发现并成功修复后，为了验证修复是否有效且没有引入新的问题，需要对相关部分重新测试。二是在加入新代码后进行回归测试。向信息平台中添加任何新的功能或代码，都可能影响到系统的其他部分。通过回归测试，确保新代码与现有系统能够良好地协同工作,保证原有功能没有受到影响。因此,回归测试要确定所做的修改达到了预定的目的,如错误得到了改正,新功能得到了实现,能够适应新的运行环境等,不影响信息平台原有功能的正确性。

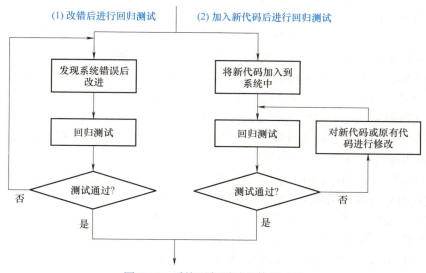

图 7-16　系统回归测试的使用时机

（1）回归测试的步骤　回归测试的过程主要包括七个步骤,它们共同确保了信息平台修改后的正确性和稳定性。

1）提出修改需求。这一步通常源于对信息平台错误的修正需求,或者根据需求规格说明书或设计说明书进行的调整。

2）修改信息平台工件。为了满足新的系统需求或者修改错误,对信息平台工件进行修改。

3）选择测试用例。测试人员需要根据信息平台的有效性获取正式测试用例,而非追求测试用例数目最小。

4）执行测试。通常这一过程是自动化的。测试执行过程中,所有遍历的路径和被调用的过程、操作都会被记录下来,为将来的测试提供参考。

5）识别失败结果。如果测试结果与预期不符,测试人员有必要分析是测试用例本身的问题还是代码中的错误。对于之前未进行有效性重确认的测试用例,此时需要进行重确认工作,特别是那些导致测试失败的用例。

6）定位错误。一旦识别到测试失败,测试人员需要精确定位错误发生的版本、组件以及具体的修改内容。如果测试用例的有效性在执行前已得到确认,那么任何与预期结果的明显偏差都指示着信息平台可能存在潜在错误;如果未被确认,那么任何测试用例失败既可能是测试用例不正确,也可能是程序的错误,还可能是两者都有。

7）排除错误。在定位到错误后,开发人员将着手排除这些错误。修复完成后,他们会提交新的程序修改卡(PMC),确保问题得到妥善解决。

（2）回归测试的策略　回归测试的两个主要方法分别是全部重新测试和有选择地重新测试。

全部重新测试是将之前所有的测试用例全部重新执行，优点是不需要额外花费精力去选择要执行的测试用例，这在测试用例数目不太多或系统大部分被改变时比较合适。但是，如果测试用例数目众多，或系统改动仅涉及微小部分时，全部重新测试就非常浪费资源，并且影响项目进度，所以在实际中很难执行。

有选择地重新测试则是选择和使用已存在的测试用例的一个子集进行测试。在识别涉及的测试用例时，依据可追溯性，先从需求到代码，再到测试用例。与全部重新测试相比，有选择地重新测试能够缩短测试周期、提高测试效率，但要求测试人员深入了解信息平台。根据上述两种策略，回归测试的具体操作涉及以下方式：

1）再测试全部用例。将从测试用例库中选取所有测试用例来组成回归测试包。这种方法虽然能显著降低遗漏回归错误的风险，但其测试成本也高，效率最低。它不需要额外的分析和重新开发工作，然而，随着开发工作的深入，测试用例的数量会逐渐增多，这时再重复执行所有测试用例会带来巨大的工作量和高昂的成本。

2）基于风险选择测试用例。根据缺陷的严重性进行测试，基于某种风险标准，从测试用例库中挑选出部分测试用例来组成回归测试包。例如，可能会优先运行那些最重要、最关键的测试用例，而暂时跳过那些非关键、优先级低或稳定性高的测试用例。

3）基于操作剖面选择测试用例。如果测试用例是基于信息平台操作剖面开发的，那么测试用例的分布可以反映系统的真实使用情况。可以优先选择和执行最重要或最频繁使用功能的测试用例，从而尽早解决和缓解那些可能带来最高风险的问题。

4）再测试修改部分。当开发人员和测试人员对局部代码修改充满信心时，他们可能会选择缩小回归测试的范围，仅针对被修改的模块及其接口进行测试，以提高效率。将回归测试局限于被修改的模块和它的接口上，其实相当于没有对系统进行回归测试。这种策略效率最高，但风险也是最大的。

在回归测试中，基于风险和基于操作剖面选择测试用例的策略能增强测试效果。基于80/20原则，综合运用这两种策略相当于涵盖了两个20%的回归测试范围，即需要执行约40%的测试用例。这虽然可能会导致工作量有所增加，但与再测试全部测试用例相比，其工作量仍然大大减少。不同的测试人员可能会根据自己的经验和判断选择不同的回归测试策略和方法。由于回归测试具有重复性和明确性，因此非常适合自动化测试。

7.2.4 专项测试

非功能测试（专项测试）主要包括性能测试、安全性测试、兼容性测试、可靠性测试和易用性测试等，是确保信息平台顺畅实现和好用的重要手段。在信息平台开发过程中，非功能测试应该与功能测试一样受到重视，共同确保信息平台的质量。

1. 性能测试

性能测试是为了发现系统潜在性能问题并收集系统性能指标。在真实环境或特定负载环境中，通过工具模拟信息平台运行及操作，监控其速度、响应时间、资源使用率等指标。测试后对结果进行分析以评估系统的性能。

（1）性能测试的指标　性能测试涉及多个关键指标：响应时间如 TLLB（Time to Last Byte，从发送请求到接收完整响应所需时间），衡量用户请求到系统响应的时间；并发用户数，评估系统同时处理多个用户请求的能力；吞吐量，反映系统每秒传输或处理的数据量；

性能计数器，监控操作系统资源使用情况，如 CPU、内存和磁盘输入输出等。这些测试指标帮助确保系统性能，通过资源利用率评估服务器性能，及时发现过载情况，避免服务拒绝或崩溃，从而保障系统稳定运行。

（2）性能测试步骤　性能测试是一个循环往复的持续测试与优化过程，具体步骤如7-17所示。首先根据测试任务明确性能测试的需求，然后设计测试场景并执行性能测试，根据测试的结果不断迭代提升系统性能直至达到满意状态。

图 7-17　性能测试的步骤

2. 安全性测试

安全性测试用于检查系统对非法入侵的防范能力，目的是发现系统中是否存在安全漏洞。安全性测试具有针对性，对安全性关键的单元或部件进行加强测试，可能还采取一些和普通测试不一样的测试手段，如攻击和反攻击技术。

（1）安全性测试的方法　安全性测试主要分为静态测试和动态测试。静态测试采用代码分析方法，深入扫描源代码以发现潜在安全漏洞；动态测试则通过渗透测试模拟网络攻击，评估系统安全性并发现潜在的安全漏洞。

（2）安全性测试的步骤　首先要对系统和其运行环境进行风险和威胁评估，以便用与系统安全动作相匹配的方式来定义安全性需求，并设定优先级。基于这些风险和威胁评估，给系统设定安全性需求，为了使安全性需求得到满足，接下来根据已划分的安全性需求优先级，识别出构成系统安全动作的功能，并确定它们之间的依赖关系和优先顺序。在执行安全性测试时，运用合适的证据收集和测试工具，估计基于证据的安全性活动的可能性和影响，得到一个准确的结果，即系统是否满足安全性需求。

（3）贯穿全生命周期的安全性测试　安全性测试需贯穿信息平台开发全周期，确保各阶段执行必要的安全控制。微软的安全性开发生命周期（Security Development Lifecycle，SDL）定义了八个关键步骤，包括分析滥用案例、明确安全需求、评估体系结构风险、基于风险的安全性测试、进行代码评审、实施风险分析、进行渗透测试以及确保安全运维，如图 7-18 所示。

3. 兼容性测试

兼容性测试旨在验证信息平台在各种软件平台、硬件平台和网络环境下的正常工作能力，同时确保不同版本间的正确交互和信息共享。兼容性测试包括软件兼容性、硬件兼容性和数据兼容性三个方面。

（1）软件兼容性　软件兼容性测试是确保信息平台能在不同操作系统、平台、支撑软件、数据库、浏览器、显示分辨率及版本间正确交互和共享信息的验证过程。

客户端配置兼容性矩阵见表 7-2。

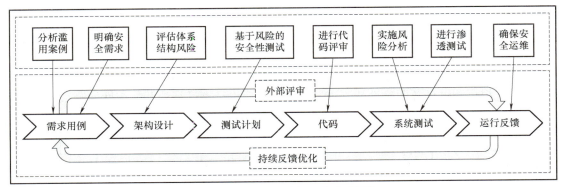

图 7-18 微软的安全性开发生命周期

表 7-2 客户端配置兼容性矩阵

	IE 11	Microsoft Edge	Chrome	Opera	Safari	Firefox
Windows 7	√					
Windows 8.1	√		√	√		√
Windows 10		√			√	
Windows 11	√					
Linux	√		√	√		√
OS X	√	√	√	√	√	

（2）硬件兼容性　硬件兼容性测试关注信息平台在不同硬件配置下的表现，包括整机兼容性和外部设备兼容性。硬件兼容性测试确保平台在推荐和最低配置下功能正常，验证系统在多种硬件配置环境下的功能。因为硬件配置多样复杂，测试需高效且有针对性，可采用等价类划分方法，根据硬件流行度和年限选择测试设备，使测试更可控。

（3）数据兼容性　数据兼容性测试关注信息平台处理不同数据格式的能力，以及其他平台间的信息交互。数据兼容性测试要点包括：验证支持多种数据格式（如图像、音频、视频等）和新旧版本间的数据互通性；确保与其他信息平台间的文字复制粘贴准确无误；测试与同类型或第三方平台的数据交换和共享能力，要求数据存储格式符合标准，支持规定格式数据的导入导出。

4. 可靠性测试

信息平台的可靠性是指在规定的运行时间和环境条件下，系统能够按照规定的功能正常工作的能力。这种能力反映了系统在面对各种不确定性和潜在错误时，依然能够保持其稳定性和有效性的程度。

（1）可靠性测试的方法　可靠性测试涉及建立可靠性模型、收集可靠性数据以及评估测试结果。可靠性模型用于预测和评估信息平台的可靠性，包括结构模型和预计模型。可靠性数据收集是评估的基础，包括失效时间、失效间隔、分组数据和分组时间内的累积失效数等类型。这些数据记录了信息平台测试阶段的错误报告和可靠性信息，为评估提供了依据。评估结果则基于国际质量标准。

（2）可靠性测试的实施　信息平台可靠性测试分为四阶段。第一阶段是测试计划阶段，根据需求规格说明书等资料分析功能和性能需求，确定输入信息概率分布，并编写测试计划、工具/用例及平台需求文件。第二阶段是测试设计阶段，确保测试平台、工具/用例和数据就绪，培训测试人员，准备测试环境，生成并验证测试用例，研发支持工具以提高效率，确认预期输出作为判断依据。第三阶段是测试执行阶段，由专门组织或第三方机构负责，研发单位配合。测试前全面检查环境、平台、软硬件配置，测试过程中记录输入、输出及异常现象。第四阶段是测试总结阶段，综合评估可靠性是否达标，不达标则修改后重新测试，有严重错误则可能需重新设计，返回第三阶段，以确保可靠性达标。最终输出"测试分析报告"。可靠性测试步骤如图 7-19 所示。

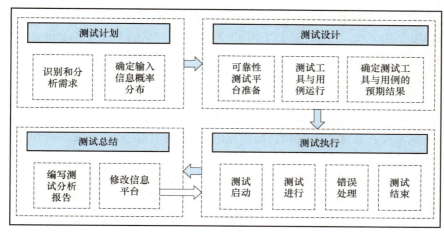

图 7-19　可靠性测试步骤

5. 易用性测试

易用性测试是评估用户在使用信息平台时是否感觉方便和舒适的过程。通过关注用户界面的七个核心要素，同时，结合专业的用户体验测试方法和模型，如探索式测试、评估性测试和比较性测试，能够全面评估信息平台的性能并优化用户体验。

（1）用户界面易用性的要素　出色的用户界面设计是信息平台成功的关键，它涉及七个核心要素。

1）符合标准和规范。界面设计应遵循行业内的准则和用户习惯。

2）直观性。界面应直观易懂，使用户能够迅速理解并找到所需的功能和操作，降低误操作的可能性。

3）一致性。不仅平台内部的界面元素和操作应保持统一，平台还应与其他同类平台保持一致，以提供无缝的用户体验。

4）灵活性。提供多种操作路径和选择，以满足不同用户的需求和偏好，但需注意避免过度复杂，以免增加用户的认知负担。

5）舒适性。关注用户的整体体验，包括界面布局和提示的合理性等。

6）正确性。确保界面上所有功能都完整无误、文字描述准确、界面元素的状态反馈正确。

7）实用性。强调功能的必要性和价值，去除冗余和不必要的复杂性。

这七个要素共同提升了信息平台的易用性，尽管易用性难以量化，但妥善处理这些要素将显著提高用户体验。

（2）用户体验测试方法和模型　用户体验测试由专业测试人员进行，是评估信息平台性能、确保信息平台达到用户期望的重要手段。测试方法包括探索式测试和评估性测试等。探索式测试侧重评估功能和内容的完整性与可用性。评估性测试专注于信息平台的直观性与便捷性。

（3）传统的网站用户体验指标　网站用户体验指标包括：Pageview（页面浏览量）、Uptime（在线运行时间）、Latency（延迟）、Seven-day Active User（用户周活数）、Earning（收益）。其中，Uptime 和 Latency 是度量用户体验的两个技术指标，Pageview 和 Seven-day Active User 体现了产品的用户忠诚度，Earning 体现了用户体验的商业指标。

（4）以用户为中心的指标　以用户为中心的指标包括：Happiness（愉悦度）、Engagement（参与度）、Adoption（接受度）、Retention（留存率）和 Tasksuccess（任务完成度）。

（5）阿里的五度模型度量指标

触达——吸引度：知晓率、到达率、点击率、退出率等。

行动——完成度：首次点击时间、操作完成时间、操作完成点击数、操作完成率、操作失败率、操作出错率等。

感知——满意度：布局和理性、界面美观程度、表达内容易读性等。

回访——忠诚度：30 天 /7 天回访率、同一产品不同平台使用的重合率等。

传播——推荐度：净推荐值 = [（推荐者数 / 总样本数）-（损者数 / 总样本数）] × 100%。

7.3 信息平台测试自动化

在信息平台实现的过程中，多数测试工作是可以用手工的方式来完成测试任务的，但是从系统的视角来看，手工测试往往面临条件覆盖不全面、测试任务不完备等人为因素的影响，同时对于大规模系统测试而言也面临较高的人力成本，因此，测试自动化技术得到了推广应用。

7.3.1 测试自动化概述

1. 手工测试的局限性

手工测试示意图如图 7-20 所示。手工测试在复杂逻辑判断、界面友好判断以及测试人员的测试场景联想上具有明显优势。但也存在一定的局限性：

1）无法覆盖所有代码路径，难以测定测试覆盖率。

2）无法捕捉到与时序、死锁、资源冲突等有关的错误。

3）无法模拟系统负载和性能测试中的大量数据或并发用户等大负载应用场合。

4）无法模拟可靠性测试中的系统几年、十几年的长期稳定运行。
5）无法短时间内完成回归测试中成千上万测试用例的执行。
6）可以发现错误,但是无法确定程序的正确性。

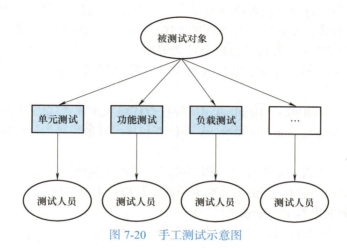

图 7-20　手工测试示意图

2. 测试自动化的内涵

手工测试存在效率低、主观性强、覆盖率低等局限性,因此软件测试借助测试工具成为必要。自动化测试示意图如图 7-21 所示。自动化测试是把以人为驱动的测试行为转化为机器执行的一种过程,即模拟手工测试步骤,执行测试脚本,自动完成软件的单元测试、功能测试、负载测试等工作。自动化测试还需要借助网络通信环境、邮件系统等,自动完成测试环境搭建和设置、测试脚本生成、测试数据产生、操作步骤执行、测试结果分析、测试报告生成等各项工作。自动化测试会严格按照脚本和指令进行,执行操作速度快,还可以连续工作,优势十分明显。

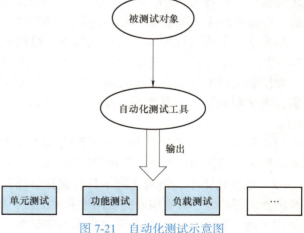

图 7-21　自动化测试示意图

自动化测试可以被理解为"一切可以由计算机系统自动完成的测试任务都已经由计算机系统或软件工具、程序来承担并自动执行"。但是,脚本开发、测试用例设计等系统无法自动完成的工作,不宜采用自动化测试。自动化测试任务安排、测试结果分析、测试脚本调试等工作,依然需要人工来完成。

7.3.2　测试自动化原理

测试自动化是将测试过程通过使用软件工具和脚本自动化的实践,旨在提高测试效率和可靠性。其实现的主要途径包括代码分析、脚本技术、对象识别和接口调用。

1. 代码分析

自动化代码分析由代码静态检测工具完成，通过工具自带的规则以及用户自定义的规则扫描和检查代码，再进行相应的语法分析、代码风格检查等。编译器是最早进行代码分析的工具。编译器首先检查程序是否符合编程语言的语法，再将源代码转换成可执行的二进制代码。代码分析工具还体现在集成开发环境（IDE）方面。IDE 代码编辑器大多都可以实时检查代码，定位和高亮显示警告信息以及可能的错误。大部分 IDE 都有可选用的插件，来执行更加全面的代码分析，例如，Eclipse 在"源代码分析器"中有多达几十种插件，主要包括：

1）Checkstyle、FindBugs、JUint、PMD 等检查代码规则或者代码风格的工具。

2）Duplication Management Framework 等检查和移出冗余代码的分析器。

2. 脚本技术

脚本是测试工具执行的指令集合。脚本可以先通过录制测试的操作而产生，再做修改，也可以直接用脚本语言编写。测试工具脚本的数据和指令主要包括：

1）同步，即何时进行下一个输入。

2）比较信息，即比较什么、如何比较以及和谁比较。

3）捕获何种数据，以及数据要存储在何处。

4）在另一个数据源读取数据时，应当从何处读取。

5）控制信息等。

脚本技术围绕脚本的结构设计，实现测试用例，平衡脚本建立代价和脚本维护代价，从中获得最大益处。脚本技术不仅可以用在功能测试上，模拟用户的操作来进行比较，还可以用在性能和负载测试上，模拟并发用户进行相同或不同的操作，模拟系统或服务器上足够的负载，以检验系统或服务器的响应速度、数据吞吐能力等。

脚本主要分为线性脚本、结构化脚本、数据驱动脚本和关键字驱动脚本。线性脚本是自动录制的，是最简单的脚本。结构化脚本是对线性脚本的加工，是脚本优化的必然途径之一。数据驱动脚本和关键字驱动脚本能进一步提高脚本编写效率，降低脚本维护的工作量。目前，大多数测试工具都支持数据驱动脚本和关键字驱动脚本。在脚本开发中，常常结合应用。

（1）线性脚本　录制手工执行的测试用例可以得到线性脚本，包含所有的击键、移动、输入数据等。线性脚本更适合简单测试和一次性测试。

（2）结构化脚本　结构化脚本具有选择性结构、分支结构、循环迭代结构等逻辑结构以及函数调用功能，具有很好的复用性和灵活性，易于维护。

（3）数据驱动脚本　数据驱动脚本的测试输入数据存储在独立文件中，使得测试脚本和数据分离。同一个脚本通过不同输入数据可以执行不同测试用例，提高脚本可维护性和效率。

（4）关键字驱动脚本　关键字驱动脚本是数据驱动脚本的逻辑扩张，封装了由各个函数实现的基本操作。在开发脚本时，可以直接使用已经定义好的关键字，提高脚本编写效率。

3. 对象识别

对象识别指的是识别和定位用户界面（UI）上的对象。通常先识别和定位 UI 上需要操作的对象，执行测试步骤后，再通过识别 UI 上的对象来判断测试是否通过。UI 分为 PC 端应用 UI、Web 浏览器 UI 和移动应用 UI 三种。UI 自动化测试如图 7-22 所示。

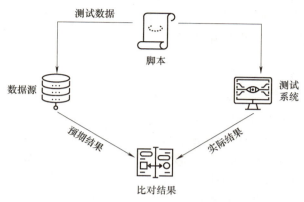

图 7-22　UI 自动化测试

对象识别是 UI 自动化测试的核心技术之一，用于界面元素操作和测试结果断言检查，主要包括以下方式：

1）按照实际像素坐标来定位。
2）通过寻找 UI 上的对象来确定操作目标，也叫控件识别。
3）通过图像识别算法对图片进行图像匹配和文字识别。

第一种方式比较简单，但生成的脚本可读性差，不易维护，难以在不同屏幕分辨率下运行。因此控件识别和图像识别是主流的对象识别方法。

Web UI 自动化测试工具 Selenium、移动应用主流的 UI 自动化测试框架 Appium 等采用的都是控件识别方法。在 Android 系统上，通过调用 Android 系统自带的 UIAutomator2 或者 Espresso 工具，实现对控件信息 xpath、cssSelector、class、id、name 等的识别。UIAutomator2 通过调用 Android 系统提供的辅助功能 Accessibilityservice，获取控件层次关系及属性信息，查找目标控件。在 iOS 系统上，调用 iOS 系统自带的 XCUITest 工具对 iOS 模拟器或真机上的控件信息进行抓取，完成自动化操作。

UI 自动化测试中用到的图像识别技术分为图像匹配和基于光学字符识别（Optical Character Recognition，OCR）的文字识别。Airtest 是基于图像识别的 UI 自动化测试框架，采用图像匹配技术。通过 ADB（Android 调试桥）连接手机，截取目标对象的图片，通过 OpenCV 库的图像识别算法进行模板匹配和特征匹配，得到所截取图片在原图中的位置坐标，随后发送操作命令。OCR 技术用来识别并提取图片上的文字，转换成可编辑的文本。

4. 接口调用

API 测试通过调用各种形式的软件 API，按照一定格式输入请求，验证返回的响应结果是否正确。目的是检查 API 的功能、性能、可靠性和安全性，从而验证软件系统的业务逻辑的处理。API 自动化测试的原理是通过测试工具发起对被测接口的请求，然后验证返回的响应是否正确。API 测试步骤主要包括：

1）准备需要输入的各种测试数据。
2）通过接口测试工具，发起对被测接口的请求，包括不同的测试数据的组合。
3）在各种测试数据组合（作为输入）的情况下，验证被测接口返回的结果是否正确。

7.3.3 平台测试自动化设施

为了提高软件测试的效率、可靠性和一致性，通常需要构建具有一定通用泛化能力的自动化设施，主要包括为了实现软件测试自动化而构建的一套环境、基础架构、应用程序、CI/CD 流水线等。

1. 虚拟化容器环境

（1）优势　Docker 容器是一种独立的运行环境，包含应用程序及其所需的依赖项，可以在任何支持 Docker 的环境中运行。虚拟化容器环境具有以下优势。

1）快速启动和停止：容器可以在毫秒级别内启动和停止，提高开发和部署效率。

2）资源隔离：容器共享同一台主机的资源，但互相隔离，避免资源竞争和安全问题。

3）可移植性：虚拟化容器环境可以在任何支持 Docker 的环境中运行，具有可移植性。

（2）算法原理和操作步骤　Docker 容器的自动化测试与验证，涉及以下算法原理和操作步骤。

1）制订测试计划。测试计划是自动化测试的基础，主要包括以下内容。

① 测试目标：明确测试的应用程序和功能。
② 测试策略：确定测试方法和技术。
③ 测试用例：编写包括输入、预期输出和实际输出的测试用例。
④ 测试环境：确定操作系统、硬件和网络等测试环境。
⑤ 测试时间：确定测试开始时间和结束时间。

2）测试数据生成。测试数据是自动化测试的关键，主要包括以下内容。

① 正常数据：测试应用程序的正常功能。
② 边界数据：测试应用程序的边界条件。
③ 异常数据：测试应用程序的异常情况。

3）测试执行与验证。测试执行与验证是自动化测试的核心，主要包括以下内容。

① 测试执行：使用自动化测试工具进行测试。
② 结果记录：记录测试结果，包括测试用例的执行结果等。
③ 结果分析：分析测试结果，找出问题并进行修复。

4）测试报告生成。测试报告是自动化测试的结果展示，主要包括以下内容。

① 测试总结：总结测试结果，包括通过的用例数量、失败的用例数量等。
② 错误分析：分析失败的用例，找出问题的原因。
③ 建议改进：提出改进建议。

（3）应用场景　Docker 容器的自动化测试与验证可以应用于以下场景。

1）微服务架构：应用程序由多个小型服务组成，需要进行大量的集成测试。
2）云原生技术：应用程序在多个环境中运行，需要进行大量的环境测试。
3）持续集成和持续部署：需要进行大量的构建和部署测试。

2. 基础架构的自动部署

IT 基础架构指的是最基本的计算资源，包括网络和服务器的定义、配置和管理。

以 Terraform 为例，Terraform 具有创建完整的云基础架构的能力，通过领域特定语言（Domain Specific Language，DSL）将各个组件连接在一起。云基础设施的有用部分被定义为带有参数的输入模块，还可以与其他模块集成，具有良好的复用性。

Terraform 主要包括以下模块：

（1）管理模块　定义逻辑隔离网络空间、子网、网络地址转换网关以及 Puppet Master 等。

（2）服务器模块　定义多个消息代理和自定义服务器层，动态连接到公共弹性负载均衡。

3. 应用程序的自动配置

在测试环境中需要安装配置数据库软件、Web 服务器等各种软件应用以满足测试需要。这就需要 Ansible 和 Chef 等专业的配置管理工具。Ansible 是基于 Python 的自动化运维开源工具，提供远程系统安装、配置管理等服务，可以对服务器集群进行批量系统配置、部署和运行命令，还可以实现对 Docker 集群的自动化管理工作。

4. CI/CD 流水线

CI/CD 流水线是企业实施 DevOps 的技术核心和目标。为了实现快速交付、持续交付，需要持续构建、持续集成、持续测试、持续部署、持续运维等一系列自动化技术的支持和融合。CI/CD 流水线将软件应用全生命周期里的任务以高度自动化的形式快速、有序地执行。

7.4　信息平台智能化测试

虽然自动化测试提高了测试效率，但仍存在测试用例设计不足、异常情况处理不够灵活等问题。智能化测试可以利用机器学习等技术自动生成测试用例、优化测试过程、智能定位缺陷，从而弥补自动化测试的不足。因此，智能化测试可以在自动化测试的基础上进一步提高测试的智能化水平，实现测试的自动化和智能化，从而提高测试效率和测试质量。

7.4.1　智能化驱动测试

随着新一代信息技术的发展，智能化驱动测试（Intelligent Driver Test）逐步推动了信息平台测试方法的更新。智能化驱动测试是一种基于人工智能（AI）技术的测试方法，它利用机器学习（ML）、自然语言处理（NLP）、数据分析和模式识别等技术来自动化测试过程，提高测试的效率和质量。主要实施方式包括测试用例生成、测试脚本构建、测试数据生成和智能化交互测试。

1. 测试用例生成

在信息平台测试领域，如何生成有效的测试用例并对其进行高效测试，深刻影响着信息平台的测试工作。无论是用例生成的数量还是质量，都决定着测试工作能否成功。测试用例的生成技术，也因此成为平台测试研究的核心方向。

测试用例生成（Test Generation）是指在平台测试过程中，根据需求文档、设计文档以及预期行为，结合特定的测试目标和策略，构造出一系列具体的测试输入、执行条件以及预期结果的测试实例。这些测试实例旨在全面而有效地检验软件的功能和性能，以揭示可能存在的缺陷和问题。

在生成测试用例时，首先需要遵循一些基本准则，确保测试用例具有代表性、不重复、可重现以及结果可判定。其次，测试用例应全面覆盖测试需求中的所有功能点，避免遗漏任何关键功能的测试。此外，还需考虑功能的正确性和容错性测试，确保在合法和非法输入情况下，信息平台均能做出正确的响应。

测试用例生成示意图如图 7-23 所示。

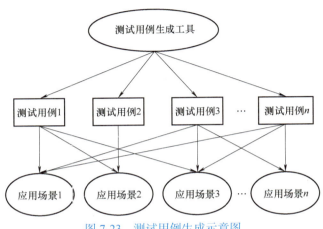

图 7-23 测试用例生成示意图

测试用例的优先级和粒度也是生成过程中需要关注的重要方面，应根据测试项的重要性和紧急程度，合理调整测试用例的执行顺序和详细程度。对于关键功能和支撑功能，应优先测试，设计更细致的测试用例以便深入挖掘潜在缺陷。测试用例可以手动设计生成，也可以借助自动化工具或算法生成，测试用例主要用于功能测试、性能测试和安全测试。

(1) 功能测试用例　测试功能错误、遗漏或冗余，测试界面错误以及平台的数据结构或外部信息访问错误。

(2) 性能测试用例　在功能测试的基础上，测试平台的运行性能，验证性能指标是否达标，评估系统能力，分析及定位性能瓶颈以及验证平台的稳定性和可靠性等。

(3) 安全测试用例　测试数据安全、程序安全、文档资料安全，以及进行输入验证和数据合法性校验、异常处理和数据传输安全测试。

2. 测试脚本构建（自动化测试脚本）

测试用例生成旨在提供明确的测试目标和测试方向，测试脚本构建则可以将这些目标和方向转化为可执行、可重用的程序化工作。通过构建高质量的测试脚本，能够确保平台测试过程的准确性和效率，为信息平台质量的提升奠定坚实基础。

测试脚本作为描述平台测试用例的简明有效方式，发挥着至关重要的作用。合理地进行脚本构建不仅能够提高测试效率，还能确保测试的准确性和一致性。目前，主流的脚本技术包括线性脚本、结构化脚本、共享脚本、数据驱动脚本和关键字驱动脚本等。在实际应用中，可根据实际情况选择，也可以结合使用以达到最好的测试效果。

(1) 线性脚本与结构化脚本　线性脚本是通过录制手工执行的测试用例而得到的，它严格按照事件发生的时间先后顺序进行记录，不含转移语句，但可能包含比较语句。线性脚本简单、易于理解，用户可以轻松地对脚本进行删改。

结构化脚本与结构化程序设计比较相似，它内嵌了控制脚本执行的一系列指令。这些指令可以是控制结构也可以是调用结构。在测试工具脚本语言中，主要支持三种控制结构。"顺序"控制结构按照指令的先后顺序执行，确保每个指令按照预定的流程进行。"选择"控制结构赋予脚本判断的能力。最常见的形式是"if"语句，如图7-24所示，通过设定条件来判断脚本的执行路径。"循环"控制结构能够重复执行一系列指令，直到满足特定的次数或条件。这种结构也被称为"迭代"，在读取和处理大量数据记录时非常有用。

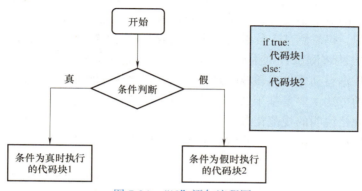

图7-24 "if"语句流程图

除了控制结构外，结构化脚本还支持脚本的相互调用，即在一个脚本中跳转到另一个子脚本开始执行，执行完毕后返回原脚本。这种机制有助于将大型脚本拆分成多个小型、易管理的部分。通过引入不同指令调整控制结构，不仅提升了脚本的重用率，还增强了其功能性和灵活性。结构化脚本技术的显著优势在于其强大的健壮性，能够执行多种相似功能。然而，其缺点也显而易见，即脚本复杂度增加，且测试数据仍与脚本紧密绑定。

（2）共享脚本技术　共享脚本是一种让多个测试用例复用同一脚本的技术。这种技术的核心理念是创建一个执行特定任务的脚本，在不同测试中重复调用。这样做可以减少编写或录制重复操作的时间，提高效率，并且在任务发生变化时，只需修改一处脚本，从而降低维护成本。共享脚本技术分为跨平台应用或系统的共享以及同一信息平台内部的共享。为了最大化利用共享脚本技术的优势，需要确保测试在适当时候使用共享脚本。建立可重用的脚本库是有效的方法。

除此之外，脚本的构建必须文档化、规范化，才能使测试人员了解脚本的功能以及如何合理地使用。为此，在脚本共享时应提前设定脚本文档的编制标准，规范化脚本共享。这也是平台测试框架中的重要一环，有助于帮助测试人员编写或建立新的测试脚本。

3. 测试数据生成

在进行智能化驱动测试的过程中，仅构建测试用例和测试脚本不足以完成一项高效的测试工作，测试数据的生成同样占据着举足轻重的地位。优质的测试数据能够模拟真实场景，使测试结果更贴近实际情况。因此，在构建测试脚本后，我们还需要重视测试数据的生成，以确保测试工作的全面性和准确性。

测试数据生成是指在平台测试过程中，根据需求和应用场景，创建或生成用于验证平台功能和性能的一系列数据的过程。这些数据旨在模拟用户在实际操作中可能输入的各种情况，包括正常输入、异常输入以及边界条件等，以便全面测试信息平台的稳定性和可靠性。测试数据生成是信息平台测试过程中的关键一环，其生成数据的质量和范围覆盖度直接影响到测试结果的准确性和有效性。通过科学的测试数据生成方法，确保测试工作的高效进行，并为信息平台的质量保障提供有力支持。以下是常见的测试数据生成方法：

（1）演化计算的测试数据生成　　在信息平台的功能性测试中，由于目前仍没有明确的形式化规格说明，因此测试数据的生成往往由测试工作人员手动完成。近年来，探索性测试成为一种流行的测试数据生成方法，但它实际上还是一种以手工选择为主的测试方法。它在结构性测试领域中的效果不甚理想，所生成的数据并不一定能满足测试目标，因此在查错方面的效率并不理想，仍需测试人员手动生成测试数据以覆盖特定的测试目标。

演化计算的方法将测试数据生成问题转化为利用遗传算法进行数值优化问题，这种方法逐渐成为测试数据自动化生成领域的研究热点。演化计算的方法在功能性测试领域的研究成果不多，已有的方法主要是基于 Z 语言规范或基于前置/后置条件进行数据生成，成功的关键取决于需求规格说明的规范化形式水平，所需成本较高，且难以适用于大型信息平台开发。因此在演化计算的测试中，把测试数据当作被搜索的解空间，满足特定测试目标的测试数据即为最优解。

（2）基于遗传算法的测试数据生成　　基于遗传算法的测试数据生成与演化计算中的遗传算法在原理上基本相同，它们都是用遗传算法进行搜索，包括选择、交叉和变异等操作，且都以适应度函数来衡量个体的优劣。但在应用方面，二者在搜索空间、适应度函数和应用领域方面都有差异。

遗传算法将问题的每个有效解称为一个"染色体"，"染色体"实际上是一个经过特定编码方式而生成的编码串，在这个编码串中，一个编码单元就是一个"基因"。在遗传算法中，数据的优劣由染色体的适应度来决定，不同编码串的适应度会有所不同，适应度的值越大，该编码串所对应的染色体被认为越优秀。

1）编码策略设计。在遗传算法中，个体需转换为染色体形式以执行遗传操作。编码策略根据问题性质来选择，常用二进制、实数及有序串编码。二进制编码以二进制位串表示个体，结构模拟生物的染色体，以便引入生物的遗传理论并简化遗传操作过程。实数编码将实数向量与个体相对应，通过引入领域知识来提升搜索能力。测试数据常表示为数值向量，采用二进制编码或实数编码方式。为了平衡算法搜索能力和运行效率，应选取适中的初始种群规模，通常为 20~150。

2）适应度函数设计。个体的适应度是衡量其在问题解空间中适应能力的关键指标。遗传算法中染色体的适应度的值由适应度函数来计算，适应度函数负责确定遗传算法的搜索方向，是算法的核心要素。通常适应度的值在 0 至 1 之间，值越大意味着所对应的个体越优秀。

本书中采用的适应度函数公式为

$$f = \begin{cases} \dfrac{1}{\text{diff}}, & \text{diff} \neq 0 \\ 0, & \text{diff} < \varepsilon \end{cases}$$

式中，ε 为一极小正数，$\varepsilon > 0$，取值由具体情况而定，如 10^{-5}；diff 为差值。

4. 智能化交互测试

近年来，随着信息平台规模和复杂性的扩展，UI 测试负担加重。虽然现在已有多种自动化工具可以用于平台测试，但它们对 UI 交互功能的测试在效率和覆盖面上仍有很大局限。测试过程的主要难点在于前端技术栈多样和 UI 样式繁多，导致测试脚本泛化难、维护成本高，以及基于 CV（计算机视觉）方法的自动化驱动困难。为此，智能化交互测试的平台测试方法应运而生。智能化交互测试利用多模态模型融合用户可见文本、视觉图像和 UI 组件树属性，实现对 UI 交互意图的准确识别，对 UI 质量保障有重要意义。

智能化交互测试结合多种机器学习方法，实现机器获取与人工认知一致的"交互意图"，模拟测试人员的测试验证流程。从能力目标看，UI 交互意图识别旨在完成用户交互概念到页面实体的映射。当前自动化脚本测试虽提高了效率但泛化性较差，需单独适配不同的页面。基于计算机视觉等的测试方法在鲁棒性、泛化性、成本上不尽人意。智能化交互测试利用深度学习和多模态信息，通过少量标注数据提升交互意图识别能力，可接近人的识别水平。

鉴于 UI 交互意图理解的重要性及其在业务场景中的实用价值，智能化交互测试旨在先将其应用于智能化 UI 交互，验证其能力范畴与效果。后续将其拓展至智能化测试逻辑检查、遍历测试、测试知识管理等领域。为验证技术可行性，智能化交互测试方法先聚焦在特定领域进行探索，待效果确认后再推广至其他领域。技术方案包括 UI 交互意图理解和智能化测试用例驱动，前者基于深度学习识别交易流程中的 UI 交互意图，后者编写交互逻辑并尝试跨场景复用执行。智能化交互测试的方法提供了一种 UI 交互意图理解的通用能力，可应用于测试核心流程的各个环节。通过识别页面模块的交互意图，模拟测试人员的认知。基于识别结果，实现测试行为的程序化注入，并利用识别结果进行平台状态的通用化测试。

7.4.2 智能化持续集成测试

作为信息平台实施的重要环节，持续集成是保障平台快速更新响应的重要手段。智能化持续集成（Intelligent Continuous Integration，ICI）测试是指将人工智能技术应用于持续集成测试流程中，推动持续集成的人工智能化（CI to AI），以及不断集成智能化工具以提高软件测试的自动化程度、效率和质量。

1. 持续集成的人工智能化

在信息平台测试领域，流行的测试方法主要有传统的手工探索式平台测试方法和基于机器学习的自动化测试方法。随着信息技术的发展，二者都显现出固有的局限性，尚未实现预期的质效合一。许多自动化测试方法，其实质仍为半自动化测试方法，仍需测试人员进行维护和改写，还未实现真正的自动化。

持续集成（Continuous Integration，CI）是一种信息平台开发的实践方法，其核心在于促进开发团队成员间的频繁集成。每位成员通常每天至少需要进行一次在开发系统模块的集成操作，确保平台开发过程中的代码变更能够被及时整合。每次集成都通过自动化的构建流程进行验证，包括编译、发布和自动化测试。这种实践有助于团队快速开发高质量、内聚性强的信息平台，同时减少集成过程中可能出现的问题。

人工智能（AI）在持续集成过程中的应用则体现了持续集成的进一步智能化和自动化，其核心在于在持续集成的基础上，AI 技术可以进一步自动化决策过程，例如自动识别最佳测试策略、优化资源分配等。通过机器学习算法，AI可以分析历史测试数据，预测未来系统研发和构建趋势，提供更深入的见解和建议。通过分析流程中的数据，AI可以帮助识别开发和集成中的瓶颈，提出改进建议，从而优化整个研发流程。此外，AI可以提供更高级的决策支持，如自动选择最合适的部署策略，甚至在某些情况下自动决定是否部署。

2. 智能化持续集成测试的主要实践

智能化持续集成测试为提高开发团队工作效率和信息平台质量提供了新的途径。在具体测试实施过程中，信息平台开发团队则可以进一步从基于自动化测试工具的系统构建、缺陷自动识别与管理、平台构建的持续反馈等方面开展信息平台的智能化持续集成测试实践。

(1) 基于自动化测试工具的系统构建　在智能化持续集成测试中，例如Jenkins、Travis CI、Circle CI等工具的应用，使得信息平台集成外部智能化工具成为可能。AI可以智能地调度测试资源、分配测试任务，并监控测试执行过程。例如，使用GPT等生成式AI工具进行测试用例的顺序部署。当出现与预期不符的集成进程时，可以通过将测试错误信息作为提示词来自动生成测试错误报告，进一步调整测试流程等，提高测试效率。

基于自动化测试工具的系统构建也依赖于设计一个清晰的测试架构，包括测试框架、脚本、数据管理、执行环境和结果报告等组件。在开发测试脚本时，应遵循模块化、参数化和异常处理等最佳实践，以确保测试脚本的复用性和健壮性。将自动化测试系统集成到持续集成/持续交付流程中，可以在代码提交时自动运行测试，及时发现和修复缺陷。

(2) 缺陷自动识别与管理　随着信息平台复杂性日益增加，手动识别和管理缺陷变得耗时且易出错。AI技术的引入，极大地提高了信息平台质量保证的效率和准确性。在信息平台开发过程中，通过对历史开发数据的收集与预处理，并经过清洗和特征提取，将它们转换为机器学习模型能够理解的格式。特征可能包括代码的静态和动态特性，如代码行数、圈复杂度、变更频率和异常行为等。特征可以进一步作为机器学习或深度学习模型的训练标签，以识别潜在的缺陷。诸如卷积神经网络等用于数据分类的AI模型均具有用于软件缺陷自动识别的潜力。

在缺陷识别之后，自动缺陷识别与管理系统会对识别出的缺陷进行管理，并集成到信息平台开发流程中。这可以通过插件形式集成到集成开发环境（IDE）中，也可以作为独立的工具在信息平台开发生命周期的各个阶段使用。通过这些方式，开发人员可以在编写代码时实时获得缺陷反馈，从而及时修正问题。

(3) 平台构建的持续反馈　智能化集成测试平台需具备从多个渠道收集数据的能力。代码库、服务器、测试框架和应用程序性能监控系统等都是重要的数据来源。通过API和数据集成工具，智能化集成测试平台能够统一和标准化这些数据，为后续分析打下基础。利用机器学习模型对收集到的数据进行实时分析。例如，异常检测算法可以监控到构建失败或性能下降的趋势，预测模型则能够预测即将发生的缺陷或系统瓶颈。这种实时分析确保了问题一旦出现，就能立即被发现并通知开发团队。

基于缺陷自动识别等技术的分析结果，能够提供具体的反馈建议，为下一阶段开发提供指引。例如，代码质量分析工具可以指出潜在的缺陷和不符合编码标准的地方，测试覆盖度分析则可以建议增加哪些测试用例。这些反馈被直接推送给相关开发者，帮助他们快速采取行动。智能化集成测试平台还可以进一步根据问题的重要性和紧急性动态调整任务优先级。通过分析缺陷的影响范围、严重性和修复难度，智能化集成测试平台能够帮助开发团队确定哪些问题需要优先解决，从而优化资源分配。

基于 AI 的集成测试平台还具备学习每个开发者工作模式和偏好的能力，提供个性化的反馈。随着时间的推移，集成测试平台通过不断学习开发过程中的变化，调整其分析模型和反馈策略，适应开发团队的工作方式。集成测试平台的持续反馈循环不限于发现和解决问题，还包括对开发流程的持续改进。通过分析反馈的效果和采纳情况，集成测试平台可以帮助开发团队识别流程中的瓶颈，并提出优化建议。

7.5 信息平台测试管理

随着人们对信息平台工程化的重视以及信息平台规模的日益扩大，为了确保信息平台质量，并提高开发效率，对于信息平台测试需求与计划的调整、用例设计与维护、测试执行与评估等方面的需求也在增加。测试需求指的是在测试过程中需要满足的特定条件和标准，以确保信息平台的质量和性能。测试需求的详细程度直接影响测试用例的设计质量，是评估测试工作是否全面、有效的重要依据。测试用例是为了达成特定测试目标而精心策划的一组测试输入、执行条件及预期结果，它涵盖了测试方案、方法、技术及策略。测试用例旨在构建一个场景，确保信息平台在该场景下能够稳定运行并达到预期的执行效果，每个测试用例都是执行的最小单位。信息平台测试执行与评估通过引入测试管理，提升了测试活动的效率和可追踪性，支持精确的测试需求管理、测试用例执行和缺陷跟踪，促进信息平台质量的全面评估和持续改进，最终生成详尽的测试报告和改进建议。

7.5.1 测试需求与计划

信息平台测试需求是信息平台测试过程中用来指导和规范测试活动的具体条件和规格。明确定义测试需求，有助于确保测试的全面性、准确性和有效性，从而提高信息平台的质量和可靠性。测试计划是一个详细的文档，描述了信息平台测试活动的策略、范围、资源、时间安排和目标。它是测试管理的基础，确保测试工作有条不紊地进行，并帮助团队成员了解测试的预期结果和要求。测试计划通常包括测试需求分析、测试范围分析、测试工作量估计和测试计划编制。

1. 测试需求分析

测试人员在深入了解了信息平台项目的背景、测试目标和准则，并仔细研读相关需求文档、参与需求评审，以及掌握信息平台质量特性的基础上，便可以进行测试的需求分析工作。测试需求分析工作主要包括：明确测试范围；了解不同测试目标的优先级；根据测试目标和范围，确定需要完成的测试任务。在完成测试需求分析后，测试人员可以估算测试的工作量，并据此安排测试所需的资源和进度。测试需求分析不仅是设计和开发测试用例的基础，其详细程度也直接影响测试用例的设计质量。一个成功的测试项目，首要任务就是深入了解测试规模、复杂度和潜在风险，这些都依赖于详尽的测试需求。详细的测试需求分析是衡量测试覆盖率的主要依据，有助于确保测试的全面性和有效性。测试需求分析本质上是对

测试需求的收集、分析与评审过程,它也是确保测试工作顺利进行的关键步骤。在进行分析时,测试团队需要考虑多个层面的因素:

首先是考虑测试阶段,不同的测试阶段有不同的侧重点。

其次是考虑被测信息平台的特性,不同的信息平台有不同的业务背景和特性要求。

最后是确定测试的焦点,从而得出着重于某一需求的测试。例如,金融信息平台包括银行系统、交易平台、支付处理系统等,必须保护用户的敏感信息和资金,防止欺诈和黑客攻击。因此,金融信息平台着重于安全性测试,测试团队需要检查信息平台的安全漏洞和潜在的安全风险,确保数据和系统的安全性。

2. 测试范围分析

在进行信息平台测试时,需要对测试范围进行分析,一般先进行功能测试范围分析,然后再进行非功能测试范围分析。功能测试旨在确保信息平台的各项功能按照设计要求正确执行。非功能测试旨在验证信息平台的性能、安全性、兼容性等方面的质量。

在进行信息平台测试时,首先需要对测试范围进行分析,一般先进行功能测试范围分析,然后再进行非功能测试范围分析。功能测试旨在确保信息平台的各项功能按照设计要求正确执行。非功能测试的范围分析旨在验证信息平台的性能、安全性、兼容性等方面的质量。

(1)功能测试范围分析 可以借助多种工具和方法来进行功能测试的范围分析。例如,业务流程图、功能框图、UML 用例图、活动图、协作图和状态图等。下面以 Web 应用系统为例,列举一些共性的测试需求,可用于功能测试范围分析:

1)用户登录功能。需要测试登录的用户名、密码是否能够正确保存,以及当用户忘记密码时,是否能够找回。

2)站点地图和导航条。站点地图可以帮助用户快速了解网站的内容结构,导航条则可以在用户浏览过程中提供方便的导航功能。

3)链接跳转的正确性。需要确保所有的链接地址都是正确的。

4)表单功能。需要测试表单中的各项输入是否必需、合理,并且各项操作是否正常。

5)数据校验。数据校验可以根据业务规则和流程对用户输入的数据进行校验。

6)Cookie。Cookie 在 Web 应用中所保存的信息要加密,并能及时更新。

7)Session。Session 是否安全、稳定,而且占用较少的资源。

8)SSL、防火墙等的测试。

9)接口测试。与数据库服务器、第三方产品接口(如电子商务网站信用卡验证)的测试,包括接口错误代号和列表。

(2)非功能测试范围分析 在非功能系统测试中,主要目标是确保信息平台的整体性能及其他非功能质量需求满足产品设计规格的要求。不同类型信息平台的非功能测试范围不同,包括以下方面:

1)纯客户端信息平台,如字处理、下载和媒体播放信息平台等。

2)纯 Web 应用系统,如门户网站、个人博客网站和网络信息服务等。

3)客户端/服务器(C/S)应用系统,如邮件系统、群件或工作流系统、即时消息系统等。

4)大型复杂企业级系统,如 B/S、C/S、数据库、目录服务、服务器集群等。

3. 测试工作量估计

（1）影响因素　在编制项目计划时，需要明确资源需求与进度安排，它们直接依赖于对测试范围和工作量的精准估算。测试工作量的确定过程需全面考量，包括但不限于<u>测试范围</u>、<u>测试任务</u>、<u>开发阶段</u>以及其他潜在影响因素。

1）<u>测试范围主要依据产品需求规格说明来确定</u>。通过对需求规格说明的仔细研读，可以清晰地界定出测试范围，从而为后续的工作量估算提供有力依据。

2）<u>测试任务通常基于质量需求和测试目标来设定</u>。例如，对于关键业务模块或高风险功能，可能需要设计更多的测试用例，进行更频繁的回归测试，以确保其稳定性和可靠性。

3）<u>开发阶段的不同也会对测试工作量产生影响</u>。在新产品首个版本的开发过程中，测试工作量往往较大。随着产品的迭代升级，测试工作量相对会有所减少。但即便在迭代阶段，仍需确保每次变更都经过严格的测试，避免引入新的缺陷。

4）<u>自动化测试程度、编程质量以及开发模式等因素对测试工作量也有影响</u>。通过编写自动化测试脚本，可以实现测试的自动化执行和结果分析，从而显著减少测试工作量。

（2）估算技术　对于工作量的估计是比较复杂的，针对不同的应用领域、程序设计技术、编程语言等，估算方法是不同的。为了确保估算的准确性，需要借助多种估算技术。

1）<u>经验估算法或专家评估法</u>。通过回顾以往类似项目的经验，并结合当前项目的实际情况，可以得出一个相对可靠的估算结果。

2）<u>对比分析法</u>。通过对比类似项目的历史数据来预测当前项目的工作量。

3）<u>工作任务分解法</u>。将被测试项目细化为更小、更具体的任务，并分别估算每个任务的工作量。测试工作分解结构表（Work Breakdown Structure，WBS）见表 7-3。

表 7-3　测试工作分解结构表

任务编号	任务名称	主要活动描述
1	测试计划	1.1　确定测试目标 1.2　确定测试范围 1.3　确定测试资源与进度 1.4　测试计划编写
2	需求和设计评审	2.1　阅读需求文档 2.2　评审需求规格说明书 2.3　编写测试需求 2.4　设计讨论
3	测试设计和脚本开发	3.1　确定测试点 3.2　设计测试用例 3.3　评审和修改测试用例 3.4　设计测试脚本结构 3.5　编写测试脚本基础函数 3.6　录制测试脚本 3.7　调试和修改测试脚本 3.8　测试数据准备
⋮	⋮	⋮

4)数学建模方法。运用数学模型对被测试项目进行量化分析,以得出估算结果。这种方法更加科学和客观,但需要一定的数学基础和计算能力。

在实际操作中,可以综合运用上述方法,通过比较和调整不同方法得出的估算值,来得出更准确的估算结果。

4. 测试计划编制

信息平台测试计划是信息平台测试人员与产品开发团队沟通意见的核心渠道。相对于测试计划本身,计划过程更加重要。编制一份完善测试计划的关键环节包括:

1)**明确测试的目标**。每个测试阶段都应设定清晰的目标,以确保测试工作始终围绕核心目标展开。

2)**设定测试结束的准则**。每个测试阶段都应该有明确的结束条件,以便测试团队能够判断何时可以结束当前阶段的测试工作。

3)**制订详细的进度安排**。每个测试阶段都应有明确的时间表,包括测试用例的设计、编写和执行时间等。信息平台测试进度表示例见表7-4。

表7-4 信息平台测试进度表示例

任务	总天数	主要工作	天数
测试计划制订	12	确定项目	2
		定义测试策略	1
		分析测试需求	3
		估算测试工作量	1
		确定测试资源	2
		建立测试结构组织	1
		生成测试计划文档	2
测试设计	11	测试用例设计	6
		测试用例审查	2
		测试工具选择	1
		测试环境设计	2

4)**明确责任分工**。测试团队需要明确谁负责设计、编写和验证测试用例,谁负责修复发现的信息平台缺陷。

5)**建立测试用例库及制定相关标准**。在大型项目中,测试用例的数量可能非常庞大,因此需要建立一套系统的方法来确定、编写和存储测试用例。

6)**选择测试工具**。包括确定使用哪些测试工具、如何采购或开发这些工具、如何使用这些工具以及何时使用。

7)**考虑计算机时间和硬件配置的需求**。每个测试阶段都需要足够的计算机时间来运行测试用例和验证结果。

8)**集成**。测试计划需要明确程序组装的方法和顺序。对于包含多个子系统或程序的大型系统,需要采用增量测试等策略来逐步组装和测试各个部分。

9)**跟踪和调试步骤**。测试团队需要跟踪测试过程中的各个方面,包括定位错误易发模块、评估进度和资源使用情况等。

10）回归测试。当程序功能得到改进或代码经过修改后，为了确保改动没有引入新的问题或影响原有功能的正确性，需要进行回归测试。

总之，信息平台测试计划是确保信息平台质量的关键环节之一，通过精心制订和实施测试计划，可以提高测试工作的效率和准确性，从而为用户提供更加稳定、可靠的产品。

7.5.2 用例设计与维护

测试用例是对特定信息平台功能或特性的详细测试步骤和预期结果的描述。测试用例的内容丰富多样，包括测试目标、环境设置、输入数据、操作步骤、预期结果以及测试脚本等。它形成了一个完整的测试执行单元，并需整理成文档形式。好的测试用例可以帮助测试人员更快地发现缺陷，并在测试过程中不断被重复使用。在设计测试用例时，需要综合考虑信息平台的功能需求、性能需求、安全需求等多方面因素，以确保测试用例能够全面覆盖信息平台的各个方面。

1. 标准

测试用例设计在信息平台开发过程中确保了信息平台的质量和稳定性。优秀的测试用例设计能够显著提升测试工作的质量，便于追踪执行结果，并自动生成覆盖率报告。通常，测试用例的编写都具有一定的结构和要素，包括主题、前置条件、执行步骤和期望结果。ANSI/IEEE 829：1983 标准中列出了和测试设计相关的测试用例编写规范和模板，其中明确规定了测试用例设计的主要元素。测试用例样例见表 7-5。

表 7-5 测试用例样例

要素	说明
标志符	每个测试用例应该有一个唯一的标志符，无论是缺陷报告、测试任务分配还是测试报告撰写，都需要通过这个标识符来引用和定位特定的测试用例。这种唯一性确保了测试用例的可追溯性和管理的便捷性
测试项	测试项通常比测试设计说明中列出的特性描述更加具体。以 Windows 计算器应用程序为例，测试对象是整个应用程序的用户界面，测试项则涵盖该应用程序的各个界面元素的操作，如窗口的缩放、界面的布局、菜单的点击等。这种具体的描述有助于测试人员明确测试目标，确保测试的针对性和有效性
测试环境要求	测试环境用来表征执行该测试用例需要的测试环境。在测试用例中，需要明确列出执行该测试用例的特殊环境需求，如操作系统版本、硬件配置、网络状况等。准确描述这些信息有助于测试人员在实际测试过程中搭建合适的测试环境，确保测试结果的可靠性
输入标准	输入标准规定了执行测试用例所需的输入条件，包括数据、文件或操作等。这些输入条件应该能够覆盖被测项的各种可能情况，以确保测试的全面性。同时，输入标准的描述应该尽可能详细和清晰，以便测试人员能够准确地执行测试用例
输出标准	输出标准用来说明按照指定的环境、条件和输入得到的期望结果。这些期望结果应该与系统的规格说明保持一致，以验证被测项的正确性和完整性。在测试用例中，需要明确列出期望的输出结果，以便在测试过程中进行比对和验证
测试用例之间的关联	在实际测试过程中，很多测试用例并不是孤立存在的，它们之间可能存在某种依赖关系。因此，在编写测试用例时，需要明确标识出这些依赖关系，以确保测试的顺序和逻辑正确性

遵循 ANSI/IEEE 829：1983 标准中的指导原则，可以编写出规范、全面、有效的测试用例，为信息平台的质量保障提供有力支持。随着信息平台技术的不断发展和更新，应不断更新和完善测试用例设计的标准和方法，以适应新的测试需求和挑战。

2. 原则

在设计测试用例时，除了需要遵守基本的测试用例编写规范外，还需要遵循一些一般性设计原则。

（1）基于测试需求　测试需求决定了测试的范围、目标和要求。在单元测试阶段，应依据详细设计说明，针对每个模块的功能和接口进行测试用例的设计。在集成测试阶段，应依据概要设计说明，测试各个模块之间的交互和集成情况。配置项测试则应根据信息平台需求规格说明，确保配置项的正确性和完整性。系统测试应以用户需求为基础，结合系统/子系统设计说明、信息平台开发计划等文档，全面验证系统的功能和性能。

（2）基于测试方法　可以根据测试目标和被测对象的特性，选择诸如等价类划分、边界值分析、猜错法、因果图等不同的测试方法。等价类划分可以将输入数据划分为若干个等价类，从中选取代表性数据进行测试，从而覆盖所有可能的输入情况；边界值分析则关注输入数据的边界值是否出现异常；猜错法是一种经验性方法，根据测试人员的经验和理解猜测可能出现错误的情况；因果图用于描述输入与输出之间的关系，帮助找出可能的测试场景。

（3）测试充分性和效率　测试充分性是指测试用例应尽可能覆盖所有可能的场景和路径，以确保测试的全面性；测试效率则要求在保证测试充分性的前提下，尽可能减少测试的成本和时间。在设计测试用例时，需要权衡测试充分性和效率之间的关系，避免过度追求充分性而导致测试资源的浪费，同时还要确保测试用例的内容完整、具有可操作性，以便测试人员能够清晰地理解并执行测试用例。

（4）测试用例代表性　测试用例应能够代表并覆盖各种合理的和不合理的、合法的和非法的、边界的和越界的以及极限的输入数据、操作和环境设置等。这要求在设计测试用例时，要充分考虑各种可能的异常情况，以确保信息平台在各种极端条件下的稳定性和可靠性。

（5）测试结果可判定性　每个测试用例都应有一个明确的期望结果，以便在测试执行后能够准确判断测试是否通过。这要求在设计测试用例时，要仔细分析每个测试场景的预期输出，并将其作为测试用例的一部分进行记录。这样，测试人员在执行测试用例时，就可以将实际输出与期望输出进行对比，从而判断测试是否成功。

（6）测试结果可重现　这意味着对于同样的测试用例，在相同的测试环境下，应得到相同的测试结果。这要求在设计测试用例时，要充分考虑测试环境的稳定性和一致性，避免因为环境差异导致测试结果的不一致。同时，还要确保测试用例的执行步骤清晰明确，以便测试人员能够按照相同的步骤执行测试用例，从而得到一致的测试结果。

3. 用例维护

测试用例不是一成不变的，当一个阶段测试过程结束后，测试人员或多或少会发现一些测试用例编写得不够合理，需要完善。同时，随着产品版本的更迭和功能的迭代，测试用例也需要进行相应的调整与更新，以确保其始终能够准确反映产品的当前状态。测试用例具体的更新原因，以及对应的更新时间和更新优先级介绍如下：

（1）先前的测试用例存在设计不全面或不够准确的问题　这可能是因为在测试初期对

产品的理解还不够深入，或者是因为产品的某些功能特性在后续的开发过程中发生了变化。无论是哪种情况，一旦发现测试用例存在逻辑错误或设计缺陷，就需要立即对其进行纠正。这种问题直接关系到测试结果的准确性，更新优先级较高。

（2）一些严重的缺陷没有被当前的测试用例所覆盖　这种情况通常发生在测试活动的中后期。一旦发现这种情况，就需要添加新的测试用例以覆盖这些缺陷。这种更新的优先级同样很高，如果问题未能被及时发现和修复，可能会对产品的质量和用户体验造成严重影响。

（3）信息平台版本更新、添加新功能　这种情况下需要对测试用例进行相应的改动，以反映这些功能的变化。这种更新通常在测试新版本之前，需要根据产品变更说明对测试用例进行更新。这种更新的优先级也很高，同步更新测试用例可以避免遗漏潜在的问题。

（4）一些测试用例存在不规范或者描述语句错误的问题　这些问题虽然可能不会对测试结果产生直接影响，但却可能给测试执行者带来困扰，降低测试工作的效率，因此需要及时修复这类问题。这种更新的优先级为中等，但仍然需要在测试过程中尽快处理。

（5）一些旧的测试用例可能会逐渐失去其使用价值　随着产品迭代和测试工作进行，某些测试用例可能已经无法准确反映产品的当前状态，或者已被新的测试用例所替代。这类旧的测试用例需要及时更新，从测试用例库中清理出去。这种更新的优先级同样为中等，但也需要尽快进行。

一般性测试用例的维护流程如图 7-25 所示。

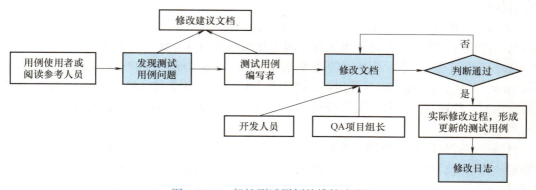

图 7-25　一般性测试用例的维护流程

任何参与信息平台开发和测试的人员，只要发现测试用例存在错误或不合理之处，都有责任向测试用例的编写者提出修改建议。这些建议应该基于实际的测试经验和对信息平台功能的深入理解，并提供充分的理由和依据。测试用例编写者会根据这些建议对测试用例进行审查。他们会仔细分析每个建议的合理性和可行性，然后根据测试用例的关联性和修改意见，对特定的测试用例进行修改。这个过程可能需要与其他团队成员进行沟通和协作，以确保修改后的测试用例既符合实际需求，又能够与其他测试用例保持协调一致。修改完成后，测试用例编写者会将修改后的测试用例提交给开发团队和项目组长进行复核，这个过程很重要，因为它可以确保修改没有引入新的问题或遗漏重要的测试场景。复核过程中，团队成员会仔细检查每个测试用例的完整性、准确性和一致性，并提出任何可能的改进意见。最后，当所有意见都得到解决并达成共识后，测试用例编写者会进行最后的修改，并提供修改后的文档和修改日志。这些文档和日志记录了测试用例修改的全过程，为后续的维护和审查提供了重要的参考依据。通过这样一个严谨而细致的维护流程，可以确保测试用例始终与信息平台的实际状态保持一致。

4. 用例覆盖率

测试用例覆盖率是指在测试过程中，已设计的测试用例覆盖了多少信息平台的功能、代码或者其他指定的测试目标。它通常以百分比形式表示，表示已经执行或者计划执行的测试用例与总体测试需求的比例。测试用例的覆盖率是评估测试过程和计划的一个重要指标。为了更准确地衡量测试效果，测试人员通常借助测试工具来追踪测试用例的执行过程，并获取更详尽的覆盖率数据，比如代码覆盖率。这些数据为测试人员提供了关于测试深度和广度的更细致洞察，有助于识别哪些代码或功能得到了充分测试，哪些可能还存在测试盲区。

代码覆盖率是衡量测试是否全面的一项指标，它提供了关于哪些代码已经被测试执行，哪些还没有被覆盖的反馈。这有助于识别代码中可能存在的未被测试的路径或条件，从而提高信息平台的质量和可靠性。代码覆盖率的几个主要方面如下：

（1）语句覆盖率（Statement Coverage） 衡量程序中每一条可执行语句至少被执行一次的百分比。

（2）分支覆盖率（Branch Coverage） 也称决策覆盖率，衡量程序中每个分支（如 if-else 语句）的至少一个结果至少被执行一次的百分比。

（3）条件覆盖率（Condition Coverage） 衡量程序中每个布尔子表达式的结果（真/假）至少被执行一次的百分比。

（4）路径覆盖率（Path Coverage） 最严格的覆盖率类型，要求程序中所有可能的执行路径至少被执行一次。这通常很难实现，因为复杂程序的路径数量可能非常大。

Java 环境下常用的单元测试覆盖率框架有 JaCoCo（Java Code Coverage）、EMMA 和 Cobertura。其中，JaCoCo 因其易用性、准确性和广泛的集成支持（如 Maven 和 Gradle 插件）而备受欢迎。使用这些工具，可以轻松地生成详细的覆盖率报告，并识别出哪些代码需要更多的测试。

对覆盖率较低的测试用例，要揭示问题背后的根本原因，如测试用例设计不当、测试环境限制或执行过程中的疏漏等。这有助于有针对性地改进测试用例，优化测试流程，从而提高测试工作的质量和效率。不过，需要强调的是，测试用例的覆盖率并非决定性评价因素。它更是一个分析工具，帮助了解测试工作的现状，并为改进提供方向。不过，不能仅凭覆盖率高低来评判测试过程和代码质量的优劣，在评估测试过程和代码质量时，应综合考虑多个维度，包括测试用例的设计合理性、测试执行的严谨程度以及缺陷修复的有效性等。

7.5.3 测试执行与评估

信息平台测试和质量管理在平台开发中扮演着至关重要的角色，特别是在测试执行与评估方面。引入测试管理平台极大地提升了测试活动的效率和可追踪性。通过精确的测试需求和计划，以及对测试用例和缺陷的系统管理，测试团队能够有效地跟踪测试进展并深入评估系统的质量水平。此外，系统缺陷的生命周期和多种质量度量模型为信息平台质量的全面评估和持续改进提供了重要支持。最终的系统测试报告不仅总结了测试执行的结果，还提供了关键的产品优化和系统过程改进建议。这些方面共同构建了一个完善的信息平台测试和质量管理框架。

1. 测试管理平台

测试管理平台在信息平台开发过程中对测试需求、测试计划、测试用例、测试实施进行管理，并对缺陷跟踪进行管理。测试管理平台更便于测试人员和开发人员记录和监控测试活动、阶段结果，提高测试效率，提升测试质量、测试用例复用率等。目前，国内外测试管理平台都已比较成熟，有些测试管理平台可以支持协同操作、共享中央数据库，支持并行测试和记录，不仅可以满足测试管理的需求，而且可以大大提高测试效率。市场上常见的测试管理平台有禅道、PingCode、Jira（配合插件）、TestCenter、TestDirector、TestRail、TestLink 和 PractiTest 等。

2. 系统缺陷周期

（1）系统缺陷定义及分类　Bug 即系统缺陷，是系统或程序中隐藏的问题、错误或漏洞。IEEE 729：1983 对其的定义为产品开发和维护中的错误、缺点等问题。系统缺陷可能源于语法、拼写错误、程序语句错误、需求不符等，它们可能难以被发现，对使用有不同的影响。所有系统均存在缺陷，缺陷是系统"与生俱来"的。测试中，系统缺陷通常分为五类，见表 7-6。

表 7-6　系统缺陷等级分类表

缺陷等级	缺陷说明	缺陷主要特征
P5	重大	系统不能正常运行
P4	严重	主要功能不能正常运行
P3	一般	主要功能正常、次要功能异常
P2	较小	功能正常，但对系统品质有影响
P1	建议	测试过程中的合理化改进建议

1）P5 缺陷。该类缺陷主要特征为：系统不能正常运行；系统重要功能无法运行；系统崩溃或挂起等导致系统不能正常运行。该类缺陷修改优先级为最高，需要立即修改。测试主要特征见表 7-7。

表 7-7　P5 缺陷测试主要特征

概述	测试主要特征
系统崩溃	资源不足（内存泄漏、CPU 占用 100%）、重启、死机或非法退出，硬件故障，执行某些操作后导致自动崩溃或死机
功能流程或系统不可用	程序出现死循环，操作某项功能导致整个模块或系统不可用
业务流程错误或不可用	流程未达到设计要求、功能未完成，关键性能严重不达标
通信错误	上下位机通信帧错误或异常，网络接口故障或错误

2）P4 缺陷。该类缺陷主要特征为：严重影响系统要求或基本功能实现，且无法自修复；系统运行不稳定，数据被破坏，数据计算错误；系统无法满足主要业务要求，性能、功能或可用性严重降低。该类缺陷修改优先级为高，需要尽快修改。测试主要特征见表 7-8。

表7-8　P4缺陷测试主要特征

概述	测试主要特征
系统不稳定	操作过程中偶发错误、出现闪退、界面响应速度较慢
数据错误	重要数据统计信息存在差异，主要数据计算方法错误
功能错误	次要功能没有实现或间接导致主要流程错误，程序通信接口错误，系统运行明显程序错误

3）P3缺陷。该类缺陷主要特征为：系统可以满足业务要求，主要功能无明显异常，但系统性能或响应时间变慢，出现的异常不影响系统运行或影响有限。该类缺陷修改优先级为中，需要进行修改。测试主要特征见表7-9。

表7-9　P3缺陷测试主要特征

概述	测试主要特征
功能缺陷	功能已实现但运行结果错误，界面显示内容或格式错误，日志记录信息不正确或记录不合理
数据错误	非重要数据计算、显示错误，数据来源错误

4）P2缺陷。该类缺陷主要特征为：操作者不方便或操作麻烦，但不影响系统正常运行；界面拼写错误或用户使用不方便等小问题。该类缺陷测试优先级为低，需要修改或暂时不修改。测试主要特征见表7-10。

表7-10　P2缺陷测试主要特征

概述	测试主要特征
界面不规范	界面风格、操作方式不统一（控件、文字、颜色等），界面标题与界面信息不一致，焦点控制不合理或不全面，布局不合理
提示信息不清楚	提示信息未采用行业术语，长时间操作未给用户提示，辅助说明描述不清楚
其他缺陷	日志信息不合理，影响问题诊断或分析

5）P1缺陷。该类缺陷主要特征为测试人员从测试角度提出的合理化改进建议。该类缺陷测试优先级为低，需要讨论是否采纳。

（2）系统缺陷生命周期　系统缺陷生命周期包括了发现、打开、修改和关闭四个阶段。在整个系统缺陷生命周期中，通常是以改变系统缺陷的状态来体现不同生命阶段的。虽然四个阶段看起来是按照顺序进行的，但是缺陷可能会在这几个阶段中多次迭代。系统缺陷在生命周期中经历了数次的审阅和状态变化，最终测试人员关闭系统缺陷来结束生命周期。系统缺陷生命周期如图7-26所示。

3. 系统质量度量

（1）系统质量度量定义　系统质量度量是信息平台领域中的一项评估实践，旨在定量或定性地评估信息平台在多个方面的表现，包括正确性、可靠性、性能、可维护性、安全性、可用性、美观性、兼容性和可移植性等方面。通过使用各种指标、度量工具和技术，系统质量度量能够提供对系统质量的全面评估，帮助开发团队和利益相关者了解系统的优点和不足，并指导改进措施。这一实践在系统开发过程中起着至关重要的作用，有助于确保最终交付的系统能够满足用户需求并具备高质量。

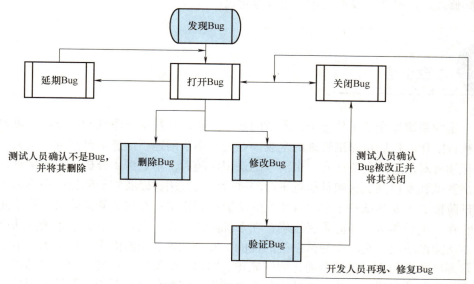

图 7-26　系统缺陷生命周期

（2）系统质量度量模型　在信息平台系统质量度量模型中，比较具有代表性的有 McCall 模型、Boehm 模型和 ISO 9126 模型。

1）McCall 模型。McCall 模型起源于美国空军，主要面向开发人员和过程。它是一个三层模型，自顶向下分别是质量因素、质量准则和质量度量。质量因素反映外部特性，如正确性、可靠性等；质量准则是内部构建的系统属性，决定产品质量；质量度量则定量评估这些属性。McCall 模型定义了 11 个外部质量因素和 23 个内部质量属性，通过外部质量因素反映内部质量属性。

2）Boehm 模型。Boehm 模型由 Barry W.Boehm 于 1978 年提出。Boehm 模型通过一系列的属性指标来量化系统质量。类似 McCall 模型，它也采用了层级的质量模型结构，包含了高层属性、中层属性和原始属性。Boehm 模型基于系统的整体效应，考虑到系统交付后涉及不同类型的用户。第一类用户是初始客户，系统做了用户期望的事，用户对系统非常满意；第二类用户是要将系统移植到其他硬件系统下使用的用户；第三类用户是系统维护人员。

3）ISO 9126 模型。ISO 9126 模型建立在 McCall 和 Boehm 模型基础之上，主要描述了内部质量、外部质量和使用质量，这三者之间互相影响和依赖。该模型内部质量和外部质量包括 6 大特性和 27 个子特性。这些子特性在系统作为计算机系统的一部分时会明显地显现出来，并且会成为内在的系统属性的结果。使用质量主要包括有效性、生产率、安全性、满意度。

4. 系统测试报告

系统测试报告详细记录测试结果，遵循《软件工程　软件产品质量要求与评价（SQuaRE）　易用性测试报告行业通用格式（CIF）》（GB/T 25000.62—2014）标准，涵盖基本信息、引言、测试概要、结果和结论。报告明确版本控制、免责声明、编写目的、系统简介、测试说明、环境配置、方法和工具。结果部分详述测试执行、时间和覆盖分析。结论则总结测试过程，评价测试目标达成度、执行充分性，并给出产品发布建议。此外，报告还提出缺陷修改、产品优化及系统过程改进等建议。

本章小结

本章全面系统地介绍了信息平台测试的各个方面，从基本概念到测试方法，再到测试的自动化和智能化，最后是测试管理的全貌。首先，本章阐述了信息平台测试的定义、模型和分类，让读者对信息平台测试有一个清晰的认识。随后，本章深入分析了单元测试、集成测试、系统测试和专项测试这四种信息平台测试阶段及方法，以及它们的测试内容和重点。在单元测试阶段，主要测试每个模块或单元的功能是否正确；在集成测试阶段，将单元测试的模块组合在一起后测试其功能是否正确；在系统测试阶段，重点测试整个系统的功能是否正确；在专项测试阶段，则关注测试系统的性能、安全性等非功能需求。接下来，本章探讨了信息平台测试的自动化，包括自动化测试概述、原理、框架以及设施。测试自动化可以提高测试效率，涵盖单元测试、功能测试、负载测试等。智能化测试利用机器学习等技术自动生成测试用例、优化测试过程、智能定位缺陷，从而弥补自动化测试的不足。最后，本章介绍了信息平台测试管理，包括测试需求与计划、用例设计与维护、测试执行与评估，保障了测试过程的有效性和结果的可靠性。此外，本章还对测试用例的覆盖率进行了阐述，为读者提供了评估测试过程和计划的重要指标。通过本章的学习，读者可以全面了解信息平台测试的相关知识，掌握不同测试阶段的方法和重点，理解测试自动化的原理和框架，以及掌握测试管理的要点。这将有助于提高测试工作的质量和效率，为信息平台的质量保障提供有力支持。

思考题

1. 自动化测试应该在什么时机引入才合适？
2. 手机 App 测试有哪些常用测试类型？
3. 白盒测试、黑盒测试和灰盒测试三者有何区别？
4. 何时应该进行回归测试？回归测试的作用是什么？
5. 自动化测试工具可以分为哪几类？有哪些与之相应的测试工具？
6. 周期短的项目使用自动化测试好，还是使用手动测试好？
7. 信息平台的功能测试和专项测试有什么区别和联系？
8. 进一步了解持续集成测试的知识，尝试搭建自动化集成测试环境。

实验资源

名称：信息平台测试实战

描述：以第 6 章实现的平台为例，为其做出平台测试的需求与计划书，设计测试用例，并撰写测试总结报告。其中测试账号：demo；密码：1234。

参 考 文 献

［1］朱少民.软件测试方法和技术［M］.4 版.北京：清华大学出版社，2022.
［2］朱少民.软件测试：基于问题驱动模式［M］.北京：高等教育出版社，2017.
［3］阿尼什.Effective 软件测试［M］.朱少民，李洁，张元，译.北京：清华大学出版社，2023.
［4］郭雷，贾利娟，蒋美云.软件测试与质量保证［M］.北京：高等教育出版社，2023.
［5］张伟，王骋，孙涛，等.信息软件系统测试与实践［M］.北京：清华大学出版社，2017.
［6］宫云战.软件测试教程［M］.3 版.北京：机械工业出版社，2022.
［7］阿曼，奥法特.软件测试基础［M］.郁莲，译.北京：机械工业出版社，2023.
［8］徐德晨，茹炳晟.高效自动化测试平台：设计与开发实战［M］.北京：电子工业出版社，2020.
［9］卢家涛.全栈自动化测试实战：基于 TestNG、HttpClient、Selenium 和 Appium［M］.北京：电子工业出版社，2020.
［10］张卫祥，魏波，张慧颖，等.智能化软件测试基础［M］.北京：清华大学出版社，2023.

第8章 信息平台安全技术

重点知识讲解

章知识图谱

本章概要

本章将介绍智能制造信息平台安全技术的发展历程和主要安全技术，分析智能制造信息平台所面临的威胁与风险，探讨智能制造信息平台的防护、检测、响应和恢复的关键技术。此外，还将介绍信息平台的安全体系，并阐述智能制造信息平台中数据库、操作系统和通信安全的基本概念和关键技术。希望同学们通过本章学习掌握以下知识：

1）信息平台安全技术的发展历程。
2）信息平台安全面临的威胁。
3）信息平台安全的关键防护、检测、响应和恢复技术。
4）信息平台安全体系。

8.1 概述

在智能制造信息平台的分析、设计与开发的全过程中，安全始终是一个不容忽视的重要议题。发展至今，这类信息平台面临的威胁和风险形式多样且不断演变，从早期的传统网络安全问题，如数据泄露和服务拒绝攻击，到现在由于人工智能技术发展而新兴的安全威胁，例如采用深度学习的预训练模型泄露敏感数据。为了有效应对这些复杂多变的风险，必须从系统工程的视角出发，为信息平台构建一个全方位的安全体系。这一体系应涵盖防护、检测、响应和恢复四个方面，从而全面覆盖各类安全威胁，确保平台在任何情况下都能保持稳定和安全。

8.1.1 发展历程

信息平台的安全技术不断演变,这种演变是为了应对日益先进的攻击技术。信息平台安全并非一成不变,而是随着威胁的演进持续发展的。1949 年,约翰·冯·诺依曼提出了一种可自我复制的程序的设计,这被认为是世界上第一种计算机病毒。C-BRAIN 是公认的第一个流行计算机病毒,由一对巴基斯坦兄弟(Basit 和 Amjad)于 1987 年编写。1988 年,一位康奈尔大学研究生编写了"莫里斯蠕虫",这一蠕虫利用了 UNIX 系统中的漏洞,感染了当时约 10% 的互联网计算机,此事件也标志着网络攻击开始进入公众视野。随着 20 世纪 90 年代互联网的商业化和黑客文化的兴起,网络攻击技术进入了快速发展期。1998 年,"梅丽莎"病毒通过电子邮件系统传播,波及了全球数十万台计算机。进入 21 世纪,网络攻击呈现出大规模化和自动化的特点。2000 年的"I LOVE YOU"病毒和 2003 年的"冲击波"蠕虫等事件,不仅造成了巨大的经济损失,也促使网络安全进入了全球政策制定者的议程。2010 年后,网络攻击的焦点转向了高级持续性威胁(APT)。随着云计算和物联网技术的广泛应用,网络攻击面临新的安全挑战。2020 年的 SolarWinds 事件揭示了供应链攻击的严重威胁,表明攻击者正利用更加复杂和隐蔽的方法来实现其目标。

网络攻击技术的发展催生了网络安全技术的进步,形成了一场持续不断的技术博弈。同时,网络安全技术的发展轨迹也揭示了其对抗网络威胁能力的逐步增强。在网络安全技术的早期阶段,即 20 世纪 70 年代末至 20 世纪 80 年代初,加密技术的应用为安全通信提供了基础保障。随着 1983 年互联网协议套件的标准化,网络安全技术的基石得以确立,为后续发展奠定了基础。进入 20 世纪 90 年代,随着互联网的广泛普及,网络安全面临更加多样化的威胁,这一时期 PGP(Pretty Good Privacy,颇好保密性)加密软件的发布和 SSL(Secure Socket Layer,安全套接字层)协议的引入,标志着网络交易安全性的重要进步。2000 年以后,公众见证了网络安全技术从成熟到多样化的转变。特别是 2001 年 Code Red 和 Nimda 蠕虫的出现,不仅暴露了网络安全面临的新挑战,也促使了入侵检测系统和防火墙技术的快速发展。

从 2010 年开始,网络安全领域经历了显著的技术进步和理念更新,这些进展反映了安全社区对抗日益复杂网络威胁的不懈努力。云计算的广泛应用促进了云安全框架和标准的发展,如云安全联盟发布的云控制矩阵,为云服务的安全性提供了指导和标准化。此外,面对高级持续性威胁,安全解决方案也发生了演变,沙箱技术和端点检测与响应成为防御这些高级威胁的重要工具。同时,多因素认证技术的推广,尤其是生物识别技术的应用,极大增强了身份验证过程的安全性。

进入 21 世纪 20 年代,零信任网络架构的概念得到了广泛的认可和采纳,其要求对所有用户和设备进行严格的身份验证和授权,彻底改变了网络安全的传统防御模式。此外,人工智能和机器学习技术在网络安全中的应用深化,使得威胁检测、网络流量分析等方面更加智能化,为防御新型和复杂的网络威胁提供了强大的支持。

网络攻击与安全技术发展历程示意图如图 8-1 所示。在网络攻击与安全技术的发展历程中,历经了从初级形式到高度复杂结构的演变过程,以及由此引发的防御策略从基础防护措施到智能化、多维综合安全体系的逐步构建。这一历程不仅凸显了技术创新与进步的演进性,而且深刻体现了安全领域策略整合与系统构建能力的日益增强。通过持续的技术迭代和策略优化，安全体系已经发展成为一个涵盖网络安全、硬件安全、操作系统安全以及数据安全的全方位防御机制。

图 8-1　网络攻击与安全技术发展历程示意图

制造企业信息平台在供应链和产业链协同中存在的安全威胁与风险不容忽视。这些平台通过信息共享、数据分析和实时监控，实现了各环节的高效协作。然而，随着数据在不同企业和系统间的频繁流动，安全风险也相应增加。首先，在信息共享的环节中，敏感数据有可能被未授权的第三方截获或访问，从而导致商业机密被泄露以及个人隐私被侵犯，从而损害企业的商业利益，以及对个人隐私安全造成严重影响。其次，供应链中的薄弱环节往往成为黑客攻击的目标，黑客可能通过植入恶意软件或篡改数据，对整个产业链造成严重影响，甚至破坏整个供应链的稳定性。此外，制造企业信息平台本身也可能存在软件漏洞或配置错误，这些漏洞或错误一旦被攻击者利用，他们便可能获得系统控制权，进而对数据进行篡改或干扰正常的生产流程，这不仅可能引发生产问题，还可能导致供应链的效率下降和中断。

8.1.2　主要安全技术

在数字化浪潮的推动下，技术的迅猛发展与网络环境的持续变化，将安全防护推到了保障信息系统完整性和用户隐私的前沿。为了应对日益复杂的安全挑战，安全技术的演进不局限于单一领域，而是广泛渗透到网络安全、操作系统安全、数据安全及通信安全等多个领域中。从系统工程的视角，它们共同构建起全面的安全防护体系。

网络安全技术旨在保护数据在网络传输过程中的安全，防止未授权的访问和数据泄露。网络安全技术主要分为防护、检测、响应和恢复四类，代表性技术包括数字加密技术、访问控制技术、防火墙技术、虚拟专用网络、入侵检测和入侵防御技术以及双机热备技术。这些技术共同构建了一个多层次的防御体系，以抵御各种网络攻击和威胁。

操作系统安全旨在保护操作系统免受恶意软件和攻击者的侵害，确保系统资源的正确和安全使用。关键技术包括身份认证机制、用户账户管理技术、系统审计日志以及加密文件系统技术等。通过这些技术，可以有效地隔离和限制潜在的威胁，保障操作系统安全稳定运行。

数据安全技术聚焦于保护存储和处理中的数据不被非法访问、泄露或篡改。核心技术涵盖数据库管理系统、数据加密、安全传输、数据备份与恢复策略以及数据库安全机制等技术。这些技术组合起来，共同保护数据库及其数据的保密性和完整性，确保数据不被泄密或破坏。

通信安全的目标是保护数据传输过程中的信息免受未授权访问和篡改，确保信息的完整性、机密性和可用性。关键技术包括物联网安全和无线局域网络安全。通过这些技术，可以有效防止数据被泄露和监听，保护通信过程中的数据传输安全，确保信息传递的隐私和完整性。

8.2 信息平台安全的威胁与风险

随着信息技术的快速发展，信息平台的安全已经成为智能制造领域不可忽视的重要议题。各种新型攻击手段层出不穷，给制造企业信息平台的安全带来了极大挑战。本节主要介绍一些典型的信息平台安全威胁，包括 DDoS 攻击、恶意代码攻击、黑客攻击、数据投毒、对抗样本攻击和预训练模型安全风险。

8.2.1 DDoS 攻击

拒绝服务（Denial of Service，DoS）攻击和分布式拒绝服务攻击（Distributed Denial of Service，DDoS）都是典型的网络攻击手段，不仅会影响用户的正常使用，而且会使企业受到一定的经济损失。

1. DDoS 攻击的定义

DoS 攻击由攻击方大量产生封包或请求，耗尽目标系统的资源，使其遭受破坏，无法提供正常的服务内容。典型的 DoS 攻击有"泪滴"（teardrop）攻击、UDP "洪水"（UDP flood）和 MAC "洪水"攻击等。

早期的 DoS 攻击通常是单一来源的，然而，随着网络技术的不断进步，如网络带宽的拓宽、计算机内存和处理能力的显著提升，主机对恶意数据包的抵御能力也相应增强，因此 DoS 攻击的效果逐渐减弱。DDoS 攻击应运而生。DDoS 攻击是在 DoS 攻击基础上发展而来的，它利用客户端/服务器架构，构建一个由多台计算机组成的协同攻击平台，从而极大提升了攻击的猛烈程度。攻击者通常会通过非法手段获取账号，并在多台计算机上安装 DDoS 的主控程序。当攻击者设定好时间后，主控程序会与分布在众多计算机上的代理程序通信，一旦代理程序接收到来自攻击者的指令，就会立即启动攻击。利用客户端/服务器技术，主控程序能够在极短的时间内激活成百上千个代理程序，对目标进行集中攻击。

2. DDoS 攻击的原理

DDoS 攻击的原理如图 8-2 所示。

在攻击活动的起始阶段，攻击者会在自己的计算机上部署一个主控系统，即攻击主控台。这个主控台赋予攻击者远程控制网络上任何一台主机的能力，使其能够向指定的目标发送操作指令。被攻击者操纵的主要计算机被称为主控端，上面部署了专门用于接收和执行攻击者指令的软件。通过主控端，攻击者能够向代理端发送攻击命令。代理端，实际上就是攻击者已经取得控制权的一些计算机，这些计算机在攻击者的操控下，扮演着执行攻击任务的"傀儡"角色。攻击者会在这些计算机上运行攻击脚本或程序，从而实现对受害者的实际攻击行为。

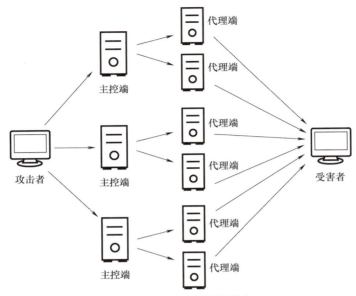

图 8-2 DDoS 攻击的原理

8.2.2 恶意代码攻击

恶意代码是一种未经授权且用户不知情的程序代码，它通常会潜入用户的系统中，对系统造成一系列不良影响。恶意代码不断更新迭代，种类日益增多，其中，最常见的类型包括病毒、蠕虫和特洛伊木马。这三类恶意代码的主要区别在于存在形式、复制能力、传播方式、运行方式和攻击手段等方面。表 8-1 总结了这三种典型恶意代码的主要区别。

表 8-1 三种典型恶意代码的主要区别

恶意代码	存在形式	复制能力	传播方式	运行方式	攻击手段
病毒	寄生	有	文件感染传播	自主运行 条件触发	文件感染
蠕虫	独立	有	利用网络 主动传播	自主运行	消耗资源 恶意行为
特洛伊木马	欺骗性 独立	无	被植入	受控运行	窃取网络信息

1. 病毒

病毒是任何能够损坏数据或导致计算机故障的程序代码的统称，它能够通过软硬件漏洞，在破坏数据的同时干扰指令集或程序代码。

病毒一般由感染标记、感染模块、触发模块、破坏模块和主控模块构成。在感染宿主程序时，病毒为了记录程序已被感染，会写入感染标记。感染模块用以执行病毒的感染过程，它会检查可执行文件上是否存在感染标记，如果不存在，则把病毒代码嵌入宿主程序。触发模块能够对破坏或感染过程进行控制，根据特定条件的满足情况进行检验。破坏模块包含病毒设计者撰写的破坏代码，用以执行病毒的破坏性操作。主控模块的职责是全面控制病毒程序的运行。

2. 蠕虫

蠕虫是一种能够自我复制和主动传播的恶意代码，特别是在网络和互联网中迅速扩散。蠕虫通过多种传播途径，表现出破坏性强、覆盖范围广、发生频率高和传播速度快等特点。

蠕虫的功能模块由主体功能模块与辅助功能模块两部分组成，两者共同构成了蠕虫的核心能力。主体功能模块专注于实现蠕虫的自我复制，这一过程涉及四个关键部分：信息搜集模块、探测模块、攻击模块和自我推进模块。首先，信息搜集模块负责在攻击行动之前，广泛收集目标主机或网络的相关信息，为后续的行动提供数据支持。接着，探测模块会细致地检查特定主机的脆弱性，并根据探测结果，指导攻击模块选择最有效的攻击方式，利用发现的安全漏洞快速建立传播路径。最后，自我推进模块负责在不同的感染目标之间复制蠕虫，进一步扩大影响范围。

辅助功能模块则着眼于增强蠕虫的破坏力，这些模块覆盖了主体功能模块之外的多个方面。实体隐藏模块是其中之一，它专注于隐藏蠕虫的各部分，提高蠕虫在系统中的生存能力，避免被轻易检测和清除。宿主破坏模块则更为直接，其目标在于破坏被感染系统或网络的正常运行，造成更大的损害。通信模块则实现了蠕虫之间以及蠕虫与黑客之间的信息交流，这一功能不仅体现了未来蠕虫的发展趋势，也是当前流行的僵尸网络形成的重要机制。远程控制模块则赋予黑客远程控制被感染主机的能力，使得它们能够执行蠕虫编写者的各种命令。最后，自我更新模块使蠕虫能够定期自动下载最新的更新代码和传播策略，保持其攻击能力不断提升。

3. 特洛伊木马

特洛伊木马作为一类恶意软件代码，能在用户毫不知情的情况下执行多种操作，包括文件复制和密码窃取。与用户的本地计算机操作权限相当，木马程序通常采取客户端/服务器架构，其中服务器端程序悄然潜入目标计算机，窃取系统权限，接收并执行来自控制端的指令。这些服务器端程序巧妙地隐藏在合法程序或数据中，如游戏、工具软件、邮件附件甚至网页中。一旦某个系统被木马"感染"，意味着木马的服务器端程序已经悄然安装。客户端程序即控制端程序，则安装在黑客的计算机中，它负责连接木马服务器端，实现对目标计算机的监视与控制。

当服务器端程序在目标计算机上启动后，木马会开启一个默认端口进行监听。一旦控制端程序发起连接请求，服务器端会迅速响应并建立连接。之后，控制端程序可以向服务器端发送指令，服务器端则根据这些指令在目标计算机上执行操作，并将结果反馈回控制端程序，从而实现对目标计算机的全面控制。这种正向连接型木马虽常见，但由于防火墙的限制，其通信方式往往难以实现。因此，反向连接型木马应运而生，它采用由服务器端主动向控制端发起通信的方式，通过第三方网址获取攻击者IP，进而建立连接。"灰鸽子"木马便是这一类型的代表。

8.2.3 黑客攻击

黑客（Hacker）是指具有一定计算机特长，并通过非授权活动进入他人网络系统的人。随着国际竞争进一步加剧，黑客攻击愈演愈烈，给网络安全带来极为严重的威胁和挑战，致使网络黑客防范问题更为突出。

1. 黑客攻击的主要途径

黑客攻击的主要途径包括漏洞、网络端口通道和人为及管理疏忽等。

（1）漏洞　黑客攻击主要借助各种网络系统的漏洞或者缺陷（Bug），这些漏洞或者缺陷使黑客有机可乘，导致非授权攻击等。系统漏洞产生的主要原因包括软硬件研发中的缺陷、各种网络协议本身的缺陷、系统配置使用不当和系统安全管理疏漏等问题。

软硬件研发中的缺陷主要包括操作系统或系统程序在设计、实现、测试或设置过程中的错误。这些错误可能源自操作系统基础设计的疏忽、源代码的错误、安全策略的施行误差以及安全策略对象的歧义问题等。各种网络协议本身也存在缺陷，这是因为在设计 TCP/IP 等基础协议时未充分考虑安全问题，而且协议软件容易出现缺陷。系统配置使用不当往往源于软件的开发背景，这些软件通常是在特定环境配置下被精心设计的。然而，当这些预设的环境条件发生变化，或者资源配置未能与软件需求相匹配时，原本可能看似微不足道的缺陷或不足，就有可能转化为潜在的安全漏洞，给系统带来不可预见的风险。此外，随着处理能力快速增长和软件复杂性的增加，以及网络安全技术人员或系统安全策略管理的疏忽，系统安全管理问题也日益突出。

（2）网络端口通道　网络端口是终端与外部通信的接口，容易成为黑客侵入系统的通道。端口是一种抽象的软件结构，它包括通信传输和服务的接口及 I/O（输入/输出）缓冲区，方便各种设备通过端口与外部进行通信连接。

（3）人为及管理疏忽　任何管理环节上的疏忽，或者任何一个可以访问系统某个部分（或服务）的人为操作（或误操作）都可能构成潜在网络系统或资源安全风险与威胁。

2. 黑客攻击的手段

黑客进行网络攻击的手段主要包括五类。

（1）网络监听　网络监听也称网络嗅探，最开始其实是网络管理员用于监听网络情况，后来逐渐被黑客利用，用于监听嗅探目标、主机的网络传输信息。

（2）欺骗攻击　常见的欺骗攻击方式有五种。

1）ARP 欺骗。这是一种针对 ARP（地址解析协议）的攻击技术。ARP 的主要功能是在网络中获取并转换目标主机的 MAC 地址，以确保数据能够准确传输，然而，黑客却可以利用 ARP 的这一机制对内网的网关进行欺骗或者篡改路由器的 ARP 表。

2）IP 欺骗。通过伪造源 IP 地址，使伪造的主机与被伪造的主机结构类似，从而达到欺骗的目的，主要利用主机之间的信任连接实现。

3）域名欺骗。域名欺骗是黑客冒充域名服务器网址及主页，而并非真正"黑掉"对方网站，来达到冒名顶替、骗取用户名账号及密码等信息的目的。

4）Web 欺骗。与域名欺骗类似，主要通过"钓鱼网站"或链接窃取重要机密信息。

5）邮件欺骗。邮件欺骗是指篡改电子邮件（微信或 QQ 都类似）的信息，冒充领导、亲属、好友等，骗取钱物或重要文件等。

（3）密码及病毒攻击　黑客主要利用破获密码或病毒软件等方式进行攻击，包括多种密码获取及攻击方式、木马（病毒）远程攻击等。

（4）应用层攻击　应用层攻击主要针对各种应用与服务采用多种不同攻击方式，通常针对服务器或主机应用软件漏洞，获得登录及账户权限实施攻击。

（5）缓冲区溢出　缓冲区溢出攻击通过向系统缓冲区写入超量数据，破坏程序执行流程，执行非预期指令。若这些指令位于 Root 权限区域，则攻击者可控制系统，执行恶意操作。

8.2.4 数据投毒

近年来，深度学习技术取得了显著的进步，其模型在各类对象处理上展现出强大的学习与表达能力。从图像识别到文本分析，深度学习模型都能更精准地捕捉数据特征，提供更深入的见解，在此背景下，数据驱动的机制埋下了巨大的安全隐患。

1. 数据投毒的定义

基于海量的数据，开发者可以使用数据分析或深度学习技术构建众多高价值的应用，但是同时尤其对深度学习模型而言，复杂与不可解释的网络结构也使得深度学习模型很容易受到数据投毒攻击的影响，产生无意义或有针对性的结果。

数据投毒攻击是一种通过控制模型训练数据来主动创造模型漏洞的技术。深度学习技术复杂且难以解释，在带来性能提升的同时，其数据驱动的训练机制也为不同领域产品埋下了巨大的安全隐患，一旦被有心者利用，可能会产生巨大的经济损失与社会影响。

2. 数据投毒的基本原理

数据投毒攻击的重点为，通过污染训练数据对模型训练进行干扰，使得模型体现出某种特性，如控制垃圾邮件检测模型预测结果和人机对话系统内容输出等。数据投毒攻击的关键是构建能够实现目标的投毒样本。

在线应用预先从网络上收集大量数据或实时收集用户交互数据进行训练，这使得它们存在众多潜在的数据投毒入口。基于不同领域的情况列举三个可能的数据投毒入口。

（1）产品开放入口　很多产品通过收集用户与平台产品的交互数据进一步训练、优化其部署模型。基于此，攻击者可以模拟正常用户进行操作，其行为会自动被平台收集并参与后续模型的训练过程。例如，电商平台采集用户行为数据进行个性化推荐模型训练，特定场景的人机对话系统采集"正反馈"的用户对话数据进一步调整人机对话质量等。

（2）网络公开数据　互联网存在海量标注与无标注数据，包括图像、文本信息等。得益于预训练模型的广泛应用，越来越多的系统会依赖从网上爬取的一些数据进行预学习。在这种情况下，只要攻击者有意在网上发布一些"特殊投毒数据"，系统在不加识别的情况使用这些数据就很容易受到攻击者的影响，留下严重的安全隐患。例如，研究人员会收集网络图片信息训练图像分类模型等，或者利用海量网络文本信息对自然语言处理模型进行预训练，在未来利用其对其他任务进行初始化等。

（3）内部人员　海量的数据处理需要大量工作人员，他们通过收集与处理大量数据为不同模型训练任务提供数据基础。例如，训练人脸识别系统依赖大量人工标注数据。在这种背景下，很多内部人员可以很轻易地注入部分标注错误或修改后的训练样本且不被发现。

8.2.5 对抗样本攻击

对抗样本攻击通过在原本正常的数据样本上添加难以察觉的微小扰动，使得原本经过严格训练的深度学习模型在识别时产生高度的错误预测。这些微小的扰动虽不显眼，但足以误导模型，使其偏离正确的判断轨道。因此，对抗样本攻击的关键在于如何巧妙地构造这些扰动，以实现对深度学习模型的有效欺骗。

1. 对抗样本攻击的原理

在深度学习模型的训练过程中，假设模型 f 的输入为 x，预测结果为 $f(x)$，真实类别标签为 y。由 $f(x)$ 和 y 求出损失函数 L，通过反向传播算法求出梯度并对模型 f 进行优化，不断减小损失函数的值，直到模型收敛。一般而言，对于一个训练好的模型 f，输入样本 x，就会输出 $f(x)=y$。假设存在一个非常小的扰动 ε，使模型预测结果发生了改变，那么 $x+\varepsilon$ 就是一个对抗样本，构造 ε 的方式就称为对抗样本攻击。在图像分类领域，对抗样本攻击十分常用。攻击者会在原始图像上巧妙地添加几乎无法被肉眼识别的微小变化量，这些细微的变化量却足以让深度学习分类模型产生严重的误判，以高度的置信度给出错误的预测结果。这种攻击方式极具隐蔽性，对图像分类系统的安全性构成了严重威胁。

2. 对抗样本攻击的分类

对抗样本攻击可以根据其攻击效果细分为两种类型：定向攻击与非定向攻击。定向攻击的目标明确，即诱导深度学习模型将输入样本错误地分类到攻击者指定的类别。这种攻击需要同时削弱模型对真实标签的信赖程度，并极大提升对指定标签的置信度，因此实施起来颇具挑战性。非定向攻击则相对宽松，它不设定具体的错误分类目标，只需降低模型对输入样本真实类别的置信度，使其产生任意错误的分类结果，因此实施难度相对较低。

根据掌握的信息量，对抗样本攻击可以分为白盒攻击和黑盒攻击。白盒攻击是在完全了解目标模型内部细节的基础上，由攻击者精心设计出对抗样本，旨在利用模型弱点，使模型产生错误预测。这需要每层具体参数和完整的模型结构，并完全控制模型输入。这种攻击方式相对容易实施，但在现实中，攻击者无法得到全部的模型信息。黑盒攻击则是在不知道目标模型的任何内部信息的情况下进行的攻击。攻击者只能控制输入并获取有限的输出结果。由于无须了解模型的内部信息，黑盒攻击更适合在低控制权的情况下进行。

3. 对抗样本攻击技巧与攻击思路

对抗样本攻击的核心在于如何产生使模型预测出错并且尽可能小的扰动。根据产生扰动方式的不同，可以将对抗样本攻击的方法分为基于优化的攻击（Optimization-based Attack）方法、基于梯度的攻击（Gradient-based Attack）方法、基于迁移学习的攻击（Transfer-based Attack）方法与基于查询的攻击（Query-based Attack）方法。

基于优化的攻击方法主要是指以 CW（Carlini 和 Wagner）为代表的使用优化器进行攻击的方法，通常在白盒攻击中使用。基于梯度的攻击方法主要是指以 FGSM（Fast Gradient Sign Attack，快速梯度标志攻击）为代表的直接对梯度进行符号化的方法，需要攻击者完全了解目标模型，通常在白盒攻击中使用。基于迁移学习的攻击方法借助对抗扰动的可迁移性，在替代模型上生成对抗扰动，然后将其迁移到目标模型上，常用于黑盒攻击。基于查询的攻击方法一般需要对目标模型发出请求以得到输出，利用零阶优化等方式优化对抗扰动，常用于黑盒攻击。

黑盒攻击算法要求攻击者在完全不了解目标模型内部信息的情况下实施攻击，其攻击难度更高，但更贴合真实的攻击场景，因此被人们广泛研究。虽然在白盒攻击算法中，也有部分算法被用于黑盒攻击，如 MI-FGSM（Momentum Iterative Fast Gradient Sign Method，动量迭代快速梯度标志法）等，但这些算法都是针对白盒攻击设计的算法，因此在黑盒攻击场景中的成功率较低。对此，衍生出一种基于迁移学习的黑盒攻击算法，其核心思想在于在替代模型上得到对抗样本，利用对抗样本的可迁移性将其迁移到目标模型上。

8.2.6 预训练模型安全风险

深度学习是一种数据驱动的技术，实现了从数据到标签的映射，当深度学习的预训练模型参数量急剧增加时，模型会不可避免地记住数据中隐含的模式，当遇到合适的上下文时，这些记忆的案例就会被模型重新"吐"出来，从而造成数据泄露问题。

1. 预训练模型的原理

特征表示预训练最经典的方法便是 NLP（Natural Language Processing，自然语言处理）中的 Word2Vec（词向量）技术。早期的特征表示预训练主要基于迁移学习的方法，首先在某类数据集中训练一个模型，然后在新数据上将前几层的输出作为数据特征，供下游任务使用。

第一代特征表示预训练方法缺点显著，一个典型的例子就是一词多义。随着谷歌在 2017 年提出的 Transformer 架构的日益流行，大容量、海量参数在实践中体现出巨大优势，逐渐取代 LSTM（长短期记忆网络）网络成为文本处理的标配。2018 年年底，基于 Transformer 的 GPT、Bert 等模型相继问世，预训练模型进入真正的大发展时代。

"预训练 - 微调"范式给人工智能开发带来了极大的便捷性，然而微调阶段涉及的参数相当多，加上下游任务的差异性，这些相当消耗资源并需要一定的数据量。以 GPT3 为例，其参数量达到 1750 亿，普通的多机多卡环境都难以运行推理任务，更别提进行微调了。于是 GPT3 率先实践了"预训练 - 提示"（Pretraining-Prompting）的架构，统一预训练阶段，实现某种意义上的零次学习（Zero-Shot Learning）。具体来说，通过使用自然语言提示信息（Prompt）和任务示例（Demonstration）作为上下文，GPT3 只需要几个样本即可处理很多任务，而不需要更新底层模型中的参数。

2. 数据风险分析

从数据类型来看，第一类风险是隐私数据泄露，如直接推断出手机号、邮箱、身份证号等；第二类风险是训练数据泄露，即通过模型反向推断出训练数据是什么；第三类风险是成员推断攻击，即判断数据记录是否存在于训练数据中。在预训练模型中，参数量和数据量都非常庞大，容易发生的风险类型主要为隐私数据泄露和训练数据泄露，这两类风险都属于数据重构攻击风险。成员推断攻击主要发生在特定领域的数据中，如判断某人的医疗记录是否被用于某个人工智能模型训练，这类训练的数据量比大规模预训练模型小得多。

隐私数据泄露的直接原因是这些敏感数据未经严格处理就被用于模型训练。大型语言模型的训练数据集通常非常庞大且数据来源丰富，即便是使用公开数据进行训练，语言模型也可能包含敏感信息，包括个人身份数据，这可能导致语言模型在生成输出时反映出一些隐私细节。

以 GPT2 为例，如果向 GPT2 输入"安徽省合肥市"，则 GPT2 会自动补充包含符合条件人员的个人身份信息，因为 GPT2 的训练数据已经包含了这些信息。大型语言模型在训练过程中会深度记忆大量数据，包括那些敏感信息。一旦这些模型被发布，仅仅通过简单的查询操作，潜在的攻击者就有可能提取出模型之前存储的敏感训练数据。这种能力揭示了一个严重的隐私风险，使用敏感数据训练的大型模型在公开后，很可能导致个人隐私的泄露和滥用。例如，给定生成前缀，GPT2 给出的示例文本有一定概率包含训练数据中的部分内容，包括个人姓名、邮箱、手机号、地址和传真号等。出于隐私保护目的，图 8-3 中用黑色色块进行遮盖。

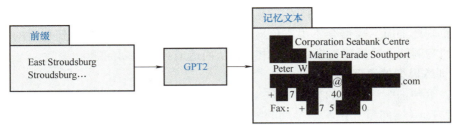

图 8-3　隐私数据遮盖

隐私泄露一般被认为与过拟合有关，因为过拟合表示模型已经对训练集中的样本进行记忆。尽管过拟合是隐私泄露的一个充分条件，但是隐私泄露和过拟合并不是完全一致的概念。可见，信息平台受到的威胁和面临的危险不断变化，需要持续关注信息安全领域的最新研究动态，提升制造企业信息平台的安全性和可持续性。

8.3　信息平台安全的防护技术

在当前智能制造的背景下，信息平台的安全性受到社会的广泛关注，信息平台安全的防护技术作为组织抵御各种网络威胁和攻击的第一道防线，重要性不言而喻。本节将重点介绍数字加密算法、访问控制技术、防火墙技术、虚拟专用网络以及身份认证等信息平台安全防护关键技术。这些技术通过加密数据、限制访问、监控网络流量、建立安全连接以及验证用户身份，共同确保信息平台免受未经授权的访问、窃取或篡改。

8.3.1　数字加密算法

1. AES 算法

1973 年，美国国家标准局发起了一项征集活动，目的是寻找一种能够保护计算机数据的标准加密算法。IBM 的设计团队提交了一种基于 LUCIFFR 密码改进的算法。到了 1977 年，该算法被正式批准为美国数据加密标准（Data Encryption Standard，DES）。但其密钥空间仅 56 位，无法抵御穷尽搜索攻击。为了解决这一问题，美国国家标准与技术研究院（NIST）最终选择了由 Vincent Rijmen 和 Joan Daemen 设计的 Rijndael 算法，并将其作为新的高级加密标准（Advanced Encryption Standard，AES）。AES 的分组长度为 128 位，用户则可以根据具体的加密需求从 128 位、192 位或 256 位三种中选择适合的密钥长度，其中 128 位密钥长度是最常见的。AES 算法结构如图 8-4 所示。

在加密和解密算法中，输入和输出的数据分组均为 128 位，并以 4×4 字节矩阵的形式表示。这个分组被复制到一个名为 State 的数组中，并在加密或解密的每个阶段进行变换，最终复制到输出矩阵。128 位密钥被扩展为包含 44 字（每字含 4 字节）的序列；开始的轮密钥加操作使用 4 字节，每轮运算也使用 4 字节。加密和解密首先进行轮密钥加操作，然后是九轮迭代运算，每轮包括四个阶段：字节代换、行移位、列混淆和轮密钥加。最后一轮只有三个阶段：字节代换、行移位和轮密钥加。

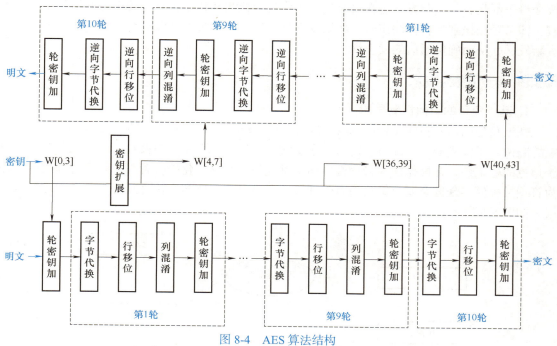

图 8-4 AES 算法结构

2. 量子加密

经典数据加密方法的特点是依赖当前计算能力的不足来保证安全性，这意味着随着计算能力的不断提高，它们的安全性会逐渐降低。因此，为了应对日益强大的计算能力对加密安全性的挑战，量子加密技术逐渐受到关注，被认为是唯一能够有效对抗量子计算机威胁的技术。

（1）量子保密通信的种类　当前，量子保密通信的实际应用主要集中在三种技术：量子谣传、量子密钥分发以及量子安全直接通信。这些技术各具特色，并在不同的应用场景中发挥作用，共同促进了量子通信技术的进步。但由于量子谣传目前仍在研究阶段，尚无实际应用，因此这里只介绍量子密钥分发和量子安全直接通信。

1）量子密钥分发。量子密钥分发（Quantum Key Distribution，QKD）是一种利用量子力学原理来安全生成和分发加密密钥的技术。1984 年，世界上第一个量子密钥分发协议即 BB84 量子密钥分发协议被提出。尽管提出得较早，但未得到广泛支持。量子密钥分发通信有连续变量和离散变量两种实现方法，其中 BB84 是最具代表性的离散变量协议，Ekert91 和 B92 也是常见的协议。

2）量子安全直接通信。量子安全直接通信有两种主要方法。一种是基于单光子的方法，它通过周期性调制编码和利用单光子的多自由度频谱特性，实现多通道的信息传输。另一种是基于纠缠的两步方法，它使用四波混频来生成纠缠源，并通过高保真度的 Bell 态测量来解码传输的信息，从而实现量子安全的直接通信。

（2）量子保密通信的安全性　量子保密通信的一个突出优点是安全性。其理论依据则是测不准原理。该原理指出，粒子的动量和位置不能同时被精确测量。当应用于量子保密通信时，这一原理可以用来检测通信过程中是否存在窃听行为。

在量子保密通信系统中，如果窃听者尝试篡改或窃取传输中的量子态，这种非法操作会改变量子的状态。接收方只需在接收到量子信息后检测其状态，并与发送的原始状态进行比较，即可轻松识别是否存在窃听。如果发现窃听行为，接收方可以丢弃受影响的量子信息并重新发送，从而确保通信的安全性。

8.3.2 访问控制技术

1. 基于角色的访问控制思想

基于角色的访问控制（Role-based Access Control，RBAC）中，角色是指在组织或任务中的岗位、职位或分工，需由特定人员来扮演。与针对单个用户的授权管理相比，RBAC 由于角色的稳定性，在操作性和管理性方面更具优势，能够简化授权管理，降低管理成本，并为管理员提供实现复杂安全策略的有效环境。角色是在主体与客体之间引入的中间控制机制层，如图 8-5 所示。

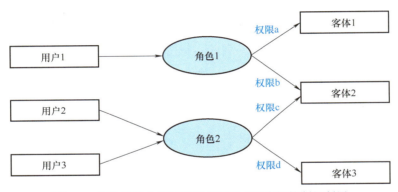

图 8-5 角色是在主体与客体之间引入的中间控制机制层

2. RBAC 模型

RBAC 的方法在概念上与社会管理方式相近，因此相关研究和应用发展迅速。其中比较有代表性的是 RBAC96 模型，该模型由美国乔治梅森大学提出，包括四个子模型：RBAC0、RBAC1、RBAC2、RBAC3。

其中，RBAC0 模型规定了任何 RBAC 系统的最低要求，RBAC1 则是在 RBAC0 的基础上增加了角色等级，RBAC2 在 RBAC0 基础上增加了限制，RBAC3 包含了 RBAC1 和 RBAC2，因此也间接包含了 RBAC0。NIST 基于 RBAC96 制定了 RBAC 标准，将其主要分为核心 RBAC、有角色继承的 RBAC 和有约束的 RBAC 三类。

8.3.3 防火墙技术

1. 包过滤型防火墙

（1）包过滤技术的简介　包过滤技术可以分为静态包过滤技术（第一代）和第二代动态包过滤技术（第二代，也称为状态检测）。静态包过滤防火墙通过预定义的静态规则来过滤数据包，不会根据网络状态变化而调整。虽然这种方式实现简单，但灵活性和安全性较低。

动态包过滤防火墙通过在网关上安装的检查引擎，实时监测网络流量和连接状态，并根据这些信息动态地决定是否允许连接。这种防火墙不仅检查数据包头的信息，还分析连接状态和上下文，以提供更精细的控制和更高的安全性。

（2）状态检测技术的工作原理　状态检测技术是新一代防火墙技术中的一种，通过检测引擎在网关上实时监测网络通信，并动态保存状态信息。它监视每个有效连接的状态，根据信息决定是否允许数据包通过防火墙，并支持多种协议和应用程序。状态检测技术不仅跟踪数据包中的信息，还记录有用信息以识别包。它可以检测无连接状态的应用，如 RPC 和 UDP（用户数据报协议），这是包过滤和代理服务技术所不支持的。尽管状态检测技术强大，但它可能会降低网络速度并提高配置复杂性。一些防火墙厂商已开始简化配置过程，使其更易于使用。

2. NAT

（1）NAT 概述　NAT（Network Address Translation，网络地址转换）用于将 IPv4 报头中的地址转换为另一个地址。它有助于解决 IPv4 地址不足的问题，特别适用于多个内部用户共享少量公网地址的情况。

（2）源 NAT　在一些特定的场所，存在多个用户需要使用少量公共 IP 地址访问互联网的情况。为了满足这种情况，可以使用源 NAT 技术，它主要对报文的源地址进行转换。源 NAT 技术包括几种不同的实现方式，它们具有各自的特点和适用场景。在防火墙中配置源 NAT 策略后，可以将内网用户的源地址转换为公有地址，从而实现内网用户访问互联网的目的。源 NAT 技术的主要实现方式及适用场景见表 8-2。

表 8-2　源 NAT 技术的主要实现方式及适用场景对比

源 NAT 实现方式	实现细节	适用场景	是否需要地址池	公有地址使用率
NAT No-PAT	只转换地址、不转换端口	需要上网的内网用户数量少，公有地址数量与同时上网的最大内网用户数量基本相同	需要	1∶1
NAPT	同时转换地址和端口	公有地址数量少，需要上网的内网用户数量大	需要	1∶N
Easy-IP	同时转换地址和端口	防火墙的互联网接口通过拨号方式动态获取公有地址时，只想使用这一个公有地址进行地址转换的场景	不需要，使用出接口 IP 地址	1∶N
三元组 NAT	同时转换地址和端口，端口不能复用	允许互联网中的用户主动访问内网设备的场景	需要	1∶N

（3）目的 NAT　目的 NAT 技术可以满足互联网用户访问内网服务器的需求，通过静态目的 NAT 和动态目的 NAT 两种方式，可以灵活地配置和管理内网资源的访问权限。

1）静态目的 NAT。静态目的 NAT 是一种转换报文目的地址的方式，转换前后的地址存在固定的映射关系。在防火墙配置了静态目的 NAT 策略后，防火墙收到互联网用户访问服务器的报文时，首先根据 NAT 策略选择一个私有地址替换报文的目的地址，并建立映射关系。然后确定报文流向并建立会话表，将报文发送至内网。当防火墙收到服务器响应后，根据会话表替换源地址，并将响应发送至互联网。

2）动态目的 NAT。动态目的 NAT 是一种动态转换报文目的地址的方式，转换前后的地址不存在固定的映射关系。在防火墙配置了动态目的 NAT 策略后，防火墙收到主机访问服务器的报文时，首先从 NAT 地址池中随机选择地址替换目的地址，然后确定报文流向并建立会话表，将报文发送至服务器，当防火墙收到服务器响应后，根据会话表替换源地址，并将响应发送至主机。

8.3.4 虚拟专用网络

1. 概述

虚拟专用网络（VPN）不是一种独立的网络技术，而是一组通信协议，其目的是利用互联网或其他公共互联网络的资源为用户创建虚拟私有网络，以提供安全的信息传输。常见的 VPN 业务包括内联网 VPN、外联网 VPN 和远程接入 VPN。

2. 隧道技术

隧道技术是一种网络通信支术，用于在公用网络上建立私密或安全的点对点连接。其基本原理是在通信数据的传输路径上创建一个虚拟的通道（隧道），通过该通道将数据从一个网络节点传输到另一个网络节点。隧道技术通常涉及数据封装、传输和解封装过程。

（1）隧道的组成　　建立隧道需要三个关键组件：隧道开通器、具备路由能力的公用网络以及隧道终端器。隧道开通器的作用是建立隧道，将数据封装并发送到公用网络上；公用网络具备路由能力，能够在不同 VPN 网关之间或 VPN 客户端与网关之间传输数据，确保通信的顺畅和安全；隧道终端器则负责在目的地解封装数据，并确保通信任务完成。

（2）隧道的形成过程

1）封装。在隧道开通器上，原始的 IP 数据包经过加密和认证处理，并附加了额外的数据，从而形成了新的 IP 数据包。这些新的 IP 数据包的目标地址是全局 IP 地址 C，而源地址则是全局 IP 地址 D。

2）解封装。在隧道终端器上，去掉新 IP 分组的外层头部信息，解密得到原始 IP 分组。根据附加数据进行身份认证和完整性校验，然后根据原始 IP 分组头的地址信息在网络中找到目的主机 A，完成整个通信过程。

根据封装协议在 OSI-RM（OSI 参考模型）中所处的位置，可以将隧道技术分为两种。一种是在数据链路层封装数据的第二层隧道技术，其隧道协议包括 PPTP（点到点隧道协议）、L2F（第二层转发协议）和 L2TP（第二层隧道协议）；另一种是在网络层封装数据的第三层隧道技术，其隧道协议包括 GRE（通用路由封装）和 IPSec（IP 安全协议）。

（3）隧道的功能　　隧道在 VPN 中有多种重要功能：传输数据到特定目的地，隐藏私有网络地址，确保数据安全；保证通信的顺畅和可靠性；提供加密和认证功能，确保数据在传输过程中的保密性和完整性。

8.3.5 身份认证

身份认证是信息系统的第一道安全防线，旨在确保用户的合法性，防止非法用户访问系统。身份认证通过验证用户知道什么、拥有的物品或生物特征来实现。

在网络中，通常服务器验证用户身份，称为单向认证，常用于需要用户登录的在线服务。双向认证则需要双方互相验证身份，不仅可以防止未授权用户访问，还能防止网络钓鱼攻击，因此常用于高安全性要求的环境。这里重点讨论用对称密码机制和非对称密码机制来实现双向认证。

1. 对称密码机制实现双向认证

示证者向验证者发起认证请求,验证者生成随机数 R_B 发送给示证者。示证者验证了验证者的身份后,将 R_A 和 R_B 拼接起来,同时用共享密钥 K_{A-B} 进行加密,然后再发送给验证者。验证者在解密之后,验证 R_A,并生成新的 R_B 和 R_A,拼接后加密发送给示证者。示证者解密后验证 R_B,完成双向认证。

2. 非对称密码机制实现双向认证

示证者生成随机数 R_A,用验证者的公钥加密后发送给验证者。验证者解密得到 R_A 后,生成随机数 R_B,将 R_B 和 R_A 拼接后用示证者的公钥加密再发送给示证者。示证者解密后验证 R_A,完成对验证者身份的验证。两种双向认证的具体过程如图 8-6 所示。

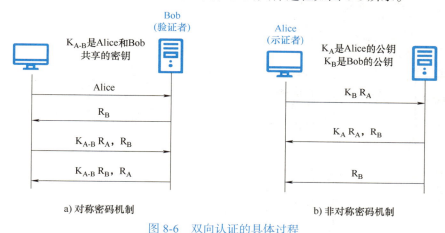

图 8-6 双向认证的具体过程

8.4 信息平台安全的检测技术

信息平台安全的检测技术至关重要,其中包括入侵检测技术、蜜罐技术、消息摘要和数字签名等。入侵检测技术能够及时发现并应对潜在的威胁;蜜罐技术可以诱使黑客进入虚假系统,从而保护真实系统的安全;信息摘要和数字签名能够确保数据的完整性和真实性,防止数据被篡改或伪造。这些技术的综合应用可以有效提升信息平台的安全性。

8.4.1 入侵检测技术

1. 入侵检测系统的概念及原理

入侵检测(Intrusion Detection,ID)是一种技术手段,它通过分析系统活动、安全日志、审计记录及网络上的多种可用信息,来发现并报告任何试图入侵或已发生的系统侵犯行为。

入侵检测系统(Intrusion Detection System,IDS)是一种自动化的安全解决方案,识别、监控、分析潜在的入侵行为并及时发出警报。它无须人工干预,即可全天候地侦察内外部的网络入侵行为，通过从关键网络节点和系统广泛收集数据，运用模式识别与行为分析技术，来揭示违反安全策略的异常活动或潜在的攻击威胁，为网络和系统筑起一道坚实的预警防线。作为防火墙的重要辅助工具，IDS 能即时监控网络中的攻击活动，快速响应并发出警报，显著增强网络的安全管理效能。IDS 包括深化安全审计、强化监控力度、加快入侵识别速度及优化应对措施。这不仅扩展了管理员的安全管理范畴，也加固了网络安全架构的整体防护能力，确保了网络环境的稳定与安全。

1986 年，Dorthy Denning 和 Peter Neumann 研究出了一个实时入侵检测系统模型，即入侵检测专家系统（Intrusion Detection Expert System，IDES），也称 Denning 模型，其原理如图 8-7 所示。

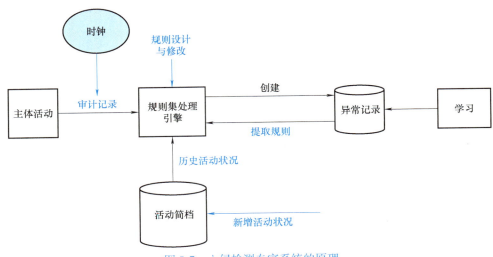

图 8-7　入侵检测专家系统的原理

Denning 模型立足于一个核心假设，攻击者在系统中的行为模式与合法用户的行为模式存在本质区别。通过密切监视和分析系统活动记录，该模型能够辨识出这些异常行为模式，从而精准定位到威胁系统安全的非法入侵行为。此模型的一大优势在于其普遍适用性，不依赖特定的硬件平台、应用程序环境、系统漏洞或攻击手段，为设计和实现入侵检测系统提供了一个跨越多种场景的综合性理论框架。

该模型的结构是由主体（Subject）、审计记录（Audit Record）和六元组＜主体，活动，对象，异常条件，资源使用状况，时间戳＞构成的。其中，活动（Action）涉及主体对目标执行的一系列操作，涵盖者如阅读、写入、登录、登出等行为；异常条件（Exception-Condition）指的是系统针对主体活动发出的非正常状态报告，例如超越预设权限的读写尝试；资源使用状况（Resource-Usage）则反映了系统的资源负荷状态，包括 CPU 占有率、内存使用比例等关键指标；时间戳（Time-Stamp）综合记录了活动发生的具体时间、活动的特征概况（Activity Profile）、异常情况的日志（Anomaly Record）以及用于判断行为合规性的规则集合，共同为理解系统活动全貌提供了详细的时间维度信息和评估基准。

2．入侵检测分类

目前，入侵检测根据检测技术原理可分为异常检测和误用检测两类。

（1）异常检测　异常检测也称为基于行为的检测，其根本理念是任何入侵活动，因其偏离常规或预期的系统及用户行为模式，而变得可被识别和察觉。异常检测通常首先从用户的正常或合法活动收集一组数据，这一组数据集被视为"正常调用"。若用户偏离正常调用模式，则被视为入侵。这就是说，任何不符合以往活动规律的行为都将被视为入侵行为。

（2）误用检测　　误用检测又称特征识别，依托过往累计的网络入侵手段与系统漏洞数据库。在此机制下，入侵检测系统内置了一系列已知入侵模式的档案，一旦检测到系统活动与这些已知的入侵特征相符，即触发入侵警报。

8.4.2　蜜罐技术

蜜罐技术是一种高明的网络安全防御手段，通过设立仿真度极高的诱饵系统（即蜜罐），主动吸引并分析潜在的网络攻击行为。这些蜜罐不仅能够逼真地模仿实际服务，还集成了攻击识别、即时报警、详细日志记录等功能，为安全专家提供了宝贵的攻击者活动信息，有助于推测攻击者的动机与技术手段。通过整合蜜罐系统与日志审计、管理系统及高效的告警机制，形成一个统称为蜜网的综合性防御架构，如图 8-8 所示。它不仅能有效诱敌深入，延缓乃至阻止对真实业务的侵害，还能够在必要时基于收集的证据支持对攻击者的法律追责，为网络安全构筑起一道集监测、防御与反击于一体的智慧防线。

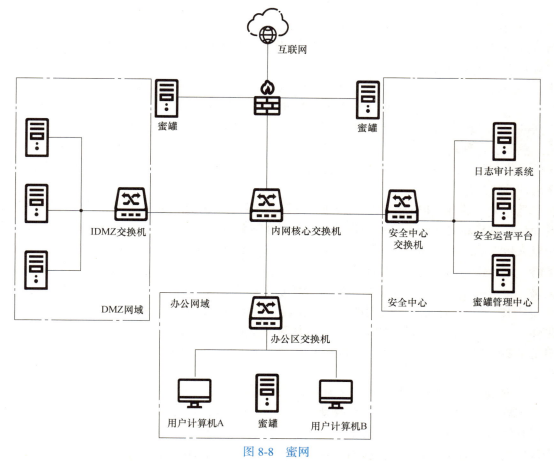

图 8-8　蜜网

注：DMZ 网域是指在内部受信任网络和外部不受信任网络之间的一个中间区域。

1. 蜜罐分类

蜜罐技术根据其用途可分为生产蜜罐与研究蜜罐两大类别。生产蜜罐主要部署于企业的真实生产环境中，旨在防御与监控，通过捕获并分析针对生产网络的攻击行为，增强整体安全态势。这类蜜罐多为低交互或中交互设计，便于部署与管理，确保企业资产安全无虞。研究蜜罐服务于安全研究领域，专注于吸引并深入分析攻击活动，收集关于攻击者策略、工具及意图的宝贵数据。它们在探究黑客行为模式、推动入侵检测系统规则创新及系统漏洞发现方面发挥着核心作用，为网络安全研究与防御策略的迭代升级提供了坚实的支撑。

欺骗伪装成功的关键在于蜜罐的真实度，交互程度越高，蜜罐看上去越真实，作用往往越大。按照不同的交互程度，蜜罐可分为低交互蜜罐、中交互蜜罐、高交互蜜罐三种类型。

低交互蜜罐通过模仿核心功能和限制入侵者的活动范围至最小必要程度来运作，仅支持有限的互动。例如，它们会在特定端口监听，记录所有的网络通信，用以侦察非法扫描或企图连接的行为。多数企业部署的蜜罐会仿真 TCP/IP 等基础通信协议，以此迷惑攻击者，使其相信自己正与一个真实的系统交互而非陷入诱饵环境。尽管这类蜜罐可能因互动简单而易被经验丰富的攻击者辨别，且难以捕捉如零日攻击等复杂威胁，但它们的优势在于部署简易、维护成本低廉，且因不暴露真实系统服务而增强了安全性。

中交互蜜罐相较于低交互蜜罐，能提供更多互动反馈，尽管仍未达到提供完整操作系统或服务的程度。通过增强的互动水平，它们能够捕获并分析更加复杂的攻击策略。这类蜜罐通过细致模拟真实操作系统或服务的多种行为，允许高度定制化配置，以至于从外部看来，蜜罐几乎与真实的系统环境无异，诱导攻击者展示更多攻击技巧和意图，为安全专家提供了丰富的分析材料。

高交互蜜罐是一种先进的安全设施，它超越了基本的模拟层次，部署真实的操作系统和活跃的服务环境。这不仅显著降低了蜜罐被察觉的风险，还极大增强了对潜在攻击者的吸引力。然而，这种高度的真实感也引入了更高的风险，一旦黑客入侵，他们往往会寻求获得系统的最高权限，而高交互蜜罐恰好为他们提供了这样一个实战演练的舞台，无形中增强了安全防护的挑战性。

近年来，随着"护网行动"的推进，蜜罐技术迎来了创新升级，尤其是溯源反制型蜜罐的面世，它是高交互蜜罐的一个分支，专为深度防御与反击设计。这类蜜罐不仅密切监视并记录入侵者的所有活动细节与网络流量，还能深入剖析黑客在蜜罐环境中的入侵路径与战术策略。基于这些翔实的威胁情报，安全团队能够精准对照自身资产，实行精细化的安全强化策略。更进一步，借助蜜罐内置的高级溯源功能模块，可以构建起黑客的全方位数字肖像，涵盖从 IP、MAC 地址，到使用的浏览器特征、设备独特标识等多维度信息。此过程甚至能延伸至挖掘黑客在社交媒体的踪迹，揭示其网络虚拟身份，为最终锁定现实世界中的行为人奠定坚实的数据基础。这一系列举措，极大地增强了企业面对网络威胁时的主动防御与追溯打击能力。

2. 蜜罐技术关键机制

蜜罐技术实施的关键在于其精密设计的核心与辅助机制，这些机制共同构建了对攻击者进行有效诱骗与精确监测的防御体系。其中，核心机制涵盖三个方面：首先，通过欺骗环境构建机制，创造性地布置貌似脆弱或有价值的资源，以此为诱饵，主动引诱并维持攻击者的兴趣，使其在不知情中暴露攻击策略；接着，威胁数据捕获机制自动且详尽地记录所有交互过程,从网络流量到系统级操作,确保每一步攻击行为都被日志化,为后续分析提供丰富数据;最后,威胁数据分析机制对收集的大量原始数据进行深度挖掘,识别攻击模式、追踪威胁源头,并实时感知安全威胁态势,为网络安全防护提供科学依据与预警信息。这一系列机制协同工作,使得蜜罐成为洞察并抵御网络威胁的强有力工具。

辅助机制作为蜜罐技术的拓展层面,补充了核心功能之外的多项关键需求,确保蜜罐系统的全面性和有效性。这包括:旨在防范蜜罐被恶意利用转而攻击外部网络,保护部署者免受道德及法律风险牵连的安全风险控制机制;为了便于用户根据实际情况灵活定制蜜罐系统并高效执行日常运维任务的配置与管理机制;针对技术高超的攻击者设计的、致力于优化蜜罐的伪装程度,有效抵御反侦察策略,保持蜜罐对攻击者的吸引力和迷惑性,从而全面提升蜜罐技术的反蜜罐技术对抗机制。

8.4.3 消息摘要

1. 消息摘要

消息摘要是通过某种散列(Hash)算法将任意长度的二进制数据映射为固定长度的、较小的二进制值,这个小的二进制值称为哈希值(Hash Code)。

哈希值的特点是唯一、定长、不可逆,即不管原始消息(报文)是什么样,所得到的摘要一定是唯一的、定长的,只要对原始消息进行一点儿修改,不管是内容的、序列的,还是时间的修改,用同样的算法所得到的摘要一定不再相同,并且无法用摘要获得原消息。

如图 8-9 所示,若消息发送者在发送消息 M 时,连同摘要 H 一起发送,即发送 H(M),则接收方就可以用同样的算法对原始消息再映射出一个摘要来,将两个摘要进行比对,就可以知道收到的消息是否被篡改。H 为散列函数,K 为对称密钥,E 为用 K 加密后的密文,D 为用 K 解密后的明文。

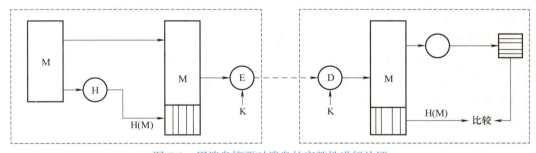

图 8-9 用消息摘要对消息的完整性进行认证

2. 安全哈希算法

安全哈希算法(Secure Hash Algorithm,SHA)起源于 1993 年,由美国国家标准与技术研究院(NIST)与美国国家安全局(NSA)联合推出,并作为联邦信息处理标准 FIPS PUB 180 发布。此标准于 1995 年更新为 FIPS PUB 181,同时引入了 SHA-1 作为算法的首个版本。此后,为了增强安全性和哈希输出的多样性,又相继发布了 SHA-2 家族的四个成员,即 SHA-224、SHA-256、SHA-384 和 SHA-512,这些算法名称中的数字直接对应各自的输出摘要长度。

SHA 算法的发展根植于 MD4 算法，并保持了类似的结构框架。它在数字签名标准（DSS）中扮演着至关重要的角色，以其卓越的安全性能著称。该算法能够处理最长达 2^{64} 位的输入信息，将其分割成 512 位的数据块进行处理，最终产生一个 160 位的固定长度摘要。这种产生较长 160 位哈希值的能力显著增强了算法对于穷举攻击的抵抗力，确保了信息的完整性和认证的安全强度。

8.4.4 数字签名

1. 数字签名的概念

在 ISO 7498-2 标准中，数字签名的定义为："附加在数据单元上的一些数据，或者是对数据单元所做的密码变换，这种数据和变换允许数据单元的接收者用于确认数据单元来源和数据单元的完整性，并保护数据，防止被人（例如接收者）进行伪造。"

数字签名作为一种先进的密码学技术，具备多项核心特点：首先，签名的可信性意味着接收者能够确信签名源于特定的签名人，且签名人对其签署的内容表示认可或负责；其次，数字签名的不可伪造性确保了即使在已知签名人部分信息的情况下，他人也无法伪造出有效的签名；再次，每个签名都具有唯一性，不可重复使用，确保每次签名对应唯一一次交易或信息交换；从次，一旦信息经过数字签名，那么该签名就与信息内容绑定，任何对原始信息的篡改都将导致签名验证失效，从而确保了信息的完整性；最后，签名还具有不可否认性，这意味着一旦签名人对信息进行了签名，事后就无法否认自己曾对此信息进行过签名，增强了责任认定和法律效力。

数字签名技术的设计与实施须满足一系列有效性与可行性的关键要求。第一，生成的数字签名必须是一个与原始报文紧密关联的独特二进制序列，确保签名的指向性明确。第二，数字签名不仅要能够验证签名人身份，还应包含签名的时间戳信息，确保可追溯性。第三，其核心功能是确保被签名的报文内容未被篡改，从而确保内容真实性。在操作层面，数字签名的生成、识别和验证过程应简便快捷，易于实施。此外，数字签名数据应具备可备份性，以便在必要时复用或恢复。在安全性方面，数字签名机制必须足够强大，使得任何企图利用已知签名生成新的报文或伪造签名的行为在计算上都是极为困难的，确保签名不可伪造和不可重用。最后，数字签名的有效性应具有可仲裁性，即在双方沟通产生争议时，第三方能够介入并公正地认证签名的有效性，从而维护交易或信息传递过程中的信任与安全。

2. 直接数字签名

直接数字签名机制是一种仅涉及信息发送方与接收方的简单安全协议。其有效性依赖于接收方能可靠验证发送方提供的独特凭证，并且在争议场景下，这些凭证可提交给独立第三方进行仲裁。在此框架下，采用非对称密钥技术作为核心，其中发送者（如 A）利用个人私钥对信息加密形成签名，而接收者（如 B）则通过与之配对的公钥来验证这一签名，确保信息来源的不可否认性及完整性。然而，非对称加密算法运算效率较低，不适合长消息的直接加密，故实践中常结合单向哈希函数产生的消息认证码以提高效率，实现消息的认证与签名双重保护。

尽管如此，直接数字签名仍面临诸如信息重放等安全挑战，比如发送的电子支票可能被重复使用。为应对这些挑战，引入时间戳作为附加凭证，确保消息的唯一性和时效性，防止信息被不当复用。

然而，直接数字签名机制的单一依赖（即密钥体系的安全性）构成了潜在弱点，发送方可能以密钥失窃为由否认发送行为。为加固防御，每份签名信息需嵌入时间戳，并建立紧急的密钥报告与替换流程，以防密钥泄露带来的风险。即便如此，密钥被盗前的时间戳伪造仍构成威胁，难以彻底排除。

因此，引入仲裁的数字签名机制作为一种升级方案，旨在增强安全性和责任追溯性。采用此方案，信息在送达接收方之前，先由双方认可的第三方进行审核并加盖"已验证"标记及时间记录，有效遏制了双方潜在的抵赖行为，提升了交易的可信度与安全性。

8.5 信息平台安全的响应技术

信息平台安全响应技术是构建和维护安全网络环境不可或缺的一环，涵盖了系统隔离、入侵防御以及应用保护技术等多个层面，旨在全方位、立体化地确保信息平台免受各类安全威胁的侵害。

8.5.1 系统隔离

系统隔离是一种信息技术安全策略，旨在通过创建独立的运行环境，将关键系统或数据与其他部分隔离开来，从而防止恶意软件、未授权访问和潜在的系统崩溃对核心资源造成损害。可以做到系统隔离的技术有访问代理技术、沙箱等。

1. 访问代理技术

访问代理技术是一种网络通信中介机制，通过代理服务器（Proxy Server）在客户端与目标服务器之间架起桥梁，实现网络资源的间接访问。代理服务器充当代理角色，它首先接纳客户端的网络请求，随后以自己的身份向目标服务器提交这些请求。一旦收到服务器的反馈，代理服务器就会将这些信息原封不动地转送给最初的客户端。这一过程确保了客户端的真实身份在整个交流过程中保持隐匿，从而增强了网络交互的安全性和隐私保护。访问代理技术包括代理服务器和自适应代理技术。

（1）代理服务器　代理服务器是用户计算机与互联网之间的中间代理机制，它采用客户端/服务器工作模式。代理服务器位于客户端与互联网上的服务器之间。请求由客户端向服务器发起，但是这个请求要首先被送到代理服务器；代理服务器分析请求，确定其是合法的以后，首先查看自己的缓存中有无要请求的数据，有就直接传送给客户端，否则以代理服务器作为客户端向远程的服务器发出请求；远程服务器的响应也要由代理服务器转交给客户端，同时代理服务器也会在本地缓存中保存响应数据的副本，以加速未来相同请求的处理，减少不必要的重复下载。代理服务的架构如图 8-10 所示，标明了数据管理和传输的流程。代理服务器是应用于网络安全的代理技术，通过构建一个高效的数据中转系统，并在数据传输环节融入多层安全保障措施，有效增强了网络通信的整体安全性能。

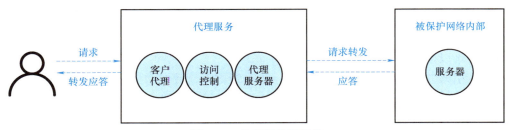

图 8-10　代理服务的架构

（2）自适应代理技术　1998 年，NAI（Network Associates International）公司推出了一项创新技术——自适应代理（Adaptive Proxy）技术，该技术成功融合了代理型防火墙的安全特性和包过滤防火墙的处理能力，在完全确保安全的同时，使代理型防火墙的性能跃升超过十倍。该技术的核心元素包括两个关键部件：一是自适应代理服务器（Adaptive Proxy Server），能够智能适应网络环境变化；二是动态包过滤器（Dynamic Packet Filter），负责实时调整数据包过滤规则。两者协同工作，共同构筑起高性能的安全防护体系。

在自适应代理服务器与动态包过滤器之间存在一个控制通道。配置防火墙过程中，用户通过代理的管理接口输入所需服务种类与期望的安全等级等参数。接着，自适应代理技术会依据这些用户配置详情，自主判断执行路径，或者采取应用层级的代理来中继请求，或者从网络层面直接转发数据包。对于后者，自适应代理服务器将即时与动态包过滤器通信，调整过滤策略，确保在维持最高安全防护的同时，也能满足用户对于速度的诉求，达成安全与效率的双赢配置。

2. 沙箱

沙箱是一种先进的计算机安全手段，旨在为执行程序营造一个封闭且受控的运行空间。此环境不仅独立于主机系统的其余部分，还为程序分配专属资源，非常适合测试或执行那些来源不明、可能含有恶意代码或行为不确定的程序。通过实施严格的资源隔离、故障隔离、性能隔离以及支持多用户环境下的负载均衡，沙箱能在最大限度保障系统安全的同时，确保将对系统整体性能的影响降至最低。沙箱原理示意图如图 8-11 所示，从中可见沙箱是如何在确保安全与维护性能之间取得平衡的。

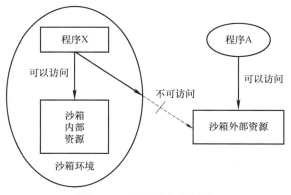

图 8-11　沙箱原理示意图

8.5.2　入侵防御

入侵防御是一种先进的网络安全技术，旨在主动防御潜在的网络攻击行为。这种技术通过实时监控网络流量和系统活动，检测并识别出企图突破系统边界、破坏信息系统、窃取敏感数据或其他恶意活动的入侵行为。入侵防御系统集成了多种防护机制，包括基于签名的检测、异常行为分析等功能，能够精准区分正常流量与可疑或恶意流量。

1. 入侵防御实现机制

入侵防御系统通过一套完善的检测机制，对所有通过的网络报文进行全面检测与实时分析，并据此决定是允许报文继续传输还是予以阻断。该机制主要包括四个关键步骤。首先，系统通过 IP 分片报文重组以及 TCP 流重组技术，确保应用层数据的完整性与连贯性，以此有效检测出那些试图绕过入侵防御的攻击行为。其次，系统基于报文内容进行协议识别和深入解析，不仅能识别多种常见应用层协议，而且在此基础上，针对每一种特定协议采用精细的分析方案，提取出报文的核心特征，相较于仅依据 IP 地址和端口的传统防火墙，入侵防御系统显著提升了对应用层攻击行为的检测精度。再次，系统对接收的解析后报文特征与预先定义的攻击签名进行精确匹配，一旦报文特征与某个签名相符，就触发响应处理机制。最后，在完成检测流程后，入侵防御系统将依据管理员预先配置的相应动作，对匹配到攻击签名的报文做出恰当处理，如丢弃报文、记录攻击事件、发送警告或进行其他安全策略操作，以实现对网络攻击的有效拦截与防护。

签名过滤器预设了三种响应动作，即阻止数据流通、发出警告通知以及遵循签名自身的默认操作。若用户为过滤器指定了特定动作，该动作将覆盖签名默认行为。过滤器之间的执行次序遵循配置的先后顺序，即先配置的过滤器拥有更高的优先级。在某个安全策略文件中，若两个不同的签名过滤器同时引用同一签名，系统将依据优先级较高的过滤器所设定的动作来处置匹配该签名的网络数据报文，以此确保处理逻辑的明确性和高效性。

签名过滤器会批量过滤出签名，为了方便管理会设置统一的动作。如果管理员需要为某些签名设置不同的动作，则可将这些签名引入例外签名中，并单独配置动作。例外签名的动作分为阻断、告警、放行和添加黑名单。其中，添加黑名单是指丢弃命中签名的报文，阻断报文所在的数据流，记录日志，并将报文的源地址或目的地址添加至黑名单中。

2. 入侵防御系统

入侵防御系统是部署在网络区域边界的、OSI 第 3~7 层的，对网络安全攻击、恶意代码攻击进行主动防御的安全设备，功能如图 8-12 所示。入侵防御系统一般部署在网关处，也就是串联在链路中，对网络进出流量进行解析，并根据已开启的入侵防御策略或恶意代码防御策略进行逐条检测和匹配。如果命中规则，则根据规则的响应策略执行相应的动作。例如，一个网络病毒攻击被入侵防御系统检测到时，触发了丢弃规则，则这个网络病毒攻击就无法进入网络边界，从而达到防御效果。

8.5.3 应用保护技术

应用保护技术是指通过对 Web 应用安全、App 安全防护和 API 安全防护提供有效的保护措施，防止恶意攻击和数据泄露等安全问题。通过识别和解决已知的安全漏洞，加密数据传输，实现访问控制和权限管理等手段，可以有效防止黑客入侵、信息被窃取和恶意篡改。同时，应用保护技术还可以提高系统的稳定性和可靠性，保障用户数据的安全性和隐私保护。

1. Web 应用安全

Web 应用安全是指通过各种安全措施和技术，保护网站和应用程序免受威胁和攻击的影响。这包括对网站和应用程序进行漏洞扫描、代码审计、安全设置、访问控制和数据加密等，以确保用户信息和数据的安全性与保密性，避免信息被泄露和恶意攻击。

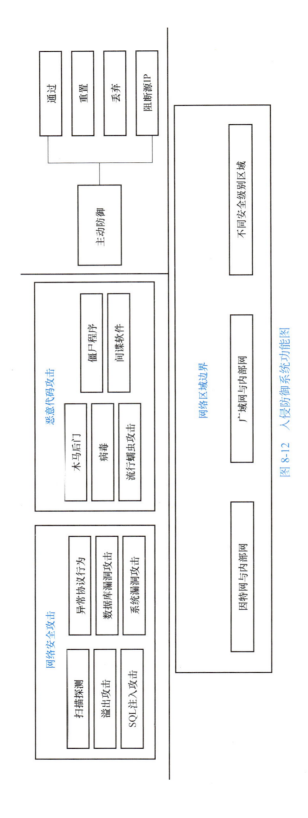

图 8-12 入侵防御系统功能图

随着互联网技术的快速发展，Web 服务成为互联网产业的重要载体。随着 Web 应用范围越来越广泛，Web 应用吸引了黑客极大的关注，这给 Web 应用带来巨大威胁。如果黑客利用 Web 漏洞获得服务器的权限，则可能会造成"挖矿"、页面篡改、敏感信息泄露等风险，给企业造成声誉和经济方面的损失。

为了有效防范 Web 应用安全风险，企业可以采取以下措施：及时更新和维护应用程序，修复漏洞；实施严格的访问控制和权限管理，限制用户权限；加强数据加密和传输安全，保障用户信息；定期进行安全审计和漏洞扫描，修复潜在安全漏洞；开展安全意识教育，提升员工防范意识；部署防火墙和入侵检测系统，及时发现和阻止恶意攻击。这些措施有助于全面提升 Web 应用的安全性和稳定性，保障企业信息的安全与稳固。

2. App 安全防护

App 安全防护是一种综合性安全策略和技术手段，目的是通过反作弊与反滥用机制、代码加密与混淆、通信加密、权限管理和敏感信息保护、实时安全审计与监控、设备安全强化以及遵循相关法规等方式，全面保障手机应用程序及其用户数据免于恶意攻击、非法篡改、数据泄露等风险，从而维护用户隐私、提升用户体验，并保护开发者和企业的合法权益。

随着移动互联网的迅速发展，App 安全问题，不管是对提供产品服务的企业，还是使用产品的用户来说，都是至关重要的。只有开发的 App 安全、稳定，才会有更多的用户使用，企业才能有更强的竞争力。App 安全主要分为开发安全、组件安全、运行安全以及通信安全这四种类型。

为了应对移动互联网时代的 App 安全挑战，企业和开发者应在 App 开发全生命周期中实施全面的安全策略：首先，在开发阶段强调安全编码，采用混淆加密技术，密切关注并及时修正安全问题；其次，严格把控第三方组件安全，确保所有引用的库和组件无安全漏洞；再次，运行阶段通过环境检测、权限管控、敏感数据加密等手段保证 App 实际运行安全；最后，确保通信环节采用安全协议，加强 API 鉴权，保护数据传输安全。通过这些细致深入的安全措施，企业不仅能有力保障 App 的安全性和稳定性，也将赢得用户信赖，增强市场竞争力。

3. API 安全防护

API 安全防护是指针对 API 的安全保护措施，包括身份验证、授权、加密传输数据，以及防止跨站脚本攻击、SQL 注入和 DDoS 攻击等多方面的安全措施，以确保 API 免于恶意攻击和数据泄露风险，保障系统及用户数据的安全、可靠。

API 安全防护面临诸多挑战，其中包括身份验证和授权、数据加密和保密、防止 DDoS 攻击和恶意代码注入等。由于 API 是应用程序之间的桥梁，因此必须确保其访问权限受到有效的管控，防止未经授权的访问或数据泄露。此外，数据在传输和存储中需要得到有效的加密和保护，以防止中间人攻击或数据泄露。DDoS 攻击和恶意代码注入也是 API 安全面临的重要挑战，需要采取相应的防护措施来保障系统的安全和稳定性。有效应对这些挑战，对于确保 API 的安全性和可靠性至关重要。

常见的强化 API 安全性的方法包括实施令牌授权认证以控制访问权限，采用数据加密与签名技术保护数据完整性和机密性，利用时间戳防止重放攻击和 DDoS，及时更新系统以修复漏洞，实行配额与限流策略避免滥用和 DoS，并通过 API 网关进行身份验证、流量控制与分析。

8.6 信息平台安全的恢复技术

恢复技术是维护智能制造信息平台稳定性和安全的关键。本节深入探讨三种核心恢复策略：双机热备技术通过立即激活备用系统，保证在主机故障时，生产和操作不受影响，维持服务的无间断连续性；数据容错技术可以有效地恢复因事故损坏或丢失的生产数据，恢复至事故发生前的状态，保证数据完整性和生产线的顺畅运行；操作系统恢复技术侧重于利用备份和恢复点迅速将操作系统恢复至正常运行状态，确保平台的持续高效作业。这三项策略共同构成了强大的恢复体系，确保智能制造信息平台的稳定运行和高效生产。

8.6.1 双机热备技术

防火墙通常部署在公司网络出口位置，便于对进出公司的所有流量进行控制。如果防火墙出现故障，则会影响到整个公司内网和外网之间的业务。为了提升网络的可靠性，需配置双台防火墙设备，实施双机热备机制，确保业务流程持续性和无间断运作。

双机热备的实现基于两台防火墙设备，这些设备配备了一致的硬件与软件配置。它们通过一条专用链路相连，此链路一般被称作心跳线。双机热备的典型组网示意如图 8-13 所示。通过心跳线，两台防火墙互相监测对方的健康状态，并进行配置备份以及各类表项（例如会话表、IPSec SA 等）的同步。在一台防火墙发生故障的情况下，业务流量会自动、无缝地切换到另一台防火墙上进行处理，以保障业务运作的连续性。

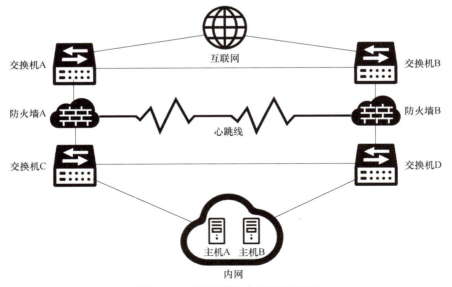

图 8-13 双机热备的典型组网示意

1. 双机热备的运作模式

由防火墙实现的双机热备具有两种运作模式：一是主备备份模式，二是负载分担模式。

（1）主备备份模式　在主备备份模式下，两台设备分工明确：一台设备担任主用，另一台则为备用。通常情况下，所有网络业务流量由主用设备负责处理。若主用设备遇到故障，备用设备将立即接手，继续处理业务流量，确保业务连续性不受影响。

（2）负载分担模式　在负载分担模式中，两台设备彼此互备。在常规运行期间，这两台设备共同处理网络的全部业务流量。若有一台设备出现故障，另一台则会接管出现故障的设备的业务，确保通过故障设备处理的业务流继续无中断地进行。

在负载分担模式的网络设置中，与主备备份模式相比，两台设备可以共同管理流量，因此能够处理更大的峰值流量。然而，这种组网方式的方案与配置比较复杂。

实现防火墙双机热备功能，主要涉及三种协议架构，分别是虚拟路由冗余协议（Virtual Router Redundancy Protocol，VRRP）、VRRP 组管理协议（VRRP Group Management Protocol，VGMP）和华为冗余协议（Huawei Redundancy Protocol，HRP）。其中，VRRP 主要负责监控单个链路的状态和流量引导，VGMP 主要用于主备设备的状态管理和接口链路的状态监控，HRP 被用来备份主备设备间的关键配置命令与状态信息。

2. VRRP

一般情况下，位于同一网络段的主机通常配置相同的默认路由，选择网关将其作为下一跳点来与外部网络进行通信。若网关出现故障，将会中断通信。为了提升系统的可靠性，通常会设置多个出口网关，需解决的问题是如何选择这些出口网关。VRRP 技术有效解决了多出口选择问题。

在不更改现有网络结构的前提下，VRRP 可以将若干台路由设备整合为一个虚拟路由器，形成所谓的 VRRP 备份组。该备份组里的路由器会一起提供一个共享的虚拟 IP（Virtual-IP）地址，用作内网的网关，从而达到网关备份的目的。同一 VRRP 备份组内的路由器有两种角色：主设备（Master 设备，活动状态）和备份设备（Backup 设备，备份状态）。VRRP 备份组示意如图 8-14 所示。

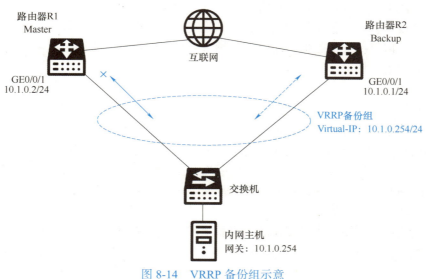

图 8-14　VRRP 备份组示意

在 VRRP 备份组中，路由器 R1 作为主设备正常转发数据流量。若 R1 故障，备份设备 R2 通过检测 VRRP 心跳超时被选为新的主设备，发送免费 ARP 更新交换机 MAC 表。R2 随后响应 ARP 请求，接管流量转发，实现默认网关的冗余，确保网络通信可靠。

8.6.2 数据容错技术

数据容错技术（Fault Tolerant，FT）是指在数据或文件在系统中遭到损坏或丢失后，能够自动恢复到事故发生前的状态，从而保证系统持续稳定运行的技术。

数据容错技术通常通过冗余设计来实施。冗余是指超出完成正常功能所需的额外资源。这种技术通过增加资源来提升系统可靠性。根据所增加资源类型的不同，容错技术可分为硬件容错、软件容错、数据容错和时间容错。

目前，为了保证数据的可靠性和减少硬件故障所导致的数据损失，多种有效的数据容错技术已经得到了广泛的运用。双重文件分配表与目录表技术便是一个很好的技术，该技术通过在硬盘的不同位置复制两份一样的文件分配表与目录表，实现冗余存储的目的。当一份表格发生故障时，系统可利用另一份进行恢复，从而预防数据丢失。第二种技术是快速磁盘检修技术，这项技术实现方式为，数据写入硬盘后立即进行读取，然后与内存中存储的原始数据相比较，用以侦测和纠正潜在错误。此外，如果发现硬盘坏区，数据将被重新写入硬盘内预设的热备区。第三种技术是磁盘镜像技术，它通过设置一对驱动器——原盘与副盘，在同一存储通道上串行交替工作，以此确保当一个驱动器发生故障时，另一个驱动器可以无缝接手工作，确保数据的完整性。第四种技术是双工磁盘技术，它通过在网络系统中配置两套完全一致且同步运作的文件服务器，来提高系统的冗余与容错性。一旦某个服务器发生故障，另一个将迅速接管所有任务，保证系统持续运行。这些技术共同提高了数据存储系统的可靠性和弹性。

8.6.3 操作系统恢复技术

随着操作系统和存储技术的快速进步，数据丢失的风险也在不断上升，这些风险包括硬件故障、病毒攻击、误操作和自然灾害等。为了有效应对这些风险，已经衍生出诸多操作系统修复和恢复技术，主要包括软件恢复、硬件修复以及数据修复。这些技术不仅能够帮助从各种存储介质中恢复丢失的数据，还能在数据遭到破坏时进行有效的抢救和恢复，确保信息的安全和业务的连续性。

1. 软件恢复

软件恢复主要包括系统恢复和文件恢复两类。在系统无法运行的情况下，系统恢复通过使用之前备份的系统数据或资料来进行，配合恢复工具，将系统恢复至备份时的状态，使其按照当时的运行特征重新启动和运作。对于文件系统的常见问题，如误删除、误格式化、误使用 Ghost 软件、分区错误等，大多数操作系统都支持恢复。

在 Linux 和 UNIX 系统中，数据恢复过程面临诸多挑战，这主要是由于这些系统的数据恢复工具相对较少。系统恢复的重要性及其广泛的应用不容忽视。例如，若系统注册表受到损害，可通过用注册表备份中未受损的数据替换已损坏或被篡改的数据，从而保障系统能够正常运行。此外，系统恢复还能帮助识别和修复系统漏洞，清除可能存在的后门程序和木马病毒。

引导代码的主要功能是使硬盘具有启动能力。若引导代码遗失而分区表依旧存在，在这种情况下，硬盘的分区数据依然完整，但无法使用该硬盘来启动系统。若需恢复引导代码，可执行 DOS 命令"FDISK/MBR"。该命令主要用来恢复引导代码，并且不会对分区造成影响或导致数据丢失。同时，还可以利用工具软件如 DiskGenius、WinHex 等进行操作。

2. 硬件修复

硬件的修复手段，主要涵盖三个方面：更换硬件、固件的修补以及盘片数据提取。以盘片数据提取为例，这项技术使得用户能在百级的超洁净工作空间内打开硬盘驱动器，取出盘片，并借助专门的数据恢复工具进行数据扫描和提取。这些工具使用激光束扫描盘片表面，依据磁信号（即数字信号的 0 和 1）来反射激光束。这些工具采用扫描技术来记录硬盘的原始信号，并传输到连接的计算机上。接下来，通过应用专业软件进行数据分析和恢复。专业软件具有从物理损坏的磁道中恢复数据的能力，并且具备非常高的恢复成功率。在数据信息缺失的情况下，专业软件能通过大量计算，逐一替代不同可能性的数据值，并结合其他扇区数据进行逻辑验证，以找出最合理的真实值。这类设备的制造多在加拿大和美国。在我国，一些数据恢复中心采取替代措施，建立 100 级的超洁净实验室，对损坏的硬盘进行开盘操作，将盘片移植至同型号的正常硬盘中进行数据恢复。

3. 数据修复

数据修复技术是指采用技术手段对病毒侵害、人为操作错误或硬件故障等因素导致损坏的数据进行紧急抢救与恢复。数据损坏的常见原因包括黑客攻击、系统故障、操作失误和自然灾害等。数据恢复通常涉及从存储设备、备份或归档中恢复丢失数据。数据修复技术包括多样的修复手段与工具，涉及数据备份、数据恢复以及数据分析等方面。这些修复技术主要可以分类为软件修复与硬件修复两大类。

在技术层面，当数据被从各种存储介质（如硬盘或软盘）中删除时，实际上它们并未被完全移除，只是被一个标记（识别码）所标示，数据并未从介质中完全消除。在日常使用中，系统遇到这些标记将不对数据进行读取处理，并在有新数据写入时视其为未使用的空间。因此，这些被删除的数据会在未被新数据覆盖前保持在磁盘上。恢复这些数据需使用专门软件，如 EasyRecovery 或 WinHex。一旦新数据写入，原数据将被部分或完全覆盖，在这种情况下，只能实现部分数据恢复。普遍的数据恢复服务覆盖了 IDE、SCSI、SATA、SAS 类型的硬盘，同时也包括光盘、U 盘、数码卡，以及服务器的 RAID 重组和 SQL/Oracle 数据库、邮件等文件的修复。

8.7 信息平台安全体系

本节深入探讨信息平台的安全体系，覆盖了从网络到数据的全方位安全措施。内容包括遵循 OSI 安全体系以保障各网络层的安全，实施安全等级保护以应对不同级别的安全威胁，以及加强数据库系统安全和操作系统安全，确保数据的完整性和系统的稳定性。此外，通信安全也被重点讨论，以保证数据在传输过程中的安全和隐私。它们共同构建了一个坚固的信息平台安全体系。

8.7.1 OSI 安全体系

在执行大规模网络工程的建设和管理，以及设计与开发网络安全系统时，必须从整体的架构视角出发，系统地解决安全问题，以确保网络安全功能的全面性和协调性，并减少安全成本与管理费用。这种全面的网络安全架构对网络安全的设计、实施和管理至关重要。

为了准确评估组织的安全需求并审查和选择各类安全产品和政策，负责安全的管理人员必须使用系统化方法来确定安全需求并阐述符合这些需求的解决方案。国际标准化组织（International Organization for Standards，ISO）在 1989 年基于对开放系统互连（Open System Interconnect，OSI）环境安全的深入研究，提出了 ISO 7498-2 标准。该标准定义了开放系统通信环境中与安全相关的通用架构元素，补充了 OSI 参考模型。该标准具有普遍的适用性，为具体网络安全架构的设计提供了指导，其核心在于确保不同计算机系统间进行远程信息交换的安全。

OSI 安全体系结构广泛适用各类安全环境，旨在确保异构计算机系统中，进程与进程之间远程信息交换的安全性。其基本原则是，为了满足开放系统的全面安全需求，需要在七个层级上实施必要的安全服务、安全机制和技术管理措施，并确保它们在系统中的合理配置和相互作用。OSI 安全体系结构如图 8-15 所示。

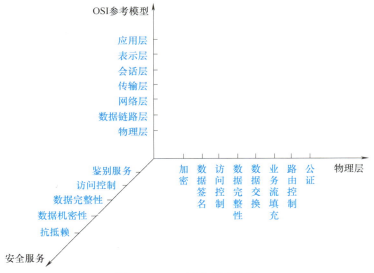

图 8-15　OSI 安全体系结构

这个体系结构首先对安全服务（也称安全功能）和安全机制进行了基本介绍。接着，它明确了在体系结构的哪些层级上可以实施这些安全服务。此外，必须确保安全服务不仅被正确配置，而且在信息系统安全的整个生命周期中维持必要的强度。安全服务可以由单个安全机制或多个安全机制共同提供。在 OSI 模型的七层协议结构中，除会话层外，每个层级都能提供特定的安全服务。然而，物理层、网络层、传输层和应用层是实施安全服务最合适的层级。这种按层级配置的安全措施为系统提供了全面的保护。

8.7.2 安全等级保护

安全等级保护涉及对网络系统的层级化保护与管理。根据网络应用的业务重要性和具体的安全需求，采用分级、分类和分阶段的方法来实施保护措施，目的是确保网络的稳定运行，同时保护国家利益、公共利益和社会稳定。

安全等级保护构成了国家网络安全保障的基本框架、策略和方法。实施网络安全等级保护是确保信息化发展安全、维护网络安全的核心基础，并反映了国家在网络安全保障工作中的决策意向。

目前，我国已建设了覆盖全国、规模庞大的信息网络，国家重点工程所依赖的重要网络与信息系统已成为支持国民经济与社会发展的关键基础设施。为确保这些重要网络与信息系统的安全，党中央和国务院已采取了一系列重要决策和行动，建立了以等级保护制度为核心的国家信息安全保障体系。我国的信息安全等级保护制度已从等级保护 1.0 时代发展至现在的等级保护 2.0 时代。

根据《计算机信息系统安全保护等级划分准则》，将计算机信息系统安全保护划分为五个等级，见表 8-3。

表 8-3 我国计算机信息系统安全保护等级

等级	名称	具体描述
第一级	用户自我保护级	安全保护机制可以使用户具备安全保护的能力，保护用户信息免受非法的读写、破坏
第二级	系统审计保护级	除具备第一级所有的安全保护功能外，要求创建和维护访问的审计跟踪记录，使所有用户对自身行为的合法性负责
第三级	安全标记保护级	除具备前一级所有的安全保护功能外，还要求以访问对象标记的安全级别限制访问者的权限，实现对访问对象的强制访问
第四级	结构化保护级	除具备前一级所有的安全保护功能外，还将安全保护机制划分为关键部分和非关键部分，对关键部分可直接控制访问者对访问对象的存取，从而加强系统的抗渗透能力
第五级	访问验证保护级	除具备前一级所有的安全保护功能外，还特别增设了访问验证功能，负责仲裁访问者对访问对象的所有访问

各个安全级别的防护规定被区分为基础和扩展两类安全需求。在基础安全需求方面，包括技术与管理两个维度：从技术角度看，要求有安全的物理场所、通信网络、边界区域及计算环境；从管理角度来看，涉及的需求包括安全管理中心、安全政策、安全管理机构、安全专业人员、安全基建及其运维管理等。同时，每个安全级别还包括了针对特定领域的附加安全需求，例如云计算安全、智能设备安全、自动驾驶系统安全以及工业控制系统安全等。

等级保护流程主要涵盖以下五个阶段：

1）各相关机构及部门（即备案机构）对其信息系统执行定级操作，设定保护级别，并由专家组评审及相关主管机构批准。

2）所有二级及以上的信息系统必须提交给公安部门进行备案和审查。

3）基于系统的保护级别，实施安全设施的建设和必要的整改措施，同时确立相应的管理规范。

4）备案机构应选择官方推荐的评估机构进行安全评级，识别安全隐患。

5）信息系统进行周期性自我检查以及受到各级主管部门和公安部门的常规监管与检验。

8.7.3 数据库系统安全

1. 数据库系统安全的概念

数据安全（Data Security）强调通过一系列措施来确保数据的保密性、完整性、可用性、可控性及可审查性，其核心目标是防止数据被未经授权访问、泄露、篡改或破坏。数据库安全（Database Security）则通过实施多种策略来保护数据库及其内容，主要关注强化访问控制、保密性和数据完整性，从而避免数据被泄露和损坏。数据库系统安全（Database System Security）专注于保护整个数据库系统和数据的安全性，通过数据库管理系统（Database Management System，DBMS）实现，采用用户认证、访问控制、数据视图和加密等多种先进的安全技术，防止任何未经授权的使用。

2. 数据库系统的安全需求

数据库面临的主要安全挑战包括数据篡改、数据损坏和数据窃取三大类问题。数据篡改通常涉及未经授权地修改数据库数据，如篡改结果或伪造文件，这些行为可能出于个人利益、隐藏证据或恶作剧的目的，往往难以预防。数据损坏可能因破坏性行为、恶意软件或操作失误而发生，这会导致数据表、单个数据项或整个数据库内容的损坏。数据窃取则涉及未经授权地访问、复制或操控敏感数据，可能通过打印、转移到外部存储设备或通过网络传输实现。

为了有效抵御这些安全威胁，数据库的安全策略应全面覆盖数据的保密性、完整性、可用性、可控性和可审计性。此外，访问控制和用户认证等措施也是确保数据安全和数据库系统稳定运行的关键。通过综合这些安全策略，可以构建一个强大的防御体系，保护数据免受各种安全威胁的侵害。

3. 安全框架和层次体系结构

（1）数据库系统的安全框架　数据库系统的安全框架由三个层级组成：网络系统层、宿主操作系统层、数据库管理系统层。这些层级逐渐构建起紧密的安全体系，重要性由外向内递增，全面保障数据安全。

1）网络系统层。随着互联网的快速发展，企业的主要业务越来越多地依赖于网络数据库系统，从而使得数据库的安全性也越发依赖于网络安全。网络系统不只是数据库应用的底层支撑，还构成了数据库的外部使用环境，这一环境支持着地理位置分散的用户对数据库的远程访问。因此，加强网络安全措施，如部署防火墙、实施入侵检测与防御策略，对于防止数据库遭受欺诈、攻击和病毒侵害至关重要。

2）宿主操作系统层。虽然操作系统为数据库系统的运行提供了基础安全，但主流操作系统的安全级别通常未达到理想状态，因此需要采用额外的安全技术以增强保护。这些安全技术包括操作系统安全策略，如配置密码策略、账户锁定策略和审计策略，这些策略主要涉及用户账户管理、权限控制和数据加密。此外，安全管理策略由网络管理员执行，关注服务器的安全和用户权限的合理分配。最后，数据安全措施，如使用数据加密、数据备份和安全传输技术（包括Kerberos、IPSec、SSL和VPN等），是确保数据在存储和传输过程中得到有效保护的关键。这些综合性安全措施共同构成了数据库系统的高级保护框架。

3）数据库管理系统层。数据库系统的安全性极大地依赖于数据库管理系统，同时也面对多种安全威胁，例如操作系统的漏洞。为了增强安全性，可以实施多层次的加密策略。首先是操作系统层的加密，这能够保护数据库文件，然而这种方法在管理密钥方面比较复杂，而且对于大型数据库文件而言并不理想。其次是数据库管理系统内核层的加密，在数据被物理访问前实施加解密，这种集成度高的方法虽然会增加服务器的运算负载，但能够获得数据库管理系统开发商的全面支持。最后是数据库管理系统外部的加密，这作为一个独立的工具，提供了灵活的自动加解密功能，适合多种实用的应用场景。这些加密层次各具特色，共同构筑了一个坚固的数据库安全防护体系。

（2）数据库安全的层次体系结构　数据库安全的层次结构包含五个关键层级。

1）物理层。物理层位于计算机网络系统的最外层，容易受到攻击和损坏。这一层的安全策略主要集中在维护计算机网络系统、网络链接和网络节点的物理（实体）安全上。

2）网络层。这一层的安全重要性与物理层相当。考虑到所有网络数据库系统均允许远程访问，保障这一层的安全尤为关键。

3）操作系统层。在数据库系统中，操作系统与数据库管理系统共同工作以管理和控制数据库。操作系统的安全缺陷可能成为数据库面临攻击和未授权访问的主要风险。

4）数据库系统层。数据库系统层关注的是数据库管理系统及其管理的各类业务数据库。此层存储了不同重要性和敏感性的业务数据，并允许授权用户通过网络进行访问。鉴于此，采取妥善的安全措施至关重要，包括但不限于授权限制、访问控制、数据加密和审计等，以确保数据的安全性和完整性。

5）应用层。通常也称为用户层，主要负责用户权限管理、身份验证和访问控制。这一层的核心任务是防止未经授权用户通过各种手段攻击或非法访问数据库及其数据。通过实施严格的措施，该层可以有效避免越权行为，保护数据的安全和私密性。

4. 数据库安全防护及控制

数据库面临诸多安全问题，如未经授权的访问和破坏、重要或敏感数据的泄露以及安全环境的不稳定等。数据库的安全防护模型如图 8-16 所示。为了提升数据库的安全性，首先需确保通过精确的身份验证来识别用户，从而限定只有授权的用户才能够进入系统。其次，应利用数据库管理系统实施细致的访问控制，以保证用户仅能执行其权限内的操作。进一步，增强操作系统的安全设置也是必要的。最后，为确保存储数据的安全不被侵犯，所有数据都应以加密形式保存在数据库中。这一系列措施共同构成了数据库安全防护的全面策略。

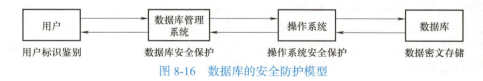

图 8-16　数据库的安全防护模型

8.7.4　操作系统安全

（1）操作系统安全的概念　操作系统是网络系统安全的核心，为用户数据和应用程序运行提供保护和可靠环境。常见操作系统如 Windows、UNIX 和 Linux，其安全性是保障网络和系统资源安全的关键。操作系统安全不仅扮演资源管理和交互接口的角色，也是维护计算机信息系统安全的基石。安全性基于安全的功能和保证：功能包括必要的策略和机制，以满足特定标准和抵御威胁；保证涉及系统的设计、管理，以及通过管理、测试和评估等措施确保功能的有效性。

（2）操作系统的主要安全问题　操作系统作为关键的系统软件，其安全性至关重要，直接影响整个计算机信息系统的安全。操作系统面临的主要安全威胁包括：各类网络攻击，例如缓冲区溢出、拒绝服务攻击、病毒入侵和木马程序，这些威胁都可能严重损害系统的完整性和数据的安全性；隐蔽信道（例如存储和时间隐蔽信道）能通过共享资源传递敏感信息，进而危害系统的机密性；用户的误操作也可能导致文件丢失或系统崩溃，从而影响系统的整体稳定性。

（3）Windows 系统的安全性　Windows 系统的安全机制主要包含认证机制、用户账户管理和加密文件系统。

1）认证机制。Windows 系统支持两种主要的用户账户类型：本地账户和域账户。同时，系统提供了两种基本的认证方式：本地登录和基于活动目录的域登录。通过本地登录，用户可以在单独的计算机上进行身份验证，但此方法不支持对网络资源的访问。相对地，基于活动目录的域登录允许用户在域环境中对域控制器发起认证，一旦认证成功，用户便能根据其权限访问域内的各种资源。

2）用户账户管理。Windows 系统自 Vista 版本起加强了用户权限管理，引入了用户账户控制机制。在管理员账户登录时，Windows 系统创建两种访问令牌：标准令牌和管理员令牌。系统默认使用标准令牌运行，仅当程序需要更高权限时才提示使用管理员令牌，实践了最小特权原则。

3）加密文件系统。为防止未经授权访问和脱机攻击，如 ERD Commander 引导的 Windows PE 环境下的资源窃取，Windows 系统引入了加密文件系统（Encrypting File System，EFS）。EFS 允许在 NTFS 磁盘上加密文件/文件夹，使用伪随机对称密钥和用户公钥加密，确保数据移至其他计算机时得到保护。EFS 的显著优点在于它与操作系统紧密集成，提供了一个无须用户输入密钥的透明加解密过程，极大简化了使用过程。然而，使用 EFS 时，务必注意备份含有用户私钥的证书，以避免在重装系统后无法访问加密文件的风险。

（4）UNIX 系统的安全性　在理论上，UNIX 系统被认为没有重大的安全漏洞，其安全问题主要来自个别程序的缺陷。多数 UNIX 供应商宣称他们能够解决这些问题，从而提供一个安全的系统环境。随着时间推移，任何复杂操作系统的安全性都可能降低，需持续防范安全缺陷。UNIX 系统以精炼高效的内核和防止未授权访问及信息泄露的能力著称，它设置三重安全屏障：口令认证、访问权限和文件加密。用户身份通过注册和密码验证，存储关键信息，例如加密密码存储在 /etc/passwd 文件中，登录失败不明示原因以提高安全性。文件权限通过"ls-l"命令查看，管理访问。UNIX 系统还支持通过 crypt 等算法进行文件加密，建议压缩文件后加密并妥善保管关键词以增强保护。

（5）Linux 系统的安全性

1）标识和鉴别。在 Linux 系统中，具有最高权限的用户被称为超级用户（root）。该用户拥有对系统中包括用户账户和网络资源等所有系统资源的全面管理权限。通常，这个用户在系统的安装过程中进行设置。管理员负责创建其他用户账户，这些普通用户仅具备对有限资源的访问权限。系统给每位用户分配了一个独一无二的用户标识号，例如，root 用户的用户标识号为 0，同时使用组标志符将具有相似属性的用户归入同一组。用户信息包括登录名和加密口令，存储在 /etc/passwd 文件中，该文件仅允许 root 用户写入，普通用户只可读取。

2) 特殊权限位。Linux 系统中文件的属性还包括 SUID、SGID 以及 sticky，用来表示文件的一些特殊性质。

① SUID 权限允许普通用户临时获得程序属主（root）的权限，例如通过设置 SUID 的 /usr/bin/passwd 程序修改 /etc/passwd 文件。使用 "chmod u+s 文件名" 设置 SUID 权限，使用 "chmod u-s 文件名" 取消 SUID 权限。需谨慎管理 SUID 程序，防止权限滥用和系统安全风险。

② SGID 属性被用于可执行文件或目录，并允许在该目录下新创建的文件和子目录继承该目录的组权限。例如，如果 /account 目录被设置为 account 组，那么新加入的内容将自动成为该组的一部分，便于资源共享。SGID 权限可以通过命令 "chmod g+s 文件名" 来设置，或使用 "chmod g-s 文件名" 来取消。

③ sticky 权限保护共享目录下的文件不被其他非属主用户误删除。仅文件或目录的属主可以删除文件，从而提高多用户环境下的文件安全性。

3）审计。审计是 UNIX 系统安全的核心，旨在通过记录分析事件来揭露违规行为。UNIX/Linux 系统中，审计数据通常保存在日志文件里，对系统安全至关重要。Linux 最初采用 Syslogd 和 Klogd 记录审计信息，但这种方法由于依赖应用产生的数据，存在局限，例如不能提供全面系统级审计，且数据可被篡改，影响审计准确性。为提高安全性，满足如 TCSEC（可信计算机系统评估准则）C2 级的要求，UNIX/Linux 系统的审计机制得到了加强，以确保更细致全面的记录。同样，从 Windows 2000 开始，微软也加强了 Windows 系统的安全设计，提供了多样的安全机制和策略。

8.7.5 通信安全

1. 物联网安全

（1）物联网概述　物联网利用先进的传感技术、计算机控制技术、嵌入式技术和无线网络数据通信技术，实现了物品与互联网的连接，这种技术的发展使得信息交换和通信变得可能。应用物联网技术可以实现物品的智能化识别、定位、追踪、监控以及管理。物联网的定义可以分为广义和狭义两种：在广义上，物联网代表信息空间与物理空间的整合；在狭义上，它特指物品之间的网络互连。物联网的结构体系包括三个核心层次：感知层、网络层和应用层。感知层利用射频识别（RFID）技术和无线传感网络实现对各种设备的连接。网络层起到桥梁的作用，连接感知层和应用层，确保数据的流通。应用层则致力于提供管理服务并开发智能应用，以实现对物联网资源的高效利用。

物联网的关键技术涵盖了多种先进技术，确保设备能被有效识别、管理和连接。这些技术包括：利用无线通信实现物品识别与管理的 RFID 技术，负责感知与传输环境信息的无线传感器网络技术，融合多种有线和无线网络技术的下一代互联网技术，以及涵盖无线局域网、城域网、ZigBee 和 NFC（近场通信）等技术的无线通信网络技术。这些技术共同构成了物联网技术的关键部分，确保了系统的高效运作和互联互通。

（2）物联网的安全威胁　物联网代表了互联网技术的一种进阶形态，它不仅继承了传统网络的安全挑战，还面临许多独特的安全风险。下面列举了一些物联网领域中常见的安全威胁：

1）特殊环境下的设备威胁：物联网设备可能被部署在复杂的环境中，包括无人监管区域、不安全环境等，导致安全保障机制难以实施。

2）设备固件漏洞：物联网设备的固件可能包含安全漏洞，这主要是由于缺乏先进的漏洞检测方法和稳固的系统防护措施。

3）**通信协议漏洞**：物联网使用的通信协议可能存在漏洞，包括互联网通用协议和物联网常用协议，这些漏洞可能被攻击者利用来发动攻击。

4）**基于物联网设备的僵尸网络**：由于物联网设备数量庞大且缺乏系统防御措施，攻击者可以利用这些设备组建大规模的僵尸网络，用于发动 DDoS 攻击等。

针对这些威胁，固件漏洞检测和设备异常检测是两种有效的对抗方法。固件漏洞检测通过静态或动态分析固件程序，发现其中存在的漏洞；设备异常检测则通过监测设备的侧信道特征来检测设备是否受到攻击。

2. 无线局域网络安全

为了克服 WEP（有线等效保密）协议的安全缺陷，IEEE 推出了 802.11i 安全标准，这一标准采纳了健壮安全网络（Robust Security Network，RSN）的概念，并引入了多项安全功能，包括认证、访问控制和消息的完整性保护。根据 IEEE 802.11i 的规范，系统通过 IEEE 802.1X 实施认证和密钥管理，并采用临时密钥完整性协议和链消息认证码协议两种加密技术。这些改进显著增强了无线局域网的数据加密和认证功能，显著提高了网络的整体安全性。IEEE 802.11i 协议结构包括两个重要组成部分：认证协议和密钥管理。

（1）**认证协议**　在 IEEE 802.11i 标准中，认证、授权和接入控制的实现依赖 IEEE 802.1X 标准、扩展认证协议以及远程认证拨号用户服务协议三个关键部分的协同工作。这三者共同构成了一个综合的安全框架，确保网络的访问控制既严格又高效。

（2）**密钥管理**　在 IEEE 802.11i 中，密钥管理是确保安全连接的关键。成功认证后，站点（Station，STA）和认证服务器（Authentication Server，AS）生成对等主密钥（Pairwise Master Key，PMK），用于产生其他密钥。密钥分为对等临时密钥（Pairwise Transient Key，PTK）和组临时密钥（Group Transient Key，GTK）。PTK 用于单播通信，GTK 用于多播通信。密钥导出使用伪随机函数（Pseudo-Random Function，PRF），生成不同用途的密钥，如密钥确认密钥、密钥加密密钥和临时加密密钥。

1）**四次握手**。四次握手确保 STA 和接入点（Access Point，AP）共享 PMK，生成 PTK 以进行后续数据传输。四次握手包括随机数生成、消息交换和消息完整性校验（Message Integrity Check，MIC）校验等步骤。

2）**组密钥更新**。只有在第一次四次握手成功后才进行组密钥初始化。AP 生成新的 GTK 并发送给 STA，STA 确认后进行数据传输。

3）**健壮安全网络关联建立过程**。健壮安全网络关联（Robust Security Network Association，RSNA）的建立包括网络和安全能力发现、认证和连接、可扩展认证协议（Extensible Authentication Protocol，EAP）认证、四次握手、组密钥握手和安全数据传输等步骤。通过这些步骤，STA 和 AS 相互认证并生成共享密钥，用于后续安全数据传输。

本章详细探讨了智能制造信息平台的安全技术，从发展历程、主要安全技术到具体的

威胁与风险，再到防护、检测、响应和恢复技术，以及安全体系的构建。首先，介绍了信息平台安全技术发展历程和主要安全技术；随后，讨论了目前信息平台面临的各种安全威胁与风险，包括 DDoS 攻击、恶意代码攻击、黑客攻击、数据投毒、对抗样本攻击和预训练模型安全风险；此外，重点解析了防护、检测、响应和恢复技术，介绍了关键的防护技术，如数字加密算法、访问控制技术、防火墙技术、虚拟专用网络和身份认证，探讨了主要的检测技术，包括入侵检测技术、蜜罐技术、消息摘要和数字签名，探讨了核心的响应技术，包括系统隔离、入侵防御和应用保护技术，介绍了重要的恢复技术，如双机热备技术、数据容错技术和操作系统恢复技术；最后，概括性介绍了信息平台安全体系的构建，包括 OSI 安全体系、安全等级保护、数据库系统安全、操作系统安全和通信安全。

思考题

1. 信息平台面临多种安全威胁和风险，请从中选择一种典型的安全威胁，解释其原理并通过一个实例进行分析。
2. 数字加密技术在信息平台安全中的作用是什么？简要说明其原理和应用。
3. 访问控制技术在信息平台安全管理中的重要性是如何体现的？简要描述访问控制策略的实施步骤。
4. 入侵检测系统如何准确地识别和分类不同类型的攻击？
5. 相较于传统防火墙，入侵防御系统在防护机制上有何优势？请结合入侵防御实现机制的关键步骤进行分析。
6. 在组织中实施 App 安全策略时，如何确保各部门的合作和协调，以提高安全措施的整体效果？
7. 解释 VRRP 的工作原理及其如何实现双机热备。
8. 请总结 Windows、UNIX 和 Linux 三种系统在认证机制、用户权限管理和文件加密方面的不同设计。

参 考 文 献

[1] 腾讯安全朱雀实验室. AI 安全：技术与实战 [M]. 北京：电子工业出版社，2022.
[2] 李斌. 企业信息安全建设与运维指南 [M]. 北京：北京大学出版社，2021.
[3] 张基温. 信息系统安全教程 [M]. 北京：清华大学出版社，2023.
[4] 陈萍，王金双，赵敏，等. 信息系统安全：微课视频版 [M]. 北京：清华大学出版社，2022.
[5] 迟恩宇，苏东梅，王东. 网络安全与防护 [M]. 北京：高等教育出版社，2023.
[6] 马利，姚永雷，苏健，等. 计算机网络安全 [M]. 北京：清华大学出版社，2023.
[7] 贾铁军，何道敬，罗宜元. 网络安全技术及应用 [M]. 北京：机械工业出版社，2023.
[8] 齐坤，余宜诚. 网络安全技术与应用 [M]. 北京：人民邮电出版社，2023.
[9] 马金龙. 企业信息安全体系建设之道 [M]. 北京：人民邮电出版社，2023.

总结与展望

智能制造信息平台作为支持制造业数字化网络化智能化的载体，已成为制造全要素、全产业链、全价值链的枢纽。本书首先介绍了智能制造信息平台的概念与技术体系，然后从智能产品信息平台、研发生产运维信息平台、智能制造工厂信息平台、智能制造供应链信息平台、智能制造产业生态信息平台、智能制造信息网络平台等方面介绍了智能制造信息平台的构成，接着按照信息平台开发的流程依次介绍了智能制造信息平台的规划技术、分析技术、设计技术、实现技术以及测试技术，最后介绍了智能制造信息平台的安全技术。

随着制造业高端化、智能化升级的深入推进，智能制造信息平台正迎来新的发展契机。在智能制造管理需求的强劲拉动和新一代信息技术的强力推动下，智能制造信息平台正加速升级迭代。未来，智能制造信息平台不仅持续强化信息平台的共性特征，还会不断深化智能制造场景的个性特征，为制造业企业的数字化网络化智能化发展提供坚实支撑。此外，随着大模型技术的快速发展，其强大的数据分析与处理、内容生成能力将给智能制造信息平台的架构设计和开发模式带来深远影响，进一步推动智能制造信息平台的技术创新。

1. 智能制造信息平台的演进发展规律

在管理需求和技术创新双轮驱动下，智能制造信息平台正逐步从单一功能系统向全流程管理、跨层次协同、跨领域融合的综合性平台演进。这种演进不仅是为了满足复杂生产环境、动态市场的迫切需要，更是技术变革不断深化的必然结果。

一方面，在制造业环境高度不确定背景下，企业面临大规模定制、供应链跨域整合、制造成本上升以及产品创新周期缩短等方面的挑战，形成了对市场需求快速响应、产品灵活批量生产、供应链协同创新、产品全生命周期管理、提质增效等智能制造需求，迫切需要构建更加智能、高效、可持续的智能制造信息平台，以支持制造全流程的高效管理和精准决策。智能制造管理需求为智能制造信息平台技术的发展指明了方向。通过持续完善和优化自身功能来满足这些需求，形成了需求牵引、技术创新的正向循环，促使智能制造信息平台在规划、设计、实现以及安全等方面持续提升。例如，在大规模定制模式下，智能制造信息平台能够利用数字孪生和混合现实等技术，帮助企业在产品设计、生产规划和供应链管理方面实现前瞻性优化。智能制造信息平台的开放性和互操作性也将进一步增强，促进企业之间的协同创新，实现跨行业、跨领域的数据共享与资源整合，从而形成智能制造生态系统，提升整个产业链的竞争力。此外，随着制造业企业对可持续发展和绿色制造的日益重视，智能制造信息平台在能效管理、环保监测、资源循环利用等方面会发挥更加积极的作用，助力制造业企业实现低碳、环保的生产目标。

另一方面，大数据、物联网、移动互联、人工智能（AI）、云计算等新一代信息技术与智能制造的深度融合为智能制造信息平台技术创新提供了前所未有的机遇。新一代信息技术不仅赋予智能制造信息平台实时数据感知与处理、泛在连接与协同、海量数据存储与分析、智能决策与优化等关键能力，而且重塑了信息平台的技术架构和功能边界。通过多维度、多层次的融合创新，新一代信息技术将推动智能制造信息平台在数据获取、传输、存储、分析和应用等方面实现质的提升。例如，云计算和大数据技术的结合，使得海量数据能够得到高效的存储和深度分析，进而能够通过智能算法和模型挖掘数据中的潜在规律，实现制造系统预测性维护、产品质量控制和生产过程优化等功能，提升生产效率与产品质量。未来，随着量子计算、区块链等前沿信息技术的逐步成熟，智能制造信息平台的能力将进一步增强，从而推动制造业向更加智能化、精益化、互联化的方向迈进。

智能制造管理需求与新一代信息技术相互促进、协同发展，将共同推动智能制造信息平台技术进步和应用发展。首先，信息平台的自适应与自主学习能力将成为提升智能化水平的关键。通过深度学习、强化学习等人工智能技术，可以进一步增强信息平台在自主优化和实时决策方面的能力。特别是在高度动态的生产环境中，如何利用实时数据实现自我调整、预测并优化生产流程，以便提高生产效率、灵活性和响应速度，是亟待解决的关键问题。其次，跨领域数据共享与互操作性也是智能制造信息平台发展的重要方向。尽管目前的信息平台已具备一定的开放性和互操作性，但在跨行业、跨地域的智能制造生态系统中，要实现无缝数据对接和资源协同仍面临技术和标准化的挑战。需要构建通用的互操作标准和协议，以支持企业间的多方协作，并促进数据、知识和资源的高效流动与集成，进一步推动制造业的协同创新和全局优化。此外，随着智能制造信息平台处理的数据量和敏感信息逐渐增加，数据安全与隐私保护将成为重点。在不影响数据共享效率的前提下，如何确保数据在传输、存储和计算过程中的安全性，防止数据泄露和网络攻击，也是亟待解决的关键问题。

2. 智能制造信息平台的共性和个性特征

作为千行百业不可或缺的重要信息基础设施，信息平台展现出自身多元化的特质，兼具共性与个性特征，支撑制造业企业在复杂多变的市场环境中实现高效运转与持续创新。

从共性视角来看，随着各行各业的数字化转型加速，从电商、教育、医疗再到社交，各个领域均涌现出专门的信息平台，这些信息平台在其领域内发挥着至关重要的作用，如电商平台优化了购物流程和用户体验，医疗服务平台提升了治疗的效率和精确性，社交媒体平台则彻底改变了人们的交流方式。这些信息平台共同追求的发展方向包括开放性、集成性、扩展性和智能性等。对于智能制造信息平台，开放性体现在采用标准化接口和协议与各类系统、设备和应用实现对接，促进数据和功能的自由流动；集成性体现在信息平台能够整合企业内外的各种资源和信息，将研发、生产、运维、销售等各个环节有机结合，形成一个高度协同的智能制造体系；扩展性使得信息平台能够根据企业发展需求和技术进步灵活扩容和升级，包括横向扩展以支持更多业务场景，纵向深化以提供更精细化的管理功能，确保信息平台的持续适用性和先进性；智能性体现在信息平台利用人工智能、大数据分析等技术，实现自主学习、智能决策和持续优化，不断提升制造过程的效率和质量。

从个性视角来看，智能制造信息平台还呈现出与物理世界紧密联动、高自动化与动态响应、全生命周期管理、深度集成与协同等特点。在与物理世界紧密联动方面，智能制造信息平台不仅处理数字信息，还与物理生产制造过程深度结合。通过传感器、物联网设备以及工业控制系统，信息平台可以实时监测、控制生产设备，优化生产流程，形成数字世界和物理世界的闭环交互。在高自动化与动态响应方面，智能制造信息平台可以帮助企业有效地管理和执行各种自动化任务，如生产线的动态调度、库存的实时更新、设备的自动维护等，信息平台需具备实时响应能力，可以动态采集和分析生产过程中产生的大量实时数据，快速发现问题并做出决策，如设备故障预警、生产计划调整等，信息平台还需具备一定的自适应能力，能够根据实际生产情况不断优化自身的参数和决策流程。在全生命周期管理方面，智能制造信息平台支持从产品设计、生产制造、质量控制、供应链管理到产品运维的全生命周期管理，它贯穿了企业生产的所有环节，提供全面的数字化支持。在深度集成与协同方面，智能制造信息平台集成了企业的各种业务系统，如制造执行系统（MES）、企业资源计划（ERP）系统、监控与数据采集（SCADA）系统等，实现不同系统之间的数据流转和协同工作。

智能制造信息平台通过持续强化信息平台的共性特征、深化智能制造场景的个性特征为制造业赋能，两者相辅相成、相互促进，同时也带来一些新的机遇与挑战。一方面，共性特征为智能制造信息平台提供了广泛的适应性和可扩展性，促进其向跨领域、跨平台的平台生态发展。在"双跨"平台生态背景下，智能制造信息平台不仅能与企业内部系统有效整合，还能与各类外部平台深度连接，形成跨平台、多元化生态系统。这种"双跨"平台是一套系统工程，涉及多学科、多行业，涵盖融合性的技术体系、复杂的管理体系和全新的工业生态，其发展面临跨行业多场景的技术供给、软硬一体化云集成技术研发、数据互联标准设计等一系列关键问题。另一方面，个性特征使得智能制造信息平台能够根据智能制造管理需求不断深化发展。尤其在物理世界与数据世界深度融合趋势下，数字孪生、混合现实等技术为智能制造信息平台的发展提供了新的机遇。数字孪生技术通过构建实时反映生产过程和设备状态的虚拟模型，能够帮助制造业企业模拟和优化生产流程、预测设备故障和生产瓶颈。混合现实技术通过在现实场景呈现虚拟场景信息，在现实世界、虚拟世界和用户之间搭起一个交互反馈的信息回路，以增强对复杂环境和对象的感知与理解，是提升生产力的重要工具。因此，如何借助数字孪生、混合现实等技术强化智能制造信息平台，提升生产与运行维护效率，是又一亟待解决的关键问题。

3. 大模型促进智能制造信息平台技术创新

近年来，以自然语言生成为核心的大模型技术取得了重大突破，正在成为信息化、数字化、智能化的新型技术基座，并在智能制造、智能汽车、商务智能等行业领域发挥日益重要的作用。大模型通常是基于 Transformer 网络架构，采用预训练加微调等方式构建的。在预训练阶段，大模型采用自监督与自回归方式从互联网所积累的海量数据中学习语言的基本结构和语义规则，以及大量通用和领域知识。在此基础上，通过指令学习对大模型进行微调，使其能够更好地理解和处理各种复杂任务，还能利用来自人类反馈的强化学习来提高生成内容的质量和符合人类价值观的能力。在大模型推理阶段，提示工程能够进一步激发大模型的能力，即通过恰当的提问、科学的提示和引导使得大模型生成高质量内容，特定的提示方法还可以激发大模型的情景学习能力和思维组织能力，如思维链提示能够引导大模型将复杂问题分解为多个中间步骤并逐一回答。上述过程使得大模型具备强大的知识编码和储存能力、文本和代码理解与生成能力，以及复杂任务推理能力，这些能力将对智能制造信息平台产生深远影响。

从智能制造信息平台的开发范式来看，大模型正发展成一种基于自然语言交互的人机协同信息平台开发工具,推动形成人机协同的智能制造信息平台开发新范式。通过类似自然语言的处理方式,大模型采用大量的程序语言相关语料进行训练,因此具备生成与信息平台开发相关内容的能力,从而能够通过自然语言与智能制造信息平台的规划、设计及测试等人员进行智能交互,针对给定的任务生成所需内容。已有案例表明大模型能够生成涉及信息平台的规划、分析、设计、编码、测试和维护等各个方面的内容,这些生成内容为智能制造信息平台的开发与维护提供有效帮助。

与传统的人机协同相比,基于大模型的人机协同呈现出一系列新特征。随着生成式人工智能的发展,人机协同呈现了三种模式:嵌入(Embedding)模式、副驾驶(Copilot)模式和智能体(Agent)模式。这三种模式的区别如图1所示。在嵌入模式下,人类设定目标并拆分成具体步骤,然后与人工智能进行交互,逐步引导人工智能给出预期的内容,在整个过程中人类主导决策,人工智能则充当执行命令的工具。副驾驶概念是由微软在2021年提出的,它的主要功能是在开发者编写代码的过程中向他们提供实时的代码建议,这些建议不仅包括简单的代码补全,还包括生成整段代码,从而极大地提升开发效率。在副驾驶模式下,人类与人工智能共同参与工作流程,各自发挥作用。从提供建议到协助完成工作流程的各个阶段中,人工智能不只是一个工具,更是一个知识丰富的助手。智能体模式是一种更加独立和自主的模式,OpenAI将智能体定义为:以大语言模型为大脑驱动,具有自主理解感知、规划、记忆和使用工具的能力,能自动化执行并完成复杂任务的系统。在智能体模式下,人类设定目标和提供必要的资源,然后人工智能独立地承担大部分工作,人类监督进程以及评估最终结果。在这种模式下,人工智能充分体现了智能体的互动性、自主性和适应性特征,接近于独立的行动者,人类则更多地扮演监督者和评估者的角色。以自动驾驶汽车为例,嵌入模式相当于L1、L2级自动驾驶,副驾驶模式相当于L2.5级自动驾驶和高速NOA(Navigate on Autopilot,领航辅助驾驶),智能体模式相当于L3级自动驾驶和城市NOA。

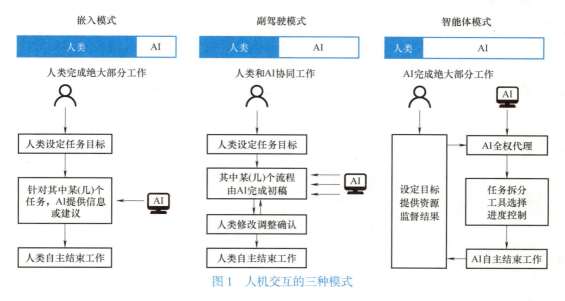

图1 人机交互的三种模式

由此可见,基于大模型的人工智能智能体将重新定义智能制造信息平台,影响人们如何开发和使用智能制造信息平台,进而颠覆智能制造信息平台。现有的智能制造信息平台通过一系列预定义的指令、逻辑、规则和启发式算法将流程固定，以实现特定的平台功能，如智能产品信息平台、研发生产运维信息平台、智能制造工厂信息平台等。这种由人类主导的功能开发，将逐渐演变为由人工智能智能体主导的功能开发。以大模型为技术基础设施，以人工智能智能体为核心产品形态，把传统信息平台预定义的指令、逻辑、规则和启发式算法的任务层级演变成目标导向的智能体自主生成。原本的架构只能解决有限范围的任务，未来的架构则可以解决更广范围的任务。未来的智能制造信息平台生态中，不仅最上层与用户交互的媒介是人工智能智能体，底层技术、中间组件，甚至是商业模式和用户行为都会围绕人工智能智能体来改变。

大模型技术在为智能制造信息平台的开发与应用提供新机遇的同时，也带来了一系列新问题。首先，如何构建服务于智能制造信息平台开发与应用的大模型？与自然语言相比，程序语言具有更强的结构性，对处理逻辑的描述更加规范，各个组成元素高度依赖上下文。智能制造信息平台还涉及智能产品、智能工厂、供应链等元素，对这些元素进行建模与分析需要大量领域知识，如何构建服务于智能制造信息平台开发与应用的大模型仍需进一步研究。其次，如何引导大模型生成对智能制造信息平台开发与应用有帮助的内容？需要通过有效的引导才能构建大模型的知识库，以及发挥大模型的推理能力，不同的提示将产生不同的回答，提示的内容、视角和顺序等都将影响大模型生成内容的质量。大模型能力的边界尚未得到足够的认知，经验型方法影响着大模型的生成内容和质量，因此还需研究如何通过提示工程恰当提问、科学提示和引导，使得大模型生成内容和质量满足智能制造信息平台的开发与应用需求。此外，如何基于大模型生成内容开发智能制造信息平台？大模型生成内容本质上是预测性的，缺乏可信性判断，这样的内容难以完全满足智能制造信息平台的开发需求，因此需要引导大模型生成预测性代码、分析与理解代码、修改和确认代码，以及其他相关的可信保障活动，如静态分析、动态测试、形式验证等。